T0211175

CAMBRIDGE LIBRARY COLLECTION

Books of enduring scholarly value

Mathematical Sciences

From its pre-historic roots in simple counting to the algorithms powering modern desktop computers, from the genius of Archimedes to the genius of Einstein, advances in mathematical understanding and numerical techniques have been directly responsible for creating the modern world as we know it. This series will provide a library of the most influential publications and writers on mathematics in its broadest sense. As such, it will show not only the deep roots from which modern science and technology have grown, but also the astonishing breadth of application of mathematical techniques in the humanities and social sciences, and in everyday life.

Théorie Analytique de la Chaleur

French mathematician Joseph Fourier's Theorie Analytique de la Chaleur was originally published in 1822. In this groundbreaking study, arguing that previous theories of mechanics advanced by such outstanding scientists as Archimedes, Galileo, Newton and their successors did not explain the laws of heat, Fourier set out to study the mathematical laws governing heat diffusion and proposed that an infinite mathematical series may be used to analyse the conduction of heat in solids: this is now known as the 'Fourier Series'. This work paved the way for modern mathematical physics. This book will be especially useful for mathematicians who are interested in trigonometric series and their applications, and it is reissued simultaneously with Alexander Freeman's English translation, The Analytical Theory of Heat, of 1878.

Cambridge University Press has long been a pioneer in the reissuing of out-of-print titles from its own backlist, producing digital reprints of books that are still sought after by scholars and students but could not be reprinted economically using traditional technology. The Cambridge Library Collection extends this activity to a wider range of books which are still of importance to researchers and professionals, either for the source material they contain, or as landmarks in the history of their academic discipline.

Drawing from the world-renowned collections in the Cambridge University Library, and guided by the advice of experts in each subject area, Cambridge University Press is using state-of-the-art scanning machines in its own Printing House to capture the content of each book selected for inclusion. The files are processed to give a consistently clear, crisp image, and the books finished to the high quality standard for which the Press is recognised around the world. The latest print-on-demand technology ensures that the books will remain available indefinitely, and that orders for single or multiple copies can quickly be supplied.

The Cambridge Library Collection will bring back to life books of enduring scholarly value across a wide range of disciplines in the humanities and social sciences and in science and technology.

Théorie Analytique de la Chaleur

Jean Baptiste Joseph Fourier

CAMBRIDGE UNIVERSITY PRESS

Cambridge New York Melbourne Madrid Cape Town Singapore São Paolo Delhi

Published in the United States of America by Cambridge University Press, New York

www.cambridge.org
Information on this title: www.cambridge.org/9781108001809

This edition first published 1822
This digitally printed version 2009

ISBN 978-1-108-00180-9

THÉORIE

DE

LA CHALEUR.

DE L'IMPRIMERIE DE FIRMIN DIDOT, IMPRIMEUR DU ROI,

DE L'INSTITUT ET DE LA MARINE.

THÉORIE

ANALYTIQUE

DE LA CHALEUR,

Par M. FOURIER.

A PARIS,

CHEZ FIRMIN DIDOT, PÈRE ET FILS,

LIBRAIRES POUR LES MATHÉMATIQUES, L'ARCHITECTURE HYDRAULIQUE
ET LA MARINE, RUE JACOB, N° 24.

1822.

DISCOURS

PRÉLIMINAIRE.

Les causes primordiales ne nous sont point connues; mais elles sont assujetties à des lois simples et constantes, que l'on peut découvrir par l'observation, et dont l'étude est l'objet de la philosophie naturelle.

La chaleur pénètre, comme la gravité, toutes les substances de l'univers, ses rayons occupent toutes les parties de l'espace. Le but de notre ouvrage est d'exposer les lois mathématiques que suit cet élément. Cette théorie formera désormais une des branches les plus importantes de la physique générale.

Les connaissances que les plus anciens peuples avaient pu acquérir dans la mécanique rationnelle ne nous sont point parvenues, et l'histoire de cette science, si l'on excepte les premiers théorèmes sur

a

l'harmonie, ne remonte point au-delà des découvertes d'Archimède. Ce grand géomètre expliqua les
principes mathématiques de l'équilibre des solides
et des fluides. Il s'écoula environ dix-huit siècles
avant que Galilée, premier inventeur des théories
dynamiques, découvrit les lois du mouvement des
corps graves. Newton embrassa dans cette science
nouvelle tout le système de l'univers. Les succes-
seurs de ces philosophes ont donné à ces théories
une étendue et une perfection admirables; ils nous
ont appris que les phénomènes les plus divers sont
soumis à un petit nombre de lois fondamentales,
qui se reproduisent dans tous les actes de la nature.
On a reconnu que les mêmes principes règlent tous
les mouvements des astres, leur forme, les inégalités
de leurs cours, l'équilibre et les oscillations des
mers, les vibrations harmoniques de l'air et des
corps sonores, la transmission de la lumière, les
actions capillaires, les ondulations des liquides,
enfin les effets les plus composés de toutes les forces
naturelles, et l'on a confirmé cette pensée de Newton:
*Quod tam paucis tam multa præstet geometria glo-
riatur.*

Mais quelle que soit l'étendue des théories mécaniques. elles ne s'appliquent point aux effets de la

chaleur. Ils composent un ordre spécial de phénomènes qui ne peuvent s'expliquer par les principes
du mouvement et de l'équilibre. On possède depuis
long-temps des instruments ingénieux, propres à
mesurer plusieurs de ces effets; on a recueilli des
observations précieuses; mais on ne connait ainsi
que des résultats partiels, et non la démonstration
mathématique des lois qui les comprennent tous.

J'ai déduit ces lois d'une longue étude et de la
comparaison attentive des faits connus jusqu'à ce
jour; je les ai tous observés de nouveau dans le
cours de plusieurs années, avec les instruments les
plus précis dont on ait encor fait usage.

Pour fonder cette théorie, il était d'abord nécessaire de distinguer et de définir avec précision les
propriétés élémentaires qui déterminent l'action de
la chaleur. J'ai reconnu ensuite que tous les phénomènes qui dépendent de cette action, se résolvent en un très-petit nombre de faits généraux
et simples; et par là toute question physique de ce
genre est ramenée à une recherche d'analyse mathématique. J'en ai conclu que pour déterminer en
nombre les mouvements les plus variés de la chaleur, il suffit de soumettre chaque substance à trois
observations fondamentales. En effet, les différents

corps ne possèdent point au même degré la faculté de *contenir* la chaleur, *de la recevoir, ou de la transmettre* à travers leur superficie, et de la *conduire* dans l'intérieur de la masse. Ce sont trois qualités spécifiques que notre théorie distingue clairement, et qu'elle apprend à mesurer.

Il est facile de juger combien ces recherches intéressent les sciences physiques et l'économie civile, et quelle peut être leur influence sur les progrès des arts qui exigent l'emploi et la distribution du feu. Elles ont aussi une relation nécessaire avec le système du monde, et l'on connaît ces rapports, si l'on considère les grands phénomènes qui s'accomplissent près de la surface du globe terrestre.

En effet, le rayon du soleil dans lequel cette planète est incessamment plongée, pénètre l'air, la terre et les eaux; ses éléments se divisent, changent de directions dans tous les sens, et pénétrant dans la masse du globe, ils en élèveraient de plus en plus la température moyenne, si cette chaleur ajoutée n'était pas exactement compensée par celle qui s'échappe en rayons de tous les points de la superficie, et se répand dans les cieux.

Les divers climats, inégalement exposés à l'action de la chaleur solaire, ont acquis après un temps immense des températures propres à leur situation. Cet effet est modifié par plusieurs causes accessoires, telles que l'élévation et la figure du sol, le voisinage et l'étendue des continents et des mers, l'état de la surface, la direction des vents.

L'intermittence des jours et des nuits, les alternatives des saisons occasionnent, dans la terre solide, des variations périodiques qui se renouvellent chaque jour ou chaque année; mais ces changements sont d'autant moins sensibles, que le point où on les mesure est plus distant de la surface. On ne peut remarquer aucune variation diurne à la profondeur d'environ trois mètres; et les variations annuelles cessent d'être appréciables à une profondeur beaucoup moindre que 60 mètres. La température des lieux profonds est donc sensiblement fixe, dans un lieu donné; mais elle n'est pas la même pour tous les points d'un même parallèle; en général, elle s'elève lorsqu'on s'approche de l'équateur.

La chaleur que le soleil a communiquée au globe terrestre, et qui a produit la diversité des climats, est assujettie maintenant à un mouvement devenu uniforme. Elle s'avance dans l'intérieur de la masse qu'elle pénètre toute entière, et en même temps elle s'éloigne du plan de l'équateur, et va se perdre dans l'espace à travers les contrées polaires.

Dans les hautes régions de l'atmosphère, l'air très-rare et diaphane ne retient qu'une faible partie de la chaleur des rayons solaires; c'est la cause principale du froid excessif des lieux élevés. Les couches inférieures, plus denses et plus échauffées par la terre et les eaux, se dilatent, et s'élèvent; elles se refroidissent par l'effet même de la dilatation. Les grands mouvements de l'air, comme les vents alizés qui soufflent entre les tropiques, ne sont point déterminés par les forces attractives de la lune et du soleil. L'action de ces astres ne produit sur un fluide aussi rare, à une aussi grande distance, que des oscillations très-peu sensibles. Ce sont les changements des températures qui déplacent périodiquement toutes les parties de l'atmosphère.

Les eaux de l'Océan sont différemment exposées par leur surface aux rayons du soleil; et le fond du bassin qui les renferme est échauffé très-inégalement, depuis les pôles jusqu'à l'équateur. Ces deux causes, toujours présentes, et combinées avec la gravité et la force centrifuge, entretiennent des mouvements immenses dans l'intérieur des mers. Elles en déplacent et en mêlent toutes les parties, et produisent ces courants réguliers et généraux que les navigateurs ont observés.

La chaleur rayonnante qui s'échappe de la superficie de tous les corps, et traverse les milieux élastiques, ou les espaces vides d'air, a des lois spéciales, et elle concourt aux phénomènes les plus variés. On connaissait déja l'explication physique de plusieurs de ces faits; la théorie mathématique que j'ai formée en donne la mesure exacte. Elle consiste en quelque sorte dans une seconde catoptrique qui a ses théorèmes propres, et sert à déterminer par le calcul tous les effets de la chaleur directe ou réfléchie.

Cette énumération des objets principaux de la théorie, fait assez connaître la nature des questions que je me suis proposées. Quelles sont ces qualités élémentaires que dans chaque substance il est nécessaire d'observer, et quelles expériences sont les plus propres à les déterminer exactement? Si des lois constantes règlent la distribution de la chaleur dans la matière solide, quelle est l'expression mathématique de ces lois? et par quelle analyse peut-on déduire de cette expression la solution complète des questions principales?

Pourquoi les températures terrestres cessent-elles

d'être variables à une profondeur si petite par rapport au rayon du globe? Chaque inégalité du mouvement de cette planète devant occasionner au-dessous de la surface une oscillation de la chaleur solaire, quelle relation y a-t-il entre la durée de la période et la profondeur où les températures deviennent constantes?

Quel temps a dû s'écouler pour que les climats pussent acquérir les températures diverses qu'ils conservent aujourd'hui; et quelles causes peuvent faire varier maintenant leur chaleur moyenne? Pourquoi les seuls changements annuels de la distance du soleil à la terre, ne causent-ils pas à la surface de cette planète des changements très-considérables dans les températures?

A quel caractère pourrait-on reconnaître que le globe terrestre n'a pas entièrement perdu sa chaleur d'origine; et quelles sont les lois exactes de la déperdition?

Si cette chaleur fondamentale n'est point totalement dissipée, comme l'indiquent plusieurs observations, elle peut être immense à de grandes profondeurs, et toutefois elle n'a plus aujourd'hui aucune influence sensible sur la température moyenne des climats. Les effets que l'on y observe sont dus à l'action des rayons solaires. Mais indépendamment de ces deux sources de chaleur, l'une fondamentale et primitive, propre au globe terrestre, l'autre due à la présence du soleil, n'y a-t-il point une cause plus universelle, qui détermine *la température du ciel*, dans la partie de l'espace qu'occupe maintenant le système solaire? Puisque les faits observés rendent cette cause nécessaire, quelles sont dans cette question entièrement nouvelle les conséquences d'une théorie exacte? comment pourra-t-on déterminer cette valeur constante de *la température de l'espace*, et en déduire celle qui convient à chaque planète?

Il faut ajouter à ces questions celles qui dépendent des propriétés de la chaleur rayonnante. On connaît très-distinctement la cause physique de la réflexion du froid, c'est-à-dire de la réflexion d'une moindre chaleur; mais quelle est l'expression mathématique de cet effet?

De quels principes généraux dépendent les températures atmosphériques, soit que le thermomètre qui les mesure reçoive immédiatement les rayons du soleil, sur une surface métallique ou dépolie, soit que cet instrument demeure exposé, durant la nuit, sous un ciel exempt de nuages, au contact de l'air, au rayonnement des corps terrestres, et à celui des parties de l'atmosphère les plus éloignées et les plus froides.

L'intensité des rayons qui s'échappent d'un point de la superficie des corps échauffés variant avec leur inclinaison suivant une loi que les expériences ont indiquée, n'y a-t-il pas un rapport mathématique nécessaire entre cette loi et le fait général de l'équilibre de la chaleur; et quelle est la cause physique de cette inégale intensité?

Enfin, lorsque la chaleur pénètre les masses fluides, et y détermine des mouvements intérieurs, par les changements continuels de température et de densité de chaque molécule, peut-on encore exprimer, par des équations différentielles, les lois d'un effet aussi composé; et quel changement en résulte-t-il dans les équations générales de l'hydrodynamique?

Telles sont les questions principales que j'ai résolues, et qui n'avaient point encore été soumises au calcul. Si l'on considère de plus les rapports multipliés de cette théorie mathématique avec les usages civils et les arts techniques, on reconnaîtra toute l'étendue de ses applications. Il est manifeste qu'elle comprend une série entière de phénomènes distincts, et qu'on ne pourrait en omettre l'étude, sans retrancher une partie notable de la science de la nature.

Les principes de cette théorie sont déduits, comme ceux de la mécanique rationnelle, d'un très-petit nombre de faits primordiaux, dont les géomètres ne considèrent point la cause, mais qu'ils admettent comme résultant des observations communes et confirmés par toutes les expériences.

Les équations différentielles de la propagation de la chaleur expriment les conditions les plus générales, et ramènent les questions physiques à des problèmes d'analyse pure, ce qui est proprement l'objet de la théorie. Elles ne sont pas moins rigoureusement démontrées que les équations générales de l'équilibre et du mouvement. C'est pour rendre cette comparaison plus sensible, que nous avons toujours préféré des démonstrations analogues à celles des théorèmes qui servent de fondement à la statique et à la dynamique. Ces équations subsistent encore, mais elles reçoivent une forme différente, si elles expriment la distribution de la chaleur lumineuse dans les corps diaphanes, ou les mouvements que les changements de température et de densité occasionnent dans l'intérieur des fluides. Les coëfficients qu'elles renferment sont sujets à des variations dont la mesure exacte n'est pas encore connue; mais dans toutes les questions naturelles qu'il nous importe le plus de considérer, les limites des températures sont assez peu différentes, pour que l'on puisse omettre ces variations des coëfficients.

Les équations du mouvement de la chaleur, comme celles qui expriment les vibrations des corps sonores, ou les dernières oscillations des liquides, appartiennent à une des branches de la science du calcul les plus récemment découvertes, et qu'il importait beaucoup de perfectionner. Après avoir établi ces équations différentielles, il fallait en obtenir les intégrales; ce qui consiste à passer d'une expression commune, à une solution propre assujettie à toutes les conditions données. Cette recherche difficile exigeait une analyse spéciale, fondée sur des théorèmes nouveaux dont nous ne pourrions ici faire connaître l'objet. La méthode qui en dérive ne laisse rien de vague et d'indéterminé dans les solutions; elle les conduit jusqu'aux dernières applications numériques, condition nécessaire de toute recherche, et sans laquelle on n'arriverait qu'à des transformations inutiles.

Ces mêmes théorèmes qui nous ont fait connaître

les intégrales des équations du mouvement de la chaleur, s'appliquent immédiatement à des questions d'analyse générale et de dynamique, dont on désirait depuis long-temps la solution.

L'étude approfondie de la nature est la source la plus féconde des découvertes mathématiques. Non-seulement cette étude, en offrant aux recherches un but déterminé, a l'avantage d'exclure les questions vagues et les calculs sans issue ; elle est encore un moyen assuré de former l'analyse elle-même, et d'en découvrir les éléments qu'il nous importe le plus de connaître, et que cette science doit toujours conserver : ces éléments fondamentaux sont ceux qui se reproduisent dans tous les effets naturels.

On voit, par exemple, qu'une même expression, dont les géomètres avaient considéré les propriétés abstraites, et qui sous ce rapport appartient à l'analyse générale, représente aussi le mouvement de la lumière dans l'atmosphère, qu'elle détermine les lois de la diffusion de la chaleur dans la matière solide, et qu'elle entre dans toutes les questions principales de la théorie des probabilités.

Les équations analytiques, ignorées des anciens géomètres, que Descartes a introduites le premier dans l'étude des courbes et des surfaces, ne sont pas

restreintes aux propriétés des figures, et à celles qui
sont l'objet de la mécanique rationnelle; elles s'étendent à tous les phénomènes généraux. Il ne peut y
avoir de langage plus universel et plus simple, plus
exempt d'erreurs et d'obscurités, c'est-à-dire plus
digne d'exprimer les rapports invariables des êtres
naturels.

Considérée sous ce point de vue, l'analyse mathématique est aussi étendue que la nature elle-même;
elle définit tous les rapports sensibles, mesure les
temps, les espaces, les forces, les températures; cette
science difficile se forme avec lenteur, mais elle
conserve tous les principes qu'elle a une fois acquis;
elle s'accroît et s'affermit sans cesse au milieu de tant
de variations et d'erreurs de l'esprit humain.

Son attribut principal est la clarté; elle n'a point
de signes pour exprimer les notions confuses. Elle
rapproche les phénomènes les plus divers, et
découvre les analogies secrètes qui les unissent.
Si la matière nous échappe comme celle de l'air
et de la lumière par son extrême ténuité, si les
corps sont placés loin de nous, dans l'immensité
de l'espace, si l'homme veut connaître le spectacle
des cieux pour des époques successives que sépare
un grand nombre de siècles, si les actions de la gra-

vité et de la chaleur s'exercent dans l'intérieur du
globe solide à des profondeurs qui seront toujours
inaccessibles, l'analyse mathématique peut encore
saisir les lois de ces phénomènes. Elle nous les rend
présents et mesurables, et semble être une faculté
de la raison humaine destinée à suppléer à la briè-
veté de la vie et à l'imperfection des sens; et ce qui
est plus remarquable encore, elle suit la même
marche dans l'étude de tous les phénomènes; elle
les interprète par le même langage, comme pour
attester l'unité et la simplicité du plan de l'univers,
et rendre encore plus manifeste cet ordre immuable
qui préside à toutes les causes naturelles.

Les questions de la théorie de la chaleur offrent
autant d'exemples de ces dispositions simples et
constantes qui naissent des lois générales de la
nature; et si l'ordre qui s'établit dans ces phénomènes pouvait être saisi par nos sens, ils nous cau-
seraient une impression comparable à celles des
résonances harmoniques.

Les formes des corps sont variées à l'infini; la distribution de la chaleur qui les pénètre peut être
arbitraire et confuse; mais toutes les inégalités s'ef-
facent rapidement et disparaissent à mesure que le
temps s'écoule. La marche du phénomène devenue

plus régulière et plus simple, demeure enfin assujettie à une loi déterminée qui est la même pour tous les cas, et qui ne porte plus aucune empreinte sensible de la disposition initiale.

Toutes les observations confirment ces conséquences. L'analyse dont elles dérivent sépare et exprime clairement, 1° les conditions générales, c'est-à-dire celles qui résultent des propriétés naturelles de la chaleur; 2° l'effet accidentel, mais subsistant, de la figure ou de l'état des surfaces; 3° l'effet non durable de la distribution primitive.

Nous avons démontré dans cet ouvrage tous les principes de la théorie de la chaleur, et résolu toutes les questions fondamentales. On aurait pu les exposer sous une forme plus concise, omettre les questions simples, et présenter d'abord les conséquences les plus générales; mais on a voulu montrer l'origine même de la théorie et ses progrès successifs. Lorsque cette connaissance est acquise, et que les principes sont entièrement fixés, il est préférable d'employer immédiatement les méthodes analytiques les plus étendues, comme nous l'avons fait dans les recherches ultérieures. C'est aussi la marche que nous suivrons désormais dans les mémoires qui seront joints à cet ouvrage, et qui en forment en quelque sorte le comle complément, et par là nous aurons concilié, autant qu'il peut dépendre de nous, le développement nécessaire des principes avec la précision qui convient aux applications de l'analyse.

Ces mémoires auront pour objet la théorie de la chaleur rayonnante, la question des températures terrestres, celle de la température des habitations, la comparaison des résultats théoriques avec ceux que nous avons observés dans diverses expériences, enfin la démonstration des équations différentielles du mouvement de la chaleur dans les fluides.

L'ouvrage que nous publions aujourd'hui a été écrit depuis long-temps; diverses circonstances en ont retardé et souvent interrompu l'impression. Dans cet intervalle, la science s'est enrichie d'observations importantes ; les principes de notre analyse, que l'on n'avait pas saisis d'abord, ont été mieux connus; on a discuté et confirmé les résultats que nous en avions déduits. Nous avons appliqué nous-mêmes ces principes à des questions nouvelles, et changé la forme de quelques démonstrations. Les retards de la publication auront contribué à rendre l'ouvrage plus clair et plus complet.

Nos premières recherches analytiques sur la communication de la chaleur, ont eu pour objet la dis-

tribution entre des masses disjointes; on les a con-
servées dans la section II du chapitre III. Les questions relatives aux corps continus, qui forment la
théorie proprement dite, ont été résolues plusieurs
années après; cette théorie a été exposée pour la
première fois dans un ouvrage manuscrit remis
à l'Institut de France à la fin de l'année 1807, et
dont il a été publié un extrait dans le bulletin
des Sciences (Société philomatique, année 1808,
page 112). Nous avons joint à ce mémoire, et remis
successivement des notes assez étendues, concernant la convergence des séries, la diffusion de la
chaleur dans un prisme infini , son émission
dans les espaces vides d'air , les constructions
propres à rendre sensibles les théorêmes principaux, et l'analyse du mouvement périodique à la
surface du globe terrestre. Notre second mémoire,
sur la propagation de la chaleur, a été déposé aux
archives de l'Institut, le 28 septembre 1811. Il est
formé du précédent et des notes déja remises; on y
a omis des constructions géométriques, et des détails d'analyse qui n'avaient pas un rapport nécessaire avec la question physique, et l'on a ajouté
l'équation générale qui exprime l'état de la surface.
Ce second ouvrage a été livré à l'impression dans le

cours de 1821, pour être inséré dans la collection de l'Académie des Sciences. Il est imprimé sans aucun changement ni addition; le texte est littéralement conforme au manuscrit déposé, qui fait partie des archives de l'Institut.

On pourra trouver dans ce mémoire, et dans les écrits qui l'ont précédé un premier exposé des applications que ne contient pas notre ouvrage actuel; elles seront traitées dans les mémoires subséquens, avec plus d'étendue, et, s'il nous est possible, avec plus de clarté. Les résultats de notre travail concernant ces mêmes questions, sont aussi indiqués dans divers articles déja rendus publics. L'extrait inséré dans les Annales de chimie et de physique fait connaître l'ensemble de nos recherches, (tom. III, pag. 350, ann. 1816). Nous avons publié dans ces annales deux notes séparées, concernant la chaleur rayonnante, (tom. IV, pag. 128, ann. 1817 et tom. VI, pag. 259, ann. 1817).

Divers autres articles du même recueil présentent les résultats les plus constants de la théorie et des observations; l'utilité et l'étendue des connaissances thermologiques ne pouvaient être mieux appréciées que par les célèbres rédacteurs de ces annales.

On trouvera dans le bulletin des Sciences, (Soc.

philomat., ann. 1818, pag. 1 et ann. 1820, pag. 60)
l'extrait d'un mémoire sur la température constante
ou variable des habitations, et l'exposé des principales conséquences de notre analyse des températures terrestres.

M. Alexandre de Humboldt, dont les recherches
embrassent toutes les grandes questions de la philosophie naturelle, a considéré sous un point de
vue nouveau et très-important, les observations
des températures propres aux divers climats. (Mémoire sur les lignes isothermes, *Société d'Arcueil,*
tom. III, pag. 462); (Mémoire sur la limite inférieure des neiges perpétuelles, *Annales de Chimie
et de Physique*, tom. V, pag. 102, ann. 1817).

Quand aux équations différentielles du mouvement de la chaleur dans les liquides, il en a été fait
mention dans l'histoire annuelle de l'Académie des
Sciences. Cet extrait de notre mémoire en montre
clairement l'objet et le principe. (*Analyse des tra-
vaux de l'Académie des Sciences*, par M. De Lambre,
année 1820).

L'examen des forces répulsives que la chaleur
produit, et qui déterminent les propriétés statiques
des gaz, n'appartient pas au sujet analytique que
nous avons considéré. Cette question liée à la théo-

rie de la chaleur rayonnante vient d'être traitée par l'illustre auteur de la *Mécanique céleste*, à qui toutes les branches principales de l'analyse mathématique doivent des découvertes importantes. (Connaissance des temps, pour les années 1824 et 1825).

Les théories nouvelles, expliquées dans notre ouvrage sont réunies pour toujours aux sciences mathématiques, et reposent comme elles sur des fondements invariables; elles conserveront tous les éléments qu'elles possèdent aujourd'hui, et elles acquerront continuellement plus d'étendue. On perfectionnera les instruments et l'on multipliera les expériences. L'analyse que nous avons formée sera déduite de méthodes plus générales, c'est-à-dire plus simples et plus fécondes, communes à plusieurs classes de phénomènes. On déterminera pour les substances solides ou liquides, pour les vapeurs et pour les gaz permanents, toutes les qualités spécifiques relatives à la chaleur, et les variations des coëfficiens qui les expriment. On observera, dans les divers lieux du globe, les températures du sol à diverses profondeurs, l'intensité de la chaleur solaire, et ses effets, ou constants ou variables, dans l'atmosphère, dans l'Océan et les lacs; et l'on connaîtra cette température constante du Ciel, qui est propre aux régions planétaires. La théorie elle-même dirigera toutes ces mesures, et en assignera la précision. Elle ne peut faire désormais aucun progrès considérable qui ne soit fondé sur ces expériences; car l'analyse mathématique peut déduire des phénomènes généraux et simples l'expression des lois de la nature; mais l'application spéciale de ces lois à des effets très-composés exige une longue suite d'observations exactes.

—————

THÉORIE

DE

LA CHALEUR.

CHAPITRE PREMIER.

INTRODUCTION.

SECTION PREMIÈRE.

Exposition de l'objet de cet ouvrage.

ART. Ier

Les effets de la chaleur sont assujétis à des lois constantes que l'on ne peut découvrir sans le secours de l'analyse mathématique. La Théorie que nous allons exposer a pour objet de démontrer ces lois; elle réduit toutes les recherches physiques, sur la propagation de la chaleur, à des questions de calcul intégral dont les élémens sont donnés par l'expérience. Aucun sujet n'a des rapports plus étendus avec les progrès de l'industrie et ceux des sciences naturelles; car l'action de la chaleur est toujours présente, elle pénètre

I

tous les corps et les espaces, elle influe sur les procédés des arts, et concourt à tous les phénomènes de l'univers.

Lorsque la chaleur est inégalement distribuée entre les différents points d'une masse solide, elle tend à se mettre en équilibre, et passe lentement des parties plus échauffées dans celles qui le sont moins ; en même temps elle se dissipe par la surface, et se perd dans le milieu ou dans le vide. Cette tendance à une distribution uniforme, et cette émission spontanée qui s'opère à la surface des corps, changent continuellement la température des différents points. La question de la propagation de la chaleur consiste à déterminer quelle est la température de chaque point d'un corps à un instant donné, en supposant que les températures initiales sont connues. Les exemples suivants feront connaître plus clairement la nature de ces questions.

2.

Si l'on expose à l'action durable et uniforme d'un foyer de chaleur une même partie d'un anneau métallique, d'un grand diamètre, les molécules les plus voisines du foyer s'échaufferont les premières, et, après un certain temps, chaque point du solide aura acquis presque entièrement la plus haute température à laquelle il puisse parvenir. Cette limite ou maximum de température n'est pas la même pour les différents points ; elle est d'autant moindre qu'ils sont plus éloignés de celui où le foyer est immédiatement appliqué.

Lorsque les températures sont devenues permanentes, le foyer transmet, à chaque instant, une quantité de chaleur qui compense exactement celle qui se dissipe par tous les points de la surface extérieure de l'anneau.

Si maintenant on supprime le foyer, la chaleur continuera de se propager dans l'intérieur du solide, mais celle
qui se perd dans le milieu ou dans le vide ne sera plus compensée comme auparavant par le produit du foyer, en sorte
que toutes les températures varieront et diminueront sans
cesse, jusqu'à ce qu'elles soient devenues égales à celles du
milieu environnant.

3.

Pendant que les températures sont permanentes et que le
foyer subsiste, si l'on élève, en chaque point de la circonférence moyenne de l'anneau, une ordonnée perpendiculaire
au plan de l'anneau, et dont la longueur soit proportionnelle à la température fixe de ce point, la ligne courbe qui
passerait par les extrémités de ces ordonnées représentera
l'état permanent des températures, et il est très-facile de
déterminer par le calcul la nature de cette ligne. Il faut remarquer que l'on suppose à l'anneau une épaisseur assez
petite pour que tous les points d'une même section perpendiculaire à la circonférence moyenne aient des températures
sensiblement égales. Lorsqu'on aura enlevé le foyer, la ligne
qui termine les ordonnées proportionnelles aux températures des différents points, changera continuellement de
forme. La question consiste à exprimer, par une équation,
la forme variable de cette courbe, et à comprendre ainsi
dans une seule formule tous les états successifs du solide.

4.

Soit z la température fixe d'un point m de la circonférence
moyenne, x la distance de ce point au foyer, c'est-à-dire la
longueur de l'arc de la circonférence moyenne compris entre
le point m et le point o, qui correspond à la position du

foyer; z est la plus haute température que le point m puisse acquérir en vertu de l'action constante du foyer, et cette température permanente z est une fonction $f(x)$ de la distance x. La première partie de la question consiste à déterminer la fonction $f(x)$ qui représente l'état permanent du solide.

On considérera ensuite l'état variable qui succède au précédent, aussitôt que l'on a éloigné le foyer; on désignera par t le temps écoulé depuis cette suppression du foyer, et par v la valeur de la température du point m après le temps t. La quantité v sera une certaine fonction $F(x,t)$ de la distance x et du temps t; l'objet de la question est de découvrir cette fonction $F(x,t)$ dont on ne connaît encore que la valeur initiale qui est fx, en sorte que l'on doit avoir l'équation de condition $fx = F(x,o)$.

5.

Si l'on place une masse solide homogène, de forme sphérique ou cubique, dans un milieu entretenu à une température constante, et qu'elle y demeure très-long-temps plongée, elle acquerra dans tous ses points une température très-peu différente de celle du fluide. Supposons qu'on l'en retire pour la transporter dans un milieu plus froid, la chaleur commencera à se dissiper par la surface; les températures des différents points de la masse ne seront plus sensiblement les mêmes, et si on la suppose divisée en une infinité de couches par des surfaces parallèles à la surface extérieure, chacune de ces couches transmettra, dans un instant, une certaine quantité de chaleur à celle qui l'enveloppe. Si l'on conçoit que chaque molécule porte un thermomètre séparé, qui indique à chaque instant sa température, l'état du solide sera continuellement représenté par le système variable de toutes ces hauteurs thermométriques. Il s'agit d'exprimer les états successifs par des formules analytiques, en sorte que l'on puisse connaître, pour un instant donné, la température indiquée par chaque thermomètre, et comparer les quantités de chaleur qui s'écoulent, dans le même instant, entre deux couches contiguës, ou dans le milieu environnant.

6.

Si la masse est sphérique, et que l'on désigne par x la distance d'un point m de cette masse au centre de la sphère, par t le temps écoulé depuis le commencement du refroidissement, et par v la température variable du point m, il est facile de voir que tous les points placés à la même distance x du centre ont la même température v. Cette quantité v est une certaine fonction $F(x,t)$ du rayon x et du temps écoulé t; elle doit être telle, qu'elle devienne constante, quelle que soit la valeur de x, lorsqu'on suppose celle de t nulle; car, d'après l'hypothèse, la température de tous les points est la même au moment de l'émersion. La question consiste à déterminer la fonction de x et de t qui exprime la valeur de v.

7.

On considérera ensuite que, pendant la durée du refroidissement, il s'écoule à chaque instant, par la surface extérieure, une certaine quantité de chaleur qui passe dans le milieu. La valeur de cette quantité n'est pas constante; elle est plus grande au commencement du refroidissement. Si l'on se représente aussi l'état variable de la surface sphérique intérieure dont le rayon est x, on reconnaît facilement qu'il doit y avoir, à chaque instant, une certaine

quantité de chaleur qui traverse cette surface et passe dans
la partie de la masse qui est plus éloignée du centre. Ce flux
continuel de chaleur est variable comme celui de la surface
extérieure, et l'un et l'autre sont des quantités comparables
entre elles; leurs rapports sont des nombres dont les valeurs
variables sont des fonctions de la distance x et du temps
écoulé t. Il s'agit de déterminer ces fonctions.

8.

Si la masse échauffée par une longue immersion dans un
milieu, et dont on veut calculer le refroidissement, est de
forme cubique, et si l'on détermine la position de chaque
point m par trois coordonnées rectangulaires $x, y, z,$ en
prenant pour origine le centre du cube, et pour axes les
lignes perpendiculaires aux faces, on voit que la température v du point $m,$ après le temps écoulé $t,$ est une fonction
des quatre variables x, y, z et $t.$ Les quantités de chaleur
qui s'écoulent à chaque instant, par toute la surface extérieure du solide, sont variables et comparables entre elles;
leurs rapports sont des fonctions analytiques qui dépendent
du temps $t,$ et dont il faut assigner l'expression.

9.

Examinons aussi le cas où un prisme rectangulaire d'une
assez grande épaisseur et d'une longueur infinie, étant assujéti, par son extrémité, à une température constante, pendant que l'air environnant conserve une température moindre, est enfin parvenu à un état fixe qu'il s'agit de connaître.
Tous les points de la section extrême qui sert de base au
prisme ont, par hypothèse, une température commune et
permanente. Il n'en est pas de même d'une section éloignée
du foyer; chacun des points de cette surface rectangulaire .

parallèle à la base, a acquis une température fixe, mais qui n'est pas la même pour les différents points d'une même section, et qui doit être moindre pour les points les plus voisins de la surface exposée à l'air. On voit aussi qu'il s'écoule à chaque instant, à travers une section donnée, une certaine quantité de chaleur qui demeure toujours la même, puisque l'état du solide est devenu constant. La question consiste à déterminer la température permanente d'un point donné du solide, et la quantité totale de chaleur qui, pendant un temps déterminé, s'écoule à travers une section dont la position est donnée.

10.

Prenons pour origine des coordonnées x, y, z, le centre de la base du prisme, et pour axes rectangulaires, l'axe même du prisme et les deux perpendiculaires sur les faces latérales : la température permanente v du point m, dont les coordonnées sont x, y, z, est une fonction de trois variables F (x, y, z); elle reçoit, par hypothèse, une valeur constante, lorsque l'on suppose x nulle, quelles que soient les valeurs de y et de z. Supposons que l'on prenne pour unité la quantité de chaleur qui, pendant l'unité de temps, sortirait d'une superficie égale à l'unité de surface, si la masse échauffée, que cette superficie termine, et qui est formée de la même substance que le prisme, était continuellement entretenue à la température de l'eau bouillante, et plongée dans l'air atmosphérique entretenu à la température de la glace fondante. On voit que la quantité de chaleur qui, dans l'état permanent du prisme rectangulaire, s'écoule, pendant l'unité de temps, à travers une certaine section perpendiculaire à l'axe, a un rapport déterminé avec la quantité de chaleur prise pour unité. Ce rapport n'est pas le même pour toutes les sections; il est une fonction $\varphi (x)$ de la distance x, à laquelle une section est placée; il s'agit de trouver l'expression analytique de la fonction $\varphi (x)$.

I I.

Les exemples précédents suffisent pour donner une idée exacte des diverses questions que nous avons traitées.

La solution de ces questions nous a fait connaître que les effets de la propagation de la chaleur dépendent, pour chaque substance solide, de trois qualités élémentaires, qui sont la capacité de chaleur, la conducibilité propre, et la conducibilité extérieure. On a observé que si deux corps de même volume et de nature différente ont des températures égales, et qu'on leur ajoute une même quantité de chaleur, les accroissements de température ne sont pas les mêmes; le rapport de ces accroissements est celui des capacités de chaleur. Ainsi le premier des trois éléments spécifiques qui règlent l'action de la chaleur est exactement défini, et les physiciens connaissent depuis long-temps plusieurs moyens d'en déterminer la valeur. Il n'en est pas de même des deux autres; on en a souvent observé les effets, mais il n'y a qu'une théorie exacte qui puisse les bien distinguer, les définir et les mesurer avec précision. La conducibilité propre ou intérieure d'un corps exprime la facilité avec laquelle la chaleur s'y propage en passant d'une molécule intérieure à une autre. La conducibilité extérieure ou relative d'un corps solide dépend de la facilité avec laquelle la chaleur en pénètre la surface, et passe de ce corps dans un milieu donné, ou passe du milieu dans le solide. Cette dernière propriété est modifiée par l'état plus ou moins poli de la surperficie; elle varie aussi selon le milieu dans lequel le corps est plongé; mais la conducibilité propre ne peut changer qu'avec la nature du solide.

Ces trois qualités élémentaires sont représentées dans nos formules par des nombres constants, et la théorie indique elle-même les expériences propres à en mesurer la valeur. Dès qu'ils sont déterminés, toutes les questions relatives à la propagation de la chaleur ne dépendent que de l'analyse numérique. La connaissance de ces propriétés spécifiques peut être immédiatement utile dans plusieurs applications des sciences physiques; elle est d'ailleurs un élément de l'étude et de la description des diverses substances. C'est connaître très-imparfaitement les corps, que d'ignorer les rapports qu'ils ont avec un des principaux agents de la nature. En général, il n'y a aucune théorie mathématique qui ait plus de rapport que celle-ci avec l'économie publique, puisqu'elle peut servir à éclairer et à perfectionner l'usage des arts nombreux qui sont fondés sur l'emploi de la chaleur.

12.

La question des températures terrestres offre une des plus belles applications de la théorie de la chaleur; voici l'idée générale que l'on peut s'en former. Les différentes parties de la surface du globe sont inégalement exposées à l'impression des rayons solaires; l'intensité de cette action dépend de la latitude du lieu; elle change aussi pendant la durée du jour et pendant celle de l'année, et est assujétie à d'autres inégalités moins sensibles. Il est évident qu'il existe, entre cet état variable de la surface et celui des températures intérieures, une relation nécessaire que l'on peut déduire de la théorie. On sait qu'à une certaine profondeur au-dessous de la surface de la terre, la température n'éprouve aucune variation annuelle dans un lieu donné : cette température permanente des lieux profonds est d'autant moindre, que le lieu est plus éloigné de l'équateur. On peut donc faire abstraction de l'enveloppe extérieure, dont l'épaisseur est incomparablement plus petite que le rayon terrestre, et regarder cette planète comme une masse presque sphérique, dont la surface est assujétie à une température qui demeure constante pour tous les points d'un parallèle donné, mais qui n'est pas la même pour un autre parallèle. Il en résulte que chaque molécule intérieure a aussi une température fixe déterminée par sa position. La question mathématique consisterait à connaître la température fixe d'un point donné, et la loi que suit la chaleur solaire en pénétrant dans l'intérieur du globe.

Cette diversité des températures nous intéresse davantage, si l'on considère les changements qui se succèdent dans l'enveloppe même dont nous habitons la superficie. Ces alternatives de chaleur et de froid, qui se reproduisent chaque jour et dans le cours de chaque année, ont été jusqu'ici l'objet d'observations multipliées. On peut aujourd'hui les soumettre au calcul, et déduire d'une Théorie commune tous les faits particuliers que l'expérience nous avait appris. Cette question se réduit à supposer que tous les points de la surface d'une sphère immense sont affectés de températures périodiques ; l'analyse fait ensuite connaître suivant quelle loi l'intensité des variations décroît à mesure que la profondeur augmente ; quelle est, pour une profondeur donnée, la quantité des changements annuels ou diurnes, l'époque de ces changements, et comment la valeur fixe de la température souterraine se déduit des températures variables observées à la surface.

13.

Les équations générales de la propagation de la chaleur sont aux différences partielles, et quoique la forme en soit très-simple, les méthodes connues ne fournissent aucun moyen général de les intégrer; on ne pourrait donc pas en déduire les valeurs des températures après un temps déterminé. Cette interprétation numérique des résultats du calcul est cependant nécessaire, et c'est un degré de perfection qu'il serait très-important de donner à toutes les applications de l'analyse aux sciences naturelles. On peut dire que tant qu'on ne l'a pas obtenu, les solutions demeurent incomplètes ou inutiles, et que la vérité qu'on se proposait de découvrir n'est pas moins cachée dans les formules d'analyse, qu'elle ne l'était dans la question physique elle-même. Nous nous sommes attachés avec beaucoup de soin, et nous sommes parvenus à surmonter cette difficulté dans toutes les questions que nous avons traitées, et qui contiennent les éléments principaux de la Théorie de la chaleur. Il n'y a aucune de ces questions dont la solution ne fournisse des moyens commodes et exacts de trouver les valeurs numériques des températures acquises, ou celles des quantités de chaleur écoulées, lorsqu'on connaît les valeurs du temps et celles des coordonnées variables. Ainsi l'on ne donnera pas seulement les équations différentielles auxquelles doivent satisfaire les fonctions qui expriment les valeurs des températures; on donnera ces fonctions elles-mêmes sous une forme qui facilite les applications numériques.

14.

Pour que ces solutions fussent générales et qu'elles eussent une étendue équivalente à celle de la question, il était nécessaire qu'elles pussent convenir avec l'état initial des températures qui est arbitraire. L'examen de cette condition fait connaître que l'on peut développer en séries convergentes, ou exprimer par des intégrales définies, les fonctions qui ne sont point assujéties à une loi constante, et qui représentent les ordonnées des lignes irrégulières ou discontinues. Cette propriété jette un nouveau jour sur la Théorie des équations aux différences partielles, et étend l'usage des fonctions arbitraires en les soumettant aux procédés ordinaires de l'analyse.

15.

Il restait encore à comparer les faits avec la Théorie. On a entrepris, dans cette vue, des expériences variées et précises, dont les résultats sont conformes à ceux du calcul, et lui donnent une autorité qu'on eût été porté à lui refuser dans une matière nouvelle, et qui paraît sujette à tant d'incertitudes. Ces expériences confirment le principe dont on est parti, et qui est adopté de tous les physiciens, malgré la diversité de leurs hypothèses sur la nature de la chaleur.

16.

L'équilibre de température ne s'opère pas seulement par la voie du contact, il s'établit aussi entre les corps séparés les uns des autres, et qui demeurent long-temps placés dans un même lieu. Cet effet est indépendant du contact du milieu; nous l'avons observé dans des espaces entièrement vides d'air. Il fallait donc, pour compléter notre Théorie, examiner les lois que suit la chaleur rayonnante en s'éloignant de la superficie des corps. Il résulte des observations de plusieurs physiciens et de nos propres expériences, que l'intensité des différents rayons qui sortent, dans tous les sens, de chaque point de la superficie d'un corps échauffé, dépend de l'angle que fait leur direction avec la surface dans ce même point. Nous avons démontré que l'intensité de chaque rayon est d'autant moindre, qu'il fait avec l'élément de la surface un plus petit angle, et qu'elle est proportionnelle au sinus de cet angle. Cette loi générale de l'émission de la chaleur, que diverses observations avaient déja indiquée, est une conséquence nécessaire du principe de l'équilibre des températures et des lois de la propagation de la chaleur dans les corps solides.

Telles sont les questions principales que l'on a traitées dans cet ouvrage; elles sont toutes dirigées vers un seul but, qui est d'établir clairement les principes mathématiques de la Théorie de la chaleur, et de concourir ainsi aux progrès des arts utiles et à ceux de l'étude de la nature.

17.

On aperçoit par ce qui précède, qu'il existe une classe très-étendue de phénomènes qui ne sont point produits par des forces mécaniques, mais qui résultent seulement de la présence et de l'accumulation de la chaleur. Cette partie de la philosophie naturelle ne peut se rapporter aux théories dynamiques, elle a des principes qui lui sont propres, et elle est fondée sur une méthode semblable à celle des autres sciences exactes. Par exemple, la chaleur solaire qui pénètre l'intérieur du globe, s'y distribue suivant une loi régulière qui ne dépend point de celles du mouvement, et ne peut être déterminée par les principes de la mécanique. Les dilatations que produit la force répulsive de la chaleur, et dont l'observation sert à mesurer les températures, sont, à la vérité, des effets dynamiques; mais ce ne sont point ces dilatations que l'on calcule, lorsqu'on recherche les lois de la propagation de la chaleur.

18.

Il y a d'autres effets naturels plus composés, qui dépendent à-la-fois de l'influence de la chaleur et des forces attractives : ainsi les variations de température que les mouvements du soleil occasionnent dans l'atmosphère et dans l'Océan, changent continuellement la densité des différentes parties de l'air et des eaux. L'effet des forces auxquelles ces masses obéissent est modifié à chaque instant par une nouvelle distribution de la chaleur, et l'on ne peut douter que cette cause ne produise les vents réguliers et les principaux courants de la mer; les attractions solaire et lunaire n'occasionnent dans l'atmosphère que des mouvements peu sensibles, et non des déplacements généraux. Il était donc nécessaire, pour soumettre ces grands phénomènes au calcul, de découvrir les lois mathématiques de la propagation de la chaleur dans l'intérieur des masses.

19.

On connaîtra, par la lecture de cet ouvrage, que la chaleur affecte dans les corps une disposition régulière, indépendante de la distribution primitive, que l'on peut regarder comme arbitraire.

De quelque manière que la chaleur ait d'abord été répartie, le système initial des températures s'altérant de plus en plus, ne tarde point à se confondre sensiblement avec un état déterminé qui ne dépend que de la figure du solide. Dans ce dernier état, les températures de tous les points s'abaissent en même temps, mais conservent entre elles les mêmes rapports; c'est pour exprimer cette propriété que les formules analytiques contiennent des termes composés d'exponentielles et de quantités, analogues aux fonctions trigonométriques.

Plusieurs questions de mécanique présentent des résultats analogues, tels que l'isochronisme des oscillations, la résonnance multiple des corps sonores. Les expériences communes les avaient fait remarquer, et le calcul en a ensuite démontré la véritable cause. Quant à ceux qui dépendent des changements de température, ils n'auraient pu être reconnus que par des expériences très-précises; mais l'analyse mathématique a dévancé les observations, elle supplée à nos sens, et nous rend en quelque sorte, témoins des mouvements réguliers et harmoniques de la chaleur dans l'intérieur des corps.

20.

Ces considérations offrent un exemple singulier des rapports qui existent entre la science abstraite des nombres et les causes naturelles.

Lorsqu'une barre métallique est exposée par son extrémité à l'action constante d'un foyer, et que tous ses points ont acquis leur plus haut degré de chaleur, le système des températures fixes correspond exactement à une table de logarithmes ; les nombres sont les élévations des thermomètres placés aux différents points, et les logarithmes sont les distances de ces points au foyer. En général, la chaleur se répartit d'elle-même dans l'intérieur des solides, suivant une loi simple exprimée par une équation aux différences partielles, commune à des questions physiques d'un ordre différent. L'irradiation de la chaleur a une relation manifeste avec les tables de sinus ; car les rayons qui sortent d'un même point d'une surface échauffée, diffèrent beaucoup entre eux, et leur intensité est rigoureusement proportionnelle au sinus de l'angle que fait leur direction avec l'élément de la surface. Si l'on pouvait observer pour chaque instant et en chaque point d'une masse solide homogène, les changements de température, on retrouverait dans la série de ces observations les propriétés des séries recurrentes, celle des sinus et des logarithmes ; on les remarquerait, par exemple, dans les variations diurnes ou annuelles des températures des différents points du globe terrestre, qui sont voisins de la surface.

On reconnaîtrait encore les mêmes résultats et tous les éléments principaux de l'analyse générale dans les vibrations des milieux élastiques, dans les propriétés des lignes ou des surfaces courbes, dans les mouvements des astres, et ceux de la lumière ou des fluides. C'est ainsi que les fonctions obtenues par des différentiations successives, et qui servent au développement des séries infinies et à la résolution numérique des équations, correspondent aussi à des propriétés physiques. La première de ces fonctions, ou la fluxion proprement dite, exprime. dans la géométrie, l'inclinaison de la tangente des lignes courbes, et dans la dynamique, la vîtesse du mobile pendant le mouvement varié : elle mesure dans la théorie de la chaleur la quantité qui s'écoule en chaque point d'un corps à travers une surface donnée. L'analyse mathématique a donc des rapports nécessaires avec les phénomènes sensibles ; son objet n'est point créé par l'intelligence de l'homme, il est un élément préexistant de l'ordre universel, et n'a rien de contingent et de fortuit ; il est empreint dans toute la nature.

21.

Des observations plus précises et plus variées feront connaître par la suite si les effets de la chaleur sont modifiés par des causes que l'on n'a point aperçues jusqu'ici, et la théorie acquerra une nouvelle perfection par la comparaison continuelle de ses résultats avec ceux des expériences ; elle expliquera des phénomènes importants que l'on ne pouvait point encore soumettre au calcul ; elle apprendra à déterminer tous les effets thermométriques des rayons solaires, les températures fixes ou variables que l'on observerait à différentes distances de l'équateur, dans l'intérieur du globe ou hors des limites de l'atmosphère, dans l'Océan ou dans les différentes régions de l'air. On en déduira la connaissance mathématique des grands mouvements qui résultent de l'influence de la chaleur combinée avec celle de la gravité. Ces mêmes principes serviront à mesurer la conducibilité propre ou relative des différents corps, et leur capacité spécifique, à distinguer toutes les causes qui modifient l'émission de la chaleur à la surface des solides, et à perfectionner les instruments thermométriques. Cette théorie excitera dans tous les temps l'attention des géomètres, par l'exactitude rigoureuse de ses éléments et les difficultés d'analyse qui lui sont propres, et sur-tout par l'étendue et l'utilité de ses applications ; car toutes les conséquences qu'elles fournit intéressent la physique générale, les opérations des arts, les usages domestiques ou l'économie civile.

SECTION II.

Notions générales, et définitions préliminaires.

22.

On ne pourrait former que des hypothèses incertaines sur la nature de la chaleur, mais la connaissance des lois mathématiques auxquelles ses effets sont assujétis est indépendante de toute hypothèse ; elle exige seulement l'examen attentif des faits principaux que les observations communes ont indiqués, et qui ont été confirmés par des expériences précises.

Il est donc nécessaire d'exposer, en premier lieu, les résultats généraux des observations, de donner des définitions exactes de tous les éléments du calcul, et d'établir les principes sur lesquels ce calcul doit être fondé.

L'action de la chaleur tend à dilater tous les corps solides, ou liquides, ou aériformes ; c'est cette propriété qui rend sa présence sensible. Les solides et les liquides augmentent de volume, si l'on augmente la quantité de chaleur qu'ils contiennent ; ils se condensent, si on la diminue.

Lorsque toutes les parties d'un corps solide homogène, par exemple, celles d'une masse métallique, sont également échauffées, et qu'elles conservent, sans aucun changement cette même quantité de chaleur, elles ont aussi et conservent une même densité. On exprime cet état en disant que, dans toute l'étendue de la masse, les molécules ont une température commune et permanente.

23.

Le thermomètre est un corps dont on peut apprécier facilement les moindres changements de volume; il sert à mesurer les températures par la dilatation des liquides, ou par celle de l'air. Nous supposons ici que l'on connaît exactement la construction, l'usage et les propriétés de ces instruments. La température d'un corps dont toutes les parties sont également échauffées, et qui conserve sa chaleur, est celle qu'indique le thermomètre, s'il est et s'il demeure en *contact parfait* avec le corps dont il s'agit.

Le *contact est parfait* lorsque le thermomètre est entièrement plongé dans une masse liquide, et, en général, lorsqu'il n'y a aucun point de la surface extérieure de cet instrument qui ne touche un des points de la masse solide ou fluide dont on veut mesurer la température. Il n'est pas toujours nécessaire, dans les expériences, que cette condition soit rigoureusement observée; mais on doit la supposer pour que la définition soit exacte.

24.

On détermine deux températures fixes, savoir : la température de la glace fondante, qui est désignée par o, et la température de l'eau bouillante que nous désignerons par 1 : on suppose que l'ébullition de l'eau a lieu sous une pression de l'atmosphère représentée par une certaine hauteur du

3.

baromètre ($\frac{}{}$6 centimètres), le mercure du baromètre étant à la température o.

25.

On mesure les différentes quantités de chaleur en déterminant combien de fois elles contiennent une quantité que l'on a fixée et prise pour unité. On suppose qu'une masse de glace d'un poids déterminé (un kilogramme) soit à la température o, et que, par l'addition d'une certaine quantité de chaleur, on la convertisse en eau à la même température o : cette quantité de chaleur ajoutée est la mesure prise pour unité. Ainsi la quantité de chaleur exprimée par un nombre C contient un nombre C de fois la quantité nécessaire pour résoudre un kilogramme de glace qui a la température zéro, en une masse d'eau qui a la même température zéro.

26.

Pour élever une masse métallique d'un certain poids, par exemple, un kilogramme de fer, depuis la température o jusqu'à la température 1, il est nécessaire d'ajouter une nouvelle quantité de chaleur à celle qui était déja contenue dans cette masse. Le nombre C, qui désigne cette quantité de chaleur ajoutée, est la capacité spécifique de chaleur du fer ; le nombre C a des valeurs très-différentes pour les différentes substances.

27.

Si un corps d'une nature et d'un poids déterminés (un kilogramme de mercure) occupe le volume V, étant à la température o, il occupera un volume plus grand V + Δ, lorsqu'il aura acquis la température 1, c'est-à-dire lorsqu'on

aura augmenté la chaleur qu'il contenait étant à la température o, d'une nouvelle quantité C, égale à sa capacité
spécifique de chaleur. Mais si, au lieu d'ajouter cette quantité C, on ajoute z C (z étant un nombre positif ou négatif),
le nouveau volume sera V + δ, au lieu d'être V + Δ. Or
les expériences font connaître que si z est égal à $\frac{1}{2}$, l'accroissement de volume δ est seulement la moitié de l'accroissement total Δ, et qu'en général, la valeur de δ est $z \Delta$, lorsque la quantité de chaleur ajoutée est z C.

28.

Ce rapport z des deux quantités de chaleur ajoutées z C et
C, qui est aussi celui des deux accroissements de volume δ
et Δ, est ce que l'on nomme la *température;* ainsi le nombre
qui exprime la température actuelle d'un corps représente
l'excès de son volume actuel sur le volume qu'il occuperait
à la température de la glace fondante, l'unité représentant
l'excès total du volume qui correspond à l'ébullition de l'eau,
sur le volume qui correspond à la glace fondante.

29.

Les accroissements de volume des corps sont en général
proportionnels aux accroissements des quantités de chaleur
qui produisent les dilatations; il faut remarquer que cette
proposition n'est exacte que dans les cas où les corps dont
il s'agit sont assujétis à des températures éloignées de celles
qui déterminent leur changement d'état. On ne serait point
fondé à appliquer ces résultats à tous les liquides; et, à
l'égard de l'eau en particulier, les dilatations ne suivent
point toujours les augmentations de chaleur.

En général, les températures sont des nombres proportionnels aux quantités de chaleur ajoutées, et dans les cas

que nous considérons, ces nombres sont aussi proportionnels aux accroissements du volume.

3o.

Supposons qu'un corps terminé par une surface plane d'une certaine étendue (un mètre carré) soit entretenu d'une manière quelconque à une température constante 1, commune à tous ses points, et que la surface dont il s'agit soit en contact avec l'air, maintenu à la température o : la chaleur qui s'écoulera continuellement par la surface, et passera dans le milieu environnant, sera toujours remplacée par celle qui provient de la cause constante à l'action de laquelle le corps est exposé; il s'écoulera ainsi par la surface, pendant un temps déterminé (une minute), une certaine quantité de chaleur désignée par h. Ce produit h, d'un flux continuel et toujours semblable à lui-même, qui a lieu pour une unité de surface à une température fixe, est la mesure de la conducibilité extérieure du corps, c'est-à-dire, de la facilité avec laquelle sa surface transmet la chaleur à l'air atmosphérique.

On suppose que l'air est continuellement déplacé avec une vîtesse uniforme et donnée; mais si la vîtesse du courant augmentait, la quantité de chaleur qui se communique au milieu varierait aussi; il en serait de même si l'on augmentait la densité de ce milieu.

31.

Si l'excès de la température constante du corps sur la température des corps environnants, au lieu d'être égale à 1, comme on l'a supposé, avait une valeur moindre, la quantité de chaleur dissipée serait moindre que h. Il résulte des observations, comme on le verra par la suite, que cette quantité de chaleur perdue est, toutes choses d'ailleurs égales, proportionnelle à l'excès de la température du corps sur celle de l'air et des corps environnants. Ainsi la quantité h ayant été déterminée par une expérience dans laquelle la surface échauffée est à la température 1·, et le milieu à la température 0, on peut en conclure qu'elle aurait la valeur hz, si la température de la surface était z, toutes les autres circonstances demeurant les mêmes.

32.

La valeur h de la quantité de chaleur qui se dissipe à travers la surface échauffée, est différente pour les différents corps; et elle varie pour un même corps, suivant les divers états de la surface. L'effet de l'irradiation est d'autant moindre, que la surface échauffée est plus polie, de sorte qu'en faisant disparaître le poli de la surface, on augmente considérablement la valeur de h. Un corps métallique échauffé se refroidira beaucoup plus vîte, si l'on couvre sa surface extérieure d'un enduit noir, propre à ternir entièrement l'état métallique.

33.

Les rayons de chaleur qui s'échappent de la surface d'un corps parcourent librement les espaces vides d'air; ils se propagent aussi dans l'air atmosphérique : leur direction n'est point troublée par les agitations de l'air intermédiaire; ils peuvent être réfléchis, et se réunissent aux foyers des miroirs métalliques. Les corps dont la température est élevée, et que l'on plonge dans un liquide, n'échauffent immédiatement que les parties de la masse qui sont en contact avec leur surface. Les molécules, dont la distance à cette surface n'est pas extrêmement petite, ne reçoivent point de chaleur directe; il n'en est pas de même des fluides aériformes; les rayons de chaleur s'y portent avec une extrême rapidité à des distances considérables, soit qu'une partie de ces rayons traverse librement les couches de l'air, soit que celles-ci se les transmettent subitement sans en altérer la direction.

34.

Lorsque le corps échauffé est placé dans un air qui conserve sensiblement une température constante, la chaleur qui se communique à l'air rend plus légère la couche de ce fluide voisine de la surface; cette couche s'élève d'autant plus vîte, qu'elle est plus échauffée, et elle est remplacée par une autre masse d'air froid. Il s'établit ainsi un courant d'air dont la direction est verticale, et dont la vîtesse est d'autant plus grande, que la température du corps est plus élevée. C'est pourquoi, si le corps se refroidissait successivement, la vîtesse du courant diminuerait avec la température, et la loi du refroidissement ne serait pas exactement la même que si le corps était exposé à un courant d'air d'une vîtesse constante, comme nous le supposons toujours dans cet ouvrage.

35.

Lorsque les corps sont assez échauffés pour répandre une très-vive lumière, une partie de leur chaleur rayonnante, mêlée à cette lumière, peut traverser les solides ou les liquides transparents; et elle est sujette à la force qui produit les réfractions. La quantité de chaleur qui jouit de cette faculté est d'autant moindre que les corps sont moins enflammés; elle est pour ainsi dire insensible pour les corps très-obscurs, quelque échauffés qu'ils soient. Une lame mince et diaphane intercepte presque toute la chaleur directe, qui sort d'une masse métallique ardente; mais elle s'échauffe à mesure que les rayons interceptés s'y accumulent; ou, si elle est formée d'eau glacée, elle devient liquide; si cette lame de glace est exposée aux rayons d'un flambeau, elle laisse passer avec la lumière une chaleur sensible.

36.

Nous avons pris pour mesure de la conducibilité extérieure d'un corps solide un coëfficient h, exprimant la quantité de chaleur qui passerait, pendant un temps déterminé (une minute), de la surface de ce corps dans l'air atmosphérique, en supposant que la surface ait une étendue déterminée (un mètre quarré), que la température constante du corps soit 1, que celle de l'air soit 0, et que la surface échauffée soit exposée à un courant d'air d'une vîtesse donnée invariable. On détermine cette valeur de h par les observations. La quantité de chaleur exprimée par le coëfficient se forme de deux parties distinctes, qui ne peuvent être mesurées que par des expériences très-précises. L'une est la chaleur communiquée par voie de contact à l'air environnant; l'autre, beaucoup moindre que la première, est la chaleur rayonnante émise. On doit supposer, dans les premières recherches, que la quantité de chaleur perdue ne change point, si l'on augmente d'une quantité commune et assez petite la température du corps échauffé et celle du milieu.

37.

Les substances solides diffèrent encore, comme nous l'avons dit, par la propriété qu'elles ont d'être plus ou moins perméables à la chaleur; cette qualité est leur conducibilité propre : nous en donnerons la définition et la mesure exacte, après avoir traité de la propagation uniforme et linéaire de la chaleur. Les substances liquides jouissent aussi de la faculté

4

de transmettre la chaleur de molécule à molécule, et la valeur numérique de leur conducibilité varie suivant la nature de ces substances; mais on en observe difficilement l'effet dans les liquides, parce que leurs molécules changent de situation en changeant de température. C'est de ce déplacement continuel que résulte principalement la propagation de la chaleur, toutes les fois que les parties inférieures de la masse sont les plus exposées à l'action du foyer. Si, au contraire, on applique le foyer à la partie de la masse qui est la plus élevée, comme cela avait lieu dans plusieurs de nos expériences, la transmission de la chaleur, qui est très-lente, n'occasionne aucun déplacement, à moins que l'accroissement de la température ne diminue le volume, ce que l'on remarque en effet dans des cas singuliers voisins des changements d'état.

38.

A cet exposé des résultats principaux des observations, il faut ajouter une remarque générale sur l'équilibre des températures; elle consiste en ce que les différents corps qui sont placés dans un même lieu, dont toutes les parties sont et demeurent également échauffées, y acquièrent aussi une température commune et permanente.

Supposons que tous les points d'une masse M aient une température commune et constante a, qui est entretenue par une cause quelconque : si l'on met un corps moindre m en contact parfait avec la masse M, il prendra la température commune a. A la vérité, ce résultat n'aurait lieu rigoureusement qu'après un temps infini; mais le sens précis de la proposition est que si le corps m avait la température a avant d'être mis en contact, il la conserverait sans aucun changement. Il en serait de même d'une multitude d'autres corps, n, p, q, r, dont chacun serait mis séparément en contact parfait avec la masse M; ils acquerraient tous la température constante a. Ainsi le thermomètre étant successivement appliqué aux différents corps m, n, p, q, r.... indiquerait cette même température.

39.

L'effet dont il s'agit est indépendant du contact, et il aurait encore lieu, si le corps m était enfermé de toutes parts dans le solide M, comme dans une enceinte, sans toucher aucune de ses parties. Par exemple, si ce solide était une enveloppe sphérique d'une certaine épaisseur, entretenue par une cause extérieure à la température a, et renfermant un espace entièrement vide d'air, et si le corps m pouvait être placé dans une partie quelconque de cet espace sphérique, sans qu'il touchât aucun point de la surface intérieure de l'enceinte, il acquerrait la température commune a, ou plutôt il la conserverait s'il l'avait déja. Le résultat serait le même pour tous les autres corps n, p, q, r, soit qu'on les plaçât séparément ou ensemble dans cette même enceinte, et quelles que fussent d'ailleurs leur espèce et leur figure.

40.

De toutes les manières de se représenter l'action de la chaleur, celle qui paraît la plus simple et la plus conforme aux observations, consiste à comparer cette action à celle de la lumière. Les molécules éloignées les unes des autres se communiquent réciproquement à travers les espaces vides d'air ; leurs rayons de chaleur, comme les corps éclairés, se transmettent leur lumière.

Si dans une enceinte fermée de toutes parts, et entretenue par une cause extérieure à une température fixe a, on suppose que divers corps sont placés sans qu'ils touchent aucune des parties de l'enceinte, on observera des effets différents, suivant que les corps introduits dans cet espace vide d'air sont plus ou moins échauffés. Si l'on place d'abord un seul de ces corps, et qu'il ait la température même de l'enceinte, il enverra par tous les points de sa surface autant de chaleur qu'il en reçoit du solide qui l'environne, et c'est cet échange de quantités égales qui le maintient dans son premier état.

Si l'on introduit un second corps dont la température b soit moindre que a, il recevra d'abord, des surfaces qui l'environnent de toutes parts sans le toucher, une quantité de chaleur plus grande que celle qu'il envoie : il s'échauffera de plus en plus, et il perdra par sa surface plus de chaleur qu'auparavant. La température initiale b s'élevant continuellement, s'approchera sans cesse de la température fixe a, en sorte qu'après un certain temps, la différence sera presque insensible. L'effet serait contraire, si l'on plaçait dans la même enceinte un troisième corps dont la température serait plus grande que a.

41.

Tous les corps ont la propriété d'émettre la chaleur par leur surface ; ils en envoient d'autant plus, qu'ils sont plus échauffés ; l'intensité des rayons émis change très-sensiblement avec l'état de la superficie.

42.

Toutes les surfaces qui reçoivent les rayons de la chaleur des corps environnants, en réfléchissent une partie, et admettent l'autre : la chaleur qui n'est point réfléchie, mais qui s'introduit par la surface, s'accumule dans le solide; et tant qu'elle surpasse la quantité qui se dissipe par l'irradiation, la température s'élève.

43.

Les rayons qui tendent à sortir des corps échauffés sons arrêtés vers la surface par une force qui en réfléchit une partie dans l'intérieur de la masse. La cause qui empêche les rayons incidents de traverser la superficie, et qui divise ces rayons en deux parties, dont l'une est réfléchie, et dont l'autre est admise, agit de la même manière sur les rayons qui se dirigent de l'intérieur du corps vers l'espace extérieur.

Si en modifiant l'état de la surface, on augmente la force avec laquelle elle réfléchit les rayons incidents, on augmente en même temps la faculté qu'elle a de réfléchir vers l'intérieur du corps les rayons qui tendent à en sortir. La quantité des rayons incidents qui s'introduisent dans la masse, et celle des rayons émis par la surface, sont également diminuées.

44.

Si l'on plaçait ensemble dans l'enceinte dont nous avons parlé, une multitude de corps éloignés les uns des autres et inégalement échauffés, ils recevraient et se transmettraient leurs rayons de chaleur, en sorte que dans cet échange leurs températures varieraient continuellement, et tendraient toutes à devenir égales à la température fixe de l'enceinte.

Cet effet est précisément celui qui a lieu lorsque la chaleur se propage dans les corps solides; car les molécules qui composent les corps sont séparées par des espaces vides d'air, et ont la propriété de recevoir, d'accumuler et d'émettre la chaleur. Chacune d'elles envoie ses rayons de toutes parts, et en même temps elle reçoit ceux des molécules qui l'environnent.

45.

La chaleur envoyée par un point situé dans l'intérieur d'une masse solide, ne peut se porter directement qu'à une distance extrêmement petite; elle est, pour ainsi dire, interceptée par les particules les plus voisines; ce sont ces dernières seules qui la reçoivent immédiatement, et qui agissent sur les points plus éloignés. Il n'en est pas de même des fluides aériformes; les effets directs de l'irradiation y deviennent sensibles à des distances très-considérables.

46.

Ainsi la chaleur qui sort dans toutes les directions d'une partie d'une surface solide, pénètre dans l'air jusqu'à des points forts éloignés; mais elle n'est émise que par les molécules du corps, qui sont extrêmement voisines de la surface. Un point d'une masse échauffée, placé à une très-petite distance de la superficie plane qui sépare la masse de l'espace extérieur, envoie à cet espace une infinité de rayons; mais ils n'y parviennent pas entièrement; ils sont diminués de toute la quantité de chaleur qui s'arrête sur les molécules solides intermédiaires. La partie du rayon qui se dissipe dans l'espace est d'autant moindre, qu'elle traverse un plus long intervalle dans la masse. Ainsi le rayon qui sort perpendiculairement à la superficie a plus d'intensité que celui qui, partant du même point, suit une direction oblique, et les rayons les plus obliques sont entièrement interceptés.

La même conséquence s'applique à tous les points qui sont assez voisins de la superficie pour concourir à l'émission de la chaleur, il en résulte nécessairement que la quantité totale de chaleur qui sort de la surface sous la direction perpendiculaire est beaucoup plus grande que celle dont la direction est oblique. Nous avons soumis cette question au calcul, et l'analyse que nous en avons faite démontre que l'intensité du rayon est proportionnelle au sinus de l'angle que ce rayon fait avec l'élément de la surface. Les expériences avaient déja indiqué un résultat semblable.

47.

Ce théorême exprime une loi générale qui a une connexion nécessaire avec l'équilibre et le mode d'action de la chaleur. Si les rayons qui sortent d'une surface échauffée avaient la même intensité dans toutes les directions, le thermomètre que l'on placerait dans un des points de l'espace terminé de tous côtés par une enceinte entretenue à une température constante, pourrait indiquer une température incomparablement plus grande que celle de l'enceinte. Les corps que l'on enfermerait dans cette enceinte ne prendraient point une température commune, ainsi qu'on le remarque toujours ; celle qu'ils acquerraient dépendrait du lieu qu'ils occuperaient, ou de leur forme, ou de celles des corps voisins.

On observerait ces mêmes résultats ou d'autres effets également contraires à l'expérience commune, si l'on admettait entre les rayons qui sortent d'un même point, des rapports différents de ceux que l'on a énoncés. Nous avons reconnu que cette loi est seule compatible avec le fait général, de l'équilibre de la chaleur rayonnante.

48.

Si un espace vide d'air est terminé de tous côtés par une enceinte solide dont les parties sont entretenues à une température commune et constante a, et si l'on met en un point quelconque de l'espace un thermomètre qui ait la température actuelle a, il la conservera sans aucun changement. Il recevra donc à chaque instant de la surface intérieure de l'enceinte autant de chaleur qu'il lui en envoie. Cet effet des rayons de chaleur dans un espace donné est, à proprement parler, la mesure de la température : mais cette considération suppose la théorie mathématique de la chaleur rayonnante. Si l'on place maintenant entre le thermomètre et une partie de la surface de l'enceinte un corps M dont la température soit a, le thermomètre cessera de recevoir les rayons d'une partie de cette surface intérieure, mais ils seront remplacés par ceux qu'il recevra du corps interposé M. Un calcul facile prouve que la compensation est exacte, en sorte que l'état du thermomètre ne sera point changé. Il n'en est pas de même si la température du corps M n'est pas égale à celle de l'enceinte. Lorsqu'elle est plus grande, les rayons que le corps interposé M envoie au thermomètre et qui remplacent les rayons interceptés, ont plus de chaleur que ces derniers; la température du thermomètre doit donc s'élever.

Si, au contraire, le corps intermédiaire a une température moindre que a, celle du thermomètre devra s'abaisser; car les rayons que ce corps intercepte sont remplacés par ceux qu'il envoie, c'est-à-dire, par des rayons plus froids que ceux de l'enceinte, ainsi le thermomètre ne reçoit pas toute la chaleur qui serait nécessaire pour maintenir sa température *a*.

49.

On a fait abstraction jusqu'ici de la faculté qu'ont toutes les surfaces de réfléchir une partie des rayons qui leur sont envoyés. Si l'on ne considérait point cette propriété, on n'aurait qu'une idée très-incomplète de l'équilibre de la chaleur rayonnante.

Supposons donc que dans la surface intérieure de l'enceinte entretenue à une température constante, il y ait une portion qui jouisse, à un certain degré, de la faculté dont il s'agit ; chaque point de la surface réfléchissante enverra dans l'espace deux espèces de rayons ; les uns sortent de l'intérieur même de la substance dont l'enceinte est formée, les autres sont seulement réfléchis par cette même surface, à laquelle ils ont été envoyés. Mais en même-temps que la surface repousse à l'extérieur une partie des rayons incidents, elle retient dans l'intérieur une partie de ses propres rayons. Il s'établit à cet égard une compensation exacte, c'est-à-dire, que chacun des rayons propres, dont la surface empêche l'émission, est remplacé par un rayon réfléchi d'une égale intensité.

Le même résultat aurait lieu si la faculté de réfléchir les rayons affectait à un degré quelconque d'autres parties de l'enceinte, ou la superficie des corps placés dans le même espace, et parvenus à la température commune.

Ainsi, la réflexion de la chaleur ne trouble point l'équilibre des températures, et n'apporte, pendant que cet équilibre subsiste, aucun changement à la loi suivant laquelle l'intensité des rayons qui partent d'un même point décroît proportionnellement au sinus de l'angle d'émission.

5o.

Supposons que dans cette même enceinte, dont toutes les parties conservent la température a, on place un corps isolé M, et une surface métallique polie R, qui, tournant sa concavité vers le corps, réfléchisse une grande partie des rayons qu'elle en reçoit; si l'on place entre le corps M et la surface réfléchissante R, un thermomètre qui occupe le foyer de ce miroir, on observera trois effets différents, selon que la température du corps M sera égale à la température commune a, ou sera plus grande, ou sera moindre.

Dans le premier cas, le thermomètre conserve la température a; il reçoit, 1° des rayons de chaleur de toutes les parties de l'enceinte qui ne lui sont point cachées par le corps M ou par le miroir; 2° des rayons envoyés par le corps; 3° ceux que la surface R envoie au foyer, soit qu'ils viennent de la masse même du miroir, soit que la surface les ait seulement réfléchis; et parmi ces derniers on peut distinguer ceux qui sont envoyés au miroir par la masse M, et ceux qu'il reçoit de l'enceinte. Tous les rayons dont il s'agit proviennent des surfaces qui, d'après l'hypothèse, ont une température commune a, en sorte que le thermomètre est précisément dans le même état que si l'espace terminé par l'enceinte ne contenait point d'autre corps que lui.

Dans le second cas, le thermomètre placé entre le corps échauffé M et le miroir, doit acquérir une température plus grande que a. En effet, il reçoit les mêmes rayons que dans la première hypothèse; mais il y a deux différences remarquables : l'une provient de ce que les rayons envoyés par le corps M au miroir, et réfléchis sur le thermomètre, contiennent plus de chaleur que dans le premier cas. L'autre différence provient des rayons que le corps M envoie directement au thermomètre, et qui ont plus de chaleur qu'auparavant. L'une et l'autre cause, et principalement la première, concourent à élever la température du thermomètre.

Dans le troisième cas, c'est-à-dire, lorsque la température de la masse M est moindre que a, le thermomètre doit prendre aussi une température moindre que a. En effet, il reçoit encore toutes les espèces de rayons que nous avons distinguées pour le premier cas : mais il y en a deux sortes qui contiennent moins de chaleur que dans cette première hypothèse, savoir ceux qui, envoyés par le corps M, sont réfléchis par le miroir sur le thermomètre, et ceux que le même corps M lui envoie directement. Ainsi, le thermomètre ne reçoit pas toute la chaleur qui lui est nécessaire pour conserver sa température primitive a. Il envoie plus de chaleur qu'il n'en reçoit. Il faut donc que sa température s'abaisse jusqu'à ce que les rayons qu'il reçoit suffisent pour compenser ceux qu'il perd. C'est ce dernier effet que l'on a nommé la réflexion du froid, et qui, à proprement parler, consiste dans la réflexion d'une chaleur trop faible. Le miroir intercepte une certaine quantité de chaleur, et la remplace par une moindre quantité.

51.

Si l'on place dans l'enceinte entretenue à une température constante a un corps M dont la température a' soit moindre que a, la présence de ce corps fera baisser le thermomètre exposé à ses rayons, et l'on doit remarquer qu'en général

ces rayons, envoyés au thermomètre par la surface du corps
M, sont de deux espèces, savoir ceux qui sortent de l'intérieur de la masse M, et ceux qui, venant des diverses parties
de l'enceinte, rencontrent la surface M, et sont réfléchis sur
le thermomètre. Ces derniers ont la température commune
a, mais ceux qui appartiennent au corps M contiennent
moins de chaleur, et ce sont ces rayons qui refroidissent le
thermomètre. Si maintenant, en changeant l'état de la surface du corps M, par exemple, en détruisant le poli, on
diminue la faculté qu'elle a de réfléchir les rayons incidents;
le thermomètre s'abaissera encore, et prendra une température a'' moindre que a'. En effet, toutes les conditions
seront les mêmes que dans le cas précédent, si ce n'est que
la masse M envoie une plus grande quantité de ses propres
rayons, et réfléchit une moindre quantité des rayons qu'elle
reçoit de l'enceinte; c'est-à-dire, que ces derniers, qui ont
la température commune, sont en partie remplacés par des
rayons plus froids. Donc, le thermomètre ne reçoit plus
autant de chaleur qu'auparavant.

Si, indépendamment de ce changement de la surface du
corps M, on place un miroir métallique propre à réfléchir
sur le thermomètre les rayons sortis de M, la température
prendra une valeur a''' moindre que a''. En effet, le miroir
intercepte au thermomètre une partie des rayons de l'enceinte qui ont tous la température a, et les remplace par
trois espèces de rayons; savoir: 1° ceux qui proviennent de
l'intérieur même du miroir, et qui ont la température commune; 2° ceux que diverses parties de l'enceinte envoient au
miroir avec cette même température, et qui sont réfléchis
vers le foyer; 3° ceux qui, venant de l'intérieur du corps M,

tombent sur le miroir, et sont réfléchis sur le thermomètre. Ces derniers ont une température moindre que a ; donc le thermomètre ne reçoit plus autant de chaleur qu'il en recevait avant que l'on ne plaçât le miroir.

Enfin, si l'on vient à changer aussi l'état de la surface du miroir, et qu'en lui donnant un poli plus parfait, on augmente la faculté de réfléchir la chaleur, le thermomètre s'abaissera encore. En effet, toutes les conditions qui avaient lieu dans le cas précédent subsistent. Il arrive seulement que le miroir envoie une moindre quantité de ses propres rayons, et il les remplace par ceux qu'il réfléchit. Or, parmi ces derniers, tous ceux qui sortent de l'intérieur de la masse M ont moins d'intensité que s'ils venaient de l'intérieur du miroir métallique ; donc, le thermomètre reçoit encore moins de chaleur qu'auparavant ; il prendra donc une température a^{iv} moindre que a^{iii}.

On explique facilement par les mêmes principes tous les effets connus de l'irradiation de la chaleur ou du froid.

52.

Les effets de la chaleur ne peuvent nullement être comparés à ceux d'un fluide élastique, dont les molécules sont en repos. Ce serait inutilement que l'on voudrait déduire de cette hypothèse les lois de la propagation que nous expliquons dans cet ouvrage, et que toutes les expériences ont confirmées. L'état libre de la chaleur est celui de la lumière ; l'habitude de cet élément est donc entièrement différente de celle des substances aériformes. La chaleur agit de la même manière dans le vide, dans les fluides élastiques, et dans les masses liquides ou solides, elle ne s'y propage que par voie

d'irradiation, mais ses effets sensibles diffèrent selon la nature
des corps.

53.

La chaleur est le principe de toute élasticité; c'est sa force
répulsive qui conserve la figure des masses solides, et le volume des liquides. Dans les substances solides, les molécules
voisines céderaient à leur attraction mutuelle, si son effet
n'était pas détruit par la chaleur qui les sépare.

Cette force élastique est d'autant plus grande que la température est plus élevée; c'est pour cela que les corps se
dilatent ou se condensent, lorsqu'on élève ou lorsqu'on abaisse
leur température.

54.

L'équilibre qui subsiste dans l'intérieur d'une masse solide
entre la force répulsive de la chaleur et l'attraction moléculaire est stable; c'est-à-dire qu'il se rétablit de lui-même
lorsqu'il est troublé par une cause accidentelle. Si les molécules sont placées à la distance qui convenait à l'équilibre,
et si une force extérieure vient à augmenter cette distance
sans que la température soit changée, l'effet de l'attraction
commence à surpasser celui de la chaleur, et ramène les
molécules à leur position primitive, après une multitude
d'oscillations qui deviennent de plus en plus insensibles.

Un effet semblable s'opère en sens opposé lorsqu'une cause
mécanique diminue la distance primitive des molécules; telle
est l'origine des vibrations des corps sonores ou flexibles, et
de tous les effets de leur élasticité.

55.

Dans l'état liquide ou aériforme, la compression extérieure
s'ajoute ou supplée à l'attraction moléculaire, et, s'exerçant

sur les surfaces, elle ne s'oppose point au changement de figure, mais seulement à celui du volume occupé. L'emploi du calcul ferait mieux connaître comment la force répulsive de la chaleur, opposée à l'attraction des molécules ou à la compression extérieure, concourt à la composition des corps solides ou liquides, formés d'un ou plusieurs principes, et détermine les propriétés élastiques des fluides aériformes; mais ces recherches n'appartiennent point à l'objet que nous traitons, et rentrent dans les théories dynamiques.

56.

On ne peut douter que le mode d'action de la chaleur ne consiste toujours, comme celui de la lumière, dans la communication réciproque des rayons, et cette explication est adoptée aujourd'hui de la plupart des physiciens; mais il n'est point nécessaire de considérer les phénomènes sous cet aspect pour établir la théorie de la chaleur. On reconnaîtra, dans le cours de cet ouvrage, que les lois de l'équilibre de la chaleur rayonnante et celles de la propagation, dans les masses solides ou liquides, peuvent, indépendamment de toute explication physique, être rigoureusement démontrées comme des conséquences nécessaires des observations communes.

SECTION III.

Principe de la communication de la chaleur.

57.

Nous allons présentement examiner ce que les expériences nous apprennent sur la communication de la chaleur.

Si deux molécules égales sont formées de la même sub-

stance et ont la même température, chacune d'elles reçoit
de l'autre autant de chaleur qu'elle lui en envoie ; leur action
mutuelle doit donc être regardée comme nulle, parce que
le résultat de cette action ne peut apporter aucun changement dans l'état des molécules. Si, au contraire, la première
est plus échauffée que la seconde, elle lui envoie plus de
chaleur qu'elle n'en reçoit ; le résultat de l'action mutuelle
est la différence de ces deux quantités de chaleur. Dans tous
les cas, nous faisons abstraction des quantités égales de
chaleur que deux points matériels quelconques s'envoient
réciproquement ; nous concevons que le point le plus échauffé
agit seul sur l'autre, et qu'en vertu de cette action, le
premier perd une certaine quantité de chaleur qui est acquise par le second. Ainsi l'action de deux molécules, ou
la quantité de chaleur que la plus échauffée communique
à l'autre, est la différence des deux quantités qu'elles s'envoient réciproquement.

58.

Supposons que l'on place dans l'air un corps solide homogène, dont les différents points ont actuellement des
températures inégales ; chacune des molécules dont le corps
est composé commencera à recevoir de la chaleur de celles
qui en sont extrèmement peu distantes, ou leur en communiquera. Cette action s'exerçant pendant le même instant
entre tous les points de la masse, il en résultera un changement infiniment petit pour toutes les températures : le
solide éprouvera à chaque instant des effets semblables ; en
sorte que les variations de température deviendront de plus
en plus sensibles. Considérons seulement le système de deux
molécules égales et extrèmement voisines, m et n, et cher-

chons quelle est la quantité de chaleur que la première peut recevoir de la seconde pendant la durée d'un instant; on appliquera ensuite le même raisonnement à tous les autres points qui sont assez voisins du point *m* pour agir immédiatement sur lui dans le premier instant.

La quantité de chaleur communiquée par le point *n* au point *m* dépend de la durée de l'instant, de la distance extrêmement petite de ces points, de la température actuelle de chacun, et de la nature de la substance solide; c'est-à-dire que si l'un de ces éléments venait à varier, tous les autres demeurant les mêmes, la quantité de chaleur transmise varierait aussi. Or, les expériences ont fait connaître, à cet égard, un résultat général : il consiste en ce que toutes les autres circonstances étant les mêmes, la quantité de chaleur que l'une des molécules reçoit de l'autre est proportionnelle à la différence de température de ces deux molécules. Ainsi cette quantité serait double, triple, quadruple, si, tout restant d'ailleurs le même, la différence de la température du point *n* à celle du point *m* était double, ou triple, ou quadruple. Pour se rendre raison de ce résultat, il faut considérer que l'action de *n* sur *m* est toujours d'autant plus grande qu'il y a plus de différence entre les températures des deux points; elle est nulle, si les températures sont égales, mais si la molécule *n* contient plus de chaleur que la molécule égale *m*, c'est-à-dire si la température de *m* étant v, celle de *n* est $v + \Delta$, une portion de la chaleur excédante passera de *n* à *m*. Or, si l'excès de chaleur était double, ou, ce qui est la même chose, si la température de *n* était $v + 2\Delta$, la chaleur excédante serait composée de deux parties égales

6

correspondantes aux deux moitiés de la différence totale des températures 2Δ; chacune de ces parties aurait son effet propre comme si elle était seule : ainsi la quantité de chaleur communiquée par n à m serait deux fois plus grande que si la différence des températures était seulement Δ. C'est cette action simultanée des différentes parties de la chaleur excédante qui constitue le principe de la communication de la chaleur. Il en résulte que la somme des actions partielles, ou la quantité totale de chaleur que m reçoit de n, est proportionnelle à la différence des deux températures.

59.

En désignant par v et v' les températures des deux molécules égales m et n; par p, leur distance extrêmement petite, et par $d\,t$, la durée infiniment petite de l'instant, la quantité de chaleur que m reçoit de n, pendant cet instant, sera exprimée par $(v'-v)\,\varphi\,(p).d\,t$. On désigne par $\varphi\,(p)$ une certaine fonction de la distance p qui, dans les corps solides et dans les liquides, devient nulle lorsque p a une grandeur sensible. Cette fonction est la même pour tous les points d'une même substance donnée; elle varie avec la nature de la substance.

60.

La quantité de chaleur que les corps perdent par leur surface est assujétie au même principe. Si l'on désigne par σ l'étendue ou finie ou infiniment petite de la surface dont tous les points ont la température v, et si a représente la température de l'air atmosphérique, le coëfficient h étant la mesure de la conducibilité extérieure, on aura $\sigma\,h\,(v-a)\,d\,t$ pour l'expression de la quantité de chaleur que cette surface σ transmet à l'air pendant l'instant $d\,t$.

Lorsque les deux molécules, dont l'une transmet directement à l'autre une certaine quantité de chaleur, appartiennent au même solide, l'expression exacte de la chaleur communiquée est celle que nous avons donnée dans l'article précédent : parce que les molécules étant extrêmement voisines, la différence des températures est extrêmement petite. Il n'en est pas de même lorsque la chaleur passe d'un corps solide dans un milieu aériforme. Mais les expériences nous apprennent que si la différence est une quantité assez petite, la chaleur transmise est sensiblement proportionnelle à cette différence, et que le nombre h peut, dans les premières recherches, être considéré comme ayant une valeur constante, propre à chaque état de la surface, mais indépendant de la température.

61.

Ces propositions relatives à la quantité de chaleur communiquée, ont été déduites de diverses observations. On voit d'abord, comme une conséquence évidente des expressions dont il s'agit, que si l'on augmentait d'une quantité commune toutes les températures initiales de la masse solide, et celle du milieu où elle est placée, les changements successifs des températures seraient exactement les mêmes que si l'on ne faisait point cette addition. Or. ce résultat est sensiblement conforme aux expériences ; il a été admis par les premiers physiciens qui ont observé les effets de la chaleur.

62.

Si le milieu est entretenu à une température constante, et si le corps échauffé qui est placé dans ce milieu a des dimensions assez petites pour que la température, en s'abaissant de plus en plus, demeure sensiblement la même dans tous ses points, il suit des mêmes propositions qu'il s'échappera à chaque instant, par la surface du corps, une quantité de chaleur proportionnelle à l'excès de sa température actuelle sur celle du milieu. On en conclut facilement, comme on le verra dans la suite de cet ouvrage, que la ligne dont les abscisses représenteraient les temps écoulés, et dont les ordonnées représenteraient les températures qui correspondent à ces temps, est une courbe logarithmique : or, les observations fournissent aussi ce même résultat, lorsque l'excès de la température du solide sur celle du milieu est une quantité assez petite.

63.

Supposons que le milieu soit entretenu à la température constante o, et que les températures initiales des différents points a, b, c, d, etc. d'une même masse soient $\alpha, \beta, \gamma, \delta$, etc. qu'à la fin du premier instant elles soient devenues $\alpha', \beta', \gamma', \delta'$, etc. qu'à la fin du deuxième instant elles soient $\alpha'', \beta'', \gamma'', \delta''$, etc. ainsi de suite. On peut facilement conclure des propositions énoncées, que si les températures initiales des mêmes points avaient été $g\alpha, g\beta, g\gamma, d\delta$, etc. ($g$ étant un nombre quelconque), elles seraient devenues, en vertu de l'action des différents points à la fin du premier instant, $g\alpha', g\beta'; g\gamma', g\delta'$, etc., à la fin du second instant $g\alpha'', g\beta'', g\gamma'', g\delta''$, etc., ainsi de suite. En effet, comparons les cas où les températures initiales des points a, b, c, d étaient $\alpha, \beta, \gamma, \delta$, avec celui où elles sont $2\alpha, 2\beta, 2\gamma, 2\delta$, le milieu conservant, dans l'un et l'autre cas, la température o. Dans la seconde hypothèse, les différences des températures des deux points quelconques sont doubles de ce qu'elles étaient dans la première, et l'excès de la température de chaque point, sur celle

de chaque molécule du milieu, est.aussi double ; par conse-
quent la quantité de chaleur qu'une molécule quelconque envoie à une autre, ou celle qu'elle en reçoit, est, dans la
seconde hypothèse, double de ce qu'elle était dans la première. Le changement que chaque point subit dans sa température étant proportionnel à la quantité de chaleur acquise,
il s'ensuit que, dans le second cas, ce changement est double
de ce qu'il était dans le premier. Or, on a supposé que la
température initiale du premier point, qui était a, devient a'
à la fin du premier instant ; donc si cette température initiale
eût été $2a$, et si toutes les autres eussent été doubles, elle
serait devenue $2a'$. Il en serait de même de toutes les autres
molécules $b, c, d,$ et l'on tirera une conséquence semblable,
si le rapport, au lieu d'être 2, est un nombre quelconque g.
Il résulte donc du principe de la communication de la chaleur, que si l'on augmente ou si l'on diminue dans une raison
donnée toutes les températures initiales, on augmente ou l'on
diminue dans la même raison toutes les températures successives.

Ce résultat, comme les deux précédents, est confirmé par
les observations. Il ne pourrait point avoir lieu si la quantité
de chaleur qui passe d'une molécule à une autre n'était point,
en effet, proportionnelle à la différence des températures.

⁚ On a observé avec des instruments précis, les températures
permanentes des différents point d'une barre ou d'une armille
métalliques, et la propagation de la chaleur dans ces mêmes
corps et dans plusieurs autres solides de forme sphérique ou
cubique. Les résultats de ces expériences s'accordent avec
ceux que l'on déduit des propositions précédentes. Ils seraient entièrement différents, si la quantité de chaleur transmise par une molécule solide à une autre, ou à une molécule

de l'air, n'était pas proportionnelle à l'excès de température. Il est d'abord nécessaire de connaître toutes les conséquences rigoureuses de cette proposition ; par-là on détermine la partie principale des quantités qui sont l'objet de la question. En comparant ensuite les valeurs calculées avec celles que donnent des expériences nombreuses et très-précises, on peut facilement mesurer les variations des coëfficients, et perfectionner les premières recherches.

SECTION IV.

Du mouvement uniforme et linéaire de la chaleur.

65.

On considérera, en premier lieu, le mouvement uniforme de la chaleur dans le cas le plus simple, qui est celui d'un solide infini compris entre deux plans parallèles.

On suppose qu'un corps solide formé d'une substance homogène est compris entre deux plans infinis et parallèles ; le plan inférieur A est entretenu, par une cause quelconque, à une température constante a ; on peut concevoir, par exemple, que la masse est prolongée, et que le plan A est une section commune au solide et à cette masse intérieure échauffée dans tous ses points par un foyer constant ; le plan supérieur B est aussi maintenu, par une cause semblable, à une température fixe b, dont la valeur est moindre que celle de a : il s'agit de déterminer quel serait le résultat de cette hypothèse si elle était continuée pendant un temps infini.

Si l'on suppose que la température initiale de toutes les parties de ce corps soit b, on voit que la chaleur qui sort du foyer A se propagera de plus en plus, et élevera la température des molécules comprises entre les deux plans ;

mais celle du plan supérieur ne pouvant, d'après l'hypothèse, être plus grande que b, la chaleur se dissipera dans la
masse plus froide dont le contact retient le plan B à la température constante b. Le système. des températures tendra
de plus en plus à un état final qu'il ne pourra jamais
atteindre, mais qui aurait, comme on va le prouver, la propriété de subsister lui-même et de se conserver sans aucun
changement s'il était une fois formé.

Dans cet état final et fixe que nous considérons, la température permanente d'un point du solide est évidemment
la même pour tous les points d'une même section parallèle
à la base ; et nous allons démontrer que cette température
fixe, qui est commune à tous les points d'une section intermédiaire décroît en progression arithmétique depuis la base
jusqu'au plan supérieur, c'est-à-dire, qu'en représentant les
températures constantes a et b par les ordonnées A α et B β,
(*Voy. fig.* 1), élevées perpendiculairement sur la distance AB
des deux plans, les températures fixes des couches intermédiaires seront représentées par les ordonnées de la droite AB,
qui joint les extrémités α et β ; ainsi, en désignant par z la
hauteur d'une section intermédiaire ou la distance perpendiculaire au plan A, par e la hauteur totale ou la distance AB,
et par v la température de la section dont la hauteur est z,
on doit avoir l'équation $v = a + \dfrac{b-a}{e} z$.

En effet, si les températures étaient établies d'abord suivant cette loi, et si les surfaces extrêmes A et B étaient toujours retenues aux températures a et b, il ne pourrait survenir aucun changement dans l'état du solide. Pour s'en convaincre, il suffira de comparer la quantité de chaleur qui

traverserait une section intermédiaire A′ à celle qui, pendant le même temps, traverserait une autre section B′.

En se représentant que l'état final du solide est formé et subsistant, on voit que la partie de la masse qui est au-dessous du plan A′ doit communiquer de la chaleur à la partie qui est au-dessus de ce plan, puisque cette seconde partie est moins échauffée que la première.

Imaginons que deux points du solide m et m', extrêmement voisins l'un de l'autre, et placés d'une manière quelconque, l'un m au-dessous du plan A′, et l'autre m' au-dessus de ce plan, exercent leur action pendant un instant infiniment petit : le point le plus échauffé m communiquera à m' une certaine quantité de chaleur qui traversera ce plan A′. Soient x, y, z, les coordonnées rectangulaires du point m, et x', y', z', les coordonnées du point m' ; considérons encore deux points n et n' extrêmement voisins l'un de l'autre, et placés, par rapport au plan B′, de même que m et m' sont placés par rapport au plan A′ : c'est-à-dire, qu'en désignant par ζ la distance perpendiculaire des deux sections A′ et B′, les coordonnées du point n seront $x, y, z + \zeta$, et celles du point n' seront $x', y', z' + \zeta$; les deux distances mm' et nn' seront égales : de plus, la différence de la température v du point m à la température v' du point m' sera la même que la différence des températures des deux points n et n'. En effet, cette première différence se déterminera en substituant z et ensuite z' dans l'équation générale $v = a + \dfrac{b-a}{e} z$, et retranchant la seconde équation de la première, on en conclura $v - v' = \dfrac{b-a}{e}(z - z')$. On trouvera ensuite, par les substitutions de $z + \zeta$ et $z' + \zeta$, que l'excès de la température du point n sur celle du point n' a aussi pour expression $\frac{b-a}{e}(z-z')$.

Il suit de là que la quantité de chaleur envoyée par le point m au point m' sera la même que la quantité de chaleur envoyé par le point n au point n', car tous les éléments qui concourent à déterminer cette quantité de chaleur transmise sont les mêmes.

Il est manifeste que l'on peut appliquer le même raisonnement à tous les systèmes de deux molécules qui se communiquent de la chaleur à travers la section A′ ou la section B′; donc, si l'on pouvait recueillir toute la quantité de chaleur qui s'écoule, pendant un même instant, à travers la section A′ ou la section B′, on trouverait que cette quantité est la même pour les deux sections.

Il en résulte que la partie du solide comprise entre A′ et B′ reçoit toujours autant de chaleur qu'elle en perd, et comme cette conséquence s'applique à une portion quelconque de la masse comprise entre deux sections parallèles, il est évident qu'aucune partie du solide ne peut acquérir une température plus élevée que celle qu'elle a présentement. Ainsi, il est rigoureusement démontré que l'état du prisme subsistera continuellement tel qu'il était d'abord.

Donc, les températures permanentes des différentes sections d'un solide compris entre les deux plans parallèles infinis, sont représentées par les ordonnées de la ligne droite $\alpha \beta$, et satisfont à l'équation linéaire $v = a + \frac{b-a}{e}z$.

66.

On voit distinctement, par ce qui précède, en quoi consiste la propagation de la chaleur dans un solide compris entre

7

deux plans parallèles et infinis, dont chacun est maintenu à une température constante. La chaleur pénètre successivement dans la masse à travers la base inférieure : les températures des sections intermédiaires s'élèvent, et ne peuvent jamais surpasser ni même atteindre entièrement une certaine limite dont elles s'approchent de plus en plus : cette limite ou température finale est différente pour les différentes couches intermédiaires, et elle décroît, en progression arithmétique, depuis la température fixe du plan inférieur, jusqu'à la température fixe du plan supérieur.

Les températures finales sont celles qu'il faudrait donner au solide pour que son état fût permanent ; l'état variable qui le précède peut être aussi soumis au calcul, comme on le verra par la suite ; mais nous ne considérons ici que le système des températures finales et permanentes. Dans ce dernier état, il s'écoule, pendant chaque division du temps, à travers une section parallèle à la base ou une portion déterminée de cette section, une certaine quantité de chaleur qui est constante, si les divisions du temps sont égales. Ce flux uniforme est le même pour toutes les sections intermédiaires ; il est égal à celui qui sort du foyer et à celui que perd, dans le même temps, la surface supérieure du solide en vertu de la cause qui maintient la température.

67.

Il s'agit maintenant de mesurer cette quantité de chaleur qui se propage uniformément dans le solide, pendant un temps donné, à travers une partie déterminée d'une section parallèle à la base : elle dépend, comme on va le voir, des deux températures extrêmes a et b, et de la distance e des deux bases ; elle varierait, si l'un quelconque de ces éléments venait à changer, les autres demeurant les mêmes. Supposons un second solide, formé de la même substance que le premier, et compris entre deux plans parallèles infinis, dont la distance perpendiculaire est e'; (*Voy. fig.* 2) la base inférieure est entretenue à la température fixe a', et la base supérieure, à la température fixe b' : l'un et l'autre solides sont considérés dans cet état final et permanent qui a la propriété de se conserver lui-même dès qu'il est formé. Ainsi la loi des températures est exprimée, pour le premier corps, par l'équation $v = a + \dfrac{b-a}{e} z$, et pour le second, par l'équation $u = a' + \dfrac{b'-a'}{e'} z$, v étant dans le premier solide, et u dans le second, la température de la section dont z est la hauteur.

Cela posé, on comparera la quantité de chaleur qui, pendant l'unité de temps, traverse une étendue égale à l'unité de surface prise sur une section intermédiaire L du premier solide, à celle qui, pendant le même temps, traverse une égale étendue prise sur la section L' du second, ε étant la hauteur commune de ces deux sections, c'est-à-dire, la distance de chacune d'elles à la base inférieure. On considérera dans le premier corps deux points n et n' extrêmement voisins, et dont l'un n est au-dessous du plan L, et l'autre n' au-dessus de ce plan : x, y, z, sont les coordonnées de n; et x', y', z', les coordonnées de n', ε étant moindre que z', et plus grand que z.

On considérera aussi dans le second solide l'action instantanée de deux points p et p', qui sont placés, par rapport à la section L', de même que les points n et n' par rapport à la section L du premier solide. Ainsi, les mêmes coordonnées x, y, z, et x', y', z', rapportées à trois axes rectangulaires dans le second corps, fixeront aussi la position des points p et p'.

Or, la distance du point n au point n' est égale à la distance du point p au point p', et comme les deux corps sont formés de la même substance, on en conclut, suivant le principe de la communication de la chaleur, que l'action de n sur n', ou la quantité de chaleur donnée par n à n', et l'action de p sur p', ont entre elles le même rapport que les différences de températures $v - v'$ et $u - u'$.

En substituant v, et ensuite v' dans l'équation qui convient au premier solide, et retranchant on trouve $v - v' = \left(\dfrac{b-a}{e}\right)$ $(z - z')$, on a aussi, au moyen de la seconde équation, $u - u' = \left(\dfrac{b-a}{e}\right) (z - z')$, donc le rapport des deux actions dont il s'agit est celui de $\dfrac{a-b}{e}$ à $\dfrac{a'-b'}{e'}$.

On peut concevoir maintenant plusieurs autres systèmes de deux molécules dont la première envoie à la seconde à travers le plan L, une certaine quantité de chaleur, et chacun de ces systèmes, choisi dans le premier solide, pouvant être comparé à un système homologue placé dans le second, et dont l'action s'exerce à travers la section L', on appliquera encore le raisonnement précédent pour prouver que le rapport des deux actions est toujours celui de $\dfrac{a-b}{e}$ à $\dfrac{a'-b'}{e'}$.

Or, la quantité totale de chaleur qui, pendant un instant, traverse la section L, résulte de l'action simultanée d'une multitude de systèmes dont chacun est formé de deux points ; donc cette quantité de chaleur et celle qui, dans le second solide, traverse pendant le même instant la section L′, ont aussi entre elles le rapport de $\dfrac{a-b}{e}$ à $\dfrac{a'-b'}{e'}$.

Il est donc facile de comparer entre elles l'intensité des flux constants de chaleur qui se propagent uniformément dans l'un et l'autre solides, c'est-à-dire les quantités de chaleur qui, pendant l'unité de temps, traversent l'unité de surface dans chacun de ces corps. Le rapport de ces deux intensités est celui des deux quotients $\dfrac{a-b}{e}$ et $\dfrac{a'-b'}{e'}$. Si les deux quotients sont égaux, les flux sont les mêmes, quelles que soient d'ailleurs les valeurs $a, b, e; a', b', e';$ en général, en désignant par F le premier flux, et par F′ le second, on aura

$$\frac{F}{F'} = \left(\frac{a-b}{e}\right) : \left(\frac{a'-b'}{e'}\right).$$

68.

Supposons que, dans le second solide, la température permanente a' du plan inférieur soit celle de l'eau bouillante 1; que la température b' du plan supérieur soit celle de la glace fondante 0; que la distance e' des deux plans soit l'unité de mesure (un mètre); désignons par K le flux constant de chaleur qui, pendant l'unité de temps (une minute), traverserait l'unité de surface dans ce dernier solide, s'il était formé d'une substance donnée; K exprimant un certain nombre d'unités de chaleur, c'est-à-dire un certain nombre de fois la chaleur nécessaire pour convertir en eau un kilogramme de glace : on aura, en général, pour déterminer le flux constant F, dans un solide formé de cette même substance, l'équation

$$\frac{F}{K} = \frac{a-b}{e} \text{ ou } F = K\frac{a-b}{e}.$$

La valeur de F est celle de la quantité de chaleur qui,

pendant l'unité de temps, passe à travers une étendue égale
à l'unité de surface prise sur une section parallèle à la base.

Ainsi l'état thermométrique d'un solide compris entre deux
bases parallèles infinies dont la distance perpendiculaire est
e, et qui sont maintenues à des températures fixes a et b,
est représenté par les deux équations :

$$v = a + \frac{b-a}{e}\, z, \text{ et } F = K\,\frac{a-b}{e} \text{ ou } F = -K\,\frac{dv}{dz}.$$

La première de ces équations exprime la loi suivant laquelle les températures décroissent depuis la base inférieure
jusqu'à la face opposée ; la seconde fait connaître la quantité
de chaleur qui traverse, pendant un temps donné, une partie déterminée d'une section parallèle à la base.

69.

Nous avons choisi ce même coëfficient K, qui entre dans
la seconde équation, pour la mesure de la conducibilité spécifique de chaque substance ; ce nombre a des valeurs très-
différentes pour les différents corps.

Il représente, en général, la quantité de chaleur qui, dans
un solide homogène formé d'une substance donnée, et compris entre deux plans parallèles infinis, s'écoule, pendant
une minute, à travers une surface d'un mètre quarré prise sur
une section parallèle aux plans extrêmes, en supposant que
ces deux plans sont entretenus, l'un à la température de l'eau
bouillante, l'autre à la température de la glace fondante, et
que tous les plans intermédiaires ont acquis et conservent
une température permanente.

On pourrait employer une autre définition de la conducibilité, comme on pourrait estimer la capacité de chaleur en
la rapportant à l'unité de volume, au lieu de la rapporter à

l'unité de masse. Toutes ces définitions sont équivalentes, pourvu qu'elles soient claires et précises.

Nous ferons connaître par la suite comment on peut déterminer par l'observation la valeur K de la conducibilité ou conductibilité dans les différentes substances.

70.

Pour établir les équations que nous avons rapportées dans l'article 68, il ne serait pas nécessaire de supposer que les points qui exercent leur action à travers les plans, sont extrêmement peu distants. Les conséquences seraient encore les mêmes si les distances de ces points avaient une grandeur quelconque ; elles s'appliqueraient donc aussi au cas où l'action immédiate de la chaleur se porterait dans l'intérieur de la masse jusqu'à des distances assez considérables, toutes les circonstances qui constituent l'hypothèse demeurant d'ailleurs les mêmes.

Il faut seulement supposer que la cause qui entretient les températures à la superficie du solide n'affecte pas seulement la partie de la masse, qui est extrêmement voisine de la surface, mais que son action s'étend jusqu'à une profondeur finie. L'équation $v = a - \left(\dfrac{a-b}{e}\right) z$ représentera encore dans ce cas les températures permanentes du solide. Le vrai sens de cette proposition est que, si l'on donnait à tous les points de la masse, les températures exprimées par l'équation, et si de plus une cause quelconque, agissant sur les deux tranches extrêmes, retenait toujours chacune de leurs molécules à la température que cette même équation leur assigne, les points intérieurs du solide conserveraient, sans aucun changement, leur état initial.

Si l'on supposait que l'action d'un point de la masse pût s'étendre jusqu'à une distance finie ε, il faudrait que l'épaisseur des tranches extrêmes, dont l'état est maintenu par la cause extérieure, fût au moins égale à ε. Mais la quantité ε n'ayant en effet, dans l'état naturel des solides, qu'une valeur inappréciable, on doit faire abstraction de cette épaisseur ; et il suffit que la cause extérieure agisse sur chacune des deux couches, extrêmement petites, qui terminent le solide. C'est toujours ce que l'on doit entendre par cette expression, entretenir la température constante de la surface.

71.

Nous allons encore examiner le cas où le même solide serait exposé, par l'une de ses faces, à l'air atmosphérique entretenu à une température constante.

Supposons donc que ce plan inférieur conserve, en vertu d'une cause extérieure quelconque, la température fixe a, et que le plan supérieur, au lieu d'être retenu, comme précédemment, à une température moindre b, est exposé à l'air atmosphérique maintenu à cette température b, la distance perpendiculaire des deux plans étant toujours désignée par e : il s'agit de déterminer les températures finales.

En supposant que, dans l'état initial du solide, la température commune de ses molécules est b ou moindre que b, on se représente facilement que la chaleur qui sort incessamment du foyer A pénètre la masse, et élève de plus en plus les températures des sections intermédiaires ; la surface supérieure s'échauffe successivement, et elle laisse échapper dans l'air une partie de la chaleur qui a pénétré le solide. Le système des températures s'approche continuellement d'un dernier état qui subsisterait de lui-même s'il était d'abord formé ; dans cet état final, qui est celui que nous considérons, la température du plan B a une valeur fixe, mais inconnue, que nous désignerons par β, et comme le plan inférieur A conserve aussi une température permanente a, le système des températures est représenté par l'équation générale $v = a + \frac{\beta - a}{e} z$, v désignant toujours la temperature fixe de la section dont la hauteur est z. La quantité de chaleur qui s'écoule pendant l'unité de temps, à travers une surface égale à l'unité et prise sur une section quelconque, est $k \frac{a - \beta}{e}$, k désignant la conducibilité propre.

Il faut considérer maintenant que la surface supérieure B, dont la température est β, laisse échapper dans l'air une certaine quantité de chaleur qui doit être précisément égale à celle qui traverse une section quelconque L du solide. S'il n'en était pas ainsi, la partie de la masse qui est comprise entre cette section L et le plan B ne recevrait point une quantité de chaleur égale à celle qu'elle perd ; donc elle ne conserverait point son état, ce qui est contre l'hypothèse ; donc le flux constant de la surface est égal à celui qui traverse le solide : or, la quantité de chaleur qui sort, pendant l'unité de temps, de l'unité de surface prise sur le plan B, est exprimée par $h (\beta - b)$; b étant la température fixe de l'air, et h la mesure de la conducibilité de la surface B, on doit donc former l'équation $k \frac{a - \beta}{e} = h (\beta - b)$, qui fera connaître la valeur de β.

On en déduit $a - \beta = \frac{h e (a - b)}{h e + k}$, équation dont le second

8

membre est connu; car les températures a et b sont données ainsi que les quantités h, k, e.

En mettant cette valeur de $a - \beta$ dans l'équation générale $v = a + \dfrac{\beta - a}{e} z$, on aura, pour exprimer les températures de toutes les sections du solide, l'équation $a - v = \dfrac{hz(a - b)}{he + k}$ dans laquelle il n'entre que des quantités connues et les variables correspondantes v et z.

72.

Nous avons déterminé jusqu'ici l'état final et permanent des températures dans un solide compris entre deux surfaces planes, infinies et parallèles, entretenues à des températures inégales. Ce premier cas est, à proprement parler, celui de la propagation linéaire et uniforme, car il n'y a point de transport de chaleur dans le plan parallèle aux bases; celle qui traverse le solide s'écoule uniformément, puisque la valeur du flux est la même pour tous les instants et pour toutes les sections.

Nous allons rappeler les trois propositions principales qui résultent de l'examen de cette question; elles sont susceptibles d'un grand nombre d'applications, et forment les premiers éléments de notre théorie.

1º Si l'on élève aux deux extrémités de la hauteur e du solide deux perpendiculaires qui représentent les températures a et b des deux bases, et si l'on mène une droite qui joigne les extrémités de ces deux premières ordonnées, toutes les températures intermédiaires seront proportionnelles aux ordonnées de cette droite; elles sont exprimées par l'équation générale $a - v = \left(\dfrac{a-b}{e}\right) z$, v désignant la température de la section dont la hauteur est z.

2° La quantité de chaleur qui s'écoule uniformément, pendant l'unité de temps, à travers l'unité de surface prise sur une section quelconque parallèle aux bases, est, toutes choses d'ailleurs égales, en raison directe de la différence $a - b$ des températures extrêmes et en raison inverse de la distance e qui sépare ces bases. Cette quantité de chaleur est exprimée par $K \cdot \left(\dfrac{a-b}{e}\right)$, ou $- K \cdot \dfrac{dv}{dz}$, en déduisant de l'équation générale la valeur de $\dfrac{dv}{dz}$ qui est constante; ce flux uniforme est toujours représenté pour une substance donnée, et dans le solide dont il s'agit, par la tangente de l'angle compris entre la perpendiculaire e et la droite dont les ordonnées représentent les températures.

3° Si l'une des surfaces extrêmes du solide étant toujours assujétie à la température a, l'autre plan est exposé à l'air maintenu à une température fixe b; ce plan en contact avec l'air, acquiert, comme dans le cas précédent, une température fixe β, plus grande que b, et il laisse échapper dans l'air, à travers l'unité de surface, pendant l'unité de temps, une quantité de chaleur exprimée par $h(\beta - b)$, h désignant la conducibilité extérieure du plan.

Ce même flux de chaleur $h(\beta - b)$ est égal à celui qui traverse le prisme et dont la valeur est $K(a - \beta)$, on a donc l'équation $h(\beta - b) = K \cdot \dfrac{a - \beta}{e}$, qui donne la valeur de β.

8.

SECTION V.

*Loi des températures permanentes dans un prisme d'une
petite épaisseur.*

73.

On appliquera facilement les principes qui viennent d'être
exposés à la question suivante, qui est très-simple en elle-
même, mais dont il importait de fonder la solution sur une
théorie exacte.

Une barre métallique, dont la forme est celle d'un parallé-
lipipède rectangle d'une longueur infinie, est exposée à l'action d'un foyer de chaleur qui donne à tous les points de son
extrémité A une température constante. Il s'agit de déterminer les températures fixes des différentes sections de la
barre.

On suppose que la section perpendiculaire à l'axe est un
quarré dont le côté $2l$ est assez petit pour que l'on puisse
sans erreur sensible regarder comme égales les températures
des différents points d'une même section. L'air dans lequel
la barre est placée est entretenu à une température constante
o, et emporté par un courant d'une vîtesse uniforme.

La chaleur passera successivement dans l'intérieur du solide, toutes ses parties situées à la droite du foyer, et qui
n'étaient point exposées immédiatement à son action, s'échaufferont de plus en plus, mais la température de chaque point
ne pourra pas augmenter au-delà d'un certain terme. Ce
maximum de température n'est pas le même pour chaque
section; il est en général d'autant moindre que cette section

est plus éloignée de l'origine; on désignera par v la température fixe d'une section perpendiculaire à l'axe, et placée à
la distance x de l'origine A.

Avant que chaque point du solide ait atteint son plus
haut degré de chaleur, le système des températures varie
continuellement, et s'approche de plus en plus d'un état fixe,
qui est celui que l'on considère. Cet état final se conserverait
de lui-même, s'il était formé. Pour que le système des températures soit permanent, il est nécessaire que la quantité de
chaleur qui traverse, pendant l'unité de temps, une section
placée à la distance x de l'origine, compense exactement
toute la chaleur qui s'échappe, dans le même temps, par la
partie de la surface extérieure du prisme qui est située à la
droite de la même section. La tranche, dont l'épaisseur est
dx, et dont la surface extérieure est $8\,l\,dx$, laisse échapper
dans l'air, pendant l'unité de temps, une quantité de chaleur
exprimée par $8\,h\,lv\,dx$, h étant la mesure de la conducibilité
extérieure du prisme. Donc, en prenant l'intégrale $\int 8\,h.lv\,dx$
depuis $x = 0$ jusqu'à $x = \frac{1}{0}$, on trouvera la quantité de chaleur qui sort de toute la surface de la barre pendant l'unité
de temps; et si l'on prend la même intégrale, depuis $x = 0$
jusqu'à $x = x$, on aura la quantité de chaleur perdue par la
partie de la surface comprise entre le foyer et la section
placée à la distance x. Désignant par C la première intégrale
dont la valeur est constante, et par $\int 8\,h\,lv\,dx$ la valeur
variable de la seconde; la différence $C - \int 8\,h\,lv\,dx$ exprimera la quantité totale de chaleur qui s'échappe dans l'air,
à travers la partie de la surface placée à la droite de la section. D'un autre côté, la tranche du solide, comprise entre

deux sections infiniment voisines placées aux distances x et $x + dx$, doit être assimilée à un solide infini, terminé par deux plans parallèles, assujétis à des températures fixes v et $v + dv$, puisque, selon l'hypothèse, la température ne varie pas dans toute l'étendue d'une même section. L'épaisseur du solide est dx, et l'étendue de la section est $4l^2$: donc, la quantité de chaleur qui s'écoule uniformément, pendant l'unité de temps, à travers une section de ce solide, est, d'après les principes précédents, $-4l^2 k \frac{dv}{dx}$, k étant la conducibilité spécifique intérieure; on doit donc avoir l'équation

$$-4l^2 k \cdot \frac{dv}{dx} = \mathrm{C} - \int 8\, h\, l\, v\, dx, \text{ ou } k\, l \frac{d^2 v}{dx^2} = 2\, h\, v.$$

74.

On obtiendrait le même résultat, en considérant l'équilibre de la chaleur dans la seule tranche infiniment petite, comprise entre les deux sections dont les distances sont x et $x + dx$. En effet, la quantité de chaleur qui, pendant l'unité de temps, traverse la première section placée à la distance x, est $-4l^2 k \frac{dv}{dx}$. Pour trouver celle qui s'écoule pendant le même temps, à travers la section suivante placée à la distance $x + dx$, il faut, dans l'expression précédente, changer x en $x + dx$, ce qui donne $-4l^2 k \left(\frac{dv}{dx} + d\left(\frac{dv}{dx} \right) \right)$. Si l'on retranche cette seconde expression de la première, on connaîtra combien la tranche que terminent les deux sections, acquiert de chaleur pendant l'unité de temps; et puisque l'état de cette tranche est permanent, il faudra que toute cette chaleur acquise soit égale à celle qui se dissipe dans l'air à travers la surface extérieure $8l\, dx$ de cette même tranche; or, cette dernière quantité de chaleur est $8\,h\,l\nu\,dx$; on obtiendra donc la même équation

$$8\,h\,l.\nu\,d\,x = 4\,l^{2}.\,k\,d\left(\frac{d\nu}{dx}\right)\ \text{ou}\ \frac{d^{2}\nu}{dx^{2}} = \frac{2h}{kl}\nu.$$

75.

De quelque manière que l'on forme cette équation, il est nécessaire de remarquer que la quantité de chaleur qui pénètre dans la tranche dont l'épaisseur est dx, a une valeur finie, et que son expression exacte est $-4\,l^{2}.\,k\,\dfrac{d\nu}{dx}$. Cette tranche étant comprise entre deux surfaces, dont la première a la température ν, et la seconde une température moindre ν', on aperçoit d'abord que la quantité de chaleur qu'elle reçoit par la première surface dépend de la différence $\nu - \nu'$, et lui est proportionnelle; mais cette remarque ne suffit pas pour établir le calcul. La quantité dont il s'agit n'est point une différentielle : elle a une valeur finie, puisqu'elle équivaut à toute la chaleur qui sort par la partie de la surface extérieure du prisme qui est située à la droite de la section. Pour s'en former une idée exacte, il faut comparer la tranche, dont l'épaisseur est dx, à un solide terminé par deux plans parallèles dont la distance est e, et qui sont retenus à des températures inégales a et b. La quantité de chaleur qui pénètre dans un pareil prisme, à travers la surface la plus échauffée, est en effet proportionnelle à la différence $a - b$ des températures extrêmes, mais elle ne dépend pas seulement de cette différence : toutes choses d'ailleurs égales, elle est d'autant moindre que le prisme a plus d'épaisseur, et en général elle est proportionnelle à $\dfrac{a-b}{e}$. C'est pourquoi la quantité de chaleur qui pénètre par la première surface dans la tranche, dont l'épaisseur est dx, est proportionnelle à

$$\frac{v - v'}{dx}.$$

Nous insistons sur cette remarque parce que l'omission que l'on en avait faite a été le premier obstacle à l'établissement de la théorie. En ne faisant point une analyse complète des éléments de la question, on obtenait une équation non homogène, et, à plus forte raison, on n'aurait pu former les équations qui expriment le mouvement de la chaleur dans des cas plus composés.

Il était nécessaire aussi d'introduire dans le calcul les dimensions du prisme, afin de ne point regarder comme générales les conséquences que l'observation avait fournies dans un cas particulier. Ainsi l'on a reconnu par l'expérience qu'une barre de fer, dont on échauffait l'extrémité, ne pouvait acquérir, à six pieds de distance du foyer, une température d'un degré (octogésimal); car, pour produire cet effet, il faudrait que la chaleur du foyer surpassât beaucoup celle qui met le fer en fusion; mais ce résultat dépend de l'épaisseur du prisme que l'on a employé. Si elle eût été plus grande, la chaleur se serait propagée à une plus grande distance, c'est-à-dire, que le point de la barre qui acquiert une température fixe d'un degré, est d'autant plus éloigné du foyer que la barre a plus d'épaisseur, toutes les autres conditions demeurant les mêmes. On peut toujours élever d'un degré la température de l'extrémité d'un cylindre de fer, en échauffant ce solide par son autre extrémité; il ne faut que donner au rayon de la base une longueur suffisante; cela est, pour ainsi dire, évident, et d'ailleurs on en trouvera la preuve dans la solution de la question (art. 78).

76.

L'intégrale de l'équation précédente est

$$V = A e^{-x\sqrt{\frac{2h}{kl}}} + B e^{+\frac{1}{l}x\sqrt{\frac{2h}{kl}}},$$ A et B étant deux con-
tantes arbitraires; or, si l'on suppose la distance x infinie,
la valeur de la température v doit être infiniment petite;

donc le terme $B e^{+\frac{1}{l}x\sqrt{\frac{2h}{kl}}}$ ne subsiste point dans l'intégrale;

ainsi l'équation $v = A e^{-x\sqrt{\frac{2h}{kl}}}$ représente l'état permanent
du solide; la température à l'origine est désignée par la constante A, puisqu'elle est la valeur de v lorsque x est nulle.

Cette même loi suivant laquelle les températures décroissent, est donnée aussi par l'expérience; plusieurs physiciens
ont observé les températures fixes des différents points
d'une barre métallique exposée par son extrémité à l'action
constante d'un foyer de chaleur, et ils ont reconnu que les
distances à l'origine représentent les logarithmes, et les températures les nombres correspondants.

77.

La valeur numérique du quotient constant de deux températures consécutives étant déterminée par l'observation,
on en déduit facilement celle du rapport $\frac{h}{k}$: car, en désignant par v_1, v_2, les températures qui répondent aux distances x_1, x_2, on aura

$$\frac{v_1}{v_2} = e^{-(x_1-x_2)\sqrt{\frac{2h}{kl}}} \quad \text{ou} \quad \sqrt{\frac{2h}{k}} = \frac{\log. v_1 - \log. v_2}{x_2 - x_1} \cdot \sqrt{l}$$

Quant aux valeurs séparées de h et de k, on ne peut les
déterminer par des expériences de ce genre : il faut observer
aussi le mouvement varié de la chaleur.

78.

Supposons que deux barres de même matière et de dimensions inégales, soient assujéties vers leur extrémité à une même température A, soit l, le côté de la section dans la première barre, et l_2 le côté de la section dans la seconde, on aura, pour exprimer les températures de ces deux solides, les équations

$$v_1 = A\,e^{-x_1 \sqrt{\frac{2h}{kl_1}}} \text{ et } v_2 = A\,e^{-x_2 \sqrt{\frac{2h}{hl_2}}},$$

en désignant, dans le premier solide, par v_1 la température de la section placée à la distance x_1, et dans le second solide, par v_2 la température de la section placée à la distance x_2.

Lorsque ces deux barres seront parvenues à un état fixe, la température d'une section de la première, placée à une certaine distance du foyer, ne sera pas égale à la température d'une section de la seconde, placée à la même distance du foyer; pour que les températures fixes fussent égales, il faudrait que les distances fussent différentes. Si l'on veut comparer entre elles les distances x_1 et x_2 comprises depuis l'origine jusqu'aux points qui parviennent dans les deux barres à la même température, on égalera les seconds membres des équations, et l'on en conclura $\dfrac{x_1^2}{x_2^2} = \dfrac{l_1}{l_2}$. Ainsi les distances dont il s'agit sont entre elles comme les racines quarrées des épaisseurs.

79.

Si deux barres métalliques de dimensions égales, mais formées de substances différentes sont couvertes d'un même enduit qui puisse leur donner une même conducibilité extérieure, et si elles sont assujéties, dans leur extrémité, à une même température, la chaleur se propagera plus facilement et à une plus grande distance de l'origine dans celui des deux corps qui jouit d'une plus grande conducibilité. Pour comparer entre elles les distances x_1 et x_2, comprises depuis l'origine commune jusqu'aux points qui acquièrent une même température fixe, il faut, en désignant par k_1 et k_2 les conducibilités respectives des deux substances, écrire l'équation

$$e^{-x_1\sqrt{\frac{2h}{k_1 l}}} = e^{-x_2\sqrt{\frac{2h}{k_2 l}}} \text{ ou } \frac{x_1^2}{x_2^2} = \frac{k_1}{k_2}.$$

Ainsi le rapport de deux conducibilités est celui des quarrés des distances comprises entre l'origine commune et les points qui atteignent une même température fixe.

80.

Il est facile de connaître combien il s'écoule de chaleur pendant l'unité de temps par une section de la barre parvenue à son état fixe : cette quantité a pour expression

$$-4 k l^2 \frac{dv}{dx} \text{ ou } 4 A \sqrt{2 k h l^3}.e^{-x\sqrt{\frac{2h}{k l}}},$$

et si on la prend à l'origine, on aura $4 A \sqrt{2 k h l^3}$, pour la mesure de la quantité de chaleur qui passe du foyer dans le solide pendant l'unité de temps; ainsi la dépense de la source de chaleur est, toutes choses d'ailleurs égales, proportionnelle à la racine quarrée du cube de l'épaisseur. On trouverait le même résultat, en prenant l'intégrale $\int 8 h l v dx$ depuis x nulle jusqu'à x infinie.

SECTION VI.

De l'Échauffement des espaces clos.

81.

Nous ferons encore usage des théorêmes de l'article 72 dans la question suivante, dont la solution présente des applications utiles; elle consiste à déterminer le degré d'échauffement des espaces clos.

On suppose qu'un espace d'une forme quelconque, rempli d'air atmosphérique, est fermé de toutes parts, et que toutes les parties de l'enceinte sont homogènes et ont une épaisseur commune e, assez petite pour que le rapport de la surface extérieure à la surface intérieure diffère peu de l'unité. L'espace que cette enceinte termine est échauffé par un foyer dont l'action est constante; par exemple, au moyen d'une surface dont l'étendue est σ, et qui est entretenue à la température permanente α.

On ne considère ici que la température moyenne de l'air contenu dans l'espace, sans avoir égard à l'inégale distribution de la chaleur dans cette masse d'air; ainsi l'on suppose que des causes subsistantes en mêlent incessamment toutes les portions, et rendent leur température uniforme.

On voit d'abord que la chaleur qui sort continuellement du foyer se répandra dans l'air environnant, et pénétrera dans la masse dont l'enceinte est formée, se dissipera en partie par la surface, et passera dans l'air extérieur que l'on suppose entretenu à une température moins élevée et permanente n. L'air intérieur s'échauffera de plus en plus; il en sera de même de l'enceinte solide : le système des températures s'approchera sans cesse d'un dernier état qui est l'objet de la question, et qui aurait la propriété de subsister de lui-même et de se conserver sans aucun changement, pourvu que la surface du foyer σ fût maintenue à la température α, et l'air extérieur à la température n.

Dans cet état permanent que l'on veut déterminer, l'air intérieur conserve une température fixe m : la température de la surface intérieure s de l'enceinte solide a aussi une valeur fixe a ; enfin la surface extérieure s, qui termine cette enceinte, conserve une température b moindre que a, mais plus grande que n. Les quantités σ, α, s, e et n sont connues, et les quantités m, a et b sont inconnues.

C'est dans l'excès de la température m sur celle de l'air extérieur n que consiste le degré de l'échauffement; il dépend évidemment de l'étendue σ de la surface échauffante et de sa température α; il dépend aussi de l'épaisseur e de l'enceinte, de l'étendue s de la surface qui la termine, de la facilité avec laquelle la chaleur pénètre sa surface intérieure ou celle qui lui est opposée; enfin de la conducibilité spécifique de la masse solide qui forme l'enceinte; car si l'un quelconque de ces éléments venait à être changé, les autres demeurant les mêmes, le degré de l'échauffement varierait aussi. Il s'agit de déterminer comment toutes ces quantités entrent dans la valeur de $m - n$.

82.

L'enceinte solide est terminée par deux surfaces égales, dont chacune est maintenue à une température fixe; chaque élément prismatique du solide compris entre deux portions opposées de ces surfaces, et les normales élevées sur le contour des bases, est donc dans le même état que s'il ap-

partenait à un solide infini compris entre deux plans parallèles, entretenus à des températures inégales. Tous les éléments prismatiques qui composent l'enceinte se touchent
suivant toute leur longueur. Les points de la masse qui
sont à égale distance de la surface intérieure ont des températures égales, à quelque prisme qu'ils appartiennent; par
conséquent, il ne peut y avoir aucun transport de chaleur
dans le sens perpendiculaire à la longueur des prismes. Ce
cas est donc le même que celui que nous avons déja traité,
et l'on doit y appliquer les équations linéaires qui ont été
rapportées plus haut.

83.

Ainsi, dans l'état permanent que nous considérons, le flux
de chaleur qui sort de la surface σ pendant une unité de
temps, est égal à celui qui passe, pendant le même temps,
de l'air environnant dans la surface intérieure de l'enceinte;
il est égal aussi à celui qui traverse, pendant l'unité de temps,
une section intermédiaire faite dans l'enceinte solide par une
surface égale et parallèle à celles qui terminent cette enceinte; enfin, ce même flux est encore égal à celui qui passe
de l'enceinte solide à travers sa surface extérieure, et se
dissipe dans l'air. Si ces quatre quantités de chaleur écoulées
n'étaient point égales, il surviendrait nécessairement quelque
variation dans l'état des températures, ce qui est contre
l'hypothèse.

La première quantité est exprimée par $\sigma\,(z - m)\,g$, en
désignant par g la conducibilité extérieure de la surface σ
qui appartient au foyer.

La seconde est $s\,(m - a)\,h$, le coëfficient h étant la

mesure de la conducibilité extérieure de la surface s, qui est exposée à l'action du foyer.

La troisième est $s \dfrac{(a-b)}{e} K$, le coëfficient K étant la mesure de la conducibilité propre de la substance homogène qui forme l'enceinte.

La quatrième est $s (b-n) H$, en désignant par H la conducibilité extérieure de la surface s dont la chaleur sort pour se dissiper dans l'air. Les coëfficiens h et H peuvent avoir des valeurs très-inégales à raison de la différence de l'état des deux surfaces qui terminent l'enceinte; ils sont supposés connus ainsi que le coëfficient K : on aura donc, pour déterminer les trois quantités inconnues m, a et b. les trois équations :

$$\sigma \overline{\alpha - m} \, g = s \, \overline{m - a} \, h$$

$$\sigma \overline{\alpha - m} \, g = s \, \frac{a - b}{e} \cdot K.$$

$$\sigma \overline{\alpha - m} \, g = s \, \overline{b - n} \cdot H.$$

84.

La valeur de m est l'objet spécial de la question. On la trouvera en mettant les équations sous cette forme :

$$m - a = \frac{\sigma}{s} \cdot \frac{g}{h} \, (\alpha - m)$$

$$a - b = \frac{\sigma}{S} \, \frac{g \, e}{K} \, (\alpha - m)$$

$$b - n = \frac{\sigma}{s} \, \frac{g}{H} \, (\alpha - m)$$

et les ajoutant, on aura

$m - n = \overline{\alpha - m}\, P$, en désignant par P la quantité connue

$$\frac{\sigma}{s}\left(\frac{g}{h} + \frac{g\,c}{k} + \frac{g}{H}\right)$$

on en conclut

$$m - n = (\alpha - n)\frac{P}{1+P} = \frac{(\alpha - n)\dfrac{\sigma}{S}\left(\dfrac{g}{h} + \dfrac{g\,e}{K} + \dfrac{g}{H}\right)}{1 + \dfrac{\sigma}{s}\left(\dfrac{g}{h} + \dfrac{g\,e}{K} + \dfrac{g}{H}\right)}$$

85.

Ce résultat fait connaître comment le degré de l'échauffe-ment $m - n$ dépend des quantités données qui constituent l'hypothèse.

Nous indiquerons les principales conséquences que l'on en peut déduire.

1º Le degré de l'échauffement $m - n$ est en raison directe de l'excès de la température du foyer sur celle de l'air exté-rieur.

2º La valeur de $m - n$ ne dépend point de la forme de l'enceinte ni de sa capacité, mais seulement du rapport $\frac{\sigma}{s}$ de la surface dont la chaleur sort à la surface qui la reçoit, et de l'épaisseur e de l'enceinte.

Si l'on double la surface σ du foyer, le degré de l'échauf-fement ne devient pas double, mais il augmente suivant une certaine loi que l'équation exprime.

3º Tous les coëfficiens spécifiques qui règlent l'action de la chaleur, savoir : g, K, H et h, composent, avec la di-mension e, dans la valeur de $m - n$, un élément unique $\frac{g}{h} + \frac{g\,e}{K} + \frac{g}{H}$, dont on peut déterminer la valeur par les ob-servations.

Si l'on doublait l'épaisseur e de l'enceinte, on aurait le même résultat que si l'on employait, pour la former, une substance dont la conducibilité propre serait deux fois plus grande. Ainsi l'emploi des substances qui conduisent difficilement la chaleur permet de donner peu d'épaisseur à l'enceinte; l'effet que l'on obtient ne dépend que du rapport $\frac{e}{K}$.

4° Si la conducibilité K est nulle, on trouve $m - n = \alpha$; c'est-à-dire que l'air intérieur prend la température du foyer : il en est de même si H est nulle ou si h est nulle. Ces conséquences sont d'ailleurs évidentes, puisque la chaleur ne peut alors se dissiper dans l'air extérieur.

5° Les valeurs des quantités g, H, h, K et α, que l'on suppose connues, peuvent être mesurées par des expériences directes, comme on le verra par la suite; mais, dans la question actuelle, il suffirait d'observer la valeur de $m - n$ qui correspond à des valeurs données de σ et de α, et on s'en servirait pour déterminer le coëfficient total

$\frac{g}{h} + \frac{g e}{K} + \frac{g}{H}$, au moyen de l'équation $m - n = \dfrac{(\alpha - n) \frac{\sigma}{s} p}{1 + \frac{\sigma}{s} p}$

dans laquelle p désigne le coëfficient cherché. On mettra dans cette équation, au lieu de $\frac{\sigma}{s}$ et de $\alpha - n$, les valeurs de ces quantités, que l'on suppose données, et celle de $m - n$, que l'observation aura fait connaître. On en déduira la valeur de p, et l'on pourra ensuite appliquer la formule à une infinité d'autres cas.

6° Le coëfficient H entre dans la valeur de $m - n$ de la même manière que le coëfficient h; par conséquent l'état de la superficie, ou celui de l'enveloppe qui la couvre, procure le même effet, soit qu'il se rapporte à la surface intérieure ou à la surface extérieure.

On aurait regardé comme inutile de faire remarquer ces diverses conséquences, si l'on ne traitait point ici des questions toutes nouvelles, dont les résultats peuvent être d'une utilité immédiate.

86.

On sait que les corps animés conservent une température sensiblement fixe, que l'on peut regarder comme indépendante de la température du milieu dans lequel ils vivent. Ces corps sont, en quelque sorte, des foyers d'une chaleur constante, de même que les substances enflammées dont la combustion est devenue uniforme. On peut donc, à l'aide des remarques précédentes, prévoir et régler avec plus d'exactitude l'élévation des températures dans les lieux où l'on réunit un grand nombre d'hommes. Si l'on y observe la hauteur du thermomètre dans des circonstances données, on déterminera d'avance quelle serait cette hauteur, si le nombre d'hommes rassemblés dans le même espace devenait beaucoup plus grand.

A la vérité, il y a plusieurs circonstances accessoires qui modifient les résultats, telles que l'inégale épaisseur des parties des enceintes, la diversité de leur exposition, l'effet que produisent les issues, l'inégale distribution de la chaleur de l'air. On ne peut donc faire une application rigoureuse des règles données par le calcul ; toutefois, ces règles sont précieuses en elles-mêmes, parce qu'elles contiennent les vrais principes de la matière : elles préviennent des raisonnements vagues et des tentatives inutiles ou confuses.

87.

Si le même espace était échauffé par deux ou plusieurs foyers de différente espèce, ou si la première enceinte était elle-même contenue dans une seconde enceinte séparée de la première par une masse d'air, on déterminerait facilement aussi le degré de l'échauffement et les températures des surfaces.

En supposant qu'il y ait, outre le premier foyer σ, une seconde surface échauffée π dont la température constante soit β, et la conducibilité extérieure j, on trouvera, en conservant toutes les autres dénominations, l'équation suivante :

$$m - n = \frac{\left(\frac{\alpha\,\sigma\,g}{S} + \frac{\beta\,\omega\,j}{S} \right) \left(\frac{e}{K} + \frac{1}{H} + \frac{1}{h} \right)}{1 + \left(\frac{\sigma\,g}{S} + \frac{\pi\,j}{S} \right) \left(\frac{e}{K} + \frac{1}{H} + \frac{1}{k} \right)}$$

si l'on ne suppose qu'un seul foyer σ, et si la première enceinte est elle-même contenue dans une seconde, on représentera par S', h', k', H', les éléments de la seconde enceinte qui correspondent à ceux de la première, que l'on désigne par S. h. k. H, et l'on trouvera, en nommant p la température de l'air qui environne la surface extérieure de la seconde enceinte, l'équation suivante :

$$m - p = \frac{\overline{n - n}.\mathrm{P}}{1 + \mathrm{P}}.$$

La quantité P représente

$$\frac{\sigma}{S} \left(\frac{g}{h} + \frac{g\,e}{K} + \frac{g}{H} \right) + \frac{\sigma}{S'} \left(\frac{g}{h'} + \frac{g\,e'}{k'} + \frac{g}{H'} \right).$$

On trouverait un résultat semblable si l'on supposait trois ou un plus grand nombre d'enceintes successives ; et l'on en

conclut que ces enveloppes solides, séparées par l'air, concourent beaucoup à augmenter le degré de l'échauffement,
quelque petite que soit leur épaisseur.

88.

Pour rendre cette remarque plus sensible, nous comparerons la quantité de chaleur qui sort de la surface d'un corps
échauffé, à celle que le même corps perdrait, si la surface
qui l'enveloppe en était séparée par un intervalle rempli
d'air.

Si le corps A est échauffé par une cause constante, en
sorte que la surface conserve la température fixe b, l'air
étant retenu à la température moindre a, la quantité de
chaleur qui s'échappe dans l'air pendant l'unité de temps,
à travers une surface égale à l'unité, sera exprimée par
$h\,(b-a)$, h étant la mesure de la conducibilité extérieure.
Donc, pour que la masse puisse conserver la température
fixe b, il est nécessaire que le foyer, quel qu'il soit, fournisse
une quantité de chaleur égale à $h\,\mathrm{S}\,(b-a)$, S désignant
l'étendue de la surface du solide.

Supposons que l'on détache de la masse A une tranche
extrêmement mince qui soit séparée du solide par un intervalle rempli d'air, et que la superficie de ce même solide A,
soit encore maintenue à la température b. On voit que l'air
contenu entre la tranche et le corps s'échauffera et prendra
une température a' plus grande que a. La tranche elle-même
parviendra à un état permanent et transmettra à l'air extérieur dont la température fixe est a toute la chaleur que le
corps perd. Il s'ensuit que la quantité de chaleur sortie du
solide sera $h\,\mathrm{S}\,(b-a')$, au lieu d'être $h\,\mathrm{S}\,(b-a)$, car
on suppose que la nouvelle superficie du solide et celles qui

terminent la tranche ont aussi la même conducibilité extérieure h. Il est évident que la dépense de la source de chaleur sera moindre qu'elle n'était d'abord. Il s'agit de connaître le rapport exact de ces quantités.

89.

Soient e l'épaisseur de la tranche, m la température fixe
de sa surface inférieure, n celle de la surface supérieure et
K la conducibilité propre. On aura, pour l'expression de la
quantité de chaleur qui sort du solide par sa superficie,
h S $(b-a')$.

Pour celle de la quantité qui pénètre la surface inférieure
de la tranche h S $(a'-m)$.

Pour celle de la quantité qui traverse une section quelconque K S $\frac{(m-n)}{e}$ de cette même tranche.

Enfin, pour celle de la quantité qui passe de la surface
supérieure dans l'air h S $(n-a)$.

Toutes ces quantités doivent être égales, on a donc les
équations suivantes :

$$h\,(n-a) = \frac{k}{e}\,(m-n)$$

$$h\,(n-a) = h\,(a'-m)$$

$$h\,(n-a) = h\,(b-a')$$

Si l'on écrit de plus l'équation identique $h\,(n-a) = h$
$(n-a)$, et si on les met toutes sous cette forme :

$$n-a = n-a$$

$$m-n = \frac{h\,e}{K}\,(n-a)$$

$$a'-m = n-a$$

$$b-a' = n-a$$

on trouvera, en les ajoutant,

$$b - a = (n - a)\left(3 + \frac{h\,e}{K}\right).$$

La quantité de chaleur perdue par le solide était....
$h\,S\,(b - a)$ lorsque sa superficie communiquait librement à
l'air, elle est maintenant $h\,S\,(b - a')$ ou $h\,S\,(n - a)$ qui équi-

vaut à $h\,S\ \dfrac{b - a}{3 + \dfrac{h\,e}{K}}$

La première quantité est plus grande que la seconde, dans
le rapport de $3 + \dfrac{h\,e}{K}$ à 1.

Il faut donc, pour entretenir à la température b le solide
dont la superficie communique immédiatement à l'air, plus
de trois fois autant de chaleur qu'il n'en faudrait pour le
maintenir à la même température b, lorsque l'extrême surface n'est pas adhérente, mais distante du solide d'un intervalle quelconque rempli d'air.

Si l'on suppose que l'épaisseur e est infiniment petite, le
rapport des quantités de chaleur perdues sera 3, ce qui aurait encore lieu si la conducibilité K était infiniment grande.

On se rend facilement raison de ce résultat, car la chaleur
ne pouvant s'échapper dans l'air extérieur, sans pénétrer
plusieurs surfaces, la quantité qui s'en écoule doit être d'autant moindre que le nombre des surfaces interposées est
plus grand; mais on n'aurait pu porter, à cet égard, aucun
jugement exact si l'on n'eût point soumis la question au
calcul.

90.

On n'a point considéré, dans l'article précédent. l'effet de l'irradiation à travers la couche d'air qui sépare les deux surfaces, cependant cette circonstance modifie la question, puisqu'il y a une partie de la chaleur qui pénètre immédiatement au-delà de l'air interposé. Nous supposerons donc, pour rendre l'objet du calcul plus distinct, que l'intervalle des surfaces est vide d'air, et que le corps échauffé est couvert d'un nombre quelconque de tranches parallèles et éloignées les unes des autres.

Si la chaleur qui sort du solide par sa superficie plane entretenue à la température b, se répandait librement dans le vide et était reçue par une surface parallèle entretenue à une température moindre a, la quantité qui se dissiperait pendant l'unité de temps à travers l'unité de superficie serait proportionnelle à la différence $b-a$ des deux températures constantes ; cette quantité serait représentée par H $(b-a)$, H étant une valeur de la conducibilité relative qui n'est pas la même que h.

Le foyer qui maintient le solide dans son premier état doit donc fournir, dans chaque unité de temps, une quantité de chaleur égale à H S $(b-a)$. Il faut maintenant déterminer la nouvelle valeur de cette dépense dans le cas où la superficie de ce corps serait recouverte de plusieurs tranches successives et séparées par des intervalles vides d'air, en supposant toujours que le solide est soumis à l'action d'une cause extérieure quelconque qui retient sa superficie à la température b.

Concevons que le systême de toutes les températures est devenu fixe ; soit m la température de la surface inférieure de la première tranche qui est par conséquent opposée à celle du solide, soient n la température de la surface supérieure de cette même tranche, e son épaisseur, et K sa conducibilité spécifique, désignons aussi par m', n', m'', n'', m''', n''', m^{iv}, n^{iv}, etc. les températures des surfaces inférieure et supérieure des différentes tranches, et par K, e, la conducibilité et l'épaisseur de ces mêmes tranches, enfin supposons que toutes ces surfaces soient dans un état semblable à la superficie du solide, en sorte que la valeur du coëfficient H leur soit commune.

La quantité de chaleur qui pénètre la surface inférieure d'une tranche correspondante à l'indice quelconque i est H S $(n_{i-1} - m_i)$, celle qui traverse cette tranche est $\frac{K S}{e}(n_i - n_{i+1})$, et la quantité qui en sort par la surface supérieure est H S $(n_i - n_{i+1})$. Ces trois quantités, et toutes celles qui se rapportent aux autres tranches, sont égales; on pourra donc former les équations en comparant toutes les quantités dont il s'agit à la première d'entre elles, qui est H S $(b - m_1)$; on aura ainsi, en désignant par j le nombre des tranches :

$$b - m_1 = b - m_1$$
$$m_1 - n_1 = \frac{H\,e}{K}(b - m_1)$$
$$n_1 - m_2 = b - m_1$$
$$m_2 - n_2 = \frac{H\,e}{K}(b - m_1)$$

$$m_j - n_j = \frac{H\,e}{K}(b - m_1)$$
$$n_j - a = b - m_1$$

En ajoutant ces équations, on trouvera

$$b - a = (b - m) j \left(1 + \frac{H\,e}{K} \right).$$

La dépense de la source de chaleur nécessaire pour entretenir la superficie du corps A à la température b est

$$\text{H.S}\,(b - a)$$

lorsque cette superficie envoie ses rayons à une surface fixe entretenue à la température b. Cette dépense est $H\,S\,(b - m_{\iota})$ lorsque l'on place entre la superficie du corps A et la surface fixe entretenue à la température b un nombre j de tranches isolées; ainsi la quantité de chaleur que le foyer doit fournir est beaucoup moindre dans la seconde hypothèse que dans la première, et le rapport de ces deux quantités est $\dfrac{1}{j \cdot \left(1 + \dfrac{H . e}{K} \right)}$. Si l'on suppose que l'épaisseur e des tranches soit infiniment petite, le rapport est $\dfrac{1}{j}$. La dépense du foyer est donc en raison inverse du nombre des tranches qui couvrent la superficie.

84.

L'examen de ces résultats et de ceux que l'on obtient lorsque les intervalles des enceintes successives sont occupés par l'air atmosphérique explique distinctement pourquoi la séparation des surfaces et l'interposition de l'air concourent beaucoup à contenir la chaleur.

Le calcul fournit encore des conséquences analogues lorsqu'on suppose que le foyer est extérieur et que la chaleur qui en émane traverse successivement les diverses enveloppes diaphanes et pénètre l'air qu'elles renferment. C'est ce qui avait lieu dans les expériences où l'on a exposé aux rayons du soleil des thermomètres recouverts par plusieurs caisses de verre, entre lesquelles se trouvaient différentes couches d'air.

C'est par une raison semblable que la température des hautes régions de l'atmosphère est beaucoup moindre qu'à la surface du globe.

En général les théorêmes concernant l'échauffement de l'air dans les espaces clos s'étendent à des questions très-variées. Il sera utile d'y recourir lorsqu'on voudra prévoir et régler la température avec quelque précision, comme dans les serres, les étuves, les bergeries, les ateliers, ou dans plusieurs établissements civils, tels que les hôpitaux, les casernes, les lieux d'assemblée.

On pourrait avoir égard, dans ces diverses applications, aux circonstances accessoires qui modifient les conséquences du calcul comme l'inégale épaisseur des différentes parties de l'enceinte, l'introduction de l'air etc. ; mais ces détails nous écarteraient de notre objet principal qui est la démonstration exacte des principes généraux.

Au reste, nous n'avons considéré, dans ce qui vient d'être dit, que l'état permanent des températures dans les espaces clos. On exprime aussi, par le calcul, l'état variable qui le précède, ou celui qui commence à avoir lieu lorsqu'on retranche le foyer, et l'on peut connaître par-là comment les propriétés spécifiques des corps que l'on emploie, ou leurs dimensions, influent sur les progrès et sur la durée de l'echauffement; mais cette recherche exige une analyse différente, dont on exposera les principes dans les chapitres suivants.

SECTION VII.

Du mouvement uniforme de la chaleur suivant les trois dimensions.

85.

Nous n'avons considéré jusqu'ici que le mouvement uniforme de la chaleur suivant une seule dimension, il est facile d'appliquer les mêmes principes au cas où la chaleur se propage uniformément dans trois directions orthogonales.

Supposons que les différents points d'un solide compris entre six plans rectangulaires aient actuellement des températures inégales et représentées par l'équation linéaire $v = A + ax + by + cz$, x, y, z, étant les coordonnées rectangulaires d'une molécule dont la température est v. Supposons encore que des causes extérieures quelconques, agissant sur les six faces du prisme, conservent à chacune des molécules qui sont situées à la superficie, sa température actuelle exprimée par l'équation générale

$$v = A + ax + by + cz, \qquad (a)$$

nous allons démontrer que ces mêmes causes qui, par hypothèse, retiennent les dernières tranches du solide dans leur état initial, suffisent pour conserver aussi la température actuelle de chacune des molécules intérieures, en sorte que cette température ne cessera point d'être représentée par l'équation linéaire.

L'examen de cette question est un élément de la théorie générale, il servira à faire connaître les lois du mouvement varié de la chaleur dans l'intérieur d'un solide d'une forme quelconque, car chacune des molécules prismatiques dont le corps est composé, est pendant un temps infiniment petit dans un état semblable à celui qu'exprime l'équation linéaire (a). On peut donc, en suivant les principes ordinaires de l'analyse différentielle, déduire facilement de la notion du mouvement uniforme les équations générales du mouvement varié.

86.

Pour prouver que les extrémités du solide conservant leurs températures il ne pourra survenir aucun changement dans l'intérieur de la masse, il suffit de comparer entre elles les quantités de chaleur qui, pendant la durée d'un même instant, traversent deux plans parallèles. Soit b la distance perpendiculaire de ces deux plans que l'on suppose d'abord parallèles au plan horizontal des x et y. Soient m et m' deux molécules infiniment voisines dont l'une est au-dessous du premier plan horizontal et l'autre au-dessus; soient x, y, z, les coordonnées de la première et x', y', z', les coordonnées de la seconde. On désignera pareillement deux molécules M et M' infiniment voisines, séparées par le second plan horizontal et situées, par rapport à ce second plan, de la même manière que m et m' le sont par rapport au premier, c'est-à-dire, que les coordonnées de M sont x, y, $z + b$, et celles de M', sont x', y', $z' + b$. Il est manifeste que la distance $m\,m'$ des deux molécules m et m' est égale à la distance MM' des deux molécules M et M'; de plus, soit v la température de m et v' celle de m', soient aussi V et V' les températures de M et M', il est facile de voir que les deux différences $v - v'$ et V—V' sont égales; en effet, en substituant d'abord les coordonnées de m et m' dans l'équation générale

$v = A + a x + b y + c z$, on trouve

$$v - v' = a\,(x - x') + b\,(y - y') + c\,(z - z'),$$

et, en substituant ensuite les coordonnées de M et M', on trouve aussi $V - V' = a\,(x - x') + b\,(y - y') + c\,(z - z')$. Or la quantité de chaleur que m envoie à m' dépend de la distance $m\,m'$, qui sépare ces molécules, et elle est proportionnelle à la différence $v - v'$ de leurs températures. Cette quantité de chaleur envoyée peut être représentée par

$$q\,(v - v')\,d\,t\,;$$

la valeur du coëfficient q dépend d'une manière quelconque de la distance $m\,m'$, et de la nature de la substance dont le solide est formé, $d\,t$ est la durée de l'instant. La quantité de chaleur envoyée de M à M', où l'action de M sur M' a aussi pour expression $q\,(V - V')\,d\,t$, et le coëfficient q est le même que dans la valeur $q\,(v - v')\,d\,t$, puisque la distance M M' est égale à $m\,m'$ et que les deux actions s'opèrent dans le même solide; de plus $V - V'$ est égal à $v - v'$, donc les deux actions sont égales.

Si l'on choisit deux autres points n et n' extrêmement voisins l'un de l'autre qui s'envoient de la chaleur à travers le premier plan horizontal, on prouvera de même que leur action est égale à celles de deux points homologues N et N' qui se communiquent la chaleur à travers le second plan horizontal. On en conclura donc que la quantité totale de chaleur qui traverse le premier plan est égale à celle qui traverse le second pendant le même instant. On tirera la même conséquence de la comparaison de deux plans parallèles au plan des x et z, ou de deux autres plans parallèles au plan des y et z. Donc, une partie quelconque du solide comprise entre six plans rectangulaires reçoit, par chacune des faces, autant de chaleur qu'elle en perd par la face opposée ; donc il n'y a aucune portion du solide qui puisse changer de température.

87.

On voit par là qu'il s'écoule à travers un des plans dont il s'agit une quantité de chaleur qui est la même à tous les instants, et qui est aussi la même pour toutes les autres tranches parallèles.

Pour déterminer la valeur de ce flux constant, nous la comparerons à la quantité de chaleur qui s'écoule uniformément dans un cas plus simple que nous avons déja traité. Ce cas est celui d'un solide compris entre deux plans infinis et entretenus dans un état constant. Nous avons vu que les températures des différents points de la masse sont alors représentées par l'équation $v = A + c z$; nous allons démontrer que le flux uniforme de chaleur qui se propage en sens vertical dans le solide infini est égal à celui qui s'écoule dans le même sens à travers le prisme compris entre six plans rectangulaires. Cette égalité a lieu nécessairement si le coëfficient c de l'équation $v = A + c z$, appartenant au premier solide est le même que le coëfficient c dans l'équation plus générale $v = A + a x + b y + c z$ qui représente l'état du prisme. En effet, désignons par H dans ce prisme un plan perpendiculaire aux z, et par m et μ deux molécules extrêmement voisines l'une de l'autre dont la première m est au-dessous du plan H, et la seconde est au-dessus de ce plan, soient v la température de m dont les coordonnées sont x, y, z, et w la température de μ dont les coordonnées sont $x + \alpha$, $y + \beta$, $z + \gamma$. Choisissons une troisième molécule μ', dont les coordonnées soient $x - \alpha$, $y - \beta$, $z + \gamma$, et dont la température soit désignée par w'. On voit que μ et μ' sont sur un même plan horizontal, et que la verticale élevée sur le milieu de la droite $\mu\,\mu'$, qui joint ces deux points, passe par le point m, ensorte que les distances $m\,\mu$ et $m\,\mu'$ sont égales. L'action de m sur μ ou la quantité de chaleur que la première de ces molécules envoie à l'autre à travers le plan H dépend de la différence $v - w$ de leurs températures. L'action de m sur μ' dépend de la même manière de la différence $v - w'$ des températures des molécules, puisque la distance de m à μ est la même que celle de m à μ'. Ainsi en exprimant par $q\,(v - w)$ l'action de m sur μ pendant l'unité de temps, on aura $q\,(v - w')$ pour exprimer l'action de m sur μ', q étant un facteur inconnu, mais commun, et qui dépend de la distance $m\,\mu$ et de la nature du solide. Donc la somme des deux actions exercées pendant l'unité de temps est $q\,(v - w + v - w')$.

Si l'on substitue, au lieu de x, y et z, dans l'équation générale $v = A + a\,x + b\,y + c\,z$, les coordonnées de m et ensuite celles de μ et μ', on trouvera

$$v - w = - a\,\alpha - b\,\beta - c\,\gamma$$
$$v - w' = + a\,\alpha + b\,\beta - c\,\gamma$$

La somme des deux actions de m sur μ et de m sur μ' est donc $- 2\,q\,c\,\gamma$.

Supposons maintenant que le plan H appartienne au solide infini pour lequel l'équation des températures est $v = A + c\,z$, et que l'on désigne aussi, dans ce solide, les molécules m, μ et μ' dont les coordonnées sont x, y, z, pour la première, $x + \alpha$, $y + \beta$, $z + \gamma$, pour la seconde, et

$x - \alpha$, $y - \beta$, $z + \gamma$, pour la troisième : on trouvera, comme précédemment, $v - w + v - w' = -2\, c\, \gamma$. Ainsi la somme des deux actions de m sur μ et de m sur μ', est la même dans le solide infini que dans le prisme compris entre six plans rectangulaires.

On trouverait un résultat semblable, si l'on considérait l'action d'un autre point n inférieur au plan H sur deux autres v et v', placées à une même hauteur au-dessus du plan. Donc, la somme de toutes les actions de ce genre, qui s'exercent à travers le plan H, c'est-à-dire, la quantité totale de chaleur qui, pendant l'unité de temps, passe au-dessus de cette surface, en vertu de l'action des molécules extrêmement voisines qu'elle sépare, est toujours la même dans l'un et l'autre solide.

95.

Dans le second de ces corps qui est terminé par deux plans infinis et pour lequel l'équation des températures est $v = A + c\, z$, nous savons que la quantité de chaleur écoulée pendant l'unité de temps à travers une surface égale à l'unité et prise sur une section horizontale quelconque est $- c\, K$, c étant le coëfficient de z, et K la conducibilité spécifique; donc, la quantité de chaleur qui, dans le prisme compris entre six plans rectangulaires, traverse pendant l'unité de temps, une surface égale à l'unité et prise sur une section horizontale quelconque, est aussi $- c\, K$, lorsque l'équation linéaire qui représente les températures du prisme est

$$v = A + a\, x + b\, y + c\, z.$$

On prouve de même que la quantité de chaleur qui, pendant l'unité de temps, s'écoule uniformément à travers une unité de surface prise sur une section quelconque perpendiculaire aux x, est exprimée par $- a$ K, et que la chaleur totale qui traverse, pendant l'unité de temps, l'unité de surface prise sur une section perpendiculaire aux y, est exprimée par $- b$ K.

Les théorêmes que nous avons démontrés dans cet article et dans les deux précédents, ne supposent point que l'action directe de la chaleur soit bornée dans l'intérieur de la masse à une distance extrêmement petite, ils auraient encore lieu si les rayons de chaleur, envoyés par chaque molécule, pouvaient pénétrer immédiatement jusqu'à une distance assez considérable, mais il serait nécessaire, dans ce cas, ainsi que nous l'avons remarqué dans l'article 70, de supposer que la cause qui entretient les températures des faces du solide, affecte une partie de la masse jusqu'à une profondeur finie.

SECTION VIII.

Mesure du mouvement de la chaleur en un point donné d'une masse solide.

96.

Il nous reste encore à faire connaître un des principaux éléments de la théorie de la chaleur, il consiste à définir et à mesurer exactement la quantité de chaleur qui s'écoule en chaque point d'une masse solide à travers un plan dont la direction est donnée.

Si la chaleur est inégalement distribuée entre les molécules d'un même corps, les températures de chaque point varieront à chaque instant. En désignant par t le temps écoulé, et par v la température que reçoit après le temps t une molécule infiniment petite m, dont les coordonnées sont x, y, z; l'état variable du solide sera exprimé par une équation semblable à la suivante $v = \mathrm{F}\,(x, y, z, t)$. Supposons que la fonction F soit donnée, et que par conséquent on puisse déterminer, pour chaque instant, la température d'un point quelconque; concevons que par le point m on mène un plan horizontal parallèle à celui des x et y, et que sur ce plan on trace un cercle infiniment petit ω, dont le centre est en m; il s'agit de connaître quelle est la quantité de chaleur qui, pendant l'instant $d\,t$, passera à travers le cercle ω de la partie du solide qui est inférieure au plan dans la partie supérieure. Tous les points qui sont extrêmement voisins du point m, et qui sont au-dessous du plan, exercent leur action pendant l'instant infiniment petit $d\,t$, sur tous ceux qui sont au-dessus du plan et extrêmement voisins du point m, c'est-à-dire, que chacun de ces points placés d'un même côté du plan, enverra de la chaleur à chacun de ceux qui sont placés de l'autre côté. On considérera comme positive l'action qui a pour effet de transporter une certaine quantité de chaleur au-dessus du plan, et comme négative celle qui fait passer de la chaleur au-dessous du plan. La somme de toutes les actions partielles qui s'exercent à travers le cercle ω, c'est-à-dire, la somme de toutes les quantités de chaleur qui, traversant un point quelconque de ce cercle, passent de la partie du solide qui est inférieure au plan dans la partie supérieure, composent le flux dont il faut trouver l'expression.

Il est facile de concevoir que ce flux ne doit pas être le même dans toute l'étendue du solide, et que si en un autre point m' on traçait un cercle horizontal ω' égal au précédent, les deux quantités de chaleur qui s'élèvent au-dessus de ces plans ω et ω′ pendant le même instant pourraient n'être point égales; ces quantités sont comparables entre elles et leurs rapports sont des nombres que l'on peut facilement déterminer.

97.

Nous connaissons déja la valeur du flux constant pour le cas du mouvement linéaire et uniforme; ainsi dans un solide compris entre deux plans horizontaux infinis dont l'un est entretenu à la température a, et l'autre à la température b, le flux de chaleur est le même pour chaque partie de la masse; on peut le considérer comme ayant lieu dans le sens vertical seulement. Sa valeur correspondante à l'unité de surface et à l'unité de temps est $K\left(\dfrac{a-b}{e}\right)$, e désignant la distance perpendiculaire des deux plans, et K la conducibilité spécifique; les températures des différents points du solide, sont exprimées par l'équation $v = a - \left(\dfrac{a-b}{e}\right) z$.

Lorsqu'il s'agit d'un solide compris entre six plans rectangulaires parallèles deux à deux, et lorsque les températures des différents points sont exprimées par l'équation linéaire $v = A + a x + b y + c z$, la propagation a lieu en même temps selon les trois directions des x, des y et des z; la quantité de chaleur qui s'écoule à travers une portion déterminée d'un plan parallèle à celui des x et y, est la même dans toute l'étendue du prisme; sa valeur correspondante à l'unité de surface et à l'unité de temps est $- c\,K$, dans le sens des z, elle est $- b\,K$, dans le sens des y, et $- a\,K$, dans celui des x.

En général la valeur du flux vertical, dans les deux cas que l'on vient de citer, ne dépend que du coëfficient de z et de la conducibilité spécifique K; cette valeur est toujours égale à $- \mathrm{K} \dfrac{d v}{d z}$.

L'expression de la quantité de chaleur qui, pendant l'instant $d t$, s'écoule à travers un cercle horizontal infiniment petit, dont la surface est ω, et passe ainsi de la partie du solide qui est inférieure au plan du cercle, dans la partie supérieure, est, pour les deux cas dont il s'agit, $- \mathrm{K} \dfrac{d v}{d z} \omega \, d t$.

98.

Il est aisé maintenant de généraliser ce résultat et de reconnaître qu'il a lieu quel que soit le mouvement varié de la chaleur exprimé par l'équation $v = \mathrm{F}(x, y, z, t)$.

En effet, désignons par x', y', z', les coordonnées du point m, et sa température actuelle par v'. Soient $x' + \xi$, $y' + \eta$, $z' + \zeta$, les coordonnées d'un point μ infiniment voisin du point m et dont la température est w; ξ, η, ζ, sont des quantités infiniment petites ajoutées aux coordonnées x', y', z'; elles déterminent la position des molécules infiniment voisines du point m, par rapport à trois axes rectangulaires, dont l'origine est en m, et qui seraient parallèles aux axes des x, des y, et des z. En différentiant l'équation

$$v = f(x, y, z, t),$$

et remplaçant les différentielles par ξ, η, ζ, on aura, pour exprimer la valeur de w, qui équivaut à $v + d v$, l'équation linéaire $w = v' + \dfrac{d v'}{d x} \xi + \dfrac{d v'}{d y} \eta + \dfrac{d v'}{d z} \zeta$, les coëfficients v', $\dfrac{d v'}{d z}$, $\dfrac{d v'}{d y}$, $\dfrac{d v'}{d z}$, sont des fonctions de x, y, z, t, dans lesquelles on a mis pour x, y, z, les valeurs données et constantes x', y', z', qui conviennent au point m.

Supposons que le même point m appartienne aussi à un solide compris entre six plans rectangulaires, que les températures actuelles des points de ce prisme, qui a des dimensions finies, soient exprimées par l'équation linéaire $w = A + a\xi + b\eta + c\zeta$; et que les molécules placées sur les faces qui terminent le solide soient retenues par une cause extérieure à la température qui leur est assignée par l'équation linéaire. ξ, η, ζ, sont les coordonnées rectangulaires d'une molécule du prisme, dont la température est w, et qui est rapportée aux trois axes dont l'origine est en m.

Cela posé, si l'on prend pour valeurs des coëfficients constants, A, a, b, c, qui entrent dans l'équation du prisme les quantités v', $\dfrac{dv'}{dx}$, $\dfrac{dv'}{dy}$, $\dfrac{dv'}{dz}$, qui appartiennent à l'équation différentielle; l'état du prisme exprimé par l'équation $w = v' + \dfrac{dv'}{dx}\xi + \dfrac{dv'}{dy}\eta + \dfrac{dv'}{dz}z$, coïncidera, le plus qu'il est possible, avec l'état du solide; c'est-à-dire, que toutes les molécules infiniment voisines du point m auront la même température, soit qu'on les considère dans le solide ou dans le prisme. Cette coïncidence du solide et du prisme est entièrement analogue à celle des surfaces courbes avec les plans qui les touchent.

Il est évident, d'après cela, que la quantité de chaleur qui s'écoule dans le solide à travers le cercle ω, pendant l'instant dt, est la même que celle qui s'écoule dans le prisme à travers le même cercle; car toutes les molécules dont l'action concourt à l'un et à l'autre effet, ont la même température dans les deux solides. Donc, le flux dont il s'agit a pour expression, dans l'un et l'autre solide, $- K \frac{dv}{dz} \omega \, dt$.

Il serait $- K \frac{dv}{dy} \omega \, dt$, si le cercle ω, dont le centre est m, était perpendiculaire à l'axe des y, et $- K \frac{dv}{dx} \omega \, dt$, si ce cercle était perpendiculaire à l'axe des x.

La valeur du flux que l'on vient de déterminer varie dans le solide d'un point à un autre, et elle varie aussi avec le temps. On pourrait concevoir qu'elle a, dans tous les points de l'unité de surface, la même valeur qu'au point m, et qu'elle conserve cette valeur pendant l'unité de temps ; alors le flux serait exprimé par $- K \frac{dv}{dz}$, il serait $- K \frac{dv}{dy}$ dans le sens des y, et $- K \frac{dv}{dx}$ dans celui des x. Nous employons ordinairement dans le calcul cette valeur du flux ainsi rapportée à l'unité de temps et à l'unité de surface.

99.

Ce théorème sert en général à mesurer la vîtesse avec laquelle la chaleur tend à traverser un point donné d'un plan situé d'une manière quelconque dans l'intérieur d'un solide dont les températures varient avec le temps. Il faut, par le point donné m, élever une perpendiculaire sur le plan et élever en chaque point de cette perpendiculaire des ordonnées qui représentent les températures actuelles de ses différents points. On formera ainsi une courbe plane dont l'axe des abscisses est la perpendiculaire. La fluxion de l'ordonnée de cette courbe, qui répond au point m, étant prise avec un signe contraire, exprime la vîtesse avec laquelle la chaleur se porte au-delà du plan. On sait que cette fluxion de l'ordonnée est la tangente de l'angle formé par l'élément de la courbe avec la parallèle aux abscisses.

Le résultat que l'on vient d'exposer est celui dont on fait les applications les plus fréquentes dans la théorie de la chaleur. On ne peut en traiter les différentes questions sans se former une idée très-exacte de la valeur du flux en chaque point d'un corps dont les températures sont variables. Il est nécessaire d'insister sur cette notion fondamentale : l'exemple que nous allons rapporter indiquera plus clairement l'usage que l'on en fait dans le calcul.

100.

Supposons que les différents points d'une masse cubique dont le côté est $\frac{1}{2}\pi$, aient actuellement des températures inégales représentées par l'équation $v = \cos. x . \cos. y . \cos. z$. Les coordonnées x, y, z, sont mesurées sur trois axes rectangulaires dont l'origine est au centre du cube, et qui sont perpendiculaires aux faces. Les points de la surface extérieure du solide ont actuellement la température o, et l'on suppose aussi que des causes extérieures conservent à tous ces points leur température actuelle o. D'après cette hypothèse, le corps se refroidira de plus en plus, tous les points situés dans l'intérieur de la masse auront des températures variables et, après un temps infini, ils acquerront tous la température o de la surface.

Or, nous démontrerons, par la suite, que l'état variable de ce solide est exprimé par l'équation

$$v = e^{-gt} \cos. x . \cos. y . \cos. z,$$

le coëfficient g est égal à $\frac{3\,K}{C\,D}$, K est la conducibilité spécifique de la substance dont le solide est formé, D est la densité, et C la chaleur spécifique; t est le temps écoulé.

Nous supposons ici que l'on admet la verité de cette équation, et nous allons examiner l'usage que l'on en doit faire pour trouver la quantité de chaleur qui traverse un plan donné parallèle à l'un des plans rectangulaires.

Si, par le point m, dont les coordonnées sont x, y, z, on mène un plan perpendiculaire aux z, on trouvera, d'après l'article précédent, que la valeur du flux, en ce point et à travers le plan, est $-\mathrm{K}\,\dfrac{d\,v}{d\,z}$, ou $\mathrm{K}\,e^{-g\,t}$ cos. x. cos. y. sin. z. La quantité de chaleur qui traverse, pendant l'instant $d\,t$, un rectangle infiniment petit, situé sur ce plan et qui a pour côtés $d\,x$ et $d\,y$, est

$$\mathrm{K}\,e^{-g\,t}\ \text{cos.}\ x.\ \text{cos.}\ y.\ \text{sin.}\ z.\ d\,x\ d\,y\ d\,t.$$

Ainsi la chaleur totale qui, pendant l'instant $d\,t$, traverse l'étendue entière du même plan, est

$$\mathrm{K}\,e^{-g\,t}\ \text{sin.}\ z.\ d\,t\int \text{cos.}\ x.\ \text{cos.}\ y\ d\,x\ d\,y;$$

la double intégrale étant prise depuis $x = -\frac{1}{4}\pi$, jusqu'à $x = \frac{1}{4}\pi$, et depuis $y = -\frac{1}{4}\pi$, jusqu'à $y = \frac{1}{4}\pi$. On trouvera donc, pour l'expression de cette chaleur totale,

$$4\,\mathrm{K}\,e^{-g\,t}\ \text{sin.}\ z.\ d\,t.$$

Si l'on prend ensuite l'intégrale par rapport à t, depuis $t = 0$ jusqu'à $t = t$, on trouvera la quantité de chaleur qui a traversé le même plan depuis que le refroidissement a commencé, jusqu'au moment actuel. Cette intégrale est $\dfrac{4\,\mathrm{K}}{g}$ sin. z $(1 - e^{-g\,t})$, elle a pour valeur à la surface

$$\frac{4\,\mathrm{K}}{g}\left(1 - e^{-g\,t}\right),$$

en sorte qu'après un temps infini la quantité de chaleur perdue, par l'une des faces, est $\frac{4\,K}{g}$. Le même raisonnement s'appliquant à chacune des six faces, on conclut que le solide a perdu par son refroidissement complet une chaleur totale dont la quantité est $\frac{24\,K}{g}$ ou 8 C D, puisque g équivaut à $\frac{3\,K}{CD}$. Cette chaleur totale, qui se dissipe pendant la durée du refroidissement, doit être en effet indépendante de la conducibilité propre K, qui ne peut influer que sur le plus ou moins de vîtesse du refroidissement.

100.

On peut déterminer d'une autre manière la quantité de chaleur que le solide perd pendant un temps donné, ce qui servira, en quelque sorte, à vérifier le calcul précédent. En effet la masse de la molécule rectangulaire, dont les dimensions sont $d\,x$, $d\,y$, $d\,z$, est D. $d\,x\ d\,y\ d\,z$, par conséquent la quantité de chaleur qu'il faut lui donner pour la porter de la température o à celle de l'eau bouillante est C D. $d\,x\ d\,y\ d\,z$, et s'il fallait élever la molécule à la température v, cette chaleur excédente serait v C D $d\,x\ d\,y\ d\,z$.

Il suit de là que pour trouver la quantité dont la chaleur du solide surpasse, après le temps t, celle qu'il contiendrait à la température o, il faut prendre l'intégrale multiple $\int (v\,C.D\,d\,x.d\,y.d\,z)$, entre les limites $x = -\frac{1}{4}\pi$, $x = \frac{1}{4}\pi$, $y = -\frac{1}{4}\pi$, $y = \frac{1}{4}\pi$, $z = -\frac{1}{4}\pi$, $z = \frac{1}{4}\pi$.

On trouve ainsi, en mettant pour v sa valeur, savoir :

$$e^{-g\,t}\cos. x\ \cos. y\ \cos. z,$$

que l'excès de la chaleur actuelle sur celle qui convient à la température o est $8\,C.D\,(1-e^{-gt})$; ou, après un temps infini, $8\,C\,D$, comme on l'a trouvé précédemment.

Nous avons exposé, dans cette introduction, tous les éléments qu'il est nécessaire de connaître pour résoudre les diverses questions relatives au mouvement de la chaleur dans les corps solides, et nous avons donné des applications de ces principes, afin de montrer la manière de les employer dans le calcul; l'usage le plus important que l'on en puisse faire est d'en déduire les équations générales de la propagation de la chaleur, ce qui est l'objet du chapitre suivant.

CHAPITRE II.

ÉQUATIONS DU MOUVEMENT DE LA CHALEUR.

SECTION PREMIÈRE.

Équation du mouvement varié de la chaleur dans une armille.

101.

On pourrait former les équations générales qui représentent le mouvement de la chaleur dans les corps solides d'une figure quelconque, et les appliquer aux cas particuliers. Mais cette méthode entraîne quelquefois des calculs assez compliqués que l'on peut facilement éviter. Il y a plusieurs de ces questions qu'il est préférable de traiter d'une manière spéciale, en exprimant les conditions qui leur sont propres; nous allons suivre cette marche et examiner séparément les questions que l'on a énoncées dans la première section de l'introduction; nous nous bornerons d'abord à former les équations différentielles, et nous en donnerons les intégrales dans les chapitres suivants.

102.

On a déja considéré le mouvement uniforme de la chaleur dans une barre prismatique d'une petite épaisseur et dont l'extrémité est plongée dans une source constante de chaleur. Ce premier cas ne présentait aucune difficulté, parce qu'il ne se rapporte qu'à l'état permanent des températures, et

13.

que l'équation qui l'exprime s'intègre facilement. La question
suivante exige un examen plus approfondi ; elle a pour objet
de déterminer l'état variable d'un anneau solide dont les
différents points ont reçu des températures initiales entièrement arbitraires.

L'anneau solide ou armille est engendré par la révolution
d'une section rectangulaire autour d'un axe perpendiculaire
au plan de l'anneau (*Voyez fig.* 3). *l* est le périmètre de la
section dont S est la surface, le coëfficient *h* mesure la conducibilité extérieure, K la conducibilité propre, C la capacité
spécifique de chaleur, D la densité. La ligne $o\,x\,x'\,x''$
représente la circonférence moyenne de l'armille ou celle qui
passe par les centres de figure de toutes les sections ; la distance d'une section à l'origine *o*, est mesurée par l'arc dont
la longueur est *x*; R est le rayon de la circonférence moyenne.

On suppose qu'à raison des petites dimensions et de la
forme de la section on puisse regarder comme égales, les
températures des différents points d'une même section.

103.

Concevons que l'on donne actuellement aux différentes
tranches de l'armille, des températures initiales arbitraires,
et que ce solide soit ensuite exposé à l'air qui conserve la
température o, et qui est déplacé avec une vîtesse constante;
le système des températures variera continuellement, la chaleur se propagera dans l'anneau, et elle se dissipera par la
surface : on demande quel sera l'état du solide dans un
instant donné.

Soit *v* la température que la section placée à la distance *x*
aura acquise après le temps écoulé *t*; *v* est une certaine

fonction de x et de t, dans laquelle doivent entrer aussi toutes les températures initiales ; c'est cette fonction qu'il s'agit de découvrir.

104.

On considérera le mouvement de la chaleur dans une tranche infiniment petite, comprise entre une section placée à la distance x, et une autre section placée à la distance $x+dx$. L'état de cette tranche pendant la durée d'un instant est celui d'un solide infini que terminent deux plans parallèles retenus à des températures inégales ; ainsi la quantité de chaleur qui s'écoule pendant cet instant dt à travers la première section, et passe ainsi de la partie du solide qui précède la tranche dans cette tranche elle-même, est mesurée d'après les principes établis dans l'introduction, par le produit de quatre facteurs, savoir, la conducibilité K, l'aire de la section S, le rapport $-\dfrac{dv}{dx}$ et la durée de l'instant ; elle a pour expression $-KS\dfrac{dv}{dx}dt$. Pour connaître la quantité de chaleur qui sort de la même tranche à travers la seconde section, et passe dans la partie contiguë du solide, il faut seulement changer x en $x+dx$ dans l'expression précédente, ou ce qui est la même chose, ajouter à cette expression sa différentielle prise par rapport à x : ainsi la tranche reçoit par une de ses faces une quantité de chaleur égale à $-KS\dfrac{dv}{dx}dt$ et perd par la face opposée une quantité de chaleur exprimée par $-KS\dfrac{dv}{dx}dt-KS\dfrac{d^2v}{dx^2}dxdt$. Elle acquiert donc à raison de sa position une quantité de chaleur égale à la différence de deux quantités précédentes, qui est $KS\dfrac{d^2v}{dx^2}dxdt$.

D'un autre côté cette même tranche dont la surface extérieure est $l\,dx$ et dont la température diffère infiniment peu de v, laisse échapper dans l'air pendant l'instant dt une quantité de chaleur équivalente à $h\,l\,v\,dx\,dt$; il suit de là que cette partie infiniment petite du solide conserve en effet une quantité de chaleur représentée par

$$\mathrm{K\,S} \frac{d^2v}{dx^2}\, dx\,dt - h\,l\,v\,dx\,dt$$

et qui fait varier sa température. Il faut examiner quelle est la quantité de ce changement.

105.

Le coëfficient C exprime ce qu'il faut de chaleur pour élever l'unité de poids de la substance dont il s'agit depuis la température o jusqu'à la température 1; par conséquent, en multipliant le volume $s\,dx$ de la tranche infiniment petite par la densité D, pour connaître son poids, et par la capacité spécifique de chaleur C, on aura $\mathrm{C\,D}\,s\,dx$, pour la quantité de chaleur qui éleverait le volume de la tranche depuis la température o jusqu'à la température 1. Donc l'accroissement de la température qui résulte de l'addition d'une quantité de chaleur égale à $\mathrm{K\,S} \frac{d^2v}{dx^2}\, dx\,dt - h\,l\,v\,dx\,dt$ se trouvera en divisant cette dernière quantité par $\mathrm{C\,D\,S}\,dx$. Donc en désignant selon l'usage par $\frac{dv}{dt}\, dt$ l'accroissement de température qui a lieu pendant l'instant dt, on aura l'équation $\dfrac{dv}{dt} = \dfrac{\mathrm{K}}{\mathrm{C\,D}} \dfrac{d^2v}{dx^2} - \dfrac{h\,l}{\mathrm{C\,D\,S}}\,v.$ $(b.)$

Nous expliquerons par la suite l'usage que l'on doit faire de cette équation pour en déduire une solution complète, et c'est en cela que consiste la difficulté de la question: nous

nous bornerons ici à une remarque qui concerne l'état permanent de l'armille.

Supposons que le plan de l'anneau étant horizontal, on place au-dessous de divers points $m\,n\,p\,q$ etc., des foyers de chaleur dont chacun exerce une action constante; la chaleur se propagera dans le solide, et celle qui se dissipe par la surface étant incessamment remplacée par celle qui émane des foyers, la température de chaque section du solide s'approchera de plus en plus d'une valeur stationnaire qui varie d'une section à l'autre. Pour exprimer, au moyen de l'équation (b), la loi de ces dernières températures qui subsisteraient d'elles-mêmes si elles étaient établies; il faut supposer que la quantité v ne varie point par rapport à t, ce qui rend nul le terme $\frac{dv}{dt}$. On aura ainsi l'équation

$$\frac{d^2v}{dx^2} = \frac{hl}{KS}\,v \quad \text{ou} \quad v = M\,e^{-x\sqrt{\frac{hl}{KS}}} + N\,e^{+x\sqrt{\frac{hl}{KS}}},$$

M et N étant les deux constantes.

Supposons qu'une portion de la circonférence de l'anneau, placée entre deux foyers consécutifs, soit divisée en parties égales, désignons par $v_1\,v_2\,v_3\,v_4$, etc. ; les températures des points de division dont les distances à l'origine sont $x_1\,x_2\,x_3\,x_4$, etc., la relation entre v et x sera donnée par l'équation précédente, après que l'on aura déterminé les deux constantes au moyen des deux valeurs de v qui correspondent aux foyers. Désignant par α la quantité $e^{-\sqrt{\frac{hl}{KS}}}$

et par λ la distance $x_2 - x_1$ de deux points de division consécutifs; on aura les équations :

$$v_1 = M\,\alpha^{x_1} + N\,\alpha^{-x_1}$$

$$v_2 = M\,\alpha^{\lambda}\,\alpha^{x_1} + N\,\alpha^{-\lambda}\,\alpha^{-x_1}$$

$$v_3 = M\,\alpha^{2\lambda}\,\alpha^{2x_1} + N\,\alpha^{-2\lambda}\,\alpha^{-2x_1},$$

d'où l'on tire la relation suivante $\dfrac{v_1 + v_3}{v_2} = \alpha^{\lambda} + \alpha^{-\lambda}$ On
trouverait un résultat semblable pour les trois points dont
les températures sont $v_2\, v_3\, v_4$, et en général pour trois points
consécutifs. Il suit de là que si l'on observait les températures $v_1\, v_2\, v_3\, v_4\, v_5$, etc., de plusieurs points successifs, tous
placés entre les deux mêmes foyers m et n et séparés par un
intervalle constant λ, on reconnaîtrait que trois températures
consécutives quelconques sont toujours telles que la somme
de deux extrêmes, divisée par la moyenne, donne un quotient
constant $\alpha^{\lambda} + \alpha^{-\lambda}$.

108.

Si, dans l'espace compris entre deux autres foyers n et p,
l'on observait les températures de divers autres points séparés
par le même intervalle λ, on trouverait encore que pour trois
points consécutifs quelconques, la somme des deux températures extrêmes, divisée par la moyenne, donne le même
quotient $\alpha^{\lambda} + \alpha^{-\lambda}$. La valeur de ce quotient ne dépend ni de
la position, ni de l'intensité des foyers.

109.

Soit q cette valeur constante, on aura l'équation

$$v_3 = q\,v_2 - v_1$$

on voit par-là que lorsque la circonférence est divisée en parties égales, les températures des points de division, compris entre deux foyers consécutifs, sont représentées par les termes d'une série recurrente dont l'échelle de relation est composée de deux termes q et — 1.

Les expériences ont pleinement confirmé ce résultat. Nous avons exposé un anneau métallique à l'action permanente et simultanée de divers foyers de chaleur, et nous avons observé les températures stationnaires de plusieurs points séparés par un intervalle constant ; nous avons toujours reconnu que les températures de trois points consécutifs quelconques, non séparés par un foyer, avaient entre elles la relation dont il s'agit. Soit que l'on multiplie les foyers, et de quelque manière qu'on les dispose, on ne peut apporter aucun changement à la valeur numérique du quotient $\dfrac{v_1 + v_3}{v_2}$; il ne dépend que des dimensions ou de la nature de l'anneau, et non de la manière dont ce solide est échauffé.

110.

Lorsqu'on a trouvé, par l'observation, la valeur du quotient constant q ou $\dfrac{v_1 + v_3}{v_2}$, on en conclut la valeur de α^λ, au moyen de l'équation $\alpha^\lambda + \alpha^{-\lambda} = q$. L'une des racines est α^λ, et l'autre racine est $\alpha^{-\lambda}$. Cette quantité étant déterminée, on en conclut la valeur du rapport $\dfrac{h}{K}$, qui est $\dfrac{s}{l} \left(\log. \alpha^\lambda \right)^2$ Désignant α^λ par ω, on aura $\omega^2 - q\,\omega + 1 = 0$. Ainsi le rapport des deux conducibilités se trouve en multipliant $\dfrac{s}{l}$ par le quarré du logarithme de l'une des racines de l'équation $\omega^2 - q\,\omega + 1 = 0$.

SECTION II.

Équation du mouvement varié de la chaleur dans une sphère solide.

III.

Une masse solide homogène, de forme sphérique, ayant été plongée pendant un temps infini dans un milieu entretenu à la température permanente 1, est ensuite exposée à l'air qui conserve la température 0, et qui est déplacé avec une vîtesse constante : il s'agit de déterminer les états successifs du corps pendant toute la durée du refroidissement.

On désigne par x la distance d'un point quelconque au centre de la sphère, par v la température de ce même point, après un temps écoulé t; on suppose, pour rendre la question plus générale, que la température initiale, commune à tous les points qui sont placés à la distance x du centre, est différente pour les différentes valeurs de x; c'est ce qui aurait lieu si l'immersion ne durait point un temps infini.

Les points du solide, également distants du centre, ne cesseront point d'avoir une température commune; ainsi v est une fonction de x et de t. Lorsqu'on suppose $t=0$, il est nécessaire que la valeur de cette fonction convienne à l'état initial qui est donné, et qui est entièrement arbitraire.

112.

On considérera le mouvement instantané de la chaleur dans une couche infiniment peu épaisse, terminée par les deux surfaces sphériques dont les rayons sont x et $x + dx$: la quantité de chaleur qui, pendant un instant infiniment petit dt, traverse la moindre surface dont le rayon est x, et passe ainsi de la partie du solide qui est plus voisine du centre dans la couche sphérique, est égale au produit de quatre facteurs qui sont la conducibilité K, la durée dt, l'étendue $4\pi x^2$ de la surface, et le rapport $\dfrac{dv}{dx}$, pris avec un signe contraire; elle est exprimée par $-4\,\mathrm{K}\,\pi\,x^2\,\dfrac{dv}{dx}\,dt$.

Pour connaître la quantité de chaleur qui s'écoule pendant le même instant par la seconde surface de la même couche, et passe de cette couche dans la partie du solide qui l'enveloppe, il faut changer, dans l'expression précédente, x en $x + dx$; c'est-à-dire, ajouter au terme $-4\,\mathrm{K}\,\pi\,x^2\,\dfrac{dv}{dx}\,dt$, la différentielle de ce terme prise par rapport à x. On trouve ainsi $-4\,\mathrm{K}\,\pi\,x^2\dfrac{dv}{dx}\,dt - 4\,\mathrm{K}\,\pi\,d\left(x^2\,\dfrac{dv}{dx}.\right)dt$ pour l'expression de la quantité de chaleur qui sort de la couche sphérique, en traversant sa seconde surface; et si l'on retranche cette quantité de celle qui entre par la première surface, on aura $4\,\mathrm{K}\,\pi\,d\left(x^2\,\dfrac{dv}{dx}\right)dt$. Cette différence est évidemment la quantité de chaleur qui s'accumule dans la couche intermédiaire, et dont l'effet est de faire varier sa température.

113.

Le coëfficient C désigne ce qu'il faut de chaleur pour élever de la température 0 à la température 1, un poids déterminé qui sert d'unité; D est le poids de l'unité de volume; $4\pi x^2\,dx$ est le volume de la couche intermédiaire, ou n'en diffère que d'une quantité qui doit être omise : donc $4\pi\,\mathrm{C}\,\mathrm{D}\,x^2\,dx$ est la quantité de chaleur nécessaire pour porter la tranche intermédiaire de la température 0 à la température 1. Il faudra par conséquent diviser la quantité de chaleur qui s'accumule dans cette couche par $4\,\pi\,\mathrm{C}\,\mathrm{D}\,x^2\,dx$, et l'on trouvera l'accroissement de sa température v pendant l'instant dt. On obtiendra aussi l'équation $dv = \dfrac{\mathrm{K}}{\mathrm{C.D}}\,dt.\,d\left(x^2.\dfrac{dv}{dx}\right)$ ou

$$\frac{dv}{dt} = \frac{\mathrm{K}}{\mathrm{C.D}}\left(\frac{d^2 v}{dx^2} + \frac{2}{x}.\frac{dv}{dx}\right). \qquad (c)$$

114.

L'équation précédente représente la loi du mouvement de la chaleur dans l'intérieur du solide, mais les températures des points de la surface sont encore assujéties à une condition particulière qu'il est nécessaire d'exprimer.

Cette condition relative à l'état de la surface peut varier selon la nature des questions que l'on traite ; on pourrait supposer, par exemple, qu'après avoir échauffé la sphère, et élevé toutes ses molécules à la température de l'eau bouillante, on opère le refroidissement en donnant à tous les points de la surface la température o, et les retenant à cette température par une cause extérieure quelconque. Dans ce cas on pourrait concevoir que la sphère dont on veut déterminer l'état variable est couverte d'une enveloppe extrêmement peu épaisse, sur laquelle la cause du refroidissement exerce son action. On supposerait, 1º que cette enveloppe infiniment mince est adhérente au solide, qu'elle est de la même substance que lui, et qu'elle en fait partie, comme les autres portions de la masse ; 2º que toutes les molécules de l'enveloppe sont assujéties à la température o par une cause toujours agissante qui empêche que cette température puisse être jamais audessus ou au-dessous de zéro. Pour exprimer cette même condition dans le calcul, on doit assujétir la fonction v, qui contient x et t, à devenir nulle, lorsqu'on donne à x sa valeur totale X égale au rayon de la sphère, quelle que soit d'ailleurs la valeur de t. On aurait donc dans cette hypothèse, en désignant par $\varphi(x, t)$ la fonction de x et t, qui doit donner la valeur de v, les deux équations

$$\frac{dv}{dt} = \frac{K}{C.D} \left(\frac{d^2 v}{dx^2} + \frac{2}{x} \cdot \frac{dv}{dx} \right) \text{ et } \varphi(X, t) = 0$$

de plus il faut que l'état initial soit représenté par cette même fonction $\varphi(x, t)$; on aura donc pour seconde condition $\varphi(x, 0) = 1$. Ainsi l'état variable d'une sphère solide dans la première hypothèse que nous avons décrite, sera représenté par une fonction v, qui doit satisfaire aux trois équations précédentes. La première est générale, et convient à chaque instant à tous les points de la masse; la seconde affecte les seules molécules de la surface, et la troisième n'appartient qu'à l'état initial.

115.

Si le solide se refroidit dans l'air, la seconde équation est différente; il faut alors concevoir que l'enveloppe extrêmement mince, est retenue par une cause extérieure, dans un état propre à faire sortir à chaque instant de la sphère, une quantité de chaleur égale à celle que la présence du milieu peut lui enlever.

Or la quantité de chaleur qui, pendant la durée d'un instant infiniment petit dt, s'écoule dans l'intérieur du solide, à travers la surface sphérique placée à la distance x, est égale à $-4 K \pi x^2 \frac{dv}{dx} dt$; et cette expression générale est applicable à toutes les valeurs de x. Ainsi, en y supposant $x = X$, on connaîtra la quantité de chaleur qui, dans l'état variable de la sphère, passerait à travers l'enveloppe extrêmement mince qui la termine; d'un autre côté, la surface extérieure du solide ayant une température variable, que nous désignerons par V, laisserait échapper dans l'air une quantité de chaleur proportionnelle à cette température, et à l'étendue de la surface, qui est $4 \pi X^2$. Cette quantité a pour valeur $4 h \pi X^2 V dt$.

Pour exprimer, comme on le suppose, que l'action de l'enveloppe remplace à chaque instant celle qui résulterait de la présence du milieu, il suffit d'égaler la quantité $4 h \pi X^2 V dt$ à la valeur que reçoit l'expression $- 4 K \pi X^2 . \frac{dv}{dx} dt$, lorsqu'on donne à x sa valeur totale X; et l'on obtient par-là l'équation $\frac{dv}{dx} = - \frac{h}{K} v$, qui doit avoir lieu lorsque dans les fonctions $\frac{dv}{dx}$ et v on met, au lieu de x, sa valeur X, ce que l'on désignera en écrivant $K \frac{dV}{dx} + h V = 0$.

116.

Il faut donc que la valeur de $\frac{dv}{dx}$, prise lorsque $x = X$, ait un rapport constant $- \frac{h}{K}$ avec la valeur de v, qui répond au même point. Ainsi, on supposera que la cause extérieure du refroidissement détermine toujours l'état de l'enveloppe extrêmement mince, en sorte que la valeur de $\frac{dv}{dx}$ qui résulte de cet état, soit proportionnelle à la valeur de v, correspondante à $x = X$, et que le rapport constant de ces deux quantités soit $- \frac{h}{K}$. Cette condition étant remplie au moyen d'une cause toujours présente, qui s'oppose à ce que la valeur extrême de $\frac{dv}{dx}$ soit autre que $-\frac{h}{K}v$, l'action de l'enveloppe tiendra lieu de celle de l'air.

Il n'est point nécessaire de supposer que l'enveloppe extérieure soit extrêmement mince, et l'on verra par la suite qu'elle pourrait avoir une épaisseur indéfinie. On considère ici cette épaisseur comme infiniment petite, pour ne fixer l'attention que sur l'état de la superficie du solide.

117.

Il suit de là que les trois équations qui doivent déterminer la fonction $\varphi(x, t)$ ou v sont les suivantes,

$$\frac{dv}{dt} = \frac{K}{C.D}\left(\frac{d^2 v}{dx^2} + \frac{2}{x}\cdot\frac{dv}{dx}\right), \quad K\frac{dV}{dx} + 4V = 0, \quad \varphi(x, 0) = 1.$$

La première a lieu pour toutes les valeurs possibles de x et de t; la seconde est satisfaite lorsque $x = X$, quelle que soit la valeur de t, et la troisième est satisfaite lorsque $t = 0$, quelle que soit la valeur de x.

On pourrait supposer que dans l'état initial, toutes les couches sphériques n'ont pas une même température; c'est ce qui arrive nécessairement, si l'on ne conçoit pas que l'immersion ait duré un temps infini. Dans ce cas, qui est plus général que le précédent, on représentera par Fx, la fonction donnée, qui exprime la température initiale des molécules placées à la distance x du centre de la sphère; on remplacera alors la troisième équation par celle-ci, $\varphi(x, 0) = Fx$.

Il ne reste plus qu'une question purement analytique dont on donnera la solution dans l'un des chapitres suivants. Elle consiste à trouver la valeur de v, au moyen de la condition générale, et des deux conditions particulières auxquelles elle est assujétie.

SECTION III.

Équations du mouvement varié de la chaleur dans un cylindre solide.

118.

Un cylindre solide, d'une longueur infinie, et dont le côté est perpendiculaire à la base circulaire, ayant été entièrement plongé dans un liquide dont la température est uniforme, s'est échauffé successivement, en sorte que tous les points également éloignés de l'axe, ont acquis la même température; on l'expose ensuite à un courant d'air plus froid; il s'agit de déterminer les températures des différentes couches, après un temps donné.

x désigne le rayon d'une surface cylindrique, dont tous les points sont également distants de l'axe; X est le rayon du cylindre; v est la température que les points du solide, situés à la distance x de l'axe, doivent avoir après qu'il s'est écoulé un temps désigné par t, depuis le commencement du refroidissement. Ainsi v est une fonction de x et de t, et si l'on y fait $t = 0$, il est nécessaire que la fonction de x, qui en proviendra, satisfasse à l'état initial qui est arbitraire.

119.

On considérera le mouvement de la chaleur dans une portion infiniment peu épaisse du cylindre, comprise entre la surface dont le rayon est x, et celle dont le rayon est $x + dx$. La quantité de chaleur que cette portion reçoit pendant l'instant dt, de la partie du solide qu'elle enveloppe, c'est-à-dire, la quantité qui traverse pendant ce même temps la surface cylindrique dont le rayon est x, et à laquelle nous

supposons une longueur égale à l'unité, a pour expression
$- 2 \mathrm{K} \pi x \frac{dv}{dx} dt$. Pour trouver la quantité de chaleur, qui,
traversant la seconde surface dont le rayon est $x + dx$,
passe de la couche infiniment peu épaisse dans la partie du
solide qui l'enveloppe, il faut, dans l'expression précédente,
changer x en $x + dx$, ou, ce qui est la même chose, ajouter
au terme $- 2 \mathrm{K} \pi x \frac{dv}{dx} dt$, la différentielle de ce terme,
prise par rapport à x. Donc la différence de la chaleur reçue
à la chaleur perdue, ou la quantité de chaleur qui, s'accu-
mulant dans la couche infiniment petite détermine les changements de température, est cette même différentielle, prise
avec un signe contraire, ou $2 \mathrm{K} \pi dt\, d \left(x \frac{dv}{dx} \right)$; d'un autre
côté, le volume de cette couche intermédiaire est $2 \pi x\, dx$ et
$2 \mathrm{C} \mathrm{D} \pi x\, dx$ exprime ce qu'il faut de chaleur pour l'élever
de la température o à la température 1, C étant la chaleur
spécifique, et D la densité; donc le quotient

$$\frac{2 \mathrm{K} \pi dt\, d \left(x \frac{dv}{dx} \right)}{2 \mathrm{C} . \mathrm{D} \pi x\, dx}$$

est l'accroissement que reçoit la température pendant l'instant dt. On obtient ainsi l'équation :

$$\frac{dv}{dt} = \frac{\mathrm{K}}{\mathrm{C} . \mathrm{D}} \left(\frac{d^2 v}{dx^2} + \frac{1}{x} \frac{dv}{dx} \right).$$

120.

La quantité de chaleur qui traverse, pendant l'instant dt,
la surface cylindrique dont le rayon est x, étant généralement exprimée par $2 \mathrm{K} \pi x \frac{dv}{dx} dt$, il s'ensuit que l'on

trouvera celle qui sort pendant le même temps de la superficie du solide, en faisant, dans la valeur précédente, $x = X$;
d'un autre côté, cette même quantité qui se dissipe dans l'air
est, selon le principe de la communication de la chaleur,
égale à $2 \pi X h v d t$; on doit donc avoir à la surface l'équation déterminée $- K \frac{dv}{dx} = h v$. La nature de ces équations
est expliquée avec plus d'étendue, soit dans les articles qui
se rapportent à la sphère, soit dans ceux où l'on donne les
équations générales pour un corps d'une figure quelconque.
La fonction v, qui représente le mouvement de la chaleur
dans un cylindre infini doit donc satisfaire, 1° à l'équation
générale $\frac{dv}{dt} = \frac{K}{C.D} \left(\frac{d^2 v}{dx^2} + \frac{1}{x} \frac{dv}{dx} \right)$, qui a lieu quelles que
soient x et t; 2° à l'équation déterminée $\frac{h}{K} v + \frac{dv}{dx} = 0$, qui
a lieu, quelle que soit la variable t, lorsque $x = X$; 3° à
l'équation déterminée $v = F(x)$. Cette dernière condition
doit être remplie pour toutes les valeurs de v, où l'on fait
$t = 0$, quelle que soit la variable x. La fonction arbitraire Fx
est supposée connue, et elle correspond à l'état initial.

SECTION IV.

Équations du mouvement uniforme de la chaleur dans un prisme solide d'une longueur infinie.

121.

Une barre prismatique est plongée par une de ses extrémités dans une source constante de chaleur qui maintient
cette extrémité à la température A; le reste de cette barre,
dont la longueur est infinie, demeure exposé à un courant

uniforme d'air athmosphérique entretenu à la température o ;
il s'agit de déterminer la plus haute température qu'un point
donné de la barre puisse acquérir.

Cette question diffère de celle de l'article 73, en ce qu'on
a égard ici à toutes les dimensions du solide, ce qui est nécessaire pour que l'on puisse obtenir une solution exacte.
En effet, on est porté à supposer que dans une barre d'une
très-petite épaisseur, tous les points d'une même tranche
acquièrent des températures sensiblement égales ; cependant
il peut rester quelque incertitude sur les résultats de cette
supposition. Il est donc préférable de résoudre la question
rigoureusement, et d'examiner ensuite, par le calcul, jusqu'à
quel point, et dans quel cas, on est fondé à regarder comme
égales les températures des divers points d'une même section.

122.

La section faite perpendiculairement à la longueur de la
barre, est un quarré dont le côté est $2\,l$, l'axe de la barre
est l'axe des x, et l'origine est à l'extrémité A. Les trois coordonnées rectangulaires d'un point de la barre sont x, y, z,
la température fixe du même point est désignée par v.

La question consiste à déterminer les températures que
l'on doit donner aux divers points de la barre, pour qu'elles
continuent de subsister sans aucun changement, tandis que
la surface extrême A, qui communique avec la source de
chaleur, demeure assujétie, dans tous ses points, à la
température permanente A ; ainsi v est une fonction de x,
de y et de z.

123.

On considérera le mouvement de la chaleur dans une molécule prismatique, comprise entre six plans perpendiculaires

aux trois axes des x, des y et des z. Les trois premiers plans passent par le point m, dont les coordonnées sont x, y, z et les autres passent par le point m', dont les coordonnées sont $x + dx$, $y + dy$, $z + dz$.

Pour connaître la quantité de chaleur qui, pendant l'unité de temps, pénètre dans la molécule, à travers le premier plan passant par le point m, et perpendiculaire aux x, il faut considérer que la surface de la molécule qui est située sur ce plan, a pour étendue $dz\,dy$, et que le flux qui traverse cette aire est égal, suivant le théorême de l'art. 98, à $-K\dfrac{dv}{dx}$; ainsi la molécule reçoit à travers le rectangle $dx\,dy$, passant par le point m, une quantité de chaleur exprimée par $-K\,dx\,dy\,\dfrac{dv}{dx}$. Pour trouver la quantité de chaleur qui traverse la face opposée, et sort de la molécule, il faut substituer, dans l'expression précédente, $x + dx$ à x, ou ce qui est la même chose, ajouter à cette expression sa différentielle prise par rapport à x seulement; on en conclut que la molécule perd, par sa seconde face perpendiculaire aux x, une quantité de chaleur équivalente à

$$-K\,dz\,dy\,\frac{dv}{dx} - K\,dz\,dy\,d\left(\frac{dv}{dx}\right);$$

on doit par conséquent la retrancher de celle qui était entrée par la face opposée; la différence de ces deux quantités est

$$K\,dz\,.\,dy\,d\left(\frac{dv}{dx}\right), \text{ ou } K\,dz\,dy\,dx\,\frac{d^2v}{dx^2};$$

elle exprime combien il s'accumule de chaleur dans la molécule, à raison de la propagation suivant le sens des x; et cette chaleur accumulée ferait varier la température de la molécule, si elle n'était point compensée par celle qui se perd dans un autre sens.

On trouve, de la même manière, qu'à travers le plan perpendiculaire aux y, et passant par le point m, il entre dans la molécule une quantité de chaleur égale à $-\mathrm{K}\,dz\,dx\,\dfrac{dv}{dy}$, et que la quantité qui sort par la face opposée est

$$-\mathrm{K}\,dz\,dx\,\frac{dv}{dy} - \mathrm{K}\,dz\,dx\,d\left(\frac{dv}{dy}\right),$$

cette dernière différentielle étant prise par rapport à y seulement. Donc la différence de ces deux quantités, ou $\mathrm{K}\,dz\,dx\,dy\,\dfrac{d^2v}{dy^2}$, exprime combien la molécule acquiert de chaleur, à raison de la propagation dans le sens des y.

Enfin on démontre de même que la molécule acquiert, à raison de la propagation dans le sens des z, une quantité de chaleur égale à $\mathrm{K}\,dx\,dy\,dz\,\dfrac{d^2v}{dz^2}$. Or, pour qu'elle ne change point de température, il est nécessaire qu'elle conserve autant de chaleur qu'elle en contenait d'abord, en sorte que ce qu'elle en acquiert dans un sens serve à compenser ce qu'elle en perd dans un autre. Donc la somme des trois quantités de chaleur acquises doit être nulle; et l'on forme ainsi l'équation $\dfrac{d^2v}{dx^2} + \dfrac{d^2v}{dy^2} + \dfrac{d^2v}{dz^2} = 0$.

124.

Il reste maintenant à exprimer les conditions relatives à la surface. Si l'on suppose que le point m appartient à l'une des faces de la barre prismatique, et que cette face est perpendiculaire aux z, on voit que le rectangle $dx\,dy$ laisse échapper dans l'air, pendant l'unité de temps, une quantité de chaleur égale à $h\,dx\,dy\,$V, en désignant par V la température du point m à la surface, c'est-à-dire, ce que devient la fonction cherchée $\varphi\,(x,\,y,\,z)$, lorsqu'on fait $z=l$, demi-largeur du prisme. D'un autre côté, la quantité de chaleur qui, en vertu de l'action des molécules, traverse, pendant l'unité de temps, une surface infiniment petite ω, située dans l'intérieur du prisme, perpendiculairement aux z, est, d'après les théorèmes cités, égale à $-\,$K$\,\omega\,\dfrac{dv}{dz}$. Cette expression est générale, et en l'appliquant aux points pour lesquels la coordonnée z a sa valeur complète l, on en conclut que la quantité de chaleur qui traverse le rectangle $dx\,dy$, placé à la superficie, est $-\,$K$\,dx\,dy\,\dfrac{dv}{dz}$, en donnant à z, dans la fonction $\dfrac{dv}{dz}$, sa valeur complète l. Donc les deux quantités $-\,$K$\,dx\,dy\,\dfrac{dv}{dz}$ et $h\,dx\,dy\,v$, doivent être égales, afin que l'action des molécules convienne avec celle du milieu. Cette égalité doit aussi subsister si l'on donne à z, dans les fonctions $\dfrac{dv}{dz}$ et v, la valeur $-\,l$, ce qui a lieu pour la face opposée à celle que l'on considérait d'abord. De plus, la quantité de chaleur qui traverse une surface plane infiniment petite ω, perpendiculaire à l'axe des y, étant $-\,$K$\,\omega\,\dfrac{dv}{dy}$, il s'ensuit que celle qui s'écoule à travers un rectangle $dx\,dz$, placé sur une face du prisme perpendiculaire aux y, est $-\,$K$\,dx\,dz\,\dfrac{dv}{dy}$, en donnant à y, dans la fonction $\dfrac{dv}{dy}$, sa valeur complète l. Or, ce rectangle $dx\,dz$, laisse échapper dans l'air une quantité de chaleur exprimée par $h\, dx\, dz\, v$; il est donc nécessaire que l'on ait l'équation $h v = -\mathrm{K}\, \dfrac{dv}{dy}$, lorsqu'on fait $y = l$, ou $y = -l$, dans les fonctions v et $\dfrac{dv}{dy}$.

125.

La valeur de la fonction v doit être, par hypothèse, égale à A, lorsqu'on suppose $x = 0$, quelles que soient les valeurs de y et de z. Ainsi, la fonction cherchée v est déterminée par les conditions suivantes : 1° elle satisfait pour toutes les valeurs de x, y, z à l'équation générale

$$\frac{d^2 v}{dx^2} + \frac{d^2 v}{dy^2} + \frac{d^2 v}{dz^2} = 0\,;$$

2° elle satisfait à l'équation $\dfrac{h}{\mathrm{K}} v + \dfrac{dv}{dy} = 0$, lorsque y équivaut à l, ou $-l$, quelles que soient x et z, ou à l'équation $\dfrac{h}{\mathrm{K}} v + \dfrac{dv}{dz} = 0$, lorsque z équivaut à l, ou à $-l$, quelles que soient x et y; 3° elle satisfait à l'équation $v = \mathrm{A}$, lorsque $x = 0$, quelles que soient y et z.

SECTION V.

Équations du mouvement varié de la chaleur dans un cube solide.

126.

Un solide, de forme cubique, dont tous les points ont acquis une même température, est placé dans un courant uniforme d'air atmosphérique, entretenu à la température 0.

Il s'agit de déterminer les états successifs du corps pendant toute la durée du refroidissement.

Le centre du cube est pris pour origine des coordonnées rectangulaires ; les trois perpendiculaires, abaissées de ce point sur les faces, sont les axes des x, des y et du z ; $2l$ est le côté du cube, v est la température à laquelle un point dont les coordonnées sont x, y, z, se trouve abaissé, après le temps t, qui s'est écoulé depuis le commencement du refroidissement : la question consiste à déterminer la fonction v, qui contient x, y, z et t.

127.

Pour former l'équation générale à laquelle v doit satisfaire, on cherchera quel est le changement de température qu'une portion infiniment petite du solide doit éprouver pendant l'instant dt, en vertu de l'action des molécules qui en sont extrêmement voisines. On considérera donc une molécule prismatique comprise entre six plans rectangulaires ; les trois premiers passent par le point m, dont les coordonnées sont x, y, z, et les trois autres, par le point m', dont les coordonnées sont $x + dx$, $y + dy$, $z + dz$.

La quantité de chaleur qui pénètre pendant l'instant dt dans la molécule, à travers le premier rectangle $dy\,dz$ perpendiculaire aux x, est $-\,\mathrm{K}\,dy\,dz\,\dfrac{dv}{dx}\,dt$, et celle qui sort dans le même temps de la molécule, par la face opposée, se trouve en mettant $x + dx$ au lieu de x, dans l'expression précédente, elle est $-\,\mathrm{K}\,dy\,dz\,\dfrac{dv}{dx}\,dt - \mathrm{K}\,dy\,dz\,d\left(\dfrac{dv}{dx}\right)dt$, cette différentielle étant prise par rapport à x seulement. La quantité de chaleur qui entre pendant l'instant dt dans la molécule, à travers le premier rectangle $dx\,dz$, perpendiculaire à l'axe des y, est $-\,K\,dx\,dz\,\dfrac{dv}{dy}\,dt$, et celle qui sort de la molécule, dans le même instant, par la face opposée, est $-\,K\,dx\,dz\,\dfrac{dv}{dy}\,dt - K\,dx\,dz\,d\left(\dfrac{dv}{dy}\right)dt$, la différentielle étant prise par rapport à y seulement. La quantité de chaleur que la molécule reçoit pendant l'instant dt, par sa face inférieure perpendiculaire à l'axe des z, est $-\,K\,dx\,dy\,\dfrac{dv}{dz}\,dt$, et celle qu'elle perd par la face opposée est $-\,K\,dx\,dy\,\dfrac{dv}{dz}\,dt - K\,dx\,dy\,d\left(\dfrac{dv}{dz}\right)dt$, la différentielle étant prise par rapport à z seulement.

Il faut maintenant retrancher la somme de toutes les quantités de chaleur qui sortent de la molécule de la somme des quantités qu'elle reçoit, et la différence est ce qui détermine son accroissement de température pendant un instant : cette différence est

$$K\,dy\,dz\,d\left(\frac{dv}{dx}\right)dt + K\,dx\,dz\,d\left(\frac{dv}{dy}\right)dt + K\,dx\,dy\,d\left(\frac{dv}{dz}\right)dt,$$

ou $K\,dx\,dy\,dz\left\{\dfrac{d^2v}{dx^2} + \dfrac{d^2v}{dy^2} + \dfrac{d^2v}{dz^2}\right\}dt.$

128.

Si l'on divise la quantité que l'on vient de trouver par celle qui est nécessaire pour élever la molécule de la température o à la température 1, on connaîtra l'accroissement de température qui s'opère pendant l'instant dt. Or, cette dernière quantité est $C.D\,dx\,dy\,dz$: car C désigne la capacité de chaleur de la substance ; D sa densité, et $dx\,dy\,dz$ le volume de la molécule. On a donc, pour exprimer le mouvement de la chaleur dans l'intérieur du solide, l'équation

$$\frac{dv}{dt} = \frac{K}{C.D}\left(\frac{d^2 v}{dx^2} + \frac{d^2 v}{dy^2} + \frac{d^2 v}{dz^2}\right) \qquad (d)$$

129.

Il reste à former les équations qui se rapportent à l'état de la surface, ce qui ne présente aucune difficulté, d'après les principes que nous avons établis. En effet, la quantité de chaleur qui traverse, pendant l'instant dt, le rectangle $dx\,dy$, tracé sur un plan perpendiculaire aux x, est $-K\,dy\,dz\frac{dv}{dx}dt$. Ce résultat, qui s'applique à tous les points du solide, doit avoir lieu aussi lorsque la valeur de x est égale à l, demi-épaisseur du prisme. Dans ce dernier cas, le rectangle $dy\,dz$ étant placé à la superficie, la quantité de chaleur qui le traverse, et se dissipe dans l'air pendant l'instant dt, est exprimée par $h\,dy\,dz\,v\,dt$, on doit donc avoir, lorsque $x = l$, l'équation $hv = -K\frac{dv}{dx}$. Cette condition doit aussi être satisfaite lorsque $x = -l$.

On trouvera de même que, la quantité de chaleur qui traverse le rectangle $dx\,dz$ situé sur un plan perpendiculaire à l'axe des y étant en général $-K\,dx\,dz\frac{dv}{dy}$, et celle qui à la superficie s'échappe dans l'air à travers ce même rectangle étant $h\,dx\,dz\,v\,dt$, il est nécessaire que l'on ait l'équation $hv + K\frac{dv}{dy} = 0$, lorsque $y = l$ ou $= -l$. Enfin on obtient pareillement l'équation déterminée $hv + K\frac{dv}{dz} = 0$, qui est satisfaite lorsque $z = l$ ou $= -l$.

130.

La fonction cherchée, qui exprime le mouvement varié de

la chaleur dans l'intérieur d'un solide de forme cubique doit donc être déterminée par les conditions suivantes :

1º Elle satisfait à l'équation générale

$$\frac{dv}{dt} = \frac{K}{C.D} \left(\frac{d^2 v}{dx^2} + \frac{d^2 v}{dy^2} + \frac{d^2 v}{dz^2} \right);$$

2º Elle satisfait aux trois équations déterminées

$$h v + K \frac{dv}{dx} = 0, \quad h v + K \frac{dv}{dy} = 0, \quad h v + K \frac{dv}{dz} = 0,$$

qui ont lieu lorsque $x = \pm l$, $y = \pm l$, $z = \pm l$;

3º Si, dans la fonction v qui contient x, y, z, t, on fait $t = 0$, quelles que soient les valeurs de x, y et z, on doit avoir, selon l'hypothèse, $v = A$, qui est la valeur initiale et commune de la température.

131.

L'équation à laquelle on est parvenu dans la question précédente, représente le mouvement de la chaleur dans l'intérieur de tous les solides. Quelle que soit en effet la forme du corps, il est manifeste qu'en le décomposant en molécules prismatiques, on obtiendra ce même résultat. On pourrait donc se borner à démontrer ainsi l'équation de la propagation de la chaleur. Mais afin de rendre plus complète l'exposition des principes, et pour que l'on trouve rassemblés dans un petit nombre d'articles consécutifs les théorèmes qui servent à établir l'équation générale de la propagation dans l'intérieur des solides, et celles qui se rapportent à l'état de la surface, nous procéderons, dans les deux sections suivantes, à la recherche de ces équations, indépendamment de toute question particulière, et sans recourir aux propositions élémentaires que nous avons expliquées dans l'introduction.

16.

SECTION VI.

Équation générale de la propagation de la Chaleur dans l'intérieur des solides.

132.

THÉORÊME I.

Si les différents points d'une masse solide homogène, comprise entre six plans rectangulaires, ont des températures actuelles déterminées par l'équation linéaire

$$v = A - a x - b y - c z \qquad (a)$$

et si les molécules placées à la surface extérieure sur les six plans qui terminent le prisme sont retenues, par une cause quelconque, à la température exprimée par l'équation (a); *toutes les molécules situées dans l'intérieur de la masse conserveront d'elles-mêmes leur température actuelle, en sorte qu'il ne surviendra aucun changement dans l'état du prisme.*
v désigne la température actuelle du point dont les coordonnées sont x, y, z; A, a, b, c, sont des coëfficients constants.

Pour démontrer cette proposition, considérons dans le solide trois points quelconques m M μ, placés sur une même droite $m \mu$, que le point M divise en deux parties égales; désignons par x, y, z, les coördonnées du point m, et par v sa température, par $x + \alpha, y + \beta, z + \gamma$ les coordonnées du point μ, et par w sa température, par $x - \alpha, y - \beta, z - \gamma$, les coordonnées du point m, et par u sa température, on aura

$$v = A - ax - by - cz, \quad w = A - a(x+\alpha) - b(y+\beta) - c(z+\gamma)$$
$$u = A - a(x-\alpha) - b(y-\beta) - c(z-\gamma),$$

d'où l'on conclut

$$v - w = a\alpha + b\beta + c\gamma, \text{ et } u - v = a\alpha + b\beta + c\gamma.$$

Donc $v - w = u - v$.

Or la quantité de chaleur qu'un point reçoit d'un autre dépend de la distance des deux points et de la différence de leurs températures. Donc l'action du point M sur le point μ. est égale à l'action de m sur M, ainsi le point M reçoit autant de chaleur de m qu'il en envoie au point μ.

On tirera la même conséquence quelles que soient la direction et la grandeur de la ligne qui passerait par le point M, et qu'il diviserait en deux parties égales. Donc il est impossible que ce point change de température, car il reçoit de toutes parts autant de chaleur qu'il en donne. Le même raisonnement s'applique aux autres points ; donc il ne pourra survenir aucun changement dans l'état du solide.

133.

COROLLAIRE I.

Un solide étant compris entre deux plans infinis parallèles A et B, on suppose que la température actuelle de ses différents points est exprimé par l'équation $v = 1 - z$, et que les deux plans qui le terminent sont retenus par une cause quelconque, l'un A à la temperature 1, et l'autre B à la température 0 : ce cas particulier sera donc compris dans le lemme précédent, en faisant A $= 1$, $a = 0$, $b = 0$. $c = 1$.

134.

COROLLAIRE II.

Si l'on se représente dans l'intérieur du même solide un plan M parallèle à ceux qui le terminent, on voit qu'il s'écoule à travers ce plan une certaine quantité de chaleur pendant l'unité de temps; car deux points très-voisins, tels que *m* et *n*, dont l'un est au-dessous du plan et l'autre au-dessus, sont inégalement échauffés; le premier, dont la température est plus élevée, doit donc envoyer au second, pendant chaque instant, une certaine quantité de chaleur qui, au reste, peut être fort petite, et même insensible, selon la nature du corps et la distance des deux molécules. Il en est de même de deux autres points quelconques séparés par le plan. Le plus échauffé envoie à l'autre une certaine quantité de chaleur, et la somme de ces actions partielles, ou de toutes les quantités de chaleur envoyées à travers le plan, compose un flux continuel dont la valeur ne change point, puisque toutes les molécules conservent leur température. Il est facile de prouver *que ce flux ou la quantité de chaleur qui traverse le plan* M *pendant l'unité de temps, équivaut à celle qui traverse, pendant le même temps, un autre plan* N *parallèle au premier.* En effet, la partie de la masse qui est comprise entre les deux surfaces M et N, recevra continuellement, à travers le plan M, autant de chaleur qu'elle en perd à travers le plan N. Si la quantité de chaleur qui, pénétrant au-delà du plan M, entre dans la partie de la masse que l'on considère, n'était point égale à celle qui en sort par la surface opposée N, le solide compris entre les deux surfaces acquérerait une nouvelle chaleur, ou perdrait une partie de celle qu'il a, et ses températures ne seraient point constantes. ce qui est contraire au lemme précédent.

135.

On prend pour mesure de la conducibilité spécifique d'une substance donnée la quantité de chaleur qui, dans un solide infini, formé de cette substance, et compris entre deux plans parallèles, s'écoule pendant l'unité de temps à travers une surface égale à l'unité, et prise sur un plan intermédiaire quelconque, parallèle aux plans extérieurs dont la distance est égale à l'unité de mesure, et dont l'un est entretenu à la température 1, et l'autre à la température 0. On désigne par le coëfficient K, ce flux constant de chaleur qui traverse toute l'étendue du prisme, et qui est la mesure de la conducibilité.

136.

LEMME.

Si l'on suppose que toutes les températures du solide dont il s'agit dans l'article précédent, sont multipliées par un nombre quelconque g, en sorte que l'équation des températures soit $v = g - gz$, au lieu d'être $v = 1 - z$, et si les deux plans extérieurs sont entretenus, l'un à la température g, et l'autre à la température 0, le flux constant de chaleur, dans cette seconde hypothèse, ou la quantité qui, pendant l'unité de temps traverse l'unité de surface prise sur un plan intermédiaire parallèle aux bases, est égale au produit du premier flux K, multiplié par g.

En effet, puisque toutes les températures ont été augmentées dans le rapport d'un à g, les différences des températures des deux points quelconques m et μ, sont augmentées dans le même rapport. Donc, suivant le principe de la communication de la chaleur, il faut, pour connaître la quantité de chaleur que m envoie à μ, dans la seconde hypothèse, multiplier par g la quantité que ce point m envoyait à μ dans la première. Il en serait de même des deux autres points quelconques. Or, la quantité de chaleur qui traverse un plan M résulte de la somme de toutes les actions que les points $m\ m'\ m''\ m'''$ etc., situés d'un même côté du plan, exercent sur les points μ, μ', μ'', μ''', etc., situés de l'autre côté. Donc, si dans la première hypothèse le flux constant est désigné par K, il sera égal à gK, lorsqu'on aura multiplié toutes les températures par g.

137.

THÉORÈME II.

Dans un prisme dont les températures constantes sont exprimées par l'équation $v = \text{A} - ax - by - cz$, et que terminent six plans rectangulaires dont tous les points sont entretenus aux températures déterminées par l'équation précédente, la quantité de chaleur qui, pendant l'unité de temps, traverse l'unité de surface prise sur un plan intermédiaire quelconque perpendiculaire aux z, est la même que le flux constant dans un solide de même substance, qui serait compris entre deux plans parallèles infinis, et pour lequel l'équation des températures constantes serait $v = c - cz$.

Pour le démontrer, considérons dans le prisme, et ensuite dans le solide infini, deux points m et μ extrêmement voisins et séparés par le plan M, perpendiculaire à l'axe des z; μ étant au-dessus du plan, et m au-dessous (*Voy. fig.* 4.), choisissons au-dessous du même plan un point m' tel que la perpendiculaire abaissée du point μ sur le plan soit aussi perpendiculaire sur le milieu h de la distance $m m'$. Désignons par $x, y, z + h$ les coordonnées du point μ, dont la température est w, par $x - \alpha, y - \beta, z$ les coordonnées de m, dont la température est v, et par $x + \alpha, y + \beta, z$ les coordonnées de m' dont la température est v'.

L'action de m sur μ, ou la quantité de chaleur que m envoie à μ pendant un certain temps, peut être exprimée par $q\,(v - w)$. Le facteur q dépend de la distance $m\,\mu$, et de la nature de la masse. L'action de m' sur μ sera donc exprimée par $q\,(v' - w)$; et le facteur q est le même que dans l'expression précédente; donc la somme des deux actions de m sur μ, et de m' sur μ, ou la quantité de chaleur que μ reçoit de m et de m', est exprimée par

$$q\,(v - w + v' - w).$$

Or, si les points m, μ, m' appartiennent au prisme, on a

$$w = A - a\,x - b\,y - c\,(z + h), \quad v = A - a\,\overline{x - \alpha} - b\,\overline{y - \beta} - c\,z,$$

et $v' = A - a\,\overline{x + \alpha} - b\,\overline{y + \beta} - c\,z$; et si ces mêmes points appartenaient au solide infini, on aurait, par hypothèse,

$$w = c - c\,\overline{z + h}, \quad v = c - c\,z, \quad \text{et } v' = c - c\,z.$$

Dans le premier cas, on trouve

$$q\,(v - w + v' - w) = 2\,q\,c\,h,$$

et, dans le second cas, on a encore le même résultat. Donc la quantité de chaleur que μ reçoit de m et de m' dans la première hypothèse, lorsque l'équation des températures constantes est $v = A - a\,x - b\,y - c\,z$, équivaut à la quantité de chaleur que μ reçoit de m et de m', lorsque l'équation des températures constantes est $v = c - cz$.

On tirerait la même conséquence par rapport à trois autres points quelconques m' μ' m'', pourvu que le second μ' fût placé à égale distance des deux autres, et que la hauteur du triangle isocèle m' μ' m'' fût parallèle aux z. Or, la quantité de chaleur qui traverse un plan quelconque M résulte de la somme des actions que tous les points m, m', m'', m''', etc. situés d'un côté de ce plan, exercent sur tous les points μ. μ' μ'' μ''', etc. situés de l'autre côté : donc le flux constant qui, pendant l'unité de temps, traverse une partie déterminée du plan M dans le solide infini, est égale à la quantité de chaleur qui s'écoule dans le même temps à travers la même portion du plan M dans le prisme dont les températures sont exprimées par l'équation

$$v = \mathrm{A} - a\,x - b\,y - c\,z.$$

138.

COROLLAIRE.

Le flux a pour valeur $\mathrm{C}\,\mathrm{K}$ dans le solide infini, lorsque la partie du plan qu'il traverse est l'unité de surface. *Il a donc aussi dans le prisme la même valeur* c K *ou* $- \mathrm{K}\dfrac{dv}{dz}$.

On prouve de la même manière *que le flux constant qui a lieu, pendant l'unité de temps, dans le même prisme à travers l'unité de surface sur un plan quelconque perpendiculaire aux* y *est égal à* b k *ou* $- \mathrm{K}\dfrac{dv}{dy}$; *et que celui qui traverse le plan perpendiculaire aux* x *a pour valeur* a K *ou* $- \mathrm{K}\dfrac{dv}{dz}$.

139.

Les propositions que l'on a démontrées dans les articles précédents s'appliquent aussi au cas où l'action instantanée d'une molécule s'exercerait dans l'intérieur de la masse, jusqu'à une distance appréciable. Il faut, dans ce cas, supposer que la cause qui retient les tranches extérieures des corps dans l'état exprimé par l'équation linéaire, affecte la masse jusqu'à une profondeur finie. Toutes les observations concourent à prouver que, dans les solides et les liquides, la distance dont il s'agit est extrêmement petite.

140.

THÉORÊME III.

Si les températures des points d'un solide sont exprimées par l'équation $v = f(x, y, z, t)$, dans laquelle x, y, z sont les coordonnées de la molécule dont la température est égale à v après le temps écoulé t; le flux de chaleur qui traverse une partie d'un plan tracé dans le solide, et perpendiculaire à l'un des trois axes, n'est plus constant; sa valeur est différente pour les différentes parties du plan, et elle varie aussi avec le temps. Cette quantité variable peut être déterminée par le calcul.

Soit ω un cercle infiniment petit dont le centre coïncide avec le point m du solide et dont le plan soit perpendiculaire à la coordonnée verticale z; il s'écoulera pendant l'instant dt, à travers ce cercle, une certaine quantité de chaleur qui passera de la partie du solide inférieur au plan du cercle, dans la partie supérieure. Ce flux se compose de tous les rayons de chaleur qui partent d'un point inférieur, et parviennent à un point supérieur, en traversant un point de la petite surface ω. Nous allons démontrer *que la valeur du flux a pour expression* $-\mathrm{K}\frac{dv}{dz}\omega\,dt$.

Désignons par $x'\,y'\,z'$ les coordonnées du point m dont la température est v'; et supposons que l'on rapporte toutes les autres molécules à ce point m choisi pour l'origine de trois nouveaux axes parallèles aux précédents; soient ξ, η, ζ, les trois coordonnées d'un point rapporté à l'origine m; on aura, pour exprimer la température actuelle w d'une molécule infiniment voisine de m, l'équation linéaire

$$w = v' + \xi\,\frac{dv'}{dx} + \eta\,\frac{dv'}{dy} + \zeta\,\frac{dv'}{dz}.$$

Les coëfficients v', $\frac{dv'}{dx}$, $\frac{dv'}{dy}$, $\frac{dv'}{dz}$ sont les valeurs que l'on trouve, en substituant dans les fonctions v, $\frac{dv}{dx}$, $\frac{dv}{dy}$, $\frac{dv}{dz}$, aux variables x, y, z, les quantités constantes x', y', z', qui mesurent les distances du point m aux trois premiers axes des x, des y, des z.

Supposons maintenant que le même point m soit aussi une molécule intérieure d'un prisme rectangulaire compris entre six plans perpendiculaires aux trois axes dont m est l'origine; que la température actuelle w de chaque molécule de ce prisme, dont les dimensions sont finies, soit exprimée par l'équation linéaire $w = \mathrm{A} + a\,\xi + b\,\eta + c\,\zeta$, et que les six faces qui terminent le prisme soient retenues aux températures fixes que cette dernière équation leur assigne. L'état des molécules intérieures sera aussi permanent, et il s'écoulera pendant l'instant dt, à travers le cercle ω, une quantité de chaleur que mesure l'expression $-k\,c\,\omega\,dt$.

Cela posé, si l'on prend pour les valeurs des constantes a, b, c, les quantités v', $\frac{d v'}{d x}$, $\frac{d v'}{d y}$, $\frac{d v'}{d z}$, l'état fixe du prisme sera exprimé par l'équation

$$w = v' + \frac{d v'}{d x} \xi + \frac{d v'}{d y} \eta + \frac{d v'}{d z} \zeta.$$

Ainsi les molécules infiniment voisines du point m auront, pendant l'instant $d t$, la même température actuelle dans le solide dont l'état est variable, et dans le prisme dont l'état est constant. Donc le flux qui a lieu au point m pendant l'instant $d t$, à travers le cercle infiniment petit ω, est le même dans l'un et l'autre solide : donc il est exprimé par

$$- K \frac{d v'}{d z} \omega \, d t.$$

On en conclut la proposition suivante :

Si dans un solide dont les températures intérieures varient avec le temps, en vertu de l'action des molécules, on trace une ligne droite quelconque, et que l'on élève (voy. fig. 5), *aux différents points de cette ligne, les ordonnées* p m *d'une courbe plane égales aux températures de ces points prises au même instant ; le flux de chaleur, en chaque point* p *de la droite, sera proportionnel à la tangente de l'angle* α *que fait l'élément de la courbe avec la parallèle aux abaisses ;* c'est-à-dire que si l'on plaçait au point p le centre d'un cercle infiniment petit ω, perpendiculaire à la ligne, la quantité de chaleur écoulée pendant un instant $d t$, à travers ce cercle, dans le sens suivant lequel les abaisses a p croissent, aurait pour mesure le produit de quatre facteurs qui sont la tangente de l'angle α, un coëfficient constant K, l'aire ω du cercle, et la durée $d t$ de l'instant.

141.

Si l'on représente par ε l'abaisse de cette courbe ou la distance d'un point p de la droite à un point fixe o; et par v l'ordonnée qui représente la température du point p; v variera avec la distance ε et sera une certaine fonction $f\varepsilon$ de cette distance; la quantité de chaleur qui s'écoulerait à travers le cercle ω, placé au point p perpendiculairement à la ligne, sera $-\mathrm{K}\,\dfrac{dv}{d\varepsilon}\,\omega\,dt$, ou $-\mathrm{K}f'(\varepsilon)\,\omega\,dt$, en désignant par $f'(\varepsilon)$ la fonction $\dfrac{df(\varepsilon)}{d\varepsilon}$.

Nous donnerons à ce résultat l'expression suivante, qui facilite les applications.

Pour connaître le flux actuel de la chaleur en un point p *d'une droite tracée dans un solide, dont les températures varient par l'action des molécules, il faut diviser la différence des températures de deux points infiniment voisins du point* p *par la distance de ces points. Le flux est proportionnel au quotient.*

142.

Il est facile de déduire des théorêmes précédents les équations générales de la propagation de la chaleur.

Supposons que les différents points d'un solide homogène d'une forme quelconque, aient reçu des températures initiales qui varient successivement par l'effet de l'action mutuelle des molécules, et que l'équation v $=$ f (x, y, z, t) *représente les états successifs du solide, on va démontrer que la fonction* v *de quatre variables satisfait nécessairement à l'équation*

$$\frac{dv}{dt} = \frac{K}{C.D} \left(\frac{d^2 v}{dx^2} + \frac{d^2 v}{dy^2} + \frac{d^2 v}{dz^2} \right)$$

En effet, considérons le mouvement de la chaleur dans une molécule comprise entre six plans perpendiculaires aux axes des x, des y, et des z; les trois premiers de ces plans passent par le point m, dont les coordonnées sont x, y, z, et les trois autres passent par le point m', dont les coordonnées sont $x + dx$, $y + dy$, $z + dz$.

La molécule reçoit pendant l'instant dt, à travers le rectangle inférieur $dx\,dy$, qui passe par le point m, une quantité de chaleur égale à $- K\,dx\,dy\,\frac{dv}{dz}\,dt$. Pour connaître la quantité qui sort de la molécule par la face opposée, il suffit de changer dans l'expression précédente z en $z + dz$, c'est-à-dire d'ajouter à cette expression sa propre différentielle prise par rapport à z seulement; on aura donc

$$- K\,dx.dy\,\frac{dv}{dz}\,dt - K\,dx.dy\,\frac{d\left(\frac{dv}{dz}\right)}{dz}\,dz\,dt$$

pour la valeur de la quantité qui sort à travers le rectangle supérieur. La même molécule reçoit encore à travers le premier rectangle $dx\,dz$ qui passe par le point m, une quantité de chaleur égale à $- K\,\frac{dv}{dy}\,dx.dz.dt$; et si l'on ajoute à cette expression sa propre différentielle prise par rapport à y seulement, on trouve que la quantité qui sort à travers la face opposée $dx\,dz$, a pour expression

$$- K\,\frac{dv}{dy}\,dx\,dz\,dt - K\,\frac{d\left(\frac{dv}{dy}\right)}{dy}\,dy\,dx\,dz\,dt.$$

Enfin cette molécule reçoit, par le premier rectangle $dy\,dz$ une quantité de chaleur égale à $-\,K\,\dfrac{d\,v}{d\,x}\cdot dy\,dz\,dt$, et ce qu'elle perd à travers le rectangle opposé, qui passe par m', a pour expression

$$-\,K\,\frac{d\,v}{d\,x}\,dy\,dz\,dt - K\,\frac{d\left(\dfrac{d\,v}{d\,x}\right)}{d\,x}\,dx\,dy\,dz\,dt.$$

Il faut maintenant prendre la somme des quantités de chaleur que la molécule reçoit, et en retrancher la somme de celles qu'elle perd. On voit par-là qu'il s'accumule durant l'instant $d\,t$ dans l'intérieur de cette molécule, une quantité totale de chaleur égale à $K\left(\dfrac{d^2\,v}{d\,x^2}+\dfrac{d^2\,v}{d\,y^2}+\dfrac{d^2\,v}{d\,z^2}\right)dx\,dy\,dz\,dt$.
Il ne s'agit plus que de connaître quel est l'accroissement de température qui doit résulter de cette addition de chaleur.

D étant la densité du solide, ou le poids de l'unité de volume, et C la capacité spécifique, ou la quantité de chaleur qui élève l'unité de poids de la température o à la température 1 ; le produit $C\,.\,D\,dx\,dy\,dz$ exprime combien il faut de chaleur pour élever de o à 1 la molécule dont le volume est $dx\,dy\,dz$. Donc en divisant par ce produit la nouvelle quantité de chaleur que la molécule vient d'acquérir, on aura son accroissement de température. On obtient ainsi l'équation générale

$$\frac{d\,v}{d\,t}=\frac{K}{C\,.\,D}\left\{\frac{d^2\,v}{d\,x^2}+\frac{d^2\,v}{d\,y^2}+\frac{d^2\,v}{d\,z^2}\right\}\qquad(A)$$

qui est celle de la propagation de la chaleur dans l'intérieur de tous les corps solides.

143.

Indépendamment de cette équation, le système des températures est souvent assujéti à plusieurs conditions déterminées, dont on ne peut donner une expression générale, puisqu'elles dépendent de l'espèce de la question.

Si la masse dans laquelle la chaleur se propage a des dimensions finies, et si la superficie est retenue par une cause spéciale dans un état donné; par exemple, si tous ses points conservent, en vertu de cette cause, la température constante 0, on aura, en désignant la fonction inconnue v par $\varphi\,(x,y,z,t)$, l'équation de condition $\varphi\,(x,y,z,t) = 0$; il est nécessaire qu'elle soit satisfaite pour toutes les valeurs de x, y, z, qui appartiennent aux points de la surface extérieure, et pour une valeur quelconque de t.

De plus, si l'on suppose que les températures initiales du corps sont exprimées par la fonction connue $F\,(x,y,z)$, on a aussi l'équation $\varphi\,(x,y,z,0) = F\,(x,y,z)$; la condition exprimée par cette équation doit être remplie pour les valeurs des coordonnées x, y, z, qui conviennent à un point quelconque du solide.

144.

Au lieu d'assujétir la surface du corps à une température constante, on peut supposer que cette température n'est pas la même pour les différents points de la surface, et qu'elle varie avec le temps suivant une loi donnée; c'est ce qui a lieu dans la question des températures terrestres. Dans ce cas l'équation relative à la surface, contient la variable t.

145.

Pour examiner en elle-même, et sous un point de vue très-général, la question de la propagation de la chaleur. il faut supposer que le solide, dont l'état initial est donné, a toutes ses dimensions infinies ; alors aucune condition spéciale ne trouble la diffusion de la chaleur, et la loi à laquelle ce principe est soumis, devient plus manifeste : elle est exprimée par l'équation générale

$$\frac{dv}{dt} = \frac{K}{C.D}\left(\frac{d^2v}{dx^2} + \frac{d^2v}{dy^2} + \frac{d^2v}{dz^2}\right),$$

à laquelle il faut joindre celle qui se rapporte à l'état initial et arbitraire du solide.

Supposons que la température initiale d'une molécule, dont les coordonnées sont x, y, z, soit une fonction connue $F(x, y, z)$, et désignons la valeur inconnue v par $\varphi(x, y, z, t)$, on aura l'équation déterminée $\varphi(x, y, z, 0) = F(x, y, z)$; ainsi la question est réduite à intégrer l'équation générale (A) ensorte qu'elle convienne, lorsque le temps est nul, avec l'équation qui contient la fonction arbitraire F.

SECTION VII.

Équation générale relative à la surface.

146.

Si le solide a une forme déterminée, et si la chaleur primitive se dissipe successivement dans l'air atmosphérique entretenu à une température constante, il faut ajouter à l'équation générale (A) et à celle qui représente l'état initial, une troisième condition relative à l'état de la surface. Nous allons examiner dans les articles suivants, la nature de l'équation qui exprime cette dernière condition.

Considérons l'état variable d'un solide dont la chaleur se dissipe dans l'air, entretenu à une température fixe o. Soit ω une partie infiniment petite de la surface extérieure, et μ un point de ω, par lequel on fait passer une normale à la surface; les différents points de cette ligne ont au même instant des températures différentes.

Soient v la température actuelle du point μ, prise pour un instant déterminé, et w la température correspondante d'un point ν du solide pris sur la normale, et distant du point μ d'une quantité infiniment petite α. Désignons par x, y, z, les coordonnées du point μ, et par

$$x + \delta x, \, y + \delta y, \, z + \delta z,$$

celles du point ν; soient $f(x, y, z) = 0$ l'équation connue de la surface du solide, et $v = \varphi(x, y, z, t)$ l'équation générale qui doit donner la valeur de v en fonction des quatre variables x, y, z, t. En différentiant l'équation $f(x, y, z) = 0$, on aura $m\, dx + n\, dy + p\, dz = 0$; m, n, p sont des fonctions de x, y, z.

Il résulte du corollaire énoncé dans l'article 141, que le flux, dans le sens de la normale, ou la quantité de chaleur qui traverserait pendant l'instant dt la surface ω, si on la plaçait en un point quelconque de cette ligne, perpendiculairement à sa direction, est proportionnelle au quotient que l'on obtient en divisant la différence de température de deux points infiniment voisins par leur distance. Donc l'expression de ce flux à l'extrémité de la normale est

$$-K \frac{w - v}{\alpha} \, \omega \, dt \, ;$$

K désignant la conducibilité spécifique de la masse. D'un

autre côté la surface ω laisse échapper dans l'air, pendant l'instant dt, une quantité de chaleur égale a $h\,v\,\omega\,dt$; h étant la conducibilité relative à l'air atmosphérique. Ainsi le flux de chaleur à l'extrémité de la normale a deux expressions différentes, savoir : $h\,v\,\omega\,dt$ et $-k\,\dfrac{w-v}{\alpha}\,\omega\,dt$; donc ces deux quantités sont égales; et c'est en exprimant cette égalité, que l'on introduira dans le calcul la condition relative à la surface.

147.

On a $w = v + \delta\,v = v + \dfrac{dv}{dx}\,\delta\,x + \dfrac{dv}{dy}\,\delta\,y + \dfrac{dv}{dz}\,\delta\,z.$ Or, il suit des principes de la géométrie, que les coordonnées $\delta\,x$, $\delta\,y$, $d\,z$, qui fixent la position du point ν de la normale par rapport au point μ, satisfont aux conditions suivantes :

$$p\,\delta\,x = m\,\delta\,z,\, p\,\delta\,y = n\,\delta\,z.$$

On a donc

$$w - v = \frac{1}{p}\left(m\frac{dv}{dx} + n\frac{dv}{dy} + p\frac{dv}{dz} \right)\delta\,z:$$

on a aussi

$$\alpha = \sqrt{\delta\,x^2 + \delta\,y^2 + \delta\,z^2} = \frac{1}{p}\left(m^2 + n^2 + p^2 \right)^{\frac{1}{2}}\delta z,$$

ou $\alpha = \dfrac{q}{p}\,\delta\,z$, en désignant par q la quantité

$$\left(m^2 + n^2 + p^2 \right)^{\frac{1}{2}};$$

donc

$$\frac{w - v}{\alpha} = \left(m\frac{dv}{dx} + n\frac{dv}{dy} + p\frac{dv}{dz} \right)\frac{1}{q};$$

par conséquent l'égalité

$$h\,v\,\omega\,dt = -k\left(\frac{w - v}{\alpha} \right)\omega\,dt$$

devient la suivante

$$m \frac{dv}{dx} + n \frac{dv}{dy} + p \frac{dv}{dz} + \frac{h}{k} v q = 0. \quad \text{(B)}$$

Cette équation est déterminée et ne s'applique qu'aux points de la surface; elle est celle que l'on doit ajouter à l'équation générale de la propagation de la chaleur (A), et à la condition qui détermine l'état initial du solide; $m, n, p, q,$ sont des fonctions connues des coordonnées des points de la surface.

148.

L'équation B signifie en général que le décroissement de la température, dans le sens de la normale, à l'extrémité du solide, est tel que la quantité de chaleur qui tend à sortir en vertu de l'action des molécules, équivaut toujours à celle que le corps doit perdre dans le milieu.

On pourrait concevoir que la masse du solide est prolongée, en sorte que la surface au lieu d'être exposée à l'air, appartient à-la-fois au corps qu'elle termine, et à une enveloppe solide qui le contient. Si, dans cette hypothèse, une cause quelconque réglait à chaque instant le décroissement des températures dans l'enveloppe solide, et la déterminait de manière que la condition exprimée par l'équation B, fût toujours satisfaite, l'action de l'enveloppe tiendrait lieu de celle de l'air, et le mouvement de la chaleur serait le même dans l'un et l'autre cas : on peut donc supposer que cette cause existe, et déterminer, dans cette hypothèse, l'état variable du solide; c'est ce que l'on fait en employant les deux équations A et B.

On voit par-là comment l'interruption de la masse et

l'action du milieu, troublent la diffusion de la chaleur en l'assujétissant à une condition accidentelle.

149.

On peut aussi considérer sous un autre point de vue cette équation (B), qui se rapporte à l'état de la surface; il faut auparavant déduire une conséquence remarquable du théorême III (art. 140). Nous conserverons la construction rapportée dans le corollaire du même théorême (art. 141). Soient x, y, z les coordonnées du point p et

$$x + \delta x, \, y + \delta y, \, z + \delta z,$$

celles d'un point q infiniment voisin de p, et marqué sur la droite dont il s'agit; désignons par v et w les températures des deux points p et q prises pour le même instant, on aura

$$w = v + \delta v = v + \frac{dv}{dx}\delta x + \frac{dv}{dy}\delta y + \frac{dv}{dz}\delta z \, ;$$

donc le quotient

$$\frac{\delta v}{\delta \varepsilon} = \frac{dv}{dx}\frac{\delta x}{\delta \varepsilon} + \frac{dv}{dx}\frac{\delta y}{\delta \varepsilon} + \frac{dv}{dz}\frac{\delta z}{\delta \varepsilon} \text{ et } \delta \varepsilon = \sqrt{\delta x^2 + \delta y^2 + \delta z^2} \, ;$$

ainsi la quantité de chaleur qui s'écoule à travers la surface ω placée au point m, perpendiculairement à la droite, est

$$-\mathrm{K}\,\omega\, dt \left\{ \frac{dv}{dx}\cdot\frac{\delta x}{\delta \varepsilon} + \frac{dv}{dy}\cdot\frac{\delta y}{\delta \varepsilon} + \frac{dv}{dz}\cdot\frac{\delta z}{\delta \varepsilon} \right\}.$$

Le premier terme est le produit de $-k\frac{dv}{dx}$ par dt et par $\omega\frac{\delta x}{\delta \varepsilon}$. Cette dernière quantité est, d'après les principes de la géométrie, l'aire de la projection de ω sur le plan des y et z;

ainsi le produit représente la quantité de chaleur qui s'écoulerait à travers l'aire de la projection, si on la plaçait au point p, perpendiculairement à l'axe des x.

Le second terme $- k \dfrac{dv}{dy} \omega \dfrac{\delta y}{\delta \varepsilon} dt$ représente la quantité de chaleur qui traverserait la projection de ω, faite sur le plan des x et z, si on plaçait cette projection au point p, parallèlement à elle-même.

Enfin le troisième terme $- k \dfrac{dv}{dz} \omega \dfrac{\delta z}{\delta \varepsilon} dt$ représente la quantité de chaleur qui s'écoulerait pendant l'instant dt, à travers la projection de ω sur le plan des x et y, si l'on plaçait cette projection au point p, perpendiculairement à la coordonnée z.

On voit par-là *que la quantité de chaleur qui s'écoule à travers chaque partie infiniment petite d'une surface tracée dans l'intérieur du solide, peut toujours être décomposée en trois autres, qui pénètrent les trois projections orthogonales de la surface, selon des directions perpendiculaires aux plans des projections.* Ce résultat donne naissance à des propriétés analogues à celles que l'on remarque dans la théorie des forces.

150.

La quantité de chaleur qui s'écoule à travers une surface plane, infiniment petite ω, donnée de figure et de position, étant équivalente à celle qui traverserait ses trois projections orthogonales, il s'ensuit que, si l'on conçoit dans l'intérieur du solide un élément d'une figure quelconque, les quantités de chaleur qui pénètrent dans ce polyèdre par ses différentes faces, se compensent réciproquement; ou plus exactement, la somme des termes du premier ordre, qui entrent dans l'expression de ces quantités de chaleur reçues par la molécule, est zéro; ensorte que la chaleur qui s'y accumule en effet, et fait varier sa température, ne peut être exprimée que par des termes infiniment plus petits que ceux du premier ordre.

On voit distinctement ce résultat lorsqu'on établit l'équation générale (A), en considérant le mouvement de la chaleur dans une molécule prismatique (articles 127 et 142); on le démontre encore pour une molécule d'une figure quelconque, en substituant à la chaleur reçue par chaque face, celle que recevraient ses trois projections.

Il est d'ailleurs nécessaire que cela soit ainsi : car, si une des molécules du solide acquérait pendant chaque instant une quantité de chaleur exprimée par un terme du premier ordre, la variation de sa température serait infiniment plus grande que celle des autres molécules, c'est-à-dire, que pendant chaque instant infiniment petit, sa température augmenterait ou diminuerait d'une quantité finie; ce qui est contraire à l'expérience.

151.

Nous allons appliquer cette remarque à une molécule placée à la surface extérieure du solide.

Par un point a (*voy.* fig. 6), pris sur le plan des x et y, menons deux plans perpendiculaires, l'un à l'axe des x, l'autre à l'axe des y. Par un autre point b du même plan, infiniment voisin de a, menons aussi deux plans parallèles aux deux précédents; les ordonnées z, élevées aux points a, b, c, d, jusqu'à la surface extérieure du solide, marqueront sur cette surface quatre points a', b', c', d'.

et seront les arêtes d'un prisme tronqué, dont la base est le rectangle $abcd$. Si par le point a', qui désigne le moins élevé des quatre points a', b', c', d' on fait passer un plan parallèle à celui des x et y, on retranchera du prisme tronqué une molécule, dont une des faces, savoir : $a'\,b'\,c'\,d'$ se confond avec la superficie du solide. Les valeurs des quatre ordonnées $aa'\,cc'\,dd'\,bb'$ sont les suivantes :

$$aa' = z$$

$$cc' = z + \frac{dz}{dx}\,dx$$

$$dd' = z + \frac{dz}{dy}\,dy$$

$$bb' = z + \frac{dz}{dx}\,dx + \frac{dz}{dy}\,dy \qquad .$$

152.

L'une des faces perpendiculaires aux x est un triangle, et la face opposée est un trapèze. L'aire du triangle est

$$\tfrac{1}{2}\,dy\,\frac{dz}{dy}\,dy, \qquad .$$

et le flux de chaleur dans la direction perpendiculaire à cette surface étant $-k\,\dfrac{dv}{dx}$ on a, en omettant le facteur dt,

$$-k\,\frac{dv}{dx}\cdot\frac{dy}{2}\,\frac{dz}{dy}\,dy$$

pour l'expression de la quantité de chaleur qui pénètre pendant un instant dans la molécule, à travers le triangle dont il s'agit.

L'aire de la face opposée est

$$\tfrac{1}{2}\,dy\left(\frac{dz}{dx}\,dx + \frac{dz}{dx}\,dx + \frac{dz}{dy}\,dy\right)$$

19

et le flux perpendiculaire à cette face est aussi $- k \frac{d\,v}{d\,x}$, en supprimant les termes du second ordre, infiniment plus petits que ceux du premier; on retranchera la quantité de chaleur qui sort par cette seconde face, de celle qui entre par la première et l'on trouvera $k \frac{d\,v}{d\,x} \frac{d\,z}{d\,x} \, d\,x \, d\,y$.

Ce terme exprime combien la molécule reçoit de chaleur par les faces perpendiculaires aux x.

On trouvera, par un calcul semblable, que la même molécule reçoit, par les faces perpendiculaires aux y, une quantité de chaleur égale à $k \frac{d\,v}{d\,y} \cdot \frac{d\,z}{d\,y} \cdot d\,x \, d\,y$.

La quantité de chaleur que la molécule reçoit par la base rectangulaire est $- k \frac{d\,v}{d\,z} \, d\,x \, d\,y$. Enfin, elle laisse échapper dans l'air, à travers la surface supérieure $a'b'c'd'$, une certaine quantité de chaleur égale au produit de $h v$, par l'étendue ω de cette surface. La valeur de ω est, selon les principes connus, celle de $d\,x \, d\,y$, multipliée par le rapport $\frac{\varepsilon}{z}$; ε désigne la longueur de la normale, depuis la surface extérieure jusqu'au plan des x et y, et

$$\varepsilon = z \left(1 + \left(\frac{d\,z}{d\,x} \right)^2 + \left(\frac{d\,z}{d\,y} \right)^2 \right)^{\frac{1}{2}},$$

donc la molécule perd à travers sa surface $a'b'c'd'$ une quantité de chaleur égale à $h v \, d\,x \, d\,y \, \frac{\varepsilon}{z}$.

Or, les termes du premier ordre qui entrent dans l'expression de la quantité totale de chaleur acquise par la molécule, doivent se détruire, afin que la variation des températures ne soit pas à chaque instant une quantité finie ; on doit donc avoir l'équation

$$k\frac{dv}{dx}\cdot\frac{dz}{dx}\cdot dx\,dy + k\frac{dv}{dy}\frac{dz}{dy}\cdot dx\,dy - k\frac{dv}{dz}dx\,dy - hv\frac{\varepsilon}{z}dx\,dy = 0,$$

ou $\dfrac{h}{k}v\cdot\dfrac{\varepsilon}{z} = \dfrac{dv}{dx}\cdot\dfrac{dz}{dx} + \dfrac{dv}{dy}\cdot\dfrac{dz}{dy} - \dfrac{dv}{dz}.$

153.

En mettant pour $\dfrac{dz}{dx}$ et $\dfrac{dz}{dy}$ leurs valeurs tirées de l'équation $m\,dx + n\,dy + p\,dz = 0$, et désignant par q la quantité $(m^2 + n^2 + p^2)^{\frac{1}{2}}$ on a

$$k\,m\frac{dv}{dx} + k\,n\frac{dv}{dy} + k\,p\frac{dv}{dz} + h\,v\,q = 0, \qquad (B)$$

on connaît ainsi d'une manière distincte ce que représente chacun des termes de cette équation.

En les prenant tous avec des signes contraires et les multipliant par le rectangle $dx\,dy$, le premier exprime combien la molécule reçoit de chaleur par les deux faces perpendiculaires aux x, le second combien elle en reçoit par ses deux faces perpendiculaires aux y, le troisième combien elle en reçoit par la face perpendiculaire aux z, et le quatrième combien elle en reçoit du milieu. L'équation exprime donc que la somme de tous ces termes du premier ordre est nulle, et que la chaleur acquise ne peut être représentée que par des termes du second ordre.

154.

Pour parvenir à cette équation (B) il faut considérer une des molécules dont la base est à la surface du solide, comme un vase qui reçoit ou perd la chaleur par ses différentes faces. L'équation signifie que tous les termes du premier ordre qui entrent dans l'expression de la chaleur acquise se détruisent mutuellement ; ensorte que cet accroissement de chaleur ne peut être exprimé que par des termes du second ordre. On peut donner à cette molécule, ou la forme d'un prisme droit, dont l'axe est perpendiculaire à la surface du solide, ou celle d'un prisme tronqué, ou une forme quelconque.

L'équation générale (A) suppose que tous les termes du premier ordre se détruisent dans l'intérieur de la masse, ce qui est évident pour des molécules prismatiques comprises dans le solide. L'équation (B) exprime le même résultat pour les molécules placées aux limites des corps.

Tels sont les points de vue généraux sous lesquels on peut envisager cette partie de la théorie de la chaleur.

L'équation $\dfrac{dv}{dt} = \dfrac{K}{C.D} \left(\dfrac{d^2 v}{dx^2} + \dfrac{d^2 v}{dy^2} + \dfrac{d^2 v}{dz^2} \right)$ représente le mouvement de la chaleur dans l'intérieur des corps. Ce théorème fait connaître la distribution instantanée dans toutes les substances solides ou liquides ; on en pourrait déduire l'équation qui convient à chaque cas particulier.

Nous ferons cette application dans les deux articles suivants, à la question du cylindre et à celle de la sphère.

SECTION VIII.

Application des équations générales.

155.

Désignons par r le rayon variable d'une enveloppe cylindrique quelconque, et supposons, comme précédemment dans l'art. 118, que toutes les molécules également éloignées de l'axe ont à chaque instant une température commune; v sera une fonction de r et t; r est une fonction de y, z, donnée par l'équation $r^2 = z^2 + y^2$. Il est évident, en premier lieu que la variation de v par rapport à x est nulle; ainsi le terme $\frac{d^2 v}{d x^2}$ doit être omis. On aura maintenant, suivant les principes du calcul différentiel, les équations :

$$\frac{dv}{dz} = \frac{dv}{dr}\cdot\frac{dr}{dz} \text{ et } \frac{d^2 v}{dz^2} = \frac{d^2 v}{dr^2}\cdot\left(\frac{dr}{dz}\right)^2 + \frac{dv}{dr}\cdot\frac{d^2 r}{dz^2}$$

$$\frac{dv}{dy} = \frac{dv}{dr}\cdot\frac{dr}{dy} \text{ et } \frac{d^2 v}{dy^2} = \frac{d^2 v}{dr^2}\left(\frac{dr}{dy}\right)^2 + \frac{dv}{dr}\cdot\frac{d^2 r}{dy^2};$$

donc

$$\frac{d^2 v}{dz^2} + \frac{d^2 v}{dy^2} = \frac{d^2 v}{dr^2}\left\{\left(\frac{dr}{dz}\right)^2 + \left(\frac{dr}{dy}\right)^2 + \frac{dv}{dr}\left\{\frac{d^2 r}{dz^2} + \frac{d^2 r}{dy^2}\right)\right\}. \ (a)$$

Il faut remplacer dans le second membre les quantités

$$\frac{dr}{dz}, \ \frac{dr}{dy}, \ \frac{d^2 r}{dz^2}, \ \frac{d^2 r}{dy^2}$$

par leurs valeurs respectives; pour cela on tirera de l'équation $z^2 + y^2 = r^2$

$$z = r\frac{dr}{dz} \text{ et } 1 = \left(\frac{dr}{dz}\right)^2 + r\frac{d^2 r}{dz^2}$$

$$y = r\frac{dr}{dy} \text{ et } 1 = \left(\frac{dr}{dy}\right)^2 + r\frac{d^2 r}{dy^2}$$

et parconséquent

$$z^2 + y^2 = r^2 \left\{ \left(\frac{dr}{dz} \right)^2 + \left(\frac{dr}{dy} \right)^2 \right\}$$

$$2 = \left(\frac{dr}{dz} \right)^2 + \left(\frac{dr}{dy} \right)^2 + r \left\{ \frac{d^2 r}{dz^2} + \frac{d^2 r}{dy^2} \right\}$$

la première équation, dont le premier membre est égal à r^2 donne

$$\left(\frac{dr}{dz} \right)^2 + \left(\frac{dr}{dy} \right)^2 = 1 \qquad (b);$$

la seconde donne, lorsqu'on met pour

$$\left(\frac{dr}{dz} \right)^2 + \left(\frac{dr}{dy} \right)^2$$

sa valeur 1

$$\frac{d^2 r}{dz^2} + \frac{d^2 r}{dy^2} = \frac{1}{r} \qquad (c).$$

Si maintenant on substitue dans l'équation (a) les valeurs données par les équations (b) et (c), on aura

$$\frac{d^2 v}{dz^2} + \frac{d^2 v}{dy^2} = \frac{d^2 v}{dr^2} + \frac{1}{r} \frac{dv}{dr}.$$

Donc l'équation qui exprime le mouvement de la chaleur dans le cylindre, est

$$\frac{dv}{dt} = \frac{K}{C.D} \left(\frac{d^2 v}{dr^2} + \frac{1}{r} \cdot \frac{dv}{dr} \right),$$

comme on l'a trouvé précédemment, art. 119.

On pourrait aussi ne point supposer que les molécules également éloignées de l'axe, ont reçu une température initiale commune; dans ce cas on parviendrait à une équation beaucoup plus générale.

156.

Pour déterminer, au moyen de l'équation (A), le mouvement de la chaleur dans une sphère qui a été plongée dans un liquide, on regardera v comme une fonction de r et t; r est une fonction de x, y, z, donnée par l'équation

$$r^2 = x^2 + y^2 + z^2,$$

r étant le rayon variable d'une enveloppe. On aura ensuite

$$\frac{dv}{dx} = \frac{dv}{dr}\cdot\frac{dr}{dx} \text{ et } \frac{d^2v}{dx^2} = \frac{d^2v}{dr^2}\left(\frac{dr}{dx}\right)^2 + \frac{dv}{dr}\cdot\frac{d^2r}{dx^2}$$

$$\frac{dv}{dy} = \frac{dv}{dr}\cdot\frac{dr}{dy} \text{ et } \frac{d^2v}{dy^2} = \frac{d^2v}{dr^2}\left(\frac{dr}{dy}\right)^2 + \frac{dv}{dr}\cdot\frac{d^2r}{dy^2}$$

$$\frac{dv}{dz} = \frac{dv}{dr}\cdot\frac{dr}{dz} \text{ et } \frac{d^2v}{dz^2} = \frac{d^2v}{dr^2}\left(\frac{dr}{dz}\right)^2 + \frac{dv}{dr}\cdot\frac{d^2r}{dz^2}$$

En faisant les substitutions dans l'équation

$$\frac{dv}{dt} = \frac{K}{C.D}\left(\frac{d^2v}{dx^2} + \frac{d^2v}{dy^2} + \frac{d^2v}{dz^2}\right),$$

on aura

$$\frac{dv}{dt} = \frac{K}{C.D}\cdot\left(\frac{d^2v}{dr^2}\left\{\left(\frac{dr}{dx}\right)^2 + \left(\frac{dr}{dy}\right)^2 + \left(\frac{dr}{dz}\right)^2\right\} + \frac{dv}{dr}\left(\frac{d^2r}{dx^2} + \frac{d^2r}{dy^2} + \frac{d^2r}{dz^2}\right)\right)\ (a)$$

L'équation $x^2 + y^2 + z^2 = r^2$ fournit les résultats suivants :

$$x = r\frac{dr}{dx} \text{ et } 1 = \left(\frac{dr}{dx}\right)^2 + r\frac{d^2r}{dx^2}$$

$$y = r\frac{dr}{dy} \text{ et } 1 = \left(\frac{dr}{dy}\right)^2 + r\frac{d^2r}{dy^2}$$

$$z = r\frac{dr}{dz} \text{ et } 1 = \left(\frac{dr}{dz}\right)^2 + r\frac{d^2r}{dz^2}.$$

Les trois équations du premier ordre donnent :

$$x^2 + y^2 + z^2 = r^2\left\{\left(\frac{dr}{dx}\right)^2 + \left(\frac{dr}{dy}\right)^2 + \left(\frac{dr}{dz}\right)^2\right\}.$$

Les trois équations du second ordre donnent :

$$3 = \left(\frac{dr}{dx}\right)^2 + \left(\frac{dr}{dy}\right)^2 + \left(\frac{dr}{dz}\right)^2 + r\left\{\frac{d^2r}{dx^2} + \frac{d^2r}{dy^2} + \frac{d^2r}{dz^2}\right\};$$

et mettant pour

$$\left(\frac{d\,r}{dx}\right)^{2} + \left(\frac{d\,r}{dy}\right)^{2} + \left(\frac{dr}{dz}\right)^{2}$$

la valeur 1, on a

$$\frac{d^2 r}{d\,x^2} + \frac{d^2 r}{dy^2} + \frac{d^2 r}{dz^2} = \frac{2}{r}.$$

Faisant les substitutions dans l'équation (a), on aura l'équation

$$\frac{d\,v}{d\,t} = \frac{K}{C.D}\left(\frac{d^2 v}{d\,r^2} + \frac{2}{r}\cdot\frac{d\,v}{d\,r}\right),$$

qui est la même que celle de l'art. 114.

L'équation contiendrait un plus grand nombre de termes, si l'on ne supposait point que les molécules également éloignées du centre ont reçu la même température initiale.

On pourrait aussi déduire de l'équation déterminée (B), celles qui expriment l'état de la surface dans les équations particulières, où l'on suppose qu'un solide d'une forme donnée, communique sa chaleur à l'air atmosphérique; mais le plus souvent ces équations se présentent d'elles-mêmes, et la forme en est très-simple, lorsque les coordonnées sont choisies convenablement.

SECTION IX.

Remarques générales.

157.

La recherche des lois du mouvement de la chaleur, dans les solides consiste maintenant à intégrer les équations que nous avons rapportées; c'est l'objet des chapitres suivants:

nous terminerons celui-ci par des remarques générales sur la nature des quantités qui entrent dans notre analyse.

Pour mesurer ces quantités et les exprimer en nombre, on les compare à diverses sortes d'unités, au nombre de cinq, savoir : l'unité de longueur, l'unité de temps, celle de la température, celle du poids, et enfin l'unité qui sert à mesurer les quantités de chaleur. On aurait pu choisir pour cette dernière unité la quantité de chaleur qui élève un volume donné d'une certaine substance, depuis la température o jusqu'à la température 1. Le choix de cette unité serait préférable à plusieurs égards à celui de la quantité de chaleur nécessaire pour convertir une masse de glace d'un poids donné, en une masse pareille d'eau, sans élever la température o. Nous n'avons adopté cette dernière unité, que parce qu'elle était en quelque sorte fixée d'avance dans plusieurs ouvrages de physique ; au reste, cette supposition n'apporterait aucun changement dans les résultats du calcul.

158.

Les éléments spécifiques qui déterminent dans chaque corps les effets mesurables de la chaleur, sont au nombre de trois, savoir : la conducibilité propre, la conducibilité relative à l'air atmosphérique, et la capacité de chaleur.

Les nombres qui expriment ces quantités sont comme la pesanteur spécifique autant de caractères naturels propres aux diverses substances.

Nous avons déja remarqué, art. 36, que la conducibilité de la surface serait mesurée d'une manière plus exacte, si l'on avait des observations suffisantes sur les effets de la chaleur rayonnante dans les espaces vides d'air.

On peut voir, comme nous l'avons annoncé dans la première section du chap. I, art. 11, qu'il n'entre dans le calcul que trois coëfficients spécifiques k, h, C; ils doivent être déterminés par des observations, et nous indiquerons par la suite les expériences propres à les faire connaître avec précision.

159.

Le nombre C, qui entre dans le calcul, est toujours multiplié par la densité D, c'est-à-dire, par le nombre d'unités de poids qui équivalent au poids de l'unité de volume; ainsi ce produit $C D$ peut être remplacé par le coëfficient c. Dans ce cas on doit entendre, par capacité spécifique de chaleur, la quantité nécessaire pour élever de la température o à la température 1 l'unité de volume d'une substance donnée, et non l'unité de poids de cette substance. C'est pour ne pas s'éloigner des définitions communes, que l'on a rapporté dans cet ouvrage la capacité de chaleur au poids et non au volume; mais il serait préférable d'employer le coëfficient c tel que nous venons de le définir; alors il n'entrera dans les expressions analytiques aucune grandeur mesurée par l'unité de poids: on aura seulement à considérer, 1° la dimension linéaire x, la température v, et le temps t; 2° les coëfficient c, h, et k. Les trois premières quantités sont des indéterminées, et les trois autres sont, pour chaque substance, des éléments constants que l'expérience fait connaître. Quant à l'unité de surface et à l'unité de volume, elles n'ont rien d'absolu, et dépendent de l'unité de longueur.

160.

Il faut maintenant remarquer que chaque grandeur indéterminée ou constante a une *dimension* qui lui est propre, et que les termes d'une même équation ne pourraient pas être comparés, s'ils n'avaient point le même *exposant de dimension*. Nous avons introduit cette considération dans la théorie de la chaleur pour rendre nos définitions plus fixes, et servir à vérifier le calcul ; elle dérive des notions primordiales sur les quantités ; c'est pour cette raison que, dans la géométrie et dans la mécanique, elle équivaut aux lemmes fondamentaux que les Grecs nous ont laissés sans démonstration.

161.

Dans la théorie analytique de la chaleur, toute équation (E) exprime une relation nécessaire entre des grandeurs subsistantes x, t, v, c, h, k. Cette relation ne dépend point du choix de l'unité de longueur, qui de sa nature est contingent, c'est-à-dire que, si l'on prenait une unité différente pour mesurer les dimensions linéaires, l'équation (E) serait encore la même. Supposons donc que l'unité de longueur soit changée, et que sa seconde valeur soit équivalente à la première, divisée par m. Une quantité quelconque x qui dans l'équation (E) représente une certaine ligne $\overline{ab}$, et qui, par-conséquent, désigne un certain nombre de fois l'unité de longueur, deviendra mx, afin de correspondre à la même grandeur $\overline{ab}$; la valeur t du temps et la valeur v de la température ne seront point changées ; il n'en sera pas de même des éléments spécifiques h, k, c : le premier h deviendra $\frac{h}{m^2}$; car il exprime la quantité de chaleur qui sort pendant l'unité de temps, de l'unité de surface à la température 1. Si l'on examine avec attention la nature du coëfficient k, tel que nous l'avons défini dans les art. 68 et 135, on reconnaîtra qu'il devient $\frac{k}{m}$; car le flux de chaleur est en raison directe de l'étendue de la surface, et en raison inverse de la distance des deux plans infinis (art. 72). Quant au coëfficient c qui représente le produit C D, il dépend aussi de l'unité de longueur et devient $\frac{c}{m^3}$; donc l'équation (E) ne doit subir aucun changement, si l'on écrit, au lieu de x, mx, et en même temps $\frac{k}{m}$, $\frac{h}{m^2}$, $\frac{c}{m}$, au lieu de k, h, c ; le nombre m disparaîtra de lui-même après ces substitutions : ainsi la dimension de x, par rapport à l'unité de longueur est 1 ; celle de k est — 1, celle de h est — 2, et celle de c est — 3. Si l'on attribue à chaque quantité son *exposant de dimension*, l'équation sera homogène, parce que chaque terme aura le même exposant total. Les nombres tels que s, qui représenteraient des surfaces ou des solides, ont la dimension 2 dans le premier cas, et la dimension 3 dans le second. Les angles, les sinus et autres fonctions trigonométriques, les logarithmes ou exposants de puissance sont, d'après les principes du calcul, des nombres *absolus* qui ne changent point avec l'unité de longueur ; on doit donc trouver leur dimension égale à o, qui est celle de tous les nombre abstraits.

Si l'unité de temps, qui était d'abord 1, devient $\frac{1}{n}$, le nombre t sera nt, et les nombres x et v ne changeront point. Les coëfficients k, h, c seront $\frac{k}{n}$, $\frac{h}{n}$, c. Ainsi les dimensions de x, t, v, par rapport à l'unité de temps, sont o, 1, o, et celles de k, h, c, sont — 1, — 1, o.

Si l'unité de température était changée, en sorte que la température 1 devînt celle qui répond à un autre effet que l'ébullition de l'eau ; et si cet effet exigeait une température moindre, qui fût à celle de l'eau bouillante dans le rapport de 1 au nombre p; v deviendrait vp, x et t conserveraient leurs valeurs, et les coëfficiens k, h, c seraient $\frac{k}{p}$, $\frac{h}{p}$, $\frac{c}{p}$.

Le tableau suivant représente les dimensions des trois indéterminées et des trois constantes, par rapport à chaque sorte d'unité.

	LONGUEUR.	DURÉE.	TEMPÉRATURE.
Exposant de dimension de...... x	1	0	0
t	0	1	0
v	0	0	1
La conducibilité spécifique..... k	— 1	— 1	— 1
La conducibilité de la surface... h	— 2	— 1	— 1
La capacité de chaleur......... c	— 3	0	— 1

162.

Si l'on conservait les coëfficients C et D, dont le produit a été représenté par c, on aurait encore à considérer l'unité de poids, et l'on trouverait que l'exposant de dimension, par rapport à l'unité de longueur, est — 3 pour la densité D, et 0 pour C.

En appliquant la règle précédente aux différentes équations et à leurs transformées, on trouvera qu'elles sont homogènes par rapport à chaque sorte d'unité, et que la dimension de toute quantité angulaire ou exponentielle est nulle. Si cela n'avait point lieu, on aurait commis quelque erreur dans le calcul, ou l'on y aurait introduit des expressions abrégées.

Si l'on choisit, par exemple, l'équation (*b*) de l'art. 105

$$\frac{dv}{dt} = \frac{K}{C.D} \cdot \frac{d^2v}{dx^2} - \frac{hl}{C.D}\frac{v}{s},$$

on trouve que, par rapport à l'unité de longueur, la dimension de chacun des trois termes est 0; qu'elle est 1 pour l'unité de température, et — 1 pour l'unité de temps.

Dans l'équation $v = A\,e^{-x\sqrt{\frac{2h}{kl}}}$ de l'art. 76, la dimension linéaire de chaque terme est 0, et l'on voit que celle de l'exposant $x\sqrt{\frac{2h}{kl}}$ est toujours nulle, soit pour l'unité linéaire, soit pour la durée ou la température.

CHAPITRE III.

SECTION PREMIÈRE.

Exposition de la question.

163.

LES questions relatives à la propagation uniforme ou au mouvement varié de la chaleur dans l'intérieur des solides, sont réduites, par ce qui précède, à des problèmes d'analyse pure, et les progrès de cette partie de la physique dépendront désormais de ceux que fera la science du calcul. Les équations différentielles que nous avons démontrées, contiennent les résultats principaux de la théorie, elles expriment, de la manière la plus générale et la plus concise, les rapports nécessaires de l'analyse numérique avec une classe très-étendue de phénomènes, et réunissent pour toujours aux sciences mathématiques, une des branches les plus importantes de la philosophie naturelle. Il nous reste maintenant à découvrir l'usage que l'on doit faire de ces équations pour en déduire des solutions complètes et d'une application facile. La question suivante offre le premier exemple de l'analyse qui conduit à ces solutions; elle nous a paru plus propre qu'aucune autre à faire connaître les éléments de la méthode que nous avons suivie.

164.

Nous supposons qu'une masse solide homogène est contenue entre deux plans verticaux B et C parallèles et infinis, et qu'on la divise en deux parties par un plan A perpendiculaire aux deux autres (*voy. fig.* 7); nous allons considérer les températures de la masse B A C comprise entre les trois plans infinis A, B, C. On suppose que l'autre partie B′ A C′ du solide infini est une source constante de chaleur, c'est-à-dire que tous ses points sont retenus à la température 1, qui ne peut jamais devenir moindre, ni plus grande. Quant aux deux solides latéraux compris l'un entre le plan C et le plan A prolongé, l'autre entre le plan B et le plan A prolongé, tous leurs points ont une température constante 0, et une cause extérieure leur conserve toujours cette même température; enfin les molécules du solide compris entre A, B et C, ont la température initiale 0. La chaleur passera successivement du foyer A dans le solide B A C; elle s'y propagera dans le sens de la longueur qui est infinie, et en même temps elle se détournera vers les masses froides B et C qui en absorberont une grande partie. Les températures du solide B A C s'éleveront de plus en plus; mais elles ne pourront outre-passer ni même atteindre un maximum de température, qui est différent pour les différents points de la masse. Il s'agit de connaître l'état final et constant dont l'état variable s'approche de plus en plus.

Si cet état final était connu et qu'on le formât d'abord, il subsisterait de lui-même, et c'est cette propriété qui le distingue de tous les autres. Ainsi la question actuelle consiste à déterminer les températures permanentes d'un solide rectangulaire infini, compris entre deux masses de glace B et C et une masse d'eau bouillante A; la considération des questions simples et primordiales est un des moyens les plus certains de découvrir les lois des phénomènes naturels, et nous voyons, par l'histoire des sciences, que toutes les théories se sont formées suivant cette méthode.

165.

Pour exprimer plus brièvement la même question, on suppose qu'une lame rectangulaire B A C, d'une longueur infinie, est échauffée par son extrémité A, et conserve dans tous les points de cette base une température constante 1, tandis que chacune des deux arêtes infinies B et C, perpendiculaires à la première, est aussi assujétie dans tous ses points à une température constante 0; il s'agit de déterminer qu'elles doivent être les températures stationnaires de chaque point de la lame.

On suppose qu'il ne se fait à la superficie aucune déperdition de chaleur, ou, ce qui est la même chose, on considère un solide formé par la super-position d'une infinité de lames pareilles à la précédente; on prend pour l'axe des x la droite $o\,x$, qui partage la lame en deux moitiés, et les coordonnées de chaque point m sont x et y; enfin on représente la largeur A de la lame par $2\,l$, ou, pour abréger le calcul, par π, valeur de la demi-circonférence.

Concevons qu'un point m de la lame solide B A C, qui a pour coordonnées x et y, ait la température actuelle v, et que les quantités v, qui répondent aux différents points, soient telles qu'il ne puisse survenir aucun changement dans les températures, pourvu que celle de chaque point de la base A soit toujours 1, et que les côtés B et C conservent dans tous leurs points la température 0.

Si l'on élevait en chaque point m une coordonnée verticale égale à la température v, on formerait une surface courbe qui s'étendrait au-dessus de la lame et se prolongerait à l'infini. Nous chercherons à connaître la nature de cette surface qui passe par une ligne parallèle élevée au-dessus de l'axe des y, à une distance égale à l'unité, et qui coupe le plan horizontal, suivant les deux arêtes infinies parallèles aux x.

166.

Pour appliquer l'équation générale

$$\frac{d\,v}{d\,t} = \frac{\mathrm{K}}{\mathrm{C.D}} \left(\frac{d^2\,v}{d\,x^2} + \frac{d^2\,v}{d\,y^2} + \frac{d^2\,v}{d\,z^2} \right),$$

on considérera que, dans le cas dont il s'agit, on fait abstraction d'une coordonnée z, en sorte que le terme $\frac{d^2\,v}{d\,z^2}$ doit être omis; quant au premier membre $\frac{d\,v}{d\,t}$, il s'évanouit, puisqu'on veut déterminer les températures stationnaires; ainsi l'équation qui convient à la question actuelle, et détermine les propriétés de la surface courbe cherchée est celle-ci,

$$\frac{d^2\,v}{d\,x^2} + \frac{d^2\,v}{d\,y^2} = 0 \qquad (a).$$

La fonction de x et y, $\varphi(x, y)$ qui représente l'état permanent du solide B A C, doit 1° satisfaire à l'équation (a); 2° devenir nulle lorsqu'on substitue $-\frac{1}{2}\pi$ ou $+\frac{1}{2}\pi$ au lieu de y, quelle que soit d'ailleurs la valeur de x; 3° elle doit être égale à l'unité, si l'on suppose $x = 0$, et si l'on attribue à y

une valeur quelconque comprise entre $-\frac{1}{2}\pi$ et $+\frac{1}{2}\pi$. Il faut ajouter que cette fonction $\varphi(x,y)$ doit devenir extrêmement petite lorsqu'on donne à x une valeur très-grande, puisque toute la chaleur sort du seul foyer A.

167.

Afin de considérer la question dans ses éléments, on cherchera en premier lieu les plus simples fonctions de x et y, qui puissent satisfaire à l'équation (a); ensuite on donnera à cette valeur de v une expression plus générale, afin de remplir toutes le conditions énoncées. Par ce moyen la solution acquerra toute l'étendue qu'elle doit avoir, et l'on démontrera que la question proposée ne peut admettre aucune autre solution.

Les fonctions de deux variables se réduisent souvent à une expression moins composée, lorsqu'on attribue à l'une des variables ou à toutes les deux une valeur infinie; c'est ce que l'on remarque dans les fonctions algébriques qui, dans ce cas, équivalent au produit d'une fonction de x par une fonction de y. Nous examinerons d'abord si la valeur de v peut être représentée par un pareil produit; car cette fonction v doit représenter l'état de la lame dans toute son étendue, et par conséquent celui des points dont la coordonnée x est infinie. On écrira donc $v = \mathrm{F}x \cdot fy$, substituant dans l'équation a et désignant $\frac{d^2(\mathrm{F}x)}{dx^2}$ par $\mathrm{F}''x$ et $\frac{d^2(fy)}{dy^2}$ par $f''y$, on aura $\frac{\mathrm{F}''(x)}{\mathrm{F}x} + \frac{f''(y)}{fy} = 0$; on pourra donc supposer $\frac{\mathrm{F}''x}{\mathrm{F}x} = m^2$ et $\frac{f''y}{fy} = -m^2$, m etant une constante quelconque, et comme on se propose seulement de trouver une valeur particulière de v, on déduira des équations précédentes $F x = e^{-mx}$, $fy = \cos. my$.

168.

On ne pourrait point supposer que m est un nombre négatif, et l'on doit nécessairement exclure toutes les valeurs particulières de v, où il entrerait des termes tels que e^{mx}, m étant un nombre positif, parce que la température v ne peut point devenir infinie, lorsque x est infiniment grande. En effet la chaleur n'étant fournie que par la source constante A, il ne peut en parvenir qu'une portion extrêmement petite dans les points de l'espace, qui sont très-éloignés du foyer. Le reste se détourne de plus en plus vers les arêtes infinies B et C, et se perd dans les masses froides qu'elles terminent.

L'exposant m qui entre dans la fonction e^{-mx} cos. my n'est pas déterminé, et l'on peut choisir pour cet exposant un nombre positif quelconque : mais, pour que v devienne nulle en faisant $y = -\frac{1}{2}\pi$ ou $y = +\frac{1}{2}\pi$, quelle que soit x, on prendra pour m un des termes de la suite, $1, 3, 5, 7, 9$, etc.; par ce moyen la seconde condition sera remplie.

169.

On formera facilement une valeur plus générale de v, en ajoutant plusieurs termes semblables aux précédents, et l'on aura $v = a e^{-x}$ cos. $y + b e^{-3x}$ cos. $3y + c e^{-5x}$ cos. $5y + d e^{-7x}$. cos. $7y + \dots$ etc. (b). Il est évident que cette fonction v désignée par $\varphi(x, y)$ satisfait à l'équation $\frac{d^2 v}{dx^2} + \frac{d^2 v}{dy^2} = 0$, et à la condition $\varphi(x, \pm \frac{1}{2}\pi) = 0$. Il reste à remplir une troisième condition, qui est exprimée ainsi $\varphi(o, y) = 1$, et il est nécessaire de remarquer que ce résultat doit avoir lieu lorsqu'on met pour y une valeur quelconque, comprise entre $-\frac{1}{2}\pi$ et $+\frac{1}{2}\pi$. On ne peut en rien inférer pour les valeurs que prendrait la fonction $\varphi(o, y)$, si l'on mettait au lieu de y une quantité non comprise entre les limites $-\frac{1}{2}\pi$ et $+\frac{1}{2}\pi$. L'équation (b) doit donc être assujétie à la condition suivante :

$$1 = a\cos. y + b\cos. 3y + c\cos. 3y + d\cos. 7y + \text{etc.}$$

C'est au moyen de cette équation que l'on déterminera les coëfficients a, b, c, d, ... etc. dont le nombre est infini.

Le second membre est une fonction de y, qui équivaut à l'unité, toutes les fois que la variable y est comprise entre $-\frac{1}{2}\pi$ et $+\frac{1}{2}\pi$. On pourrait douter qu'il existât une pareille fonction, mais cette question sera pleinement éclaircie par la suite.

170.

Avant de donner le calcul des coëfficients, nous remarquerons l'effet que représente chacun des termes de la série dans l'équation (b).

Supposons que la température fixe de la base A, au lieu d'être égale à l'unité pour tous ses points, soit d'autant moindre que le point de la droite A est plus éloigné du milieu o, et qu'elle soit proportionnelle au cosinus de cette distance; on connaîtra facilement dans ce cas la nature de la surface courbe, dont l'ordonnée verticale exprime la température v ou $\varphi(x, y)$. Si l'on coupe cette surface à l'origine par un plan perpendiculaire à l'axe des x, la courbe qui termine la section aura pour équation $v = a \cos. y$: les valeurs des coëfficients seront les suivantes :

$$a = a, \quad b = 0, \quad c = 0, \quad d = 0,$$

ainsi de suite . et l'équation de la surface courbe sera

$$v = a \, e^{-x} . \cos. y.$$

Si l'on coupe cette surface perpendiculairement à l'axe des y, on aura une logarithmique dont la convexité est tournée vers l'axe ; si on la coupe perpendiculairement à l'axe des x, on aura une courbe trigonométrique qui tourne sa concavité vers l'axe. Il suit de là que la fonction $\frac{d^2 v}{dx^2}$ a toujours une valeur positive, et que celle de $\frac{d^2 v}{dy^2}$ est toujours négative. Or la quantité de chaleur qu'une molécule acquiert à raison de sa place entre deux autres dans le sens des x, est proportionnelle à la valeur de $\frac{d^2 v}{dx^2}$. (art. 123); il s'ensuit donc que la molécule intermédiaire reçoit de celle qui la précède, dans le sens des x, plus de chaleur qu'elle n'en communique à celle qui la suit. Mais, si l'on considère cette même molécule comme placée entre deux autres dans le sens des y, la fonction $\frac{d^2 v}{dy^2}$ étant négative, on voit que la molécule intermédiaire communique à celle qui la suit plus de chaleur qu'elle n'en reçoit de celle qui la précède. Il arrive ainsi que l'excédent de chaleur qu'elle acquiert dans le sens des x, compense exactement ce qu'elle perd dans le sens des y, comme l'exprime l'équation $\frac{d^2 v}{dx^2} + \frac{d^2 v}{dy^2} = 0$. On connaît ainsi la route que suit la chaleur qui sort du foyer A. Elle se propage dans le sens des x, et en même temps elle se décompose en deux parties, dont l'une se dirige vers une des arêtes, tandis que l'autre partie continue de s'éloigner de l'origine, pour être décomposée comme la précédente et ainsi de suite à l'infini. La surface que nous considérons est engendrée par la courbe trigonométrique, qui répond à la base A, et se meut perpendiculairement à l'axe des x en suivant cet axe, pendant que chacune de ses ordonnées décroît à l'infini, proportionnellement aux puissances successives d'une même fraction.

On tirerait des conséquences analogues, si les températures fixes de la base A étaient exprimées par le terme

$$b \cos. 3y \text{ ou } c \cos. 5y \text{ etc.};$$

et l'on peut, d'après cela, se former une idée exacte du mouvement de la chaleur dans les cas plus généraux ; car on verra par la suite que ce mouvement se décompose toujours en une multitude de mouvements élémentaires, dont chacun s'accomplit comme s'il était seul.

SECTION II.

Premier exemple de l'usage des séries trigonométriques dans la théorie de la chaleur.

171.

Nous reprendrons maintenant l'équation

$$1 = a \cos. y + b \cos. 3y + c \cos. 5y + d \cos. 7y + \text{etc.};$$

dans laquelle il faut déterminer les coëfficients a, b, c, d, etc.
Pour que cette équation subsiste, il est nécessaire que les
constantes satisfassent aux équations que l'on obtient par
des différentiations successives, ce qui donne les résultats
suivants :

$$1 = a\cos.y + b \ \cos.3y + \ c\cos.5y + \ d\cos.7y + \text{etc.}$$
$$0 = a\sin.y + 3\,b\sin.3y + 5\,c\sin.5y + 7\,d\sin.7y + \text{etc.}$$
$$0 = a\cos.y + 3^2b\cos.3y + 5^2c\cos.5y + 7^2d\cos.7y + \text{etc.}$$
$$0 = a\sin.y + 3^3b\cos.3y + 5^3c\cos.5y + 7^3d\cos.7y + \text{etc.},$$

ainsi de suite à l'infini.

Ces équations devant avoir lieu lorsque $x = 0$, on aura

$$1 = a + \ \ b + \ \ c + \ \ d + \ \ e + \ \ f + g + \ldots \text{etc.}$$
$$0 = a + 3^2b + 5^2c + 7^2d + 9^2e + 11^2f + \ldots \text{etc.}$$
$$0 = a + 3^4b + 5^4c + 7^4d + 9^4e + \ldots \text{etc.}$$
$$0 = a + 3^6b + 5^6c + 7^6d + \ldots \text{etc.}$$
$$0 = a + 3^8b + 5^8c + \ldots \text{etc.}$$
$$\text{etc.}$$

Le nombre de ces équations est infini comme celui des
indéterminées $a, b, c, d, e \ldots$ etc. La question consiste à
éliminer toutes les inconnues, excepté une seule.

172.

Pour se former une idée distincte du résultat de ces éliminations, on supposera que le nombre des inconnues $a, b, c,$
$d \ldots$ etc., est d'abord défini et égal à m. On emploiera les
m, premières équations seulement, en effaçant tous les termes

où se trouvent les inconnues qui suivent les m premières. Si l'on fait successivement $m=2$, $m=3$, $m=4$, $m=5$, ainsi de suite, on trouvera dans chacune de ces suppositions, les valeurs des indéterminées. La quantité a, par exemple, recevra une valeur pour le cas de deux inconnues, une autre pour le cas de trois inconnues, ou pour le cas de quatre inconnues, ou successivement pour un plus grand nombre. Il en sera de même de l'indéterminée b, qui recevra autant de valeurs différentes que l'on aura effectué de fois l'élimination ; chacune des autres indéterminées est pareillement susceptible d'une infinité de valeurs différentes. Or la valeur d'une des inconnues, pour le cas ou leur nombre est infini, est la limite vers laquelle tendent continuellement les valeurs qu'elle reçoit au moyen des éliminations successives. Il s'agit donc d'examiner si, à mesure que le nombre des inconnues augmente, chacune des valeurs a, b, c, d,... etc. ne converge point vers une limite finie, dont elle approche continuellement.

Supposons que l'on emploie les sept équations suivantes :

$$1 = a + b + c + d + e + f + g$$
$$0 = a + 3^2 b + 5^2 c + 7^2 d + 9^2 e + 11^2 f + 13^2 g$$
$$0 = a + 3^4 b + 5^4 c + 7^4 d + 9^4 e + 11^4 f + 13^4 g$$
$$0 = a + 3^6 b + 5^6 c + 7^6 d + 9^6 e + 11^6 f + 13^6 g$$
$$0 = a + 3^8 b + 5^8 c + 7^8 d + 9^8 e + 11^8 f + 13^8 g$$
$$0 = a + 3^{10} b + 5^{10} c + 7^{10} d + 9^{10} e + 11^{10} f + 13^{10} g$$
$$0 = a + 3^{12} b + 5^{12} c + 7^{12} d + 9^{12} e + 11^{12} f + 13^{12} g.$$

22

Les six équations qui ne contiennent plus g, sont :

$$13^2 = a(13^2-1^2) + b(13^2-3^2) + c(13^2-5^2) + d(13^2-7^2) + e(13^2-9^2) + f(13^2-11^2)$$

$$0 = a(13^2-1^2) + 3^2 b(13^2-3^2) + 5^2 c(13^2-5^2) + 7^2 d(13^2-7^2) + 9^2 e(13^2-9^2) + 11^2 f(13^2-11^2)$$

$$0 = a(13^2-1^2) + 5^4 b(13^2-3^2) + 5^4 c(13^2-5^2) + 7^4 d(13^2-7^2) + 9^4 e(13^2-9^2) + 11^4 f(13^2-11^2)$$

$$0 = a(13^2-1^2) + 3^6 b(13^2-3^2) + 5^6 c(13^2-5^2) + 7^6 d(13^2-7^2) + 9^6 e(13^2-9^2) + 11^6 f(13^2-11^2)$$

$$0 = a(13^2-1^2) + 3^8 b(13^2-3^2) + 5^8 c(13^2-5^2) + 7^8 d(13^2-7^2) + 9^8 e(13^2-9^2) + 11^8 f(13^2-11^2)$$

$$0 = a(13^2-1^2) + 3^{10} b(13^2-3^2) + 5^{10} c(13^2-5^2) + 7^{10} d(13^2-7^2) + 9^{10} e(13^2-9^2) + 11^{10} f(13^2-11^2).$$

En continuant l'élimination, on obtiendra l'équation finale en a, qui est :

$$a(13^2-1^2)(11^2-1^2)(9^2-1^2)(7^2-1^2)(5^2-1^2)(3^2-1^2) = 13^2.11^2.9^2.7^2.5^2.3^2.1^2.$$

173.

Si l'on avait employé un nombre d'équations plus grand d'une unité, on aurait trouvé, pour déterminer a, une équation analogue à la précédente, ayant au premier membre un facteur de plus, savoir : $15^2 - 1^4$, et au second membre 15^2, pour nouveau facteur. La loi à laquelle ces différentes valeurs de a sont assujéties est évidente, et il s'ensuit que la valeur de a, qui correspond à un nombre infini d'équations, est exprimée ainsi :

$$a = \frac{3^2}{3^2-1} \cdot \frac{5^2}{5^2-1} \cdot \frac{7^2}{7^2-1} \cdot \frac{9^2}{9^2-1} \cdot \frac{11^2}{11^2-1} \cdot \frac{13^2}{13^2-1} \cdot \text{etc.}$$

$$\text{ou } a = \frac{3.3}{2.4} \cdot \frac{5.5}{4.6} \cdot \frac{7.7}{6.8} \cdot \frac{9.9}{8.10} \cdot \frac{11.11}{10.12} \cdot \frac{13.13}{12.14} \cdots \text{etc.}$$

Or cette dernière expression est connue et, suivant le théorème de Wallis, on en conclut $a = \frac{4}{\pi}$. Il ne s'agit donc maintenant que de connaître les valeurs des autres indéterminées.

174.

Les six équations qui restent après l'élimination de g peuvent être comparées aux six équations plus simples que l'on aurait employées, s'il n'y avait eu que six inconnues. Ces dernières équations diffèrent des équations (c), en ce que, dans celles-ci, les lettres f, e, d, c, b, a se trouvent multipliées respectivement par les facteurs

$$\frac{13^2-11^2}{13^2}, \; \frac{13^2-9^2}{13^2}, \; \frac{13^2-7^2}{13^2}, \; \frac{13^2-5^2}{13^2}, \; \frac{13^2-3^2}{13^2}, \; \frac{13^2-1^2}{13^2}.$$

Il suit de là que si on avait résolu les six équations linéaires que l'on doit employer dans le cas de six indéterminées, et que l'on eût calculé la valeur de chaque inconnue, il serait facile d'en conclure la valeur des indéterminées de même nom, correspondantes au cas où l'on aurait employé sept équations. Il suffirait de multiplier les valeurs de f, e, d, c, b, a, trouvées dans le premier cas par des facteurs connus. Il sera aisé, en général, de passer de la valeur de l'une des quantités, prise dans la supposition d'un certain nombre d'équations et d'inconnues, à la valeur de la même quantité, prise dans le cas où il y aurait une inconnue et une équation de plus. Par exemple, si la valeur de f trouvée dans l'hypothèse de six équations et six inconnues, est représentée par F, celle de la même quantité prise dans le cas d'une inconnue de plus, sera $F.\dfrac{13^2}{13^2-11^2}$. Cette même valeur, prise dans le cas de huit inconnues, sera, par la même raison,

$$F.\frac{13^2}{13^2-11^2}.\frac{15^2}{15^2-11^2}$$

et dans le cas de neuf inconnues, elle sera

$$F \; \frac{13^2}{13^2 - 11^2} \cdot \frac{15^2}{15^2 - 11^2} \cdot \frac{17^2}{17^2 - 11^2},$$

ainsi de suite. Il suffira de même de connaître la valeur de b, correspondante au cas de deux inconnues, pour en conclure celle de la même lettre qui correspond au cas de trois, quatre, cinq inconnues, etc. On aura seulement à multiplier cette première valeur de b par

$$\frac{5^2}{5^2 - 3^2} \cdot \frac{7^2}{7^2 - 3^2} \cdot \frac{9^2}{9^2 - 3^2} \cdot \frac{11^2}{11^2 - 3^2} \dots \text{ etc.}$$

Pareillement si l'on connaît la valeur de c pour le cas de trois inconnues, on multipliera cette valeur par les facteurs successifs

$$\frac{7^2}{7^2 - 5^2} \cdot \frac{9^2}{9^2 - 5^2} \cdot \frac{11^2}{11^2 - 5^2} \dots \text{ etc.}$$

on calculera de même la valeur de d par le cas de quatre inconnues seulement, et on multipliera cette valeur par

$$\frac{9^2}{9^2 - 5^2} \cdot \frac{11^2}{11^2 - 7^2} \cdot \frac{13^2}{13^2 - 7^2} \cdot \frac{15^2}{15^2 - 7^2} \dots \text{ etc.}$$

Le calcul de la valeur de a est assujéti à la même règle, car si on prend cette valeur pour le cas d'une seule inconnue, et qu'on la multiplie successivement par

$$\frac{3^2}{3^2 - 1^2} \cdot \frac{5^2}{5^2 - 1^2} \cdot \frac{7^2}{7^2 - 1^2} \cdot \frac{9^2}{9^2 - 1^2},$$

on trouvera la valeur finale de cette quantité.

175.

La question est donc réduite à déterminer la valeur de a dans le cas d'une inconnue, la valeur de b dans le cas de deux inconnues, celle de c dans le cas de trois inconnues, et ainsi de suite pour les autres inconnues.

Il est facile de juger, à l'inspection seule des équations et sans aucun calcul, que les résultats de ces éliminations successives doivent être

$$a = 1$$

$$b = \frac{1^2}{1^2 - 3^2}$$

$$c = \frac{1^2}{1^2 - 5^2} \cdot \frac{3^2}{3^2 - 5^2}$$

$$d = \frac{1^2}{1^2 - 7^2} \cdot \frac{3^2}{3^2 - 7^2} \cdot \frac{5^2}{5^2 - 7^2}$$

$$e = \frac{1^2}{1^2 - 9^2} \cdot \frac{3^2}{3^2 - 9^2} \cdot \frac{5^2}{5^2 - 9^2} \cdot \frac{7^2}{7^2 - 9^2}.$$

176.

Il ne reste qu'à multiplier les quantités précédentes par les séries des produits qui doivent les compléter et que nous avons donnés (art. 174). On aura en conséquence, pour les valeurs finales, des inconnues a, b, c, d, e, f, etc., les expressions suivantes :

$$a = 1 \cdot \frac{3^2}{3^2 - 1^2} \cdot \frac{5^2}{5^2 - 1^2} \cdot \frac{7^2}{7^2 - 1^2} \cdot \frac{9^2}{9^2 - 1^2} \cdot \frac{11^2}{11^2 - 1^2} \text{ etc.}$$

$$b = \frac{1^2}{1^2 - 3^2} \cdot \frac{5^2}{5^2 - 3^2} \cdot \frac{7^2}{7^2 - 3^2} \cdot \frac{9^2}{9^2 - 3^2} \cdot \frac{11^2}{11^2 - 3^2} \text{ etc.}$$

$$c = \frac{1^2}{1^2 - 5^2} \cdot \frac{3^2}{3^2 - 5^2} \cdot \frac{7^2}{7^2 - 5^2} \cdot \frac{9^2}{9^2 - 5^2} \cdot \frac{11^2}{11^2 - 5^2} \text{ etc.}$$

$$d = \frac{1^2}{1^2 - 7^2} \cdot \frac{3^2}{3^2 - 7^2} \cdot \frac{5^2}{5^2 - 7^2} \cdot \frac{9^2}{9^2 - 7^2} \cdot \frac{11^2}{11^2 - 7^2} \text{ etc.}$$

$$e = \frac{1^2}{1^2 - 9^2} \cdot \frac{3^2}{3^2 - 9^2} \cdot \frac{5^2}{5^2 - 9^2} \cdot \frac{7^2}{7^2 - 9^2} \cdot \frac{11^2}{11^2 - 9^2} \cdot \frac{13^2}{13^2 - 9^2} \text{ etc.}$$

$$f = \frac{1^2}{1^2 - 11^2} \cdot \frac{3^2}{3^2 - 11^2} \cdot \frac{5^2}{5^2 - 11^2} \cdot \frac{7^2}{7^2 - 11^2} \cdot \frac{9^2}{9^2 - 11^2} \cdot \frac{13^2}{13^2 - 11^2} \cdot \frac{15^2}{15^2 - 11^2} \text{ etc.}$$

ou $a = + 1 . \dfrac{3.3}{2.3} . \dfrac{5.5}{4.6} . \dfrac{7.7}{6.8}$ etc.

$b = - \dfrac{1.1}{2.4} . \dfrac{5.5}{2.8} . \dfrac{7.7}{4.10} . \dfrac{9.9}{6.12}$ etc.

$c = + \dfrac{1.1}{4.6} . \dfrac{3.3}{2.8} . \dfrac{7.7}{1.12} . \dfrac{9.9}{4.14} . \dfrac{11.11}{6.16}$ etc.

$d = - \dfrac{1.1}{6.8} . \dfrac{3.3}{4.10} . \dfrac{5.5}{2.12} . \dfrac{9.9}{2.16} . \dfrac{11.11}{4.18} . \dfrac{13.13}{6.20}$ etc.

$e = + \dfrac{1.1}{8.10} . \dfrac{3.3}{6.12} . \dfrac{5.5}{4.14} . \dfrac{7.7}{2.16} . \dfrac{11.11}{2.20} . \dfrac{13.13}{4.22} . \dfrac{15.15}{6.24}$ etc.

$f = - \dfrac{1.1}{10.12} . \dfrac{3.3}{8.14} . \dfrac{5.5}{6.16} . \dfrac{7.7}{4.18} . \dfrac{9.9}{2.20} . \dfrac{13.13}{2.24} . \dfrac{15.15}{4.26} . \dfrac{17.17}{6.28}$ etc.

La quantité $\dfrac{1}{2}\pi$ ou le quart de la circonférence équivaut, suivant le théorême de Wallis, à

$$\dfrac{2.2}{1.2} . \dfrac{4.4}{3.5} . \dfrac{6.6}{5.7} . \dfrac{8.8}{7.9} . \dfrac{10.10}{9.11} . \dfrac{12.12}{11.13} . \dfrac{14.14}{13.15}\ \text{etc.}$$

Si l'on remarque maintenant quelles sont, dans les valeurs de a, b, c, d, e, etc., les facteurs que l'on doit écrire aux numérateurs et aux dénominateurs, pour y compléter la double série des nombres impairs et des nombres pairs, on trouvera que les facteurs à suppléer sont :

$$
\left.
\begin{array}{ll}
\text{pour } b & \dfrac{3.3}{6} \\[2mm]
\text{pour } c & \dfrac{5.5}{10} \\[2mm]
\text{pour } d & \dfrac{7.7}{14} \\[2mm]
\text{pour } e & \dfrac{9.9}{18} \\[2mm]
\text{pour } f & \dfrac{11.11}{22}
\end{array}
\right\}
\text{ et l'on en conclut }
\left\{
\begin{array}{l}
a = 2 . \dfrac{\pi}{2} \\[2mm]
b = -2 . \dfrac{2}{3\,\pi} \\[2mm]
c = 2 . \dfrac{2}{5\,\pi} \\[2mm]
d = -2 . \dfrac{2}{7\,\pi} \\[2mm]
e = 2 . \dfrac{2}{9\,\pi} \\[2mm]
f = -2 . \dfrac{2}{11\,\pi}
\end{array}
\right.
$$

177.

C'est ainsi qu'on est parvenu à effectuer entièrement les éliminations et à déterminer les coëfficients a, b, c, d, etc., de l'équation

$$1 = a\cos.x + b\cos.3\,x + c\cos.5\,x + d\cos.7\,x + e\cos.9\,x, + \text{etc.}$$

La substitution de ces coëfficients, donne l'équation suivante :

$$\frac{\pi}{4} = \cos.y - \frac{1}{3}\cos.3y + \frac{1}{5}\cos.5y - \frac{1}{7}\cos.7\,y$$
$$+ \frac{1}{9}\cos.9y - \frac{1}{11}\cos.11\,y + \text{etc.}$$

Le second membre est une fonction de y, qui ne change point de valeur quand on donne à la variable y une valeur comprise entre $-\frac{1}{2}\pi$ et $+\frac{1}{2}\pi$. Il serait aisé de prouver que cette série est toujours convergente, c'est-à-dire que, en mettant au lieu de y un nombre quelconque, et en poursuivant le calcul des coëfficients, on approche de plus en plus d'une valeur fixe, en sorte que la différence de cette valeur à la somme des termes calculés, devient moindre que toute grandeur assignable. Sans nous arrêter à cette démonstration, que le lecteur peut suppléer, nous ferons remarquer que la valeur fixe, dont on approche continuellement, est $\frac{1}{4}\pi$, si la valeur attribuée à y est comprise entre 0 et $\frac{1}{2}\pi$, mais qu'elle est $-\frac{1}{4}\pi$, si y est comprise entre $\frac{1}{2}\pi$ et $\frac{3}{2}\pi$; car, dans ce second intervalle, chaque terme de la série change de signe. En général la limite de la série est alternativement positive et négative; au reste, la convergence n'est point assez rapide pour procurer une approximation facile, mais elle suffit pour la vérité de l'équation.

178.

L'équation

$$y = \cos. \; x - \frac{1}{3} \cos. \; 3\,x + \frac{1}{5} \cos. \; 5\,x - \frac{1}{7} \cos. \; 7\,x + \text{etc.},$$

appartient à une ligne qui, ayant x pour abcisse et y pour ordonnée, est composée de droites séparées dont chacune est parallèle à l'axe et égale à la demi-circonférence. Ces parallèles sont placées alternativement au-dessus et au-dessous de l'axe, à la distance $\frac{1}{4}\pi$, et jointes par des perpendiculaires qui font elles-mêmes partie de la ligne. Pour se former une idée exacte de la nature de cette ligne, il faut supposer que le nombre des termes de la fonction

$$\cos. \; x - \frac{1}{3} \cos. \; 3\,x + \frac{1}{5} \cos. \; 5\,x - \text{etc.}$$

reçoit d'abord une valeur déterminée. Dans ce derner cas l'équation

$$y = \cos x - \frac{1}{3} \cos. \; 3\,x + \frac{1}{5} \cos. \; 5\,x - \text{etc.}$$

appartient à une ligne courbe qui passe alternativement au-dessus et au-dessous de l'axe, en le coupant toutes les fois que l'abcisse x devient égale à l'une des quantités

$$0, \; \pm\frac{1}{2}\pi, \; \pm\frac{3}{2}\pi, \; \pm\frac{5}{2}\pi. \; \text{etc.},$$

a mesure que le nombre des termes de l'équation augmente, la courbe dont il s'agit tend de plus en plus à se confondre avec la ligne précédente, composée de droites parallèles et de droites perpendiculaires; en sorte que cette ligne est la limite des différentes courbes que l'on obtiendrait en augmentant successivement le nombre des termes.

SECTION III.

Remarques sur ces séries.

179.

On peut envisager ces mêmes équations sous un autre point de vue, et démontrer immédiatement l'équation

$$\frac{\pi}{4} = \cos. x - \frac{1}{3}\cos. 3x + \frac{1}{5}\cos. 5x - \frac{1}{7}\cos. 7x + \frac{1}{9}\cos. 9x - \text{etc.}$$

Le cas ou x est nulle se vérifie par la série de Léibnitz,

$$\frac{\pi}{4} = 1 - \frac{1}{3} + \frac{1}{5} - \frac{1}{7} + \frac{1}{9} - \text{etc.}$$

Ensuite on supposera que le nombre des termes de la série

$$\cos. x - \frac{1}{3}\cos. 3x + \frac{1}{5}\cos. 5x - \frac{1}{7}\cos. 7x + \text{etc.}$$

au lieu d'être infini est déterminé et égal à m. On considérera la valeur de cette suite finie comme une fonction de x et de m. On réduira la valeur de la fonction en une série ordonnée suivant les puissances négatives de m; et l'on reconnaîtra que cette valeur approche d'autant plus d'être constante et indépendante de x, que m est un plus grand nombre.

Soit y la fonction cherchée qui est donnée par l'équation;

$$y = \cos. x - \frac{1}{3}\cos. 3x + \frac{1}{5}\cos. 5x - \frac{1}{7}\cos. 7x + \dots + \frac{1}{2m-1}\cos. 2m-1x,$$

23

le nombre m des termes étant supposé pair. Cette équation différenciée par rapport à x, donne

$$-\frac{dy}{dx} = \sin. x - \sin. 3\,x + \sin. 5\,x - \sin. 7\,x \ldots$$
$$+ \sin. \overline{2\,m - 3}.x - \sin. \overline{2\,m - 1}.x :$$

en multipliant par $2 \sin. 2\,x$, on a

$$-2\frac{dy}{dx}\sin. 2\,x = 2\sin. x . \sin. 2\,x - 2\sin. 3\,x . \sin. 2\,x$$

$$+2\sin. 5\,x.\sin. 2\,x \ldots + 2\sin. \overline{2\,m-3}\,x \sin. 2\,x$$
$$- 2\sin. \overline{2\,m-1}\,x .\sin. 2\,x.$$

Chaque terme du second membre étant remplacé par la différence de deux cosinus, on en conclura :

$$-2\frac{dy}{dx}\sin. 2\,x = \cos. (-x) - \cos. 3\,x$$
$$- \cos. x + \cos. 5\,x$$
$$+ \cos. 3\,x - \cos. 7\,x$$
$$- \cos. 5\,x + \cos. 9\,x$$
$$+ \cos. 7\,x - \cos. 11\,x$$
$$\ldots \ldots \ldots \ldots \ldots$$
$$\ldots \ldots \ldots \ldots \ldots$$
$$+ \cos.\overline{2m-5}\,x - \cos.\overline{2m-1}\,x$$
$$- \cos.\overline{2m-3}\,x + \cos.\overline{2m+1}\,x.$$

Le second membre se réduit à $\cos. \overline{2\,m+1}\,x - \cos.\overline{2m-1}\,x$ ou $-2\sin. 2\,m\,x.\sin. x$; donc

$$y = \frac{1}{2}\int\left(dx.\frac{\sin. 2\,m\,x}{\cos. x}\right).$$

180.

On intégrera le second membre par parties, en distinguant dans l'intégrale le facteur $\sin. 2\,m\,x\,.\,dx$, qui doit être intégré successivement, et le facteur $\frac{1}{\cos.\,x}$ ou sec. x que l'on doit différencier successivement; désignant les résultats de ces différenciations par sec.$'$ x, sec.$''$ x, sec.$'''$ x,... etc., on aura $2\,y =$ const. $- \frac{1}{2\,m} \cdot \cos. 2\,m\,x \,.\, \sec. x$

$$+ \frac{1}{2^2.\,m^2} \sin. 2\,m\,x \sec'\, x - \frac{1}{2^3.\,m^3} \cos. 2\,m\,x \sec.''\, x + \text{etc.}$$

ainsi la valeur de y ou

$$\cos. x - \tfrac{1}{3}\cos. 3\,x + \tfrac{1}{5}\cos. 5\,x - \tfrac{1}{7}\cos. 7\,x ... + \frac{1}{2\,m-1}\cos.\overline{2\,m-1}\,x,$$

qui est une fonction de x et m, se trouve exprimée par une série infinie; et il est manifeste que plus le nombre m augmente, plus la valeur de y approche de celle de la constante. C'est pourquoi, lorsque le nombre m est infini, la fonction y a une valeur déterminée qui est toujours la même, quelle que soit la valeur positive de x, moindre que $\tfrac{1}{2}\pi$. Or, si l'on suppose l'arc x nul, on a

$$y = 1 - \tfrac{1}{3} + \tfrac{1}{5} - \tfrac{1}{7} + \tfrac{1}{9} - \text{etc.},$$

qui équivaut à $\tfrac{1}{4}\pi$. Donc on aura généralement $\tfrac{1}{4}\pi = \cos. x$

$$- \tfrac{1}{3}\cos. 3x + \tfrac{1}{5}\cos. 5\,x - \tfrac{1}{7}\cos. 7\,x + \tfrac{1}{9}\cos. 9\,x - \text{etc.}\ (b).$$

23.

181.

Si dans cette équation on suppose $x = \frac{1}{2} \cdot \frac{\pi}{2}$ on trouvera

$$\frac{\pi}{2\sqrt{2}} = 1 + \frac{1}{3} - \frac{1}{5} - \frac{1}{7} + \frac{1}{9} + \frac{1}{11} - \frac{1}{13} - \frac{1}{15} + \ldots \text{etc.}$$

En donnant à l'arc x d'autres valeurs particulières, on trouvera d'autres séries, qu'il est inutile de rapporter, et dont plusieurs ont déja été publiées dans les ouvrages d'Euler. Si on multiplie l'équation (b) par dx, et que l'on intègre, on aura

$$\frac{\pi x}{4} = \sin. x - \frac{1}{3^2} \sin. 3 x + \frac{1}{5^2} \sin. 5 x - \frac{1}{7^2} \sin. 7 x + \text{etc.}$$

En faisant dans cette dernière équation $x = \frac{1}{2} \pi$, on trouve

$$\frac{1}{8} \pi^2 = 1 + \frac{1}{3^2} + \frac{1}{5^2} + \frac{1}{7^2} + \frac{1}{9^2} + \text{etc.},$$

série déja connue. On pourrait énumérer à l'infini ces cas particuliers; mais il convient mieux à l'objet de cet ouvrage de déterminer, en suivant le même procédé, les valeurs de diverses séries formées de sinus ou de cosinus, d'arcs multiples.

182.

Soit $y = \sin. x - \frac{1}{2} \sin. 2 x + \frac{1}{3} \sin. 3 x - \frac{1}{4} \sin. 4 x \ldots$

$$+ \frac{1}{m-1} \sin. \overline{m-1} x - \frac{1}{m} \sin. m x,$$

m étant un nombre pair quelconque. On tire de cette équation

$$\frac{dy}{dx} = \cos. x - \cos. 2 x + \cos. 3 x - \cos. 4 x \ldots \ldots$$

$$+ \cos. \overline{m-1} x - \cos. m x;$$

multipliant par 2 sin. x, et remplaçant chaque terme du second membre par la différence de deux sinus, on aura :

$$2 \sin. x \frac{dy}{dx} = \sin.\overline{x+x} - \sin.\overline{x-x}$$
$$- \sin. \overline{2\,x + x} + \sin. \overline{2\,x - x}$$
$$+ \sin. \overline{3\,x + x} - \sin. \overline{3\,x - x}$$

$$\dotfill$$
$$\dotfill$$

$$+\sin.\overline{(m-1\,x-x)} - \sin.\overline{(m+1\,x-x)}$$
$$-\sin. (m\,x + x) + \sin. (m\,x - x);$$

et, en réduisant

$$2 \sin. x \frac{dy}{dx} = \sin. x + \sin. m\,x - \sin. (m\,x + x),$$

la quantité $\sin. m\,x - \sin. (m\,x+x)$ ou $\sin. (m\,x + \frac{1}{2} x - \frac{1}{2} x)$

$$- \sin. (m\,x + \frac{1}{2} x + \frac{1}{2} x)$$

équivaut à $-2 \sin \frac{1}{2} x . \cos. (m\,x + \frac{1}{2} x)$; on a donc

$$\frac{dy}{dx} = \frac{1}{2} - \frac{\sin. \frac{1}{2} x}{\sin. x} \cos. (m\,x + \frac{1}{2} x);$$

ou $$\frac{dy}{dx} = \frac{1}{2} - \frac{\cos. (m\,x + \frac{1}{2} x)}{2 \cos. \frac{1}{2} x};$$

on en conclut

$$y = \frac{1}{2} x - \int d\,x . \frac{\cos. (m\,x + \frac{1}{2} x)}{2 \cos. \frac{1}{2} x}.$$

Si l'on intègre par parties, en distinguant le facteur $\dfrac{1}{\cos.\frac{1}{2}x}$, ou sec. $\frac{1}{2}x$, qui doit être successivement différencié, et le facteur cos. $(m\,x + \frac{1}{2}x)$ que l'on intégrera plusieurs fois de suite, on formera une série dans laquelle les puissances de $m + \frac{1}{2}$ entrent aux dénominateurs. Quant à la constante, elle est nulle, parce que la valeur de y commence avec celle de x. Il suit de là que la valeur de la suite finie

$$\sin. x - \tfrac{1}{2}\sin. 2x + \tfrac{1}{3}\sin. 3x - \tfrac{1}{5}\sin. 5x + \tfrac{1}{7}\sin. 7x \ldots - \tfrac{1}{m}\sin. m\,x,$$

diffère extrêmement peu de $\frac{1}{2}x$, lorsque le nombre des termes est très-grand, et si ce nombre est infini, on à l'équation déja connue

$$\tfrac{1}{2}x = \sin. x - \tfrac{1}{2}\sin. 2x + \tfrac{1}{3}\sin. 3x - \tfrac{1}{4}\sin. 4x + \tfrac{1}{5}\sin. 5x - \text{etc.}$$

On pourrait ainsi déduire de cette dernière série, celle que nous avons donnée plus haut pour la valeur de $\frac{1}{4}\pi$.

183.

Soit maintenant $y = \frac{1}{2}\cos. 2x - \frac{1}{4}\cos. 4x + \frac{1}{6}\cos. 6x \ldots$

$$+ \frac{1}{2m-2}\cdot\cos. \overline{2m-2}\,x - \frac{1}{2m}\cos. 2m\,x.$$

Différenciant, multipliant par 2 sin. $2x$, substituant les différences de cosinus et réduisant, on aura :

$$2\frac{dy}{dx} = -\text{tang.}\,x + \frac{\sin. \overline{2m+1}\,x}{\cos. x}$$

ou $2\,y = c - \int d\,x\ \text{tang.}\ x + \int d\,x\ .\ \dfrac{\sin.\ \overline{2\,m + 1}\ x}{\cos.\ x}$.

intégrant par parties le dernier terme du second membre, et supposant m infini, on a $y = c + \frac{1}{2}$ log. cos. x. Si dans l'équation

$$y = \tfrac{1}{2} \cos.\ 2\,x - \tfrac{1}{4} \cos.\ 4\,x + \tfrac{1}{6} \cos.\ 6\,x - \tfrac{1}{8} \cos.\ 8\,x + \ldots \text{etc.}$$

on suppose x nulle, on trouve

$$y = \tfrac{1}{2} - \tfrac{1}{4} + \tfrac{1}{6} - \tfrac{1}{8} + \ldots \text{etc.} = \tfrac{1}{2} \text{log. } 2;$$

donc $y = \frac{1}{2}$ log. $2 + \frac{1}{2}$ log. cos. x. On parvient ainsi à la série donnée par Euler :

$$\text{log.}\ (2 \cos.\ \tfrac{1}{2}\,x) = \cos.\ x - \tfrac{1}{2} \cos.\ 2\,x + \tfrac{1}{3} \cos.\ 3\,x - \tfrac{1}{4} \cos.\ 4\,x + \text{etc.}$$

184.

En appliquant le même procédé à l'équation

$$y = \sin.\ x + \tfrac{1}{3} \sin.\ 3\,x + \tfrac{1}{5} \sin.\ 5\,x + \tfrac{1}{7} \sin.\ 7\,x + \text{etc.},$$

on trouvera la série suivante, qui n'avait pas été remarquée,

$$\tfrac{1}{4}\pi = \sin.\ x + \tfrac{1}{3} \sin.\ 3\,x + \tfrac{1}{5} \sin.\ 5\,x + \tfrac{1}{7} \sin.\ 7\,x + \tfrac{1}{9} \sin.\ 9\,x + \text{etc.}$$

Il faut observer à l'égard de toutes ces séries, que les équations qui en sont formées n'ont lieu que lorsque la variable x est comprise entre certaines limites. C'est ainsi que la fonction

$$\cos. x - \frac{1}{3}\cos. 3x + \frac{1}{5}\cos. 5x - \frac{1}{7}\cos. 7x + \text{etc.}$$

n'est équivalente à $\frac{1}{4}\pi$, que si la variable x est contenue entre les limites que nous avons assignées. Il en est de même de la série

$$\sin. x - \frac{1}{2}\sin. 2x + \frac{1}{3}\sin. 3x - \frac{1}{4}\sin. 4x + \frac{1}{5}\sin. 5x - \text{etc.}$$

Cette suite infinie, qui est toujours convergente, donne la valeur $\frac{1}{2}x$ toutes les fois que l'arc x est plus grand que o, et moindre que π. Mais elle n'équivaut plus à $\frac{1}{2}x$, si l'arc surpasse π; elle a au contraire des valeurs très-différentes de $\frac{1}{2}x$; car il est évident que dans l'intervalle de $x = \pi$ à $x = 2\pi$, la fonction reprend avec le signe contraire toutes les valeurs qu'elle avait eues dans l'intervalle précédent, depuis $x = o$, jusqu'à $x = \pi$. Cette série est connue depuis long-temps, mais l'analyse qui a servi à la découvrir n'indique pas pourquoi le résultat cesse d'avoir lieu lorsque la variable surpasse π.

Il faut donc examiner attentivement la méthode que nous venons d'employer et y chercher l'origine de cette limitation, à laquelle les séries trigonométriques sont assujéties.

185.

Pour y parvenir, il suffit de considérer que les valeurs exprimées par les suites infinies, ne sont connues, avec une entière certitude, que dans les cas où l'on peut assigner les limites de la somme des termes qui les complètent; il faut

donc supposer qu'on emploie les premiers termes seulement de ces suites et trouver les limites entre lesquelles le
reste est compris.

Nous appliquerons cette remarque à l'équation

$$y = \cos. \ x - \tfrac{1}{3}\cos. 3\,x + \tfrac{1}{5}\cos. 5\,x - \tfrac{1}{7}\cos. 7\,x... + \frac{\cos. \overline{2\,m - 3}\,x}{2\,m - 3}$$
$$- \frac{\cos. \overline{2\,m - 1}\,x}{2\,m - 1}.$$

le nombre des termes est pair et représenté par m; on en
déduit cette équation $2\,\dfrac{dy}{dx} = \dfrac{\sin. 2\,m\,x}{\cos. x}$, d'où l'on peut
tirer la valeur de y, en intégrant par parties. Or, l'intégrale
$\int u.v\,d\,x$ peut être résolue en une série composée d'autant
de termes qu'on le voudra, u et v étant des fonctions
de x. On peut écrire, par exemple :

$$\int u.v\,dx = c + u \int v\,dx - \frac{d\,u}{d\,x} \int dx \int v\,dx + \frac{d^2 u}{dx^2} \int dx \int dx \int v\,dx$$
$$- \int \left(d\left(\frac{d^2 u}{dx^2}\right) \int d\,x \int d\,x \int v\,d\,x \right),$$

équation qui se vérifie d'elle-même par la différentiation.

En désignant sin. $2\,m\,x$ par v et sec. x par u, on trouvera

$$2\,y = c - \frac{1}{2\,m} \sec.x\cos. 2\,m\,x + \frac{1}{2^2.m^2} \sec.' x \sin. 2\,m\,x$$
$$+ \frac{1}{2^3.m^3} \sec.'' x \cos. 2\,m\,x - \int \left(d\,\frac{\sec.'' x}{2^3.m^3} \cdot \cos. 2\,m.x \right).$$

186.

Il s'agit maintenant de connaître les limites entre lesquelles
est comprise l'intégrale $\frac{1}{2^3.m^3} \int (d\,(\sec.'') \cos. 2\,m\,x)$ qui com-

24

plète la suite. Pour former cette intégrale il faudrait donner à l'arc x une infinité de valeurs, depuis o, terme où l'intégrale commence, jusqu'à x, qui est la valeur finale de l'arc, déterminer pour chacune des valeurs de x celles de la différentielle $d (\sec." x)$, et celle du facteur cos. $2 m x$, et ajouter tous les produits partiels : or le facteur variable cos. $2 m x$ est nécessairement une fraction positive ou négative : par conséquent l'intégrale se compose de la somme des valeurs variables de la différentielle $d (\sec." x)$, multipliées respectivement par des fractions. La valeur totale de cette intégrale est donc moindre que la somme des différentielles $d (\sec." x)$, prises depuis $x = o$ jusqu'à x, et elle est plus grande que cette même somme prise négativement : car, dans le premier cas, on remplace le facteur variable cos. $2 m x$ par la quantité constante 1, et dans le second cas on remplace ce facteur par — 1 : or cette somme des différentielles $d (\sec". x)$, ou ce qui est la même chose, l'intégrale $\int d (\sec." x)$, prise depuis $x = o$, est $\sec." x - \sec." o$; $\sec." x$ est une certaine fonction de x, et $\sec." o$ est la valeur de cette fonction, prise en supposant l'arc x nul.

L'intégrale cherchée est donc comprise entre

$$+ (\sec." x - \sec." o) \text{ et } - (\sec." x - \sec." o);$$

c'est-à-dire, qu'en représentant par k une fraction inconnue positive ou négative, on aura toujours

$$\int (d (\sec." x) \cos. 2 m x) = k (\sec." x - \sec." o).$$

On parvient ainsi à l'équation

$$2y = c - \frac{1}{2m} \sec. x \cos. 2\,m\,x + \frac{1}{2^2 m^2} \cdot \sec.' x \sin. 2\,m\,x$$
$$+ \frac{1}{2^3 m^3} \sec.'' x \cos. 2\,m\,x + \frac{K}{2^3 m^3} (\sec.'' x - \sec.'' 0),$$

dans laquelle la quantité $\frac{K}{2^3 . m^3}$ ($\sec.'' x - \sec.'' 0$) exprime exactement la somme de tous les derniers termes de la série infinie.

187.

Si l'on eût cherché deux termes seulement, on aurait eu l'équation

$$2y = c - \frac{1}{2m} \sec. x \cos. 2\,m\,x + \frac{1}{2^2 m^2} \sec.' x \sin. 2\,m\,x$$
$$+ \frac{K}{2^2 m^2} (\sec.' x - \sec.' 0).$$

Il résulte de là que l'on peut développer la valeur de y en autant de termes que l'on voudra, et exprimer exactement le reste de la série; on trouve ainsi cette suite d'équations :

$$2y = c - \frac{1}{2m} \cdot \sec. x \cos. 2\,m\,x \frac{+K}{2^2 . m^2} (\sec. x - \sec. 0)$$

$$2y = c - \frac{1}{2m} \sec. x \cos. 2\,m\,x + \frac{1}{2^2 m^2} \sec.' x \sin. 2\,m\,x$$
$$+ \frac{K}{2^2 . m^2} (\sec.' x - \sec. 0).$$

$$2y = c - \frac{1}{2m} \sec. x \cos. 2\,m\,x + \frac{1}{2^2 m^2} \sec.' x \sin. 2\,m\,x$$
$$+ \frac{1}{2^3 m^3} \sec.'' x \cos. 2\,m\,x + \frac{K}{2^3 m^3} (\sec.'' x - \sec.'' 0).$$

Le nombre K qui entre dans ces équations n'est pas le même pour toutes, et il représente dans chacune une certaine quantité qui est toujours comprise entre 1 et —1. *m* est égal au nombre des termes de la suite

$$\cos. \, x - \frac{1}{3} \cos. \, 3\,x + \frac{1}{5} \cos. \, 5\,x \ldots - \frac{1}{2\,m-1} \cos. \, \overline{2\,m-1}\,x,$$

dont la somme est désignée par *y*.

188.

On ferait usage de ces équations, si le nombre *m* était donné, et quelque grand que fût ce nombre, on pourrait déterminer aussi exactement qu'on voudrait, la partie variable de la valeur de *y*. Si le nombre *m* est infini, comme on le suppose, on considérera la première équation seulement; et il est manifeste que les deux termes qui suivent la constante, deviennent de plus en plus petits; en sorte que 2 *y* a dans ce cas pour valeur exacte la constante *c*; on détermine cette constante en supposant $x=0$ dans la valeur de *y*, et l'on en conclut

$$\frac{\pi}{4} = \cos. \, x - \frac{1}{3} \cos. \, 3\,x + \frac{1}{5} \cos. \, 5\,x - \frac{1}{7} \cos. \, 7\,x + \frac{1}{9} \cos. \, 9\,x - \text{etc.}$$

Il est facile de voir maintenant que le résultat a nécessairement lieu, si l'arc *x* est moindre que $\frac{1}{2}\pi$. En effet, attribuant à cet arc une valeur déterminée X aussi voisine de $\frac{1}{2}\pi$ qu'on voudra le supposer, on pourra toujours donner à *m* une valeur si grande, que le terme $\frac{K}{2\,m}$ (sec. x — sec. o) qui complète la série, devienne moindre qu'une quantité quelconque; mais l'exactitude de cette conclusion est fondée sur ce que le terme sec. x n'acquiert point une valeur qui excède toutes les limites possibles, d'où il suit que le même raisonnement ne peut s'appliquer au cas où l'arc x n'est pas moindre que $\frac{1}{2}\pi$.

On fera usage de la même analyse pour les séries qui expriment les valeurs de $\frac{1}{2}x$, log. cos. x, et l'on pourra distinguer par ce moyen les limites entre lesquelles la variable doit être comprise, pour que le résultat du calcul soit exempt de toute incertitude; au reste, ces mêmes questions seront traitées ailleurs par une méthode fondée sur d'autres principes.

189.

L'expression de la loi des températures fixes, dans une lame solide, suppose la connaissance de l'équation

$$\frac{\pi}{4} = \cos . x - \frac{1}{3}\cos . 3\,x + \frac{1}{5}\cos . 5\,x - \frac{1}{7}\cos . 7\,x + \frac{1}{9}\cos . 9\,x - \text{etc.}$$

Voici le moyen le plus simple d'obtenir cette équation :

Si la somme de deux arcs équivaut au quart de la circonférence $\frac{1}{2}\pi$, le produit de leurs tangentes est 1, on a donc en général $\frac{1}{2}\pi = $ arc . tang. $u +$ arc . tang. $\frac{1}{u}(c)$; le signe arc.tang. u indique la longueur de l'arc dont la tangente est u, et l'on connaît depuis long-temps la série qui donne la valeur de cet arc ; on aura donc le résultat suivant :

$$\frac{1}{2}\pi = u + \frac{1}{u} - \frac{1}{3}\left(u^3 + \frac{1}{u^3}\right) + \frac{1}{5}\left(u^5 + \frac{1}{u^5}\right) - \frac{1}{7}\left(u^7 + \frac{1}{u^7}\right)$$
$$+ \frac{1}{9}\left(u^9 + \frac{1}{u^9}\right) - \text{etc.} \; (d)$$

si maintenant on écrit $e^{x\sqrt{-1}}$ au lieu de u dans l'équation (c) et dans l'équation (d) on aura :

$$\frac{1}{2}\pi = \text{arc.tang. } e^{x\sqrt{-1}} + \text{arc.tang. } e^{-x\sqrt{-1}}$$

et $\dfrac{1}{4}\pi = \cos. x - \dfrac{1}{3}\cos.3x + \dfrac{1}{5}\cos.5x - \dfrac{1}{7}\cos.7x + \dfrac{1}{9}\cos.9x - $ etc.

la série de l'équation (d) est toujours divergente, et celle de l'équation (b) est toujours convergente; sa valeur est $\dfrac{1}{4}\pi$ où $-\dfrac{1}{4}\pi$.

SECTION VI.

Solution générale.

190.

On peut maintenant former la solution complète de la question que nous nous sommes proposée ; car les coëfficients de l'équation (b) (art. 168) étant déterminés, il ne reste plus qu'à les substituer, et l'on aura :

$$\frac{\pi v}{4} = e^{-x}\cos. y - \frac{1}{3}e^{-3x}\cos.3y + \frac{1}{5}e^{-5x}\cos.5y$$
$$- \frac{1}{7}e^{-7x}\cos.7y + \frac{1}{9}e^{-9x}\cos.9y + \text{etc. } (\alpha).$$

Cette valeur de v satisfait à l'équation $\dfrac{d^2v}{dx^2} + \dfrac{d^2v}{dy^2} = 0$; elle devient nulle lorsqu'on donne à y une valeur égale à $\dfrac{1}{2}\pi$ ou $-\dfrac{1}{2}\pi$; enfin, elle équivaut à l'unité, toutes les fois que x étant nulle, y est comprise entre $-\frac{1}{2}\pi$ et $+\frac{1}{2}\pi$. Ainsi toutes les conditions physiques de la question sont exactement remplies, et il est certain que, si l'on donnait à chaque point de la lame la température que l'équation (α) détermine, et en même temps si l'on entretenait la base A à la température 1, et les arêtes infinies B et C à la température o, il serait impossible qu'il survînt aucun changement dans le système des températures.

191.

Le second membre de l'équation (α) étant réduit en une série extrêmement convergente, il est toujours facile de déterminer en nombre la température d'un point dont les coordonnées x et y sont connues. Cette solution donne lieu à diverses conséquences qu'il est nécessaire de remarquer, parce qu'elles appartiennent aussi à la théorie générale.

Si le point m, dont on considère la température fixe, est très-éloigné de l'origine A, le second membre de l'équation (α) aura pour valeur extrêmement approchée, $e^{-x}\cos.y$: il se réduit à ce premier terme, si x est infinie.

L'équation $v = \frac{4}{\pi}e^{-x}\cos.y$ représente aussi un état du solide qui se conserverait sans aucun changement, s'il était d'abord formé; il en serait de même de l'état exprimé par l'équation $v = \frac{4}{3\pi}\cdot e^{-3x}\cdot\cos.3y$, et en général chaque terme de la série correspond à un état particulier qui jouit de la même propriété. Tous ces systèmes partiels existent à-la-fois dans celui que représente l'équation (α); ils se superposent, et le mouvement de la chaleur a lieu pour chacun d'eux de la même manière que s'il était seul. Dans l'état qui répond à l'un quelconque de ces termes, les températures fixes des points de la base A diffèrent d'un point à un autre, et c'est la seule condition de la question qui ne soit pas remplie; mais l'état général qui résulte de la somme de tous les termes satisfait à cette même condition.

A mesure que le point dont on considère la température est plus éloigné de l'origine, le mouvement de la chaleur est moins composé : car, si la distance x a une valeur assez grande, chaque terme de la série est fort petit, par rapport au précédent, de sorte que l'état de la lame échauffée est sensiblement représenté par les trois premiers termes, ou par les deux premiers, ou par le premier seulement, pour les parties de cette lame qui sont de plus en plus éloignées de l'origine.

La surface courbe, dont l'ordonnée verticale mesure la température fixe v, se forme en ajoutant les ordonnées d'une multitude de surfaces particulières, qui ont pour équations

$$\frac{\pi v_{_1}}{4} = e^{-x} \cos. y, \frac{\pi v_{_2}}{4} = -\frac{1}{3} e^{-3x} \cos. 3y, \frac{\pi v_{_3}}{4} = e^{-5x} \cos. 5y \text{ etc.}$$

La première de celles-ci se confond avec la surface générale, lorsque x est infinie, et elles ont une nappe asymptotique commune.

Si la différence $v - v_{_1}$ de leurs ordonnées est considérée comme l'ordonnée d'une surface courbe, cette surface se confondra lorsque x est infinie, avec celle dont l'équation est $\frac{1}{4} \pi v_{_1} = -\frac{1}{3} e^{-3x} \cos. 3y$. Tous les autres termes de la série donnent une conclusion semblable.

On trouverait encore les mêmes résultats si la section, à l'origine, au lieu d'être terminée comme dans l'hypothèse actuelle par une droite parallèle à l'axe des y, avait une figure quelconque formée de deux parties symétriques. On voit donc que les valeurs particulières

$$a\, e^{-x} \cos. y, \quad b\, e^{-3x} \cos. 3\, y, \quad c\, e^{-5x} \cos. 5\, y, \text{ etc.}$$

prennent leur origine dans la question physique elle-même, et ont une relation nécessaire avec les phénomènes de la chaleur. Chacun d'eux exprime un mode simple suivant le quel la chaleur s'établit et se propage dans une lame rectangulaire, dont les côtés infinis conservent une température constante. Le système général des températures se compose toujours d'une multitude de systèmes simples, et l'expression de leur somme n'a d'arbitraire que les coëfficients a, b, c, d, etc.

192.

On peut employer l'équation (α) pour déterminer toutes les circonstances du mouvement permanent de la chaleur dans une lame rectangulaire échauffée à son origine. Si l'on demande, par exemple, quelle est la dépense de la source de chaleur, c'est-à-dire, quelle est la quantité qui, pendant un temps donné, pénètre à travers la base A et remplace celle qui s'écoule dans les masses froides B et C; il faut considérer que le flux perpendiculaire à l'axe des y a pour expression $-k\dfrac{dv}{dx}$. la quantité qui, pendant l'instant dt s'écoule à travers une particule dy de l'axe, est donc

$$-k\frac{dv}{dx}.\, dy\, dt;$$

25

et, comme les températures sont permanentes, le produit du flux, pendant l'unité de temps, est $- k \frac{d v}{d x} d y$. On intégrera cette expression entre les limites $y = -\frac{1}{2} \pi$ et $y = +\frac{1}{2} \pi$, afin de connaître la quantité totale qui traverse la base, ou, ce qui est la même chose, on intégrera depuis $y = 0$ jusqu'à $y = \frac{1}{2} \pi$, et l'on prendra le double de la somme. La quantité $\frac{d v}{d x}$ est une fonction de x et y, dans laquelle on doit faire $x = 0$, afin que le calcul se rapporte à la base A, qui coïncide avec l'axe des y. La dépense de la source de chaleur a donc pour expression $2 \int \left(- k \frac{d v}{d x} \cdot d y \right)$. L'intégrale doit être prise depuis $y = 0$ jusqu'à $y = \frac{1}{2} \pi$; si dans la fonction $\frac{d v}{d x}$ on ne suppose point $x = 0$, mais $x = x$, l'intégrale sera une fonction de x qui fera connaître combien il s'écoule de chaleur pendant l'unité de temps à travers une arête transversale placée à la distance x de l'origine.

193.

Si l'on veut connaître la quantité de chaleur qui, pendant l'unité de temps, pénètre au-delà d'une ligne tracée sur la lame parallèlement aux arêtes B et C, on se servira de l'expression $- k \frac{d v}{d y}$, et, la multipliant par l'élément $d x$ de la ligne tracée, on intégrera par rapport à x entre les termes donnés de la ligne; ainsi l'intégrale $\int \left(- k \frac{d v}{d y} \cdot d x \right)$ fera connaître combien il s'écoule de chaleur à travers toute l'étendue de la ligne ; et si avant ou après l'intégration on fait $y = \frac{1}{2}\pi$, on connaîtra la quantité de chaleur qui, pendant l'unité de temps, sort de la lame en traversant l'arête infinie C. On pourra ensuite comparer cette dernière quantité à la dépense de la source de chaleur ; car il est nécessaire que le foyer supplée continuellement la chaleur qui s'écoule dans les masses B et C. Si cette compensation n'avait pas lieu à chaque instant, le système des températures serait variable.

194.

L'équation (α) donne

$$-K\frac{dv}{dx} = \frac{4K}{\pi}\left(e^{-x} \cdot \cos. y - e^{-3x} \cos. 3y + e^{-5x} \cos. 5y \right.$$
$$\left. - e^{-7x} \cos. 7y + \text{etc.} \right)$$

multipliant par dy, intégrant depuis $y = 0$, on a

$$\frac{4K}{\pi}\left(e^{-x} \sin. y - \frac{1}{3}e^{-3x} \sin. 3y + \frac{1}{5}e^{-3x} \sin. 5y \right.$$
$$\left. - \frac{1}{7}e^{-7x} \sin. 7y + \text{etc.} \right).$$

Si l'on fait $y = \frac{1}{2}\pi$, et si l'on double l'intégrale, on trouvera :

$$\frac{8K}{\pi}\left(e^{-x} + \frac{1}{3}e^{-3x} + \frac{1}{5}e^{-5x} + \frac{1}{7}e^{-7x} + \text{etc.} \right)$$

pour l'expression de la quantité de chaleur qui, pendant l'unité de temps, traverse une ligne parallèle à la base et dont la distance à cette base est x.

25.

On déduit aussi de l'équation (α)

$$-K\frac{dv}{dy} = \frac{4K}{\pi}\left(e^{-x}\sin. y - e^{-3x}\sin. 3y + e^{-5x}\sin. 5y \right.$$
$$\left. - e^{-7x}\sin. 7y + . \right);$$

donc l'intégrale $\int - K\left(\frac{dv}{dy}\right) dx$, prise depuis

$$x = 0 \text{ est } \frac{4K}{\pi}\left((1-e^{-x})\sin. y - (1-e^{-3x})\sin. 3y \right.$$
$$\left. + (1-e^{-5x})\sin. 5y - (1-e^{-7x})\sin. 7y + \text{etc.} \right)$$

Si l'on retranche cette quantité de la valeur qu'elle prend lorsqu'on y fait x infinie, on trouvera :

$$\frac{4K}{\pi}\left(e^{-x}\sin. y - \frac{1}{3}e^{-3x}\sin. 3y + \frac{1}{5}e^{-5x}\sin. 5y - \text{etc.}\right),$$

et, en faisant $y = \frac{1}{2}\pi$, on aura l'expression de la quantité totale de chaleur qui traverse l'arête infinie C, depuis le point dont la distance à l'origine est x, jusqu'à l'extrémité de la lame: cette quantité est

$$\frac{4K}{\pi}\left(e^{-x} + \frac{1}{3}e^{-3x} + \frac{1}{5}e^{-5x} + \frac{1}{7}e^{-7x} + \text{etc.}\right);$$

on voit qu'elle équivaut à la moitié de celle qui pénètre pendant le même temps au-delà de la ligne transversale tracée sur la lame à la distance x de l'origine. Nous avons déja remarqué que ce résultat est une conséquence nécessaire des conditions de la question; s'il n'avait pas lieu, la partie de la lame qui est placée au-delà de la ligne transversale et se pro-

longe à l'infini, ne recevrait point par ses bases une quantité
de chaleur égale à celle qu'elle perd par ses deux arêtes,
elle ne pourrait donc point conserver son état, ce qui est
contraire à l'hypothèse.

195.

Quant à la dépense de la source de chaleur, on la trouve
en supposant $x = 0$ dans l'expression précédente; elle acquiert
par-là une valeur infinie, et l'on en connaîtra la raison si l'on
remarque que, d'après l'hypothèse, tous les points de la ligne
A ont et conservent la température 1; les lignes parallèles
qui sont très-voisines de cette base ont aussi une température
extrêmement peu différente de l'unité ; donc les extrémités
de toutes ces lignes qui sont contiguës aux masses froides B
et C leur communiquent une quantité de chaleur incomparablement plus grande que si le décroissement de la température était continu et insensible. Il existe dans cette première partie de la lame, aux extrémités voisines de B ou de
C, une *cataracte* de chaleur ou un flux infini. Ce résultat
cesse d'avoir lieu lorsque la distance x reçoit une valeur appréciable.

196.

On a désigné par π la longueur de la base. Si on lui attribue
une valeur quelconque $2\,l$, il faudra écrire, au lieu de y,
$\frac{1}{2}\,\pi\,.\,\frac{y}{l}$, et multipliant aussi les valeurs de x par $\frac{\pi}{2l}$, on écrira
$\frac{1}{2}\pi\frac{x}{l}$ au lieu de x. Désignant par A la température constante
de la base, on remplacera v par $\frac{v}{A}$. Ces substitutions étant
faites dans l'équation (α) on a

$$v = \frac{4\mathrm{A}}{\pi}\left(e^{-\frac{\pi x}{2l}}\cos.\frac{\pi y}{2l} - \frac{1}{3}e^{-3\frac{\pi x}{2l}}.\cos.3\,\frac{\pi y}{2l} + \frac{1}{5}e^{-5\frac{\pi x}{2l}}.\cos.5\frac{\omega y}{2l} \right.$$

$$\left. - \frac{1}{7}e^{-7\frac{\pi x}{2l}}.\cos.7\,\frac{\pi y}{2l} + \text{etc.} \right) \qquad (\mathrm{B}).$$

Cette équation représente exactement le système des températures permanentes dans un prisme rectangulaire infini,
compris entre deux masses de glace B et C, et une source de
chaleur constante.

197.

Il est facile de voir, soit au moyen de cette équation, soit
d'après l'art. 171, que la chaleur se propage dans ce solide,
en s'éloignant de plus en plus de l'origine, en même temps
qu'elle se dirige vers les faces infinies B et C. Chaque section
parallèle à celle de la base est traversée par une onde de
chaleur qui se renouvelle à chaque instant, et conserve la
même intensité : cette intensité est d'autant moindre, que la
section est plus distante de l'origine. Il s'opère un mouvement semblable, par rapport à un plan quelconque parallèle
aux faces infinies ; chacun de ces plans est traversé par une
onde constante qui porte sa chaleur aux masses latérales.

Nous aurions regardé comme inutiles les développements
contenus dans les articles précédents, si nous n'avions point
à exposer une théorie entièrement nouvelle, dont il est nécessaire de fixer les principes. C'est dans cette même vue que
nous ajouterons les remarques suivantes.

198.

Chacun des termes de l'équation (α) correspond à un seul
système particulier de températures, qui pourrait subsister
dans une lame rectangulaire échauffée par son extrémité, et

dont les arrêtes infinies sont retenues à une température constante. Ainsi l'équation $v = e^{-x} \cos. y$ représente les températures permanentes, lorsque les points de la base A sont assujétis à une température fixe, désignée par cos. y. On peut concevoir maintenant que la lame échauffée fait partie du plan qui se prolonge à l'infini dans tous les sens, et en désignant par x et y les coordonnées d'un point quelconque de ce plan, et par v, la température du même point, on appliquera au plan tout entier l'équation $v = e^{-x} \cos. y$; par ce moyen, les arêtes B et C auront la température constante o; mais il n'en sera pas de même des parties contiguës BB et CC; elles recevront et conserveront une température moindre. La base A aura dans tous ses points la température permanente, désignée par cos. y, et les parties contiguës AA auront une température plus élevée.

Si l'on construit la surface courbe dont l'ordonnée verticale équivaut à la température permanente de chaque point du plan, et si on le coupe par un plan vertical passant par la ligne A, ou parallèle à cette ligne, la figure de la section sera celle d'une ligne trigonométrique dont l'ordonnée représente la suite infinie et périodique des cosinus. Si l'on coupe cette même surface courbe par un plan vertical parallèle à l'axe des x, la figure de la section sera dans toute son étendue celle d'une courbe logarithmique.

199.

On voit par-là de quelle manière le calcul satisfait aux deux conditions de l'hypothèse, qui assujétissent la ligne à une température égale à cos. y, et les deux côtés B et C à la température o. Lorsqu'on exprime ces deux conditions, on résout en effet la question suivante : Si la lame échauffée faisait partie d'un plan infini, quelles devraient être les températures de tous les points de ce plan, pour que le système fût de lui-même permanent, et que les températures fixes des côtés du rectangle infini fussent celles qui sont données par l'hypothèse?

Nous avons supposé précédemment que des causes extérieures quelconques retenaient les faces du solide rectangulaire infini, l'une à la température 1, et les deux autres à la température 0. On peut se représenter cet effet de différentes manières; mais l'hypothèse propre au calcul, consiste à regarder le prisme comme une partie d'un solide dont toutes les dimensions sont infinies, et à déterminer les températures de la masse qui l'environne, en sorte que les conditions relatives à la surface soient toujours observées.

200.

Pour connaître le système des températures permanentes dans une lame rectangulaire dont l'extrémité A est entretenue à la température 1, et les deux arêtes infinies à la température 0, on pourrait considérer les changements que subissent les températures, depuis l'état initial qui est donné jusqu'à l'état fixe qui est l'objet de la question. On déterminerait ainsi l'état variable du solide pour toutes les valeurs du temps, et l'on supposerait ensuite cette valeur infinie.

La méthode que nous avons suivie est différente, et conduit plus immédiatement à l'expression de l'état final, parce qu'elle est fondée sur une propriété distinctive de cet état. On va prouver maintenant que la question n'admet aucune autre solution que celle que nous avons rapportée. Cette démonstration résulte des propositions suivantes.

201.

Si l'on donne à tous les points d'une lame rectangulaire infinie les températures exprimées par l'équation (α), et si l'on conserve aux deux arêtes B et C la température fixe o pendant que l'extrémité A est exposée à une source de chaleur qui retient tous les points de la ligne A à la température fixe 1; il ne pourra survenir aucun changement dans l'état du solide. En effet, l'équation $\dfrac{d^2 v}{dx^2} + \dfrac{d^2 v}{dy^2} = 0$ étant satisfaite, il est manifeste que la quantité de chaleur qui détermine la température de chaque molécule ne pourra être ni augmentée ni diminuée.

Supposons les différents points du même solide ayant reçu les températures exprimées par l'équation (α) ou $v = \varphi(x, y)$, qu'au lieu de retenir l'arête A à la température 1, on lui donne ainsi qu'aux deux lignes B et C la température fixe o; la chaleur contenue dans la lame BAC s'écoulera à travers les trois arêtes A, B, C, et d'après l'hypothèse elle ne sera point remplacée, en sorte que les températures diminueront continuellement, et que leur valeur finale et commune sera zéro. Cette conséquence est évidente parce que les points infiniment éloignés de l'origine A ont une température infiniment petite d'après la manière dont l'équation (α) a été formée.

Le même effet aurait lieu en sens opposé, si le système des températures était $v = -\varphi(x, y)$, au lieu d'être $v = \varphi(x, y)$; c'est-à-dire que toutes les températures initiales négatives varieraient continuellement, et tendraient de plus en plus vers leur valeur finale o, pendant que les trois arêtes A, B, C conserveraient la température o.

Soit $v = f(x, y)$ une équation donnée qui exprime la température initiale des points de la lame B A C, dont la base A est retenue à la température 1, pendant que les arêtes B et C conservent la température 0.

Soit $v = F(x, y)$ une autre équation donnée qui exprime la température initiale de chaque point d'une lame solide B A C parfaitement égale à la précédente, mais dont les trois arêtes B, A, C sont retenues à la température 0.

Supposons que dans le premier solide l'état variable qui succède à l'état initial soit déterminé par l'équation

$$v = \varphi(x, y, t),$$

t désignant le temps écoulé, et que l'équation $v = \Phi(x, y, t)$ détermine l'état variable du second solide, pour lequel les températures initiales sont $F(x, y)$.

Enfin, supposons un troisième solide égal à chacun des deux précédents; soit $v = f(x, y) + F(x, y)$ l'équation qui représente son état initial, et soient 1 la température constante de la base A, 0 et 0 celles des deux arêtes B et C.

On va démontrer que l'état variable du troisième solide sera déterminé par l'équation $v = \varphi(x, y, t) + \Phi(x, y, t)$.

En effet, la température d'un point m du troisième solide varie, parce que cette molécule, dont M désignera le volume, acquiert ou perd une certaine quantité de chaleur Λ. L'accroissement de la température pendant l'instant

$$dt \text{ est } \frac{\Lambda}{c \cdot M} dt,$$

le coëfficient c désignant la capacité spécifique rapportée au volume. La variation de la température du même point, dans le premier solide, sera $\dfrac{d}{c.M}\,dt$, et elle sera $\dfrac{D}{c.M}\,dt$ dans le second, les lettres d et D représentant la quantité de chaleur positive ou négative que la molécule acquiert en vertu de l'action de toutes les molécules voisines. Or il est facile de reconnaître que Δ équivaut à $d + D$. Pour s'en convaincre il suffit de considérer la quantité de chaleur que le point m reçoit d'un autre point m' appartenant à l'intérieur de la lame, ou aux arêtes qui la limitent.

Le point m_1, dont la température initiale est désignée par f_1, transmettra, pendant l'instant dt, à la molécule m, une quantité de chaleur exprimée par $q_1\,(f_1 - f)\,dt$, le facteur q_1 représentant une certaine fonction de la distance des deux molécules. Ainsi la quantité totale de chaleur acquise par m sera $\Sigma\,q_1\,(f_1 - f)\,dt$, le signe Σ exprimant la somme de tous les termes que l'on trouverait en considérant les autres points m_2, m_3, m_4. etc. qui agissent sur m; c'est-à-dire, en mettant q_2, f_2, ou q_3, f_3, ou q_4, f_4, ainsi de suite, à la place de q_1, f_1. On trouvera de même $\Sigma\,q_1\,(F_1 - F)\,dt$ pour l'expression de la quantité totale de chaleur acquise par le même point m du second solide; et le facteur q_1 est le même que dans le terme $\Sigma\,q_1\,(f_1 - f)\,dt$, puisque les deux solides sont formés de la même matière, et que la situation des points est la même; on a donc

$$d = \Sigma\,q_1\,(f_1 - f)\,dt \text{ et } D = \Sigma\,q_1\,(F_1 - F)\,dt.$$

On trouvera par la même raison

$$\Delta = \Sigma\,q_1\left(f_1 + F_1 - (f + F)\right)dt;$$

26.

donc $\Delta = d + D$ et $\frac{\Lambda}{c.M} = \frac{d}{c.M} + \frac{D}{c.M}$· Il suit de là que cha-que molécule m du troisième solide acquerra, pendant l'ins-tant dt, un accroissement de température égal à la somme des deux accroissements qui auront lieu pour le même point dans les deux premiers solides. Donc à la fin du premier instant, l'hypothèse primitive subsistera encore, puisqu'une molécule quelconque du troisième solide aura une tempé-rature égale à la somme de celles qu'elle a dans les deux autres. Donc cette même relation aura lieu au commence-ment de chaque instant, c'est-à-dire que l'état variable du troisième solide sera toujours représenté par l'équation

$$v = \varphi(x, y, t) + \Phi(x, y, t).$$

2o3.

La proposition précédente s'applique à toutes les questions relatives au mouvement uniforme ou varié de la chaleur. Elle fait voir que ce mouvement peut toujours être décom-posé en plusieurs autres dont chacun s'accomplit séparément comme s'il avait lieu seul. Cette superposition des effets sim-ples, est un des éléments fondamentaux de la théorie de la chaleur. Elle est exprimée dans le calcul, par la nature même des équations générales, et tire son origine du principe de la communication de la chaleur.

Soit maintenant $v = \varphi(x, y)$ l'équation (α), qui exprime l'état permanent de la lame solide B A C, échauffée par son extrémité A, et dont les arêtes B et C conservent la tempé-rature 1; l'état initial de cette lame est tel, d'après l'hypo-thèse, que tous ses points ont une température nulle, excepté ceux de la base A, dont la température est 1. Cet état initial pourra donc être considéré comme formé de deux autres, savoir : un premier, pour lequel les températures initiales seraient $-\varphi(x, y)$, les trois arêtes étant maintenues à la température o, et un second état, pour lequel les températures initiales sont $+\varphi(x, y)$, les deux arêtes B et C conservant la température o, et la base A la température 1 ; la superposition de ces deux états produit l'état initial qui résulte de l'hypothèse. Il ne reste donc qu'à examiner le mouvement de la chaleur dans chacun des deux états partiels. Or, pour le second, le système des températures ne peut subir aucun changement; et pour le premier, il a été remarqué dans l'article 201 que les températures varient continuellement, et finissent toutes par être nulles. Donc l'état final, proprement dit, est celui que représente l'équation (α) ou $v = \varphi(x, y)$.

Si cet état était formé d'abord, il subsisterait de lui-même, et c'est cette propriété qui nous a servi à le déterminer. Si l'on suppose la lame solide dans un autre état initial, la différence entre ce dernier état et l'état fixe forme un état partiel, qui disparaît insensiblement. Après un temps considérable, cette différence est presque évanouie, et le système des températures fixes n'a subi aucun changement. C'est ainsi que les températures variables convergent de plus en plus vers un état final, indépendant de l'échauffement primitif.

204.

On reconnaît par-là que cet état final est unique; car, si l'on en concevait un second, la différence entre le second et le premier formerait un état partiel, qui devrait subsister de lui-même, quoique les arêtes A, B, C fussent entretenues à la température o. Or ce dernier effet ne peut avoir lieu : il n'en serait pas de même si l'on supposait une autre source de chaleur indépendamment de celle qui s'écoule à l'origine A : au reste cette hypothèse n'est point celle de la question que nous avons traitée, et pour laquelle les températures initiales sont nulles. Il est manifeste que les parties très-éloignées de l'origine ne peuvent acquérir qu'une température extrêmement petite.

Puisque l'état final qu'il fallait déterminer est unique, il s'ensuit que la question proposée n'admet aucune autre solution que celle qui résulte de l'équation (α). On peut donner une autre forme à ce même résultat, mais on ne peut ni étendre, ni restreindre la solution, sans la rendre inexacte.

La méthode que nous avons exposée dans ce chapitre, consiste à former d'abord des valeurs particulières très-simples, qui conviennent à la question, et à rendre la solution plus générale, jusqu'à ce que la fonction v ou $\varphi(x, y)$ satisfasse à trois conditions, savoir :

$$\frac{d^2 v}{d x^2} + \frac{d^2 v}{d y^2} = 0, \quad \varphi(x, 0) = 1, \quad \varphi(x, \pm \tfrac{1}{2}\pi) = 0.$$

Il est visible que l'on pourrait suivre une marche contraire, et la solution que l'on obtiendrait serait nécessairement la même que la précédente. Nous ne nous arrêterons point à ces détails, qu'il est facile de suppléer, dès qu'une fois la solution est connue. Nous donnerons seulement dans la section suivante une expression remarquable de la fonction $\varphi(x, y)$ dont la valeur est développée en série convergente dans l'équation (α).

SECTION V.

Expression finie du résultat de la solution.

205.

On pourrait déduire la solution précédente de l'intégrale de l'équation $\frac{d^2 v}{dx^2} + \frac{d^2 v}{dy} = 0$, qui contient des quantités imaginaires, sous le signe des fonctions arbitraires. Nous nous bornerons ici à faire remarquer que cette intégrale

$$v = \varphi(x + y\sqrt{-1}) + \psi(x - y\sqrt{-1}),$$

a une relation manifeste avec la valeur de v donné par l'équation

$$\frac{\pi v}{4} = e^{-x} \cos. y - \frac{1}{3} e^{-3x} \cos. 3y + \frac{1}{5} e^{-5x} \cos. 5y - \text{etc.}$$

En effet, en remplaçant les cosinus par leurs expressions imaginaires, on a

$$\frac{\pi v}{2} = \begin{aligned} & e^{-(x - y\sqrt{-1})} - \frac{1}{3} e^{-3(x - y\sqrt{-1})} + \frac{1}{5} e^{-5(x - y\sqrt{-1})} - \text{etc.} \\ & + e^{-(x + y\sqrt{-1})} - \frac{1}{3} e^{-3(x + y\sqrt{-1})} + \frac{1}{5} e^{-5(x + y\sqrt{-1})} - \text{etc.} \end{aligned}$$

La première série est une fonction de $x - y\sqrt{-1}$, et la seconde est la même fonction de $x + y\sqrt{-1}$.

En comparant ces séries au développément connu de l'arc arc.tang. z en fonction de z sa tangente, on voit sur-le-champ que la première est arc.tang $e^{-(x-y\sqrt{-1})}$, et que la seconde est arc.tang. $e^{-(x+y\sqrt{-1})}$; ainsi l'équation (α) prend cette forme finie,

$$\frac{\pi v}{2} = \text{arc.tang. } e^{-(x+y\sqrt{-1})} + \text{arc.tang. } e^{-(x-y\sqrt{-1})}. \quad (B)$$

C'est de cette manière qu'elle rentre dans l'intégrale générale

$$v = \varphi(x+y\sqrt{-1}) + \psi(x-y\sqrt{-1}) \quad (A);$$

la fonction $\varphi(z)$ est arc.tang. e^{-z}, et il en est de même de la fonction $\psi(z)$.

Si dans l'équation (B) on désigne le premier terme du second membre par p et le second par q, on aura

$$\tfrac{1}{2}\pi v = p+q, \ \text{tang.} p = e^{-(x+y\sqrt{-1})}, \ \text{tang.} q = e^{-(x-y\sqrt{-1})};$$

donc tang. $(p+q)$ ou $\dfrac{\text{tang.} p + \text{tang.} q}{1 - \text{tang.} p \cdot \text{tang.} q} = \dfrac{2 e^{-x} \cdot \cos. y}{1 - e^{-2x}} = \dfrac{2 \cos. y}{e^x - e^{-x}}$,

on en déduit l'équation $\tfrac{1}{2}\pi v = \text{arc.tang.} \left(\dfrac{2 \cos. y}{e^x - e^{-x}}\right) \quad (c).$

C'est la forme la plus simple sur laquelle on puisse présenter la solution de la question.

206.

Cette valeur de v ou $\varphi(x, y)$ satisfait aux conditions relatives aux extrémités du solide qui sont $\varphi(x, \pm \tfrac{1}{2}\pi) = 0$

et $\varphi\,(\,\mathrm{o}\,,y\,) = \mathrm{I}$; elle satisfait aussi à l'équation générale
$\dfrac{d^2 v}{dx^2} + \dfrac{d^2 v}{dy^2} = \mathrm{o}$, puisque l'équation (c) est une transformée
de l'équation (B). Donc elle représente exactement le système des températures permanentes; et comme ce dernier état est unique, il est impossible qu'il y ait aucune autre solution, ou plus générale ou plus restreinte.

L'équation (c) fournit, au moyen des tables, la valeur de l'une des trois indéterminées v, x, y, lorsque les deux autres sont données; elle fait connaître très-clairement la nature de la surface qui a pour ordonnée verticale la température permanente d'un point donné de la lame solide. Enfin on déduit de cette même équation les valeurs des coëfficients différentiels $\dfrac{dv}{dx}$ et $\dfrac{dv}{dy}$ qui mesurent la vîtesse avec laquelle la chaleur s'écoule dans les deux directions orthogonales; et l'on connaîtra par conséquent la valeur du flux dans toute autre direction.

Ces coëfficients sont exprimés ainsi

$$\frac{dv}{dx} = -2\cos.y\left(\frac{e^x + e^{-x}}{e^{2x} + 2\cos.2y + e^{-2x}}\right), \frac{dv}{dy} = -2\sin.y\left(\frac{e^x - e^{-x}}{e^{2x} + 2\cos.2y + e^{-2x}}\right).$$

On remarquera que, dans l'article 194 la valeur de $\dfrac{dv}{dx}$, et celle de $\dfrac{dv}{dy}$ sont données par des séries infinies dont il est facile de trouver la somme, en remplaçant les quantités trigonométriques par des exponentielles imaginaires. On obtient ainsi ces mêmes valeurs de $\dfrac{dv}{dx}$ et $\dfrac{dv}{dy}$ que nous venons de rapporter.

27

La question que l'on vient de traiter est la première que nous ayons résolue dans la théorie de la chaleur, ou plutôt dans la partie de cette théorie qui exige l'emploi de l'analyse. Elle fournit des applications numériques très-faciles, soit que l'on fasse usage des tables trigonométriques ou des séries convergentes, et elle représente exactement toutes les circonstances du mouvement de la chaleur. Nous passerons maintenant à des considérations plus générales.

SECTION VI.

Développement d'une fonction arbitraire en séries trigonométriques.

207.

La question de la propagation de la chaleur dans un solide rectangulaire a conduit à l'équation $\dfrac{d^2 v}{dx^2} + \dfrac{d^2 v}{dy^2} = 0$; et si l'on suppose que tous les points de l'une des faces du solide ont une température commune, il faut déterminer les coëfficients $a, b, c, d, e,$ etc. de la série

$$a \cos. x + b \cos. 3x + c \cos. 5x + d \cos. 7x + \dots \text{ etc.,}$$

en sorte que la valeur de cette fonction soit égale à une constante toutes les fois que l'arc x est compris entre $-\frac{1}{2}\pi$ et $+\frac{1}{2}\pi$. On vient d'assigner la valeur de ces coëfficients ; mais on n'a traité qu'un seul cas d'un problème plus général, qui consiste à développer une fonction quelconque en une suite infinie de sinus ou de cosinus d'arcs multiples. Cette question est liée à la théorie des équations aux différences partielles et a été agitée dès l'origine de cette analyse. Il était nécessaire de la résoudre pour intégrer convenablement les équations de la propagation de la chaleur; nous allons en exposer la solution.

On examinera, en premier lieu, le cas où il s'agit de réduire en une série de sinus d'arcs multiples, une fonction dont le développement ne contient que des puissances impaires de la variable. Désignant une telle fonction par φx, on posera l'équation

$$\varphi x = a\sin. x + b\sin. 2x + c\sin. 3x + d\sin. 4x + \ldots \text{ etc.}$$

et il s'agit de déterminer la valeur des coëfficients a, b, c, d, etc. On écrira d'abord l'équation

$$\varphi x = x\varphi'\text{o} + \frac{x^2}{2}\varphi''\text{o} + \frac{x^3}{2.3}\varphi'''\text{o} + \frac{x^4}{2.3.4}\varphi^{\text{IV}}\text{o} + \frac{x^5}{2.3.4.5}\varphi^{\text{V}}\text{o} + \ldots \text{ etc.}$$

dans laquelle $\varphi'\text{o}$, $\varphi''\text{o}$, $\varphi'''\text{o}$, $\varphi^{\text{IV}}\text{o}$, etc. désignent les valeurs que prennent les coëfficients

$$\frac{d.\varphi x}{dx}, \frac{d^2.\varphi x}{dx^2}, \frac{d^3.\varphi x}{dx^3}, \frac{d^4.\varphi x}{dx^4}, \text{ etc.}$$

lorsqu'on y suppose $x = \text{o}$. Ainsi en représentant le développement selon les puissances de x par l'équation

$$\varphi x = \text{A}x - \text{B}\frac{x^3}{2.3} + \text{C}\frac{x^5}{2.3.4.5} - \text{D}\frac{x^7}{2.3.4.5.6.7} + \text{E}\frac{x^9}{2.3.4.5.6.7.8.9} - \text{etc.}$$

27.

on aura

$$\varphi \, \text{o} = \text{o} \quad \text{et } \varphi' \, \text{o} = A$$
$$\varphi'' \, \text{o} = \text{o} \qquad \varphi''' \, \text{o} = B$$
$$\varphi^{\text{iv}} \text{o} = \text{o} \qquad \varphi^{\text{v}} \, \text{o} = C$$
$$\varphi^{\text{vi}} \text{o} = \text{o} \qquad \varphi^{\text{vii}} \text{o} = D$$
$$\text{etc.} \qquad \text{etc.}$$

Si maintenant on compare l'équation précédente à celle-ci

$$\varphi x = a \sin. x + b \sin. 2x + c \sin. 3x + d \sin. 4x + e \sin. 5x + \text{etc.}$$

En développant le second membre par rapport aux puissances de x, on aura les équations

$$A = a + 2\,b + 3\,c + 4\,d + 5\,e + \text{etc.}$$
$$B = a + 2^3 b + 3^3 c + 4^3 d + 5^3 e + \text{etc.}$$
$$C = a + 2^5 b + 3^5 c + 4^5 d + 5^5 e + \text{etc.}$$
$$D = a + 2^7 b + 3^7 c + 4^7 d + 5^7 e + \text{etc.}$$
$$E = a + 2^9 b + 3^9 c + 4^9 d + 5^9 e + \text{etc.} \qquad (a)$$
$$\text{etc.}$$

Ces équations doivent servir à trouver les coëfficients a, b, c, d, e, etc., dont le nombre est infini. Pour y parvenir, on regardera d'abord comme déterminé et égal à m le nombre des inconnues, et l'on conservera un pareil nombre m d'équations; ainsi l'on supprimera toutes les équations qui suivent les m premières, et l'on omettra dans chacune de ces équations tous les termes du second membre qui suivent les m premières que l'on conserve. Le nombre entier m étant donné, les coëfficients a, b, c, d, e.... etc.

oıt des valeurs fixes que l'on peut trouver par l'élimination. On obtiendrait pour ces mêmes quantités des valeurs différentes, si le nombre des équations et celui des inconnues était plus grand d'une unité. Ainsi la valeur des coëfficients varie à mesure que l'on augmente le nombre de ces coëfficients et celui dss équations qui doivent les déterminer. Il s'agit de chercher quelles sont les limites vers lesquelles les valeurs des inconnues convergent continuellement à mesure que le nombre des équations devient plus grand. Css limites sont les véritab!es valeurs des inconnues qui satisfont aux équations précédentes lorsque leur nombre est infini.

208.

On considérera donc successivement les cas où l'on aurait à déterminer une inconnue par une équation, deux inconnues par deux équations, trois inconnues par trois équations, ainsi de suite à l'infini. Supposons que l'on designe comme il suit différents systêmes d'équations analogues à celles dont on doit tirer les valeurs des coëfficients :

$$a_1 = A_1 \quad a_2 + 2\,b_2 = A_2 \quad a_3 + 2\,b_3 + 3\,c_3 = A_3 \quad a_4 + 2\,b_4 + 3\,c_4 + 4\,d_4 = A_4$$
$$a_2 + 2^3 b_2 = B_2 \quad a_3 + 2^3 b_3 + 3^3 c_3 = B_3 \quad a_4 + 2^3 b_4 + 3^3 c_4 + 4^3 d_4 = B_4$$
$$a_3 + 2^5 b_3 + 3^5 c_3 = C_3 \quad a_4 + 2^5 b_4 + 3^5 c_4 + 4^5 d_4 = C_4$$
$$a_4 + 2^7 b_4 + 3^7 c_4 + 4^7 d_4 = D_4$$

$$a_5 + 2\,b_5 + 3\,c_5 + 4\,d_5 + 5\,e_5 = A_5$$
$$a_5 + 2^3 b_5 + 3^3 c_5 + 4^3 d_5 + 5^3 e_5 = B_5$$
$$a_5 + 2^5 b_5 + 3^5 c_5 + 4^5 d_5 + 5^5 e_5 = C_5$$
$$a_5 + 2^7 b_5 + 3^7 c_5 + 4^7 d_5 + 5^7 e_5 = D_5$$
$$a_5 + 2^9 b_5 + 3^9 c_5 + 4^9 d_5 + 5^9 e_5 = E_5$$

etc. (b)

Si maintenant on élimine la dernière inconnue e_5, au moyen des cinq équations qui contiennent $A_5 \, B_5 \, C_5 \, D_5 E_5$, etc. on trouvera

$$a_5(5^2 - 1^2) + 2\,b_5(5^2 - 2^2) + 3\,c_5(5^2 - 3^2) + 4\,d_5(5^2 - 4^2) = 5^2 A_5 - B_5$$

$$a_5(5^2 - 1) + 2^3 b_5(5^2 - 2^2) + 3^3 c_5(5^2 - 3^2) + 4^3 d_5(5^2 - 4^2) = 5^2 B_5 - C_5$$

$$a_5(5^2 - 1) + 2^5 b_5(5^2 - 2^2) + 3^5 c_5(5^2 - 3^2) + 4^5 d_5(5^2 - 4^2) = 5^2 C_5 - D_5$$

$$a_5(5^2 - 1) + 2^7 b_5(5^2 - 2^2) + 3^7 c_5(5^2 - 3^2) + 4^7 d_5(5^2 - 4^2) = 5^2 D_5 - E_5$$

On aurait pu déduire ces quatre équations des quatre qui forment le système précédent, en mettant dans ces dernières au lieu de

$$
\begin{aligned}
a_4 && (5^2 - 1)\,a_5 \\
b_4 && (5^2 - 2^2)\,b_5 \\
c_4 && (5^2 - 3^2)\,c^5 \\
d_4 && (5^2 - 4^2)\,d_5
\end{aligned}
$$

et au lieu de

$$
\begin{aligned}
A_4 && 5^2 A_5 - B_5 \\
B_4 && 5^2 B_5 - C_5 \\
C_4 && 5^2 C_5 - D_5 \\
D_4 && 5^2 D_5 - E_5
\end{aligned}
$$

On pourra toujours, par des substitutions semblables, passer du cas qui répond à un nombre m d'inconnues à celui qui répond à un nombre $m + 1$. En écrivant par ordre toutes ces relations entre les quantités qui répondent à l'un des cas et celles qui répondent au cas suivant, on aura

$$=a_2(2^2-1) \hspace{4cm} (c)$$
$$=a_3(2^2-1) \quad b_2=b_3(3^2-2^2)$$
$$=a_4(4^2-1) \quad b_3=b_4(4^2-2^2) \quad c_3=c_4(4^2-3^2)$$
$$=a_5(5^2-1) \quad b_4=b_5(5^2-2^2) \quad c_4=c_5(5^2-3^2) \quad d_4=d_5(5^2-4^2)$$
$$=a_6(6^2-1) \quad b_5=b_6(6^2-2^2) \quad c_5=c_6(6^2-3^2) \quad d_5=d_6(6^2-4^2) \quad e_5=e_6(6^2-5^2)$$
$$=a_7(7^2-1) \quad b_6=b_7(7^2-2^2) \quad c_6=c_7(7^2-3^2) \quad d_6=d_7(7^2-4^2) \quad e_6=e_7(7^2-5^2) \quad f_6=f_7(7^2-6^2) ;$$

etc.

on aura aussi

$$A_1 = 2A_2 - B_2 \hspace{4cm} (d)$$
$$A_2 = 3A_3 - B_3 \quad B_2 = 3B_3 - C_3$$
$$A_3 = 4A_4 - B_4 \quad B_3 = 4B_4 - C_4 \quad C_3 = 4C_4 - D_4$$
$$A_4 = 5A_5 - B_5 \quad B_4 = 5B_5 - C_5 \quad C_4 = 5C_5 - D_5 \quad D_4 = 5D_5 - E_5 ,$$

etc.

On conclut des équations (c) qu'en représentant par $a, b, c, d, e,\ldots$ etc., les inconnues dont le nombre est infini, on doit avoir

$$a = \frac{a_1}{(2^2-1)(3^2-1)(4^2-1)(6^2-1)\ldots\ldots}$$

$$b = \frac{b_2}{(3^2-2^2)(4^2-2^2)(5^2-2^2)(6^2-2^2)\ldots\ldots}$$

$$c = \frac{c_3}{(4^2-3^2)(5^2-3^2)(6^2-3^2)(7^2-3^2)\ldots\ldots}$$

$$d = \frac{d_4}{(5^2-4^2)(6^2-4^2)(7^2-4^2)(8^2-4^2)\ldots\ldots}$$

etc. (e)

209.

Il reste donc à déterminer les valeurs de a_1, b_2, c_3, d_4, e_5 etc.; la première est donnée par une équation, dans laquelle entre A_1; la seconde est donnée par deux équations dans lesquelles entrent $A_2 B_2$; la troisième est donnée par trois équations, dans lesquelles entrent $A_3 B_3 C_3$, ainsi de suite. Il suit de là que si l'on connaissait les valeurs de

$$A_1 \quad A_2 B_2 \quad A_3 B_3 C_3 \quad A_4 B_4 C_4 D_4 \ldots \text{ etc.,}$$

on trouverait facilement a_1 en résolvant une équation, $a_2 b_2$ en résolvant deux équations, $a_3 b_3 c_3$ en résolvant trois équations, ainsi de suite; après quoi on déterminerait a, b, c, d, e, etc. Il s'agit maintenant de calculer les valeurs de

$$A_1 \quad A_2 B_2 \quad A_3 B_3 C_3 \quad A_4 B_4 C_4 D_4 \quad A_5 B_5 C_5 D_5 E_5 \text{ etc.,}$$

au moyen des équations (d). 1° on trouvera la valeur de A_1 en A_2 et B_2; 2° par deux substitutions on trouvera cette valeur de A_1 en $A_3 B_3 C_3$; 3° par trois substitutions on trouvera la même valeur de A_1 en $A_4 B_4 C_4 D_4$, ainsi de suite. Ces valeurs successives de A_1 sont :

$$A_1 = A_2 \, 2^2 - B_2$$
$$A_1 = A_3 \, 2^2.3^2 - B_3(2^2 + 3^2) + C_3$$
$$A_1 = A_4 \, 2^2.3^2.4^2 - B_4(2^2.3^2 + 2^2.4^2 + 3^2.4^2) + C_4(2^2 + 3^2 + 4^2) - D_4$$
$$A_1 = A_5 \, 2^2.3^2.4^2.5^2 - B_5(2^2.3^2.4^2 + 2^2.3^2.5^2 + 2^2.4^2.5^2 + 3^2.4^2.5^2)$$
$$+ C_5(2^2.3^2 + 2^2.4^2 + 2^2.5^2 + 3^2.4^2 + 3^2.5^2 + 4^2.5^2) - D_5(2^2 + 3^2 + 4^2 + 5^2) + E_5,$$

$$\text{etc.,}$$

dont il est aisé de remarquer la loi. La dernière de ces valeurs, qui est celle que l'on veut déterminer, contient les quantités A, B, C, D, E, etc. avec un indice infini, et ces quantités sont connues; elles sont les mêmes que celles qui entrent dans les équations (*a*).

En divisant cette dernière valeur de A, par le produit infini

$$2^2 . 3^2 . 4^2 . 5^2 . 6^2 \dots \text{etc.},$$

on a

$$A - B\left(\frac{1}{2^2} + \frac{1}{3^2} + \frac{1}{4^2} + \frac{1}{5^2} + \text{etc.}\right) + C\left(\frac{1}{2^2 . 3^2} + \frac{1}{2^2 . 4^2} + \frac{1}{3^2 . 4^2} + \text{etc.}\right)$$

$$+ D\left(\frac{1}{2^2 . 3^2 . 4^2} + \frac{1}{2^2 . 3^2 . 5^2} + \frac{1}{3^2 . 4^2 . 5^2} + \text{etc.}\right)$$

$$+ E\left(\frac{1}{2^2 . 3^2 . 4^2 . 5^2} + \frac{1}{2^2 . 3^2 . 4^2 . 6^2} + \text{etc.}\right)$$

$$+ \text{etc.}$$

Les coëfficients numériques sont les sommes des produits que l'on formerait par les diverses combinaisons des fractions $\frac{1}{1^2} \frac{1}{2^2} \frac{1}{3^2} \frac{1}{4^2} \frac{1}{5^2} \frac{1}{6^2} \dots$ et, après avoir séparé la première fraction $\frac{1}{1^2}$. Si l'on représente ces différentes sommes de produits, par $P, Q, R, S, T, \dots$ etc., et si l'on emploie la première des équations (*e*) et la première des équations (*b*), on aura, pour exprimer la valeur du premier coëfficient *a*, l'équation

$$a \frac{(2^2 - 1)(3^2 - 1)(4^2 - 1)(5^2 - 1) \dots}{2^2 . 3^2 . 4^2 . 5^2 \dots} = A - BP_1 + CQ_1 - DR_1 + ES_1 - FT_1 + \text{etc.};$$

or les quantités $P, Q, R, S, T, \dots$ etc., peuvent être facilement déterminées comme on le verra plus bas; donc le premier coëfficient *a* sera entièrement connu.

28

Il faut passer maintenant à la recherche des coëfficients suivants $b\,c\,d\,e\,f\ldots$ etc., qui d'après les équations (e) dépendent des quantités $b_2\,c_3\,d_4\,e_5\,f_6\ldots$ etc. On reprendra pour cela les équations (b); la première a déja été employée pour trouver la valeur de a_1; les deux suivantes donnent la valeur de b_2; les trois suivantes la valeur de c_3; les quatre suivantes la valeur de d_4, ainsi de suite.

En effectuant le calcul, on trouvera, à la seule inspection des équations, pour les valeurs de $b_2\,c_3\,d_4\,e_5\ldots$ etc, les résultats suivants :

$$2\,b_2\,(1^2-2^2)=A_2\,1^2-B_2$$

$$3\,c_3\,(1^2-3^2)\,(2^2-3^2)=A_3\,1^2.2^2-B_3\,(1^2+2^2)+C_3$$

$$4\,d_4\,(1^2-4^2)\,(2^2-4^2)\,(3^2-4^2)=A_4\,1^2.2^2.3^2-B_4\,(1^2.2^2+1^2.3^2+2^2.3^2)+C_4\,(1^2+2^2+3^2)-D_4$$

$$5\,e_5\,(1^2-5^2)\,(2^2-5^2)\,(3^2-5^2)\,(4^2-5^2)=A_5\,1^2.2^2.3^2.4^2-B_5\,(1^2.2^2.3^2+1^2.2^2.4^2+1^2.3^2.4^2+2^2.3^2.4^2)$$
$$+C_5\,(1^2.2^2+1^2.3^2+1^2.4^2+2^2.3^2+2^2.4^2+3^2.4^2)-D_5\,(1^2+2^2+3^2+4^2)+E$$

etc.

La loi que suivent ces équations est facile à saisir; il ne reste plus qu'à déterminer les quantités

$$A_2\,B_2 \quad A_3\,B_3\,C_3 \quad A_4\,B_4\,C_4 \text{ etc.}$$

Or, les quantités $A_2\,B_2$ peuvent être exprimées en $A_3\,B_3\,C_3$, ces dernières en $A_4\,B_4\,C_4\,D_4$ etc. Il suffit pour cela d'opérer les substitutions indiquées par les équations (d); ces changements successifs réduiront les seconds membres des équations précédentes à ne contenir que les quantités A B C D etc., avec un indice infini, c'est-à-dire, les quantités connues

ABCD etc. qui entrent dans les équations (*a*); les coëfficients seront les différents produits que l'on peut faire en combinant les quarrés des nombres $1^2\,2^2\,3^2\,4^2\,5^2$ à l'infini. Il faut seulement remarquer que le premier de ces quarrés 1^2 n'entrera point dans les coëfficients de la valeur de a_1; que le second quarré 2^2 n'entrera point dans les coëfficients de la valeur de b_2; que le troisième quarré 3^2 sera seul omis parmi ceux qui servent à former les coëfficients de la valeur de c_3, ainsi du reste à l'infini. On aura donc pour les valeurs de $b_2\,c_3\,d_4\,e_5$ etc., et par conséquent pour celles de $b\,c\,d\,e$ etc., des résultats entièrement analogues à celui que l'on a trouvé plus haut pour la valeur du premier coëfficient a_1.

211.

Si maintenant on représente

par P, les quantités $\left\{\dfrac{1}{1^2}+\dfrac{1}{3^2}+\dfrac{1}{4^2}+\dfrac{1}{5^2}+\cdots\right\}$

$\qquad Q$, $\qquad\left\{\dfrac{1}{1^2.3^2}+\dfrac{1}{1^2.4^2}+\dfrac{1}{1^2.5^2}+\dfrac{1}{3^2.4^2}+\dfrac{1}{3^2.5^2}+\cdots\right\}$

$\qquad R$, $\qquad\left\{\dfrac{1}{1^2.3^2.4^2}+\dfrac{1}{1^2.3^2.5^2}+\dfrac{1}{3^2.3^2.4^2}+\dfrac{1}{3^2.4^2.5^2}+\cdots\right\}$

$\qquad S$, $\qquad\left\{\dfrac{1}{1^2.3^2.4^2\,5^2}+\dfrac{1}{1^2.4^2.5^2.6^2}+\cdots\right\}$

$$\text{etc.,}$$

que l'on forme par les combinaisons des fractions

$$\frac{1}{1^2}\,\frac{1}{2^2}\,\frac{1}{3^2}\,\frac{1}{4^2}\,\frac{1}{5^2}\cdots\text{ etc.,}$$

à l'infini, en omettant la seconde de ces fractions $\frac{1}{2^2}$; on aura, pour déterminer la valeur de b_2 l'équation

$$2\,b_2\,\frac{(1^2-2^2)}{1^2.3^2.4^2.5^2.6^2\ldots}=A_2-BP_2+CQ_2-DR_2+ES_2-FT_2+\text{etc.}$$

En représentant en général par $P_n\,Q_n\,R_n\,S_n\,T_n\ldots\ldots$ les sommes des produits que l'on peut faire en combinant diversement toutes les fractions $\frac{1}{1^2}\,\frac{1}{2^2}\,\frac{1}{3^2}\,\frac{1}{4^2}\,\frac{1}{5^2}\ldots\ldots$ à l'infini, après avoir seulement omis la fraction $\frac{1}{n^2}$; on aura en général, pour déterminer les quantités $a_1\,b_2\,c_3\,d_4\,e_5\ldots$ etc., les équations suivantes :

$$A_1-BP_1+CQ_1-DR_1+ES_1-\text{etc.}=a_1\,\frac{1}{2^2.3^2.4^2.5^2\ldots}$$

$$A_2-BP_2+CQ_2-DR_2+ES_2-\text{etc.}=3\,b_2\,\frac{(1^2-2^2)}{1^2.3^2.4^2.5^2\ldots}$$

$$A_3-BP_3+CQ_3-DR_3+ES_3-\text{etc.}=3\,c_3\,\frac{(1^2-3^2)\,(2^2-3^2)}{1^2.2^2.4^2.5^2.6^2\ldots}$$

$$A_4-BP_4+CQ_4-DR_4+ES_4-\text{etc.}=4\,d_4\,\frac{(1^2-4^2)\,(2^2-4^2)\,(3^2-4^2)}{1^2.2^2.3^2.5^2.6^2\ldots}$$

etc.

212.

Si l'on considère maintenant les équations (e) qui donnent les valeurs des coëfficients $a\,b\,c\,d\ldots$ etc., on aura les résultats suivants :

$$a \; \frac{(2^2-1^2)(3^2-1^2)(4^2-1^2)(5^2-1^2)\cdots}{2^2.3^2.4^2.5^2\cdots} = A - BP_1 + CQ_1 - DR_1 + ES_1 - FT_1 + \text{etc.}$$

$$2b \; \frac{(1^2-2^2)(3^2-2^2)(4^2-2^2)(5^2-2^2)\cdots}{1^2.3^2.4^2.5^2} = A - BP_2 + CQ_2 - DR_2 + ES - \text{etc.}$$

$$3c \; \frac{(1^2-2^2)(3^2-2^2)(4^2-2^2)(5^2-2^2)\cdots}{1^2.2^2.4^2.5^2} = A - BP_3 + CQ_3 - DR_3 + ES_3 - \text{etc.}$$

$$4d \; \frac{(1^2-4^2)(2^2-4^2)(3^2-4^2)(5^2-4^2)\cdots}{1^2.2^2.3^2.5^2} = A - BP_4 + CQ_4 - DR_4 + ES_4 - \text{etc.}$$

$$\text{etc.}$$

En distinguant quels sont les facteurs qui manquent aux numérateurs et aux dénominateurs pour y compléter la double série des nombres naturels, on voit que la fraction se réduit, dans la première équation, à $\frac{1}{1}.\frac{1}{2}$; dans la seconde à $-\frac{2}{2}.\frac{2}{4}$; dans la troisième à $\frac{3}{3}.\frac{3}{6}$; dans la quatrième à $-\frac{4}{4}.\frac{4}{8}$; en sorte que les produits qui multiplient

$$a, \; 2b, \; 3c, \; 4d, \; \text{etc.},$$

sont alternativement $\frac{1}{2}$ et $-\frac{1}{2}$. Il ne s'agit donc plus que de trouver les valeurs de

$$P_1 Q_1 R_1 S_1 \; P_2 Q_2 R_2 S_2 \; P_3 Q_3 R_3 S_3 \ldots \text{etc.}$$

Pour y parvenir, on remarquera que l'on peut faire dépendre ces valeurs de celles des quantités $PQRST\ldots$ etc., qui représentent les différents produits que l'on peut former avec les fractions $\frac{1}{1^2} \; \frac{1}{2^2} \; \frac{1}{3^2} \; \frac{1}{4^2} \; \frac{1}{5^2} \; \frac{1}{6^2} \cdots$ etc., sans en omettre aucune. Quant à ces derniers produits, leurs valeurs sont données par les séries des développements de sinus. Nous représenterons donc les séries

$$\frac{1}{1^2} + \frac{1}{2^2} + \frac{1}{3^2} + \frac{1}{4^2} + \frac{1}{5^2} + \text{etc.} \qquad\qquad \text{par P},$$

$$\frac{1}{1^2.2^2} + \frac{1}{1^2.3^2} + \frac{1}{1^2.4^2} + \frac{1}{2^2.3^2} + \frac{1}{2^2.4^2} + \frac{1}{3^2.4^2} + \text{etc. par Q},$$

$$\frac{1}{1^2.2^2.3^2} + \frac{1}{1^2.2^2.4^2} + \frac{1}{1^2.3^2.4^2} + \frac{1}{2^2.3^2.4^2} + \text{etc.} \qquad \text{par R},$$

$$\frac{1}{1^2.2^2.3^2.4^2} + \frac{1}{2^2.3^2.4^2.5^2} + \frac{1}{1^2.2^2.3^2.5^2} + \text{etc.} \qquad \text{par S},$$

ainsi de suite.

La série $\sin . x = x - \dfrac{x^1}{2.3} + \dfrac{x^5}{2.3.4.5} + \dfrac{x^7}{2.3.4.5.6.7} + \text{etc.};$

nous fournira les quantités P Q R S T etc. En effet, la valeur du sinus étant exprimée par l'équation

$$\sin . x = x\left(1 - \frac{x^2}{1^2.\pi^2}\right)\left(1 - \frac{x^2}{2^2.\pi^2}\right)\left(1 - \frac{x^2}{3^2.\pi^2}\right)\left(1 - \frac{x^2}{4^2.\pi^2}\right)\left(1 - \frac{x^2}{5^2.\pi}\right) \text{etc.}$$

on aura $1 - \dfrac{x^2}{2.3} + \dfrac{x^4}{2.3.4.5} - \dfrac{x^6}{2.3.4.5.6.7} + \text{etc.}$

$$= \left(1 - \frac{x^2}{1^2.\pi^2}\right)\left(1 - \frac{x^2}{2^2.\pi^2}\right)\left(1 - \frac{x^2}{2^2.\pi^2}\right)\left(1 - \frac{x^2}{2^2.\pi^2}\right) \dots \text{etc.},$$

d'où l'on conclut immédiatement

$$P = \frac{\pi^2}{2.3}$$

$$Q = \frac{\pi^4}{2.3.4.5}$$

$$R = \frac{\pi^6}{2.3.4.5.6.7}$$

$$S = \frac{\pi^7}{2.3.4.5.6.7.8.9}$$

etc.

213.

Supposons maintenant que $P_n Q_n R_n S_n$... etc., représentent les sommes de produits différents que l'on peut faire avec les fractions $\frac{1}{1^2} \frac{1}{2^2} \frac{1}{3^2} \frac{1}{4^2} \frac{1}{5^2}$.... etc., dont on aura séparé la fraction $\frac{1}{n^2}$, n étant un nombre entier quelconque; il s'agit de déterminer $P_n Q_n R_n S_n$... etc., au moyen de $PQRS$... etc. Si l'on désigne par $1 - q P_n + q^2 Q_n - q^3 R_n + q^4 S_n -$ etc., les produits des facteurs

$$\left(1 - \frac{q}{1^2}\right)\left(1 - \frac{q}{2^2}\right)\left(1 - \frac{1}{3^2}\right)\left(1 - \frac{q}{4^2}\right)\dots \text{ etc.,}$$

parmi lesquels on aurait omis le seul facteur $1 - \frac{q}{n^2}$: il faudra qu'en multipliant par $1 - \frac{q}{n^2}$ la quantité

$$1 - q P_n + q^2 Q_n - q^3 R_n + q^4 S_n - \text{etc.,}$$

on trouve $1 - q P + q^2 Q - q^3 R + q^4 S -$ etc.

Cette comparaison donne les relations suivantes :

$$P_n + \frac{1}{n^2} = P$$

$$Q_n + P_n \cdot \frac{1}{n^2} = Q$$

$$R_n + Q_n \cdot \frac{1}{n^2} = R$$

$$S_n + R_n \cdot \frac{1}{n^2} = S$$

etc.

$$\text{ou } P_n = P - \frac{1}{n^2}$$

$$Q_n = Q - \frac{1}{n^2} P + \frac{1}{n^4}$$

$$R_n = R - \frac{1}{n^2} Q + \frac{1}{n^4} P - \frac{1}{n^6}$$

$$S_n = S - \frac{1}{n^2} R + \frac{1}{n^4} Q - \frac{1}{n^6} P + \frac{1}{n^8}$$

etc.

En employant les valeurs connues de $PQRS$, et faisant successivement $n = 1, 2, 3, 4, 5 \ldots$ etc., on aura les valeurs de $P_1 Q_1 R_1 S_1 \ldots$ etc.; celles de $P_2 Q_2 R_2 S_2 \ldots$ etc.; celles de $P_3 Q_3 R_3 S_3 \ldots$ etc.

214.

Il résulte de tout ce qui précède que les valeurs de $a\,b\,c\,d\,e \ldots$ etc., déduites des équations

$$a + 2\,b + 3\,c + 4\,d + 5\,e + \text{etc.} = A$$
$$a + 2^3 b + 3^3 c + 4^3 d + 5^3 e + \text{etc.} = B$$
$$a + 2^5 b + 3^5 c + 4^5 d + 5^5 e + \text{etc.} = C$$
$$a + 2^7 b + 3^7 c + 4^7 d + 5^7 e + \text{etc.} = D$$
$$a + 2^9 b + 3^9 c + 4\,d^9 + 5\,e^9 + \text{etc.} = E$$

etc.

sont exprimées ainsi,

$$\frac{1}{2}\,a=A-B\left(\frac{\pi^2}{2.3}-\frac{1}{1^2}\right)+C\left(\frac{\pi^4}{2.3.4.5}-\frac{1}{1^2}.\frac{\pi^2}{2.3}+\frac{1}{1^4}\right)$$

$$-D\left(\frac{\pi^6}{2.3.4.5.6.7}-\frac{1}{1^2}.\frac{\pi^4}{2.3.4.5}+\frac{1}{1^4}.\frac{\pi^2}{2.3}-\frac{1}{1^6}\right)$$

$$+E\left(\frac{\pi^8}{2.3.4.5.6.7.8.9}-\frac{1}{1^2}.\frac{\pi^6}{2.3.4.5.7}+\frac{1}{1^4}.\frac{\pi^4}{2.3.4.5}-\frac{1}{1^6}.\frac{\pi^2}{2.3}+\frac{1}{1^8}\right)$$

$$-\text{ etc.}$$

$$-\frac{1}{2}2b=A-B\left(\frac{\pi^2}{2.3}-\frac{1}{2^2}\right)+C\left(\frac{\pi^4}{2.3.4.5}-\frac{1}{2^2}.\frac{\pi^4}{2.3}+\frac{1}{2^4}\right)$$

$$-D\left(\frac{\pi^6}{2.3.4.5.6.7}-\frac{1}{2^2}.\frac{\pi^4}{1.3.4.5}+\frac{1}{2^4}.\frac{\pi^2}{2.3}-\frac{1}{2^6}\right)$$

$$+E\left(\frac{\pi^8}{2.3.4.5.6.7.8.9}-\frac{1}{2^2}.\frac{\pi^6}{2.3.4.5.7}+\frac{1}{2^4}.\frac{\pi^4}{2.3.4.5}-\frac{1}{2^6}.\frac{\pi^2}{2.3}+\frac{1}{2^8}\right)$$

$$-\text{ etc.}$$

$$\frac{1}{2}3c=A-B\left(\frac{\pi^2}{2.3}-\frac{1}{3^2}\right)+C\left(\frac{\pi^4}{2.3.4.5}-\frac{1}{3^2}.\frac{\pi^2}{2.3}+\frac{1}{3^4}\right)$$

$$-D\left(\frac{\pi^6}{2.3.4.5.6.7}-\frac{1}{3^2}.\frac{\pi^4}{2.3.4.5}+\frac{1}{3^4}.\frac{\pi^2}{2.3}-\frac{1}{3^6}\right)$$

$$+E\left(\frac{\pi^8}{2.3.4.5.6.7.8.9}-\frac{1}{3^2}.\frac{\pi^6}{2.3.4.5.7}+\frac{1}{3^4}.\frac{\pi^4}{2.3.4.5}-\frac{1}{3^6}.\frac{\pi^2}{2.3}+\frac{1}{3^8}\right)$$

$$-\text{ etc.}$$

$$-\frac{1}{2}4d=A-B\left(\frac{\pi^2}{2.3}-\frac{1}{4^2}\right)+C\left(\frac{\pi^4}{3.3.4.5}-\frac{1}{4^2}.\frac{\pi^4}{2.3}+\frac{1}{4^2}\right)$$

$$-D\left(\frac{2.3.4.5.6.7}{\pi^6}-\frac{1}{4^2}.\frac{\pi^4}{2.3.4.5}+\frac{1}{4^4}.\frac{\pi^2}{2.3}-\frac{1}{4^6}\right)$$

$$+E\left(\frac{\pi^8}{2.3.4.5.6.7.8.9}-\frac{1}{4^2}.\frac{\pi^6}{2.3.4.5.7}+\frac{1}{4^4}.\frac{\pi^4}{2.3.4.5}-\frac{1}{4^6}.\frac{\pi^2}{2.3}+\frac{1}{4^8}\right)$$

$$-\text{ etc.}$$

etc.

215.

Connaissant les valeurs de $a\,b\,c\,d\,e\,f\ldots$ etc., on les substituera dans l'équation proposée

$$\varphi x = a\sin.x + b\sin.2x + d\sin.3x + e\sin.4x + \text{etc.};$$

et mettant aussi au lieu des quantités $A\,B\,C\,D\,E$, etc. leurs valeurs $\varphi'o$, $\varphi'''o$, φ^vo, $\varphi^{vii}o$, $\varphi^{ix}o\ldots$ etc., on aura l'équation générale

$$\frac{1}{2}\pi\varphi x = \sin.x\left\{\varphi'o + \varphi'''o\left(\frac{\pi^2}{2.3} - \frac{1}{1^2}\right) + \varphi^vo\left(\frac{\pi^4}{2.3.4.5} - \frac{1}{1^2}\cdot\frac{\pi^2}{2.3} + \frac{1}{1^2}\right)\right.$$

$$\left. + \varphi^{vii}o\left(\frac{\pi^6}{2.3.4.5.6.7} - \frac{1}{1^2}\cdot\frac{\pi^4}{2.3.4.5} + \frac{1}{1^4}\cdot\frac{\pi^2}{2.3} - \frac{1}{1^6}\right) + \text{etc.}\right\}$$

$$- \frac{1}{2}\sin.2x\left\{\varphi'o + \varphi'''o\left(\frac{\pi^2}{2.3} - \frac{1}{2^2}\right) + \varphi^vo\left(\frac{\pi^4}{2.3.4.5} - \frac{1}{2^2}\cdot\frac{\pi^2}{2.3} + \frac{1}{2^2}\right)\right.$$

$$\left. + \varphi^{vii}o\left(\frac{\pi^6}{2.3.4.5.6.7} - \frac{1}{2^2}\cdot\frac{\pi^4}{2.3.4.5} + \frac{1}{2^4}\cdot\frac{\pi^2}{2.3} - \frac{1}{2^6}\right) + \text{etc.}\right\}$$

$$+ \frac{1}{3}\sin.3x\left\{\varphi'o + \varphi'''o\left(\frac{\pi^2}{2.3} - \frac{1}{3^2}\right) + \varphi^vo\left(\frac{\pi^4}{2.3.4.5} - \frac{1}{3^2}\cdot\frac{\pi^2}{2.3} + \frac{1}{3^2}\right)\right.$$

$$\left. + \varphi^{vii}o\left(\frac{\pi^6}{2.3.4.5.6.7} - \frac{1}{3^2}\cdot\frac{\pi^4}{2.3.4.5} + \frac{1}{3^4}\cdot\frac{\pi^2}{2.3} - \frac{1}{3^6}\right) + \text{etc.}\right\}$$

$$- \frac{1}{4}\sin.4x\left\{\varphi'o + \varphi'''o\left(\frac{\pi^2}{2.3} - \frac{1}{4^2}\right) + \varphi^vo\left(\frac{\pi^4}{2.3.4.5} - \frac{1}{4^2}\cdot\frac{\pi^2}{2.3} + \frac{1}{4^2}\right)\right.$$

$$\left. + \varphi^{vii}o\left(\frac{\pi^6}{2.3.4.5.6.7} - \frac{1}{4^2}\cdot\frac{\pi^4}{2.3.4.5} + \frac{1}{4^4}\cdot\frac{\pi^2}{2.3} - \frac{1}{4^6}\right) + \text{etc.}\right\}\;(A)$$

$+$ etc.

On peut se servir de la série précédente pour réduire en séries de sinus, d'arcs multiples une fonction proposée dont le développement ne contient que des puissances impaires de la variable.

216.

Le cas qui se présente le premier est celui où l'on aurait $\varphi x = x$; on trouve alors $\varphi' 0 = 1$, $\varphi''' 0 = 0$, $\varphi^v 0 = 0 \ldots$, ainsi du reste. On aura donc la série

$$\frac{1}{2} x = \sin x - \frac{1}{2} \sin 2x + \frac{1}{3} \sin 3x - \frac{1}{4} \sin 4x + \text{etc.},$$

qui a été donnée par Euler.

Si l'on suppose que la fonction proposée soit x^3, on aura

$$\varphi' 0 = 0, \quad \varphi''' 0 = 2.3, \quad \varphi^v 0 = 0, \quad \varphi^{vii} 0 = 0 \ldots \text{etc.},$$

ce qui donne l'équation

$$\frac{1}{2} x^3 = \left(\pi^2 - \frac{2.3}{1^2} \right) \sin x - \left(\pi^2 - \frac{2.3}{2^2} \right) \frac{1}{2} \sin 2x + \left(\pi^2 - \frac{2.3}{3^2} \right) \frac{1}{3} \sin 3x + \text{etc.}$$

On parviendrait à ce même résultat en partant de l'équation précédente,

$$\frac{1}{2} x = \sin x - \frac{1}{2} \sin 2x + \frac{1}{3} \sin 3x - \frac{1}{4} \sin 4x + \text{etc.}$$

En effet, en multipliant chaque membre par dx, et intégrant, ou'aura

$$C - \frac{x^2}{4} = \cos x - \frac{1}{2^2} \cos 2x + \frac{1}{3^2} \cos 3x - \frac{1}{4^2} \cos 4x + \text{etc.} :$$

la valeur de la constante c est

$$1 - \frac{1}{2^2} + \frac{1}{3^2} - \frac{1}{4^2} + \frac{1}{5^2} - \text{etc.};$$

série dont on sait que la somme est $+\frac{1}{2}\frac{\pi^2}{2.3}$. Multipliant par dx les deux membres de l'équation

$$\frac{1}{2}\cdot\frac{\pi^2}{2.3} - \frac{x^2}{4} = \cos. x - \frac{1}{2^2}\cos. 2x + \frac{1}{3^2}\cos. 3x - \text{etc.}$$

et intégrant, on aura

$$\frac{1}{2}\frac{\pi^2.x}{2.3} - \frac{1}{2}\cdot\frac{x^3}{2.3} = \sin. x - \frac{1}{2^2}\cdot\sin. 2x + \frac{1}{3^2}\sin. 3x - \text{etc.}$$

Si maintenant on met au lieu de x, sa valeur tirée de l'équation

$$\frac{1}{2}x = \sin. x - \frac{1}{2}\sin. 2x - \frac{1}{3}\sin. 3x - \frac{1}{4}\sin. 4x + \text{etc.},$$

on obtiendra la même équation que ci-dessus, savoir :

$$\frac{1}{2}\frac{x^3}{2.3} = \sin. x\left(\frac{\pi^2}{2.3} - \frac{1}{1^2}\right) - \frac{1}{2}\sin. 2x\left(\frac{\pi^2}{2.3} - \frac{1}{2^2}\right)$$

$$+ \frac{1}{3}\sin. 3x\left(\frac{\pi^2}{2.3} - \frac{1}{3^2}\right) + \frac{1}{4}\sin. 4x\left(\frac{\pi^2}{2.3} - \frac{1}{4^2}\right) - \text{etc.}$$

On parviendrait de la même manière à développer en séries de sinus multiples, les puissances $x^5\ x^7\ x^9$... etc., et en général toute fonction dont le développement ne contiendrait que des puissances impaires de la variable.

217.

L'équation (A) (art. 216) peut être mise sous une forme plus simple que nous allons faire connaître. On remarque d'abord qu'une partie du coëfficient de sin. x, est la série

$$\varphi'0 + \frac{\pi^2}{2.3}\varphi'''0 + \frac{\pi^4}{2.3.4.5}\varphi^{V}0 + \frac{\pi^6}{2.3.4.5.6.7}\varphi^{VII}0 + \text{etc.},$$

qui représente la quantité $\frac{1}{\pi}\varphi\pi$. En effet, on a en général

$$\varphi x = \varphi 0 + x\varphi' 0 + \frac{x^2}{2}\varphi'' 0 + \frac{x^3}{2.3}\varphi''' 0 + \frac{x^4}{2.3.4}\varphi^{IV} 0 + \frac{x^5}{2.3.4.5}\varphi^V 0 + \dots \text{etc.}$$

Or, la fonction φx ne contenant par hypothèse que des puissances impaires; on doit avoir $\varphi 0 = 0$, $\varphi'' 0 = 0$, $\varphi^{IV} 0 = 0$, ainsi de suite. Donc

$$\varphi x = x\varphi' 0 + \frac{x^3}{2.3}\varphi''' 0 + \frac{x^5}{2.3.4.5}\varphi^V 0 + \text{etc.};$$

une seconde partie du coëfficient de sin. x se trouve, en multipliant par $-\frac{1}{2}$, la série

$$\varphi''' 0 + \frac{\pi^3}{2.3}\varphi^V 0 + \frac{\pi^4}{2.3.4.5}\varphi^V 0 + \frac{\pi^6}{2.3.4.5.6.7}\cdot\varphi^{VII} 0 + \text{etc.},$$

dont la valeur est $\frac{1}{\pi}\varphi''\pi$. On déterminera de cette manière les différentes parties du coëfficient de sin. x, et celles qui composent les coëfficients de sin. $2x$, sin. $3x$, sin. $4x$, sin. $5x$. etc. On emploiera pour cela les équations:

$$\varphi' 0 + \frac{\pi^2}{2.3}\varphi^{VII} 0 + \frac{\pi^4}{2.3.4.5}\varphi^V 0 + \frac{\pi^6}{2.3.4.5.6.7}\varphi^{VII} 0 + \text{etc.} = \frac{1}{\pi}\varphi\pi$$

$$\varphi'' 0 + \frac{\pi^2}{2.3}\varphi^V 0 + \frac{\pi^4}{2.3.4.5}\varphi^{VII} 0 + \frac{\pi^6}{2.3.4.5.6.7}\varphi^{IX} 0 + \text{etc.} = \frac{1}{\pi}\varphi''\pi$$

$$\varphi^V 0 + \frac{\pi^2}{2.3}\varphi^{VII} 0 + \frac{\pi^4}{2.3.4.5}\varphi^{IX} 0 + \text{etc.} = \frac{1}{\pi}\varphi^{IV}\pi$$

$$\varphi''' 0 + \frac{\pi^2}{2.3}\varphi^{IX} 0 + \text{etc.} = \frac{1}{\pi}\varphi^{VI}\pi$$

au moyen de cette réduction on donnera à l'équation (A)
la forme suivante :

$$\frac{1}{2}\pi\varphi x = \sin. x \left\{ \varphi\pi - \frac{1}{1^3}\varphi''\pi + \frac{1}{1^4}\varphi^{IV}\pi - \frac{1}{6^6}\varphi^{VI}\pi + \text{etc.} \right\}$$

$$-\frac{1}{2}\sin. 2x \left\{ \varphi\pi - \frac{1}{2^3}\varphi''\pi + \frac{1}{2^4}\varphi^{IV}\pi - \frac{1}{2^6}\varphi^{VI}\pi + \text{etc.} \right\}$$

$$+\frac{1}{3}\sin. 3x \left\{ \varphi\pi - \frac{1}{3^3}\varphi''\pi + \frac{1}{3^4}\varphi^{IV}\pi - \frac{1}{3^6}\varphi^{VI}\pi + \text{etc.} \right\}$$

$$-\frac{1}{4}\sin. 4x \left\{ \varphi\pi - \frac{1}{4^3}\varphi''\pi + \frac{1}{4^4}\varphi^{IV}\pi - \frac{1}{4^6}\varphi^{VI}\pi + \text{etc.} \right\}$$

$$+ \text{etc.} \hspace{6cm} \text{(B)}$$

ou celle-ci

$$\frac{1}{2}\pi\varphi x = \varphi\ \pi \left\{ \sin. x - \frac{1}{2}\sin. 2x + \frac{1}{3}\sin. 3x - \text{etc.} \right\}$$

$$-\varphi''\pi \left\{ \sin. x - \frac{1}{2^3}\sin. 2x + \frac{1}{3^3}\sin. 3x - \text{etc.} \right\}$$

$$+\varphi^{IV}\pi \left\{ \sin. x - \frac{1}{2^5}\sin. 2x + \frac{1}{3^5}\sin. 3x - \text{etc.} \right\}$$

$$-\varphi^{VI}\pi \left\{ \sin. x - \frac{1}{2^7}\sin. 2x - \frac{1}{3^7}\sin. 3x - \text{etc.} \right\}$$

$$+ \text{etc.} \hspace{6cm} \text{(C)}$$

218.

On peut appliquer l'une ou l'autre de ces formules, toutes
les fois que l'on aura à développer une fonction proposée,
en une série de sinus d'arcs multiples. Si par exemple la
fonction proposée est $e^x - e^{-x}$, dont le développement ne
contient que des puissances impaires de x, on aura

$$\frac{1}{2}\pi \cdot \frac{e^{x}-e^{-x}}{e^{\pi}-e^{-\pi}} = \left(\sin. x - \frac{1}{2}\sin.2x + \frac{1}{3}\sin.3x - \text{etc.}\right)$$

$$- \left(\sin. x - \frac{1}{2^3}\sin.2x + \frac{1}{3^3}\sin.3x - \text{etc.}\right)$$

$$+ \left(\sin. x - \frac{1}{2^5}\sin.2x + \frac{1}{3^5}\sin.3x - \text{etc.}\right)$$

$$- \left(\sin. x - \frac{1}{2^6}\sin.2x + \frac{1}{3^6}\sin.3x - \text{etc.}\right)$$

$$+ \left(\sin. x - \frac{1}{2^9}\sin.2x + \frac{1}{3^9}\sin.3x - \text{etc.}\right)$$

$$- \text{etc.}$$

En distinguant les coëfficients de sin. x, sin. $2x$, sin. $3x$, sin. $4x$, etc., et mettant au lieu de $\frac{1}{n} - \frac{1}{n^3} + \frac{1}{n^5} - \frac{1}{n^7} + \text{etc.}$, sa valeur $\frac{n}{n^2+1}$, on aura

$$\frac{1}{2}\pi \frac{\left(e^{x}-e^{-x}\right)}{e^{\pi}-e^{-\pi}} = \frac{\sin. x}{1+\frac{1}{1}} - \frac{\sin.2x}{2+\frac{1}{2}} + \frac{\sin.3x}{3+\frac{1}{3}} - \frac{\sin.4x}{4+\frac{1}{4}} + \text{etc.}$$

On pourrait multiplier ces applications et en déduire plusieurs séries remarquables. On a choisi l'exemple précédent parce qu'il se présente dans diverses questions relatives à la propagation de la chaleur.

219.

Nous avons supposé jusqu'ici que la fonction dont on demande le développement en séries de sinus d'arcs multiples, peut être développée en une série ordonnée, suivant les puissances de la variable x, et qu'il n'entre dans cette dernière série que des puissances impaires. On peut étendre les mêmes conséquences à des fonctions quelconques, même à celles qui seraient discontinues et entièrement arbitraires. Pour établir clairement la vérité de cette proposition, il est nécessaire de poursuivre l'analyse qui fournit l'équation précédente (B) et d'examiner quelle est la nature des coëfficents qui multiplient $\sin.x$, $\sin.2x$, $\sin.3x$, $\sin.4x$. En désignant par $\frac{s}{n}$ la quantité qui multiplie dans cette équation $\frac{1}{n}\sin. nx$, si n est impair, et $-\frac{1}{n}\sin. nx$, si n est pair; on aura

$$s = \varphi\,\pi - \frac{1}{n^2}\varphi''\,\pi + \frac{1}{n^4}\varphi^{IV}\,\pi - \frac{1}{n^6}\varphi^{VI}\,\pi + \text{etc.}$$

Considérant s comme une fonction de π, différentiant deux fois, et comparant les résultats, on trouve $s + \frac{1}{n^2}\frac{d^2s}{d\pi^2} = \varphi\,\pi$; équation à laquelle la valeur précédente de s doit satisfaire. Or, l'équation $s + \frac{1}{n^2}\frac{d^2s}{dx^2} = \varphi\,x$, dans laquelle s est considérée comme une fonction de x, a pour intégrale

$$s = a\cos. nx + b\sin. nx + n\sin. nx \int \cos. nx.\varphi\,x.dx$$
$$- n\cos. nx \int \sin. nx.\varphi\,x\,dx.$$

n étant un nombre entier, et la valeur de x étant égale à π, on a $s = \pm n\int \varphi\,x.\sin. nx\,dx$. Le signe $+$ doit être choisi lorsque n est impair, et le signe $-$ lorsque ce nombre est pair. On doit supposer x égal à la demi-circonférence π, après l'intégration indiquée; ce résultat se vérifie, lorsqu'on développe au moyen de l'intégration par parties, le terme

$$\int \varphi\,x\,\sin. nx.dx$$

en remarquant que la fonction φx ne contient que des puissances impaires de la variable et en prenant l'intégrale depuis $x = 0$ jusqu'à $x = \pi$.

On en conclut immédiatement que ce terme équivaut à

$$\pm \left(\varphi \pi - \varphi'' \pi \cdot \frac{1}{n^2} + \varphi^{\text{iv}} \pi \cdot \frac{1}{n^4} - \varphi^{\text{vi}} \pi \cdot \frac{1}{n^6} + \varphi^{\text{viii}} \pi \cdot \frac{1}{n^8} + \text{etc.} \right).$$

Si l'on substitue cette valeur de $\frac{s}{n}$ dans l'équation (B), en prenant le signe $+$ lorsque le terme de cette équation est de rang impair, et le signe $-$ lorsque n est pair; on aura en général $S(\varphi x \cdot \sin . n x \cdot d x)$ pour le coëfficient de $\sin . n x$; on parvient de cette manière à un résultat très-remarquable exprimé par l'équation suivante :

$$\frac{1}{2} \pi \varphi x = \sin . x \, S\, (\sin . x \cdot \varphi x \cdot d x) + \sin . 2 x \, S\, (\sin . 2 x \, \varphi x \, d x)$$

$$+ \sin . 3 x \, S\, (\sin . 3 x \cdot \varphi x \, d x) \ldots + \sin . i x \, S\, (\sin . i x \, \varphi x \, d x) + \text{etc.};$$

$$(\text{D})$$

le second membre donnera toujours le développement cherché de la fonction φx, si l'on effectue les intégrations depuis $x = 0$, jusqu'à $x = \pi$.

220.

On voit par-là que les coëfficients $a\, b\, c\, d\, e\, f \ldots$ etc., qui entrent dans l'équation

$$\frac{1}{2} \pi \varphi x = a \sin . x + b \sin . 2 x + c \sin . 3 x + d \sin . 4 x + \text{etc.}$$

et que nous avons trouvés précédemment par la voie des éliminations successives, sont des valeurs intégrales définies exprimées par le terme général $S\, (\sin . i x \cdot \varphi x \, d x)$, i étant le numéro du terme dont on cherche le coëfficient. Cette remarque est importante, en ce qu'elle fait connaître comment les fonctions entièrement arbitraires peuvent aussi être développées en séries de sinus d'arcs multiples. En effet, si la fonction φx est représentée par l'ordonnée variable d'une courbe quelconque dont l'abscisse s'étend depuis $x = o$ jusqu'à $x = \pi$, et si l'on construit sur cette même partie de l'axe la courbe trigonométrique connue, dont l'ordonnée est $y = \sin. x$; il sera facile de se représenter la valeur d'un terme intégral. Il faut concevoir que pour chaque abscisse x, à laquelle répond une valeur de φx, et une valeur de $\sin. x$, on multiplie cette dernière valeur par la première, et qu'au même point de l'axe on élève une ordonnée proportionnelle au produit $\varphi x . \sin. x$. On formera, par cette opération continuelle, une troisième courbe, dont les ordonnées sont celles de la courbe trigonométrique, réduite proportionnellement aux ordonnées de la courbe arbitraire qui représente φx. Cela posé, l'aire de la courbe réduite étant prise depuis $x = o$ jusqu'à $x = \pi$, donnera la valeur exacte du coëfficient de $\sin. x$; et quelle que puisse être la courbe donnée qui répond à φx, soit qu'on puisse lui assigner une équation analytique, soit qu'elle ne dépende d'aucune loi régulière, il est évident qu'elle servira toujours à réduire d'une manière quelconque la courbe trigonométrique; en sorte que l'aire de la courbe réduite a, dans tous les cas possibles, une valeur déterminée qui donne celle du coëfficient de $\sin. x$ dans le développement de la fonction. Il en est de même du coëfficient suivant b ou $S\left(\varphi x . \sin. 2 x \cdot d x\right)$.

Il faut en général, pour construire les valeurs des coëfficients $a\, b\, c\, d\, e \ldots$ etc., imaginer que les courbes, dont les équations sont

$y = \sin. x$, $y = \sin. 2x$, $y = \sin. 3x$, $y = \sin. 4x$, etc.,

ont été tracées pour un même intervalle sur l'axe des x, depuis $x = 0$ jusqu'à $x = \pi$; et qu'ensuite on a changé ces courbes en multipliant toutes leurs ordonnées par les ordonnées correspondantes d'une même courbe, dont l'équation est $y = \varphi x$. Les équations des courbes réduites, sont:

$y = \sin. x . \varphi x, y = \sin. 2x . \varphi x, y = \sin. 3x . \varphi x, y = \sin. 4x . \varphi x..$ etc.

Les aires de ces dernières courbes, prises depuis $x = 0$ jusqu'à $x = \pi$, seront les valeurs des coëfficients $a\,b\,c\,d$ etc., dans l'équation

$$\tfrac{1}{2} \pi \varphi x = a \sin. x + b \sin. 2x + c \sin. 3x + d \sin. 4x + \text{etc.}$$

221.

On peut aussi vérifier l'équation précédente (D) (art. 220), en déterminant immédiatement les quantités $a_1 a_2 a_3 ... a_j$ etc., dans l'équation

$$\varphi x = a_1 \sin. x + a_2 \sin. 2x + a_3 \sin. 3x + ... a_j \sin. jx + ... \text{etc.};$$

pour cela on multipliera chacun des membres de la dernière équation, par $\sin. ix . dx$, i étant un nombre entier, et l'on prendra l'intégrale depuis $x = 0$ jusqu'à $x = \pi$, on aura

$$S(\varphi x . \sin. ix . dx) = a_1 S(\sin. x \sin. ix . dx) + a_2 S(\sin. 2x . \sin. ix . dx)$$
$$+ ... a_j S(\sin. jx . \sin. ix . dx) + ... \text{etc.}$$

Or on peut facilement prouver, 1° que toutes les intégrales qui entrent dans le second membre, ont une valeur nulle, excepté le seul terme $a_i S(\sin. ix . \sin. ix \, dx)$; 2° que la valeur de $S(\sin. ix . \sin. ix . dx)$ est $\tfrac{1}{2} \pi$; d'où l'on con-

30.

clura la valeur de a_i, qui est $\dfrac{S(\varphi x . \sin . i x . d x)}{\frac{1}{2}\pi}$. Tout se réduit à considérer la valeur des intégrales qui entrent dans
le second membre, et à démontrer les deux propositions
précédentes. L'intégrale $2\,S(\sin . j x . \sin . i x . d x)$, prise depuis $x = 0$ jusqu'à $x = \pi$, et dans laquelle i et j sont des
nombres entiers, est

$$\frac{1}{i-j}\sin . (\overline{i-j}.x) - \frac{1}{i+j}\sin . (\overline{i+j}\,x) + C.$$

L'intégrale devant commencer lorsque $x=0$, la constante C
est nulle, et les nombres i et j étant entiers, la valeur de l'intégrale deviendra nulle lorsqu'on fera $x=\pi$; il s'ensuit que
chacun des termes tels que

$a_1 S(\sin . x \sin . i x . d x), a_2 S(\sin . 2 x . \sin . i x . d x), a_3 S(\sin . 3\,x \sin . i x . d x)$ etc.

s'évanouit, et que cela aura lieu toutes les fois que les nombres i et j seront différents. Il n'en est pas de même lorsque
les nombres i et j sont égaux, car le terme $\dfrac{1}{i-j}\sin . (\overline{i-j}x)$
auquel se réduit l'intégrale, devient $\dfrac{0}{0}$, et sa valeur est π. On
a parconséquent $2\,S(\sin . i x . \sin . i x . d x)=\pi$; on obtient ainsi
de la manière la plus briève, les valeurs de $a_1\,a_2\,a_3\,a_4...a_i$ etc.
qui sont :

$$a_1 = \frac{S(\varphi x . \sin . x . d x)}{\frac{1}{2}\pi}, \quad a_2 = \frac{S(\varphi x . \sin . 2 x . d x)}{\frac{1}{2}\pi},$$

$$a_3 = \frac{S(\varphi x . \sin . 3 x . d x)}{\frac{1}{2}\pi} \quad ... \quad a_i = \frac{S(\varphi x . \sin . i x . d x)}{\frac{1}{2}\pi}.$$

En les substituant on a

$$\frac{1}{2}\pi\varphi x = \sin. x \ S(\varphi x \sin.x.dx) + \sin.2x S(\varphi x.\sin.2x.dx)$$

$$+ \sin.3x S(\varphi.x\sin.3x.dx).... + \sin.ix S(\varphi x \sin.ix.dx)$$

$$+ \text{ etc.}$$

222.

Le cas le plus simple est celui où la fonction donnée a une valeur constante pour toutes les valeurs de la variable x comprises entre o et π;¡dans ce cas, l'intégrale $\int \sin. ix \, dx$ est égale à $\frac{2}{i}$ si le nombre i est impair, et égal à o si le nombre i est pair. On en déduit l'équation

$$\frac{1}{2}\pi = \sin.x + \frac{1}{3}\sin.3x + \frac{1}{5}\sin.5x + \frac{1}{7}\sin.7x + \frac{1}{9}\sin.9x + \text{etc.}$$

que l'on a trouvée précédemment.

Il faut remarquer que lorsqu'on a développé une fonction φx en une suite de sinus d'arcs multiples la valeur de la série $a\sin.x + b\sin.2x + c\sin.3x + d\sin.4x + $ etc. est la même que celle de la fonction φx tant que la variable x est comprise entre o et π; mais cette égalité cesse en général d'avoir lieu lorsque la valeur de x surpasse le nombre π.

Supposons que la fonction dont on demande le développement soit x, on aura, d'après le théorème précédent,

$$\frac{1}{2}\pi x = \sin.x \int x \sin.x \, dx + \sin.2x \int x \sin.2x \, dx$$

$$+ \sin.3x \int x \sin.3x \, dx + \sin.4x \int x \sin.4x \, dx + \text{etc.}$$

L'intégrale $\int_{o}^{\pi} x \sin.ix \, dx$ équivaut à $\pm \frac{\pi}{i}$, les indices o et π qui sont joints au signe $\int$ font connaître les limites de l'intégrale ; le signe + doit être choisi lorsque i est impair, et le signe — lorsque i est pair. On aura donc l'équation suivante :

$$\frac{1}{2}x = \sin. x - \frac{1}{2}\sin. 2x + \frac{1}{3}\sin. 3x - \frac{1}{4}\sin. 4x + \frac{1}{5}\sin. 5x - \frac{1}{7}\sin. 7x + \text{etc.}$$

223.

On développera aussi en séries de sinus d'arcs multiples les fonctions différentes de celles où il n'entre que des puissances impaires de la variable. Pour apporter un exemple qui ne laisse aucun doute sur la possibilité de ce développement, nous choisirons la fonction cos. x, qui ne contient que des puissances paires de x, et qu'on développera sous la forme suivante :

$$a \sin. x + b \sin. 2x + c \sin. 3x + d \sin. 4x + e \sin. 5x + \text{etc.}$$

quoiqu'il n'entre dans cette dernière série que des puissances impaires de la même variable. On aura en effet, d'après le théorême précédent,

$$\frac{1}{2}\pi \cos. x = \sin. x \int \cos. x \sin. x \, dx$$

$$+ \sin. 2x \int \cos. x \sin. 2x \, dx + \sin. 3x \int \cos. x \sin. 3x \, dx + \text{etc.}$$

L'intégrale $\int \cos. x \sin. ix \, dx$, équivaut à zéro lorsque i est un nombre impair, et à $\frac{2i}{i^2-1}$, lorsque i est un nombre pair. En supposant successivement $i = 2, 4, 6, 8$, etc. on aura la série toujours convergente :

$$\frac{1}{4}\pi \cos. x = \frac{2}{1.3}\sin. 2x + \frac{4}{3.5}\sin. 4x + \frac{6}{5.7}\sin. 6x$$

$$+ \frac{8}{7.9}\sin. 8x + \frac{10}{9.11}\sin. 10x + \text{etc.}$$

ou $\cos. x = \frac{2}{\pi}\Big\{\Big(\frac{1}{1}+\frac{1}{3}\Big)\sin. 2x + \Big(\frac{1}{3}+\frac{1}{5}\Big)\sin. 4x$

$+ \Big(\frac{1}{5}+\frac{1}{7}\Big)\sin. 6x + \Big(\frac{1}{7}+\frac{1}{9}\Big)\sin. 8x + \Big(\frac{1}{9}+\frac{1}{11}\Big)\sin. 10x + \text{etc.}$

Ce résultat a cela de remarquable qu'il offre le développe-ment du cosinus en une suite de fonctions dont chacune ne contient que des puissances impaires. Si l'on fait dans l'équa-tion précédente $x = \frac{1}{4}\pi$, on trouvera :

$$\frac{1}{4}\cdot\frac{\pi}{\sqrt{2}} = \frac{1}{2}\Big(\frac{1}{1}+\frac{1}{3}-\frac{1}{5}-\frac{1}{7}+\frac{1}{9}+\frac{1}{11}-\frac{1}{13}-\frac{1}{15}+\text{etc.}\Big)$$

Cette dernière série est connue (*introd. ad analysin. infinit. cap. X*).

224.

On peut employer une analyse semblable pour dévelop-per une fonction quelconque en série de cosinus d'arcs mul-tiples. Soit φx la fonction dont on demande le développe-ment , on écrira :

$$\varphi x = a_0 \cos. 0\, x + a_1 \cos. x + a_2 \cos. 2\, x + a_3 \cos. 3\, x + ... a_i \cos. i x ... + \text{etc.} \quad (m)$$

Si l'on multiplie les deux membres de cette équation par $\cos. j x$ et que l'on intègre chacun des termes du second membre depuis $x = 0$ jusqu'à $x = \pi$; il est facile de s'assurer que la valeur de cette intégrale sera nulle, excepté pour le seul terme qui contient déja $\cos. j x$. Cette remarque donne immédiatement le coëfficient a_j ; il suffira en général de considérer la valeur de l'intégrale $\int \cos. j x \cos. i x\, dx$, prise depuis $x = 0$ jusqu'à $x = \pi$, en supposant que j et i sont des nombres entiers. On a

$$\int \cos. j x \cos. i x\, dx = \frac{1}{2(j+i)}\sin.\overline{j+i}\,x + \frac{1}{2(j-i)}\sin.\overline{j-i}\,x + c.$$

Cette intégrale, prise depuis $x = 0$ jusqu'à $x = \pi$, est évidemment nulle toutes les fois que j et i sont deux nombres différents. Il n'en est pas de même lorsque ces deux nombres sont égaux. Le dernier terme $\frac{1}{2(j-i)}$ sin. $\overline{j-i}\,x$ devient $\frac{0}{0}$, et sa valeur est $\frac{1}{2}\,\pi$, lorsque l'arc x est égal à π. Si donc on multiplie les deux termes de l'équation précédente (m) par cos. ix, et que l'on intègre depuis 0 jusqu'à π, on aura : $\int \varphi x \cos. ix\, dx = \frac{1}{2}\,\pi\, a_i$, équation qui fera connaître la valeur du coëfficient a_i. Pour trouver le premier coëfficient a_o, on remarquera que dans l'intégrale

$$\frac{1}{2(j+i)} \sin. \overline{j+i}\,x + \frac{1}{2(j-i)} \sin. \overline{j-i}\,x \,,$$

si $j = 0$ et $i = 0$ chacun des termes devient $\frac{0}{0}$, et la valeur de chaque terme est $\frac{1}{2}\pi$; ainsi l'intégrale $\int \cos. jx \cos. ix\, dx$, prise depuis $x = 0$ jusqu'à $x = \pi$ est nulle lorsque les deux nombres entiers j et i sont différents; elle est $\frac{1}{2}\pi$ lorsque les deux nombres j et i sont égaux, mais différents de zéro, elle est égale à π lorsque j et i sont l'un et l'autre égaux à zéro, on obtient ainsi l'équation suivante :

$$\frac{1}{2}\pi\,\varphi x = \frac{1}{2}\int_0^\pi \varphi x\, dx + \cos. x \int_0^\pi \varphi x \cos. x\, dx$$

$$+ \cos. 2x \int_0^\pi \varphi x \cos. 2x\, dx + \cos. 3x \int_0^\pi \varphi x \cos. 3x\, dx + \text{etc.} \quad (n)$$

Ce théorême et le précédent conviennent à toutes les fonctions possibles; soit que l'on en puisse exprimer la nature par les moyens connus de l'analyse, soit qu'elles correspondent à des courbes tracées arbitrairement.

225.

Si la fonction proposée dont on demande le développement en cosinus d'arcs multiples est la variable x elle-même; on écrira l'équation

$$\tfrac{1}{2}\pi x = a_0 + a_1 \cos.x + a_2 \cos.2x + a_3 \cos.3x + \ldots + a_i \cos.ix + \text{etc.}$$

et l'on aura, pour déterminer un coëfficient quelconque a_i,

l'équation $a_i = \int_0^\pi x \cos.ix\,dx$. Cette intégrale a une valeur

nulle lorsque i est un nombre pair, et est égal à $-\dfrac{i^2}{2}$ lorsque

i est impair. On a en même temps $a_0 = \tfrac{1}{4}\pi^2$. On formera donc la série suivante,

$$x = \tfrac{1}{2}\pi - 4\frac{\cos.x}{\pi} - 4\frac{\cos.3x}{3^2\,\pi} - 4\frac{\cos.5x}{5^2\,\pi} - 4\frac{\cos.7x}{7^2\,\pi} - \text{etc.}$$

On peut remarquer ici que nous sommes parvenus à trois développements différents de $\tfrac{1}{2}x$, savoir :

$$\tfrac{1}{2}x = \sin.x - \tfrac{1}{2}\sin.2x + \tfrac{1}{3}\sin.3x - \tfrac{1}{4}\sin.4x + \tfrac{1}{5}\sin.5x - \text{etc.}$$

$$\tfrac{1}{2}x = \tfrac{2}{\pi}\sin.x + \frac{2}{3^2\,\pi}\sin.3x + \frac{2}{5^2\,\pi}\sin.5x + \frac{2}{7^2\,\pi}\sin.7x + \text{etc.}$$

$$\tfrac{1}{2}x = \tfrac{1}{4}\pi - \tfrac{2}{\pi}\cos.x - \frac{2}{3^2\,\pi}\cos.3x - \frac{2}{5^2\,\pi}\cos.5x - \text{etc.}$$

Il faut remarquer que ces trois valeurs de $\tfrac{1}{2}x$ ne doivent point être considérées comme égales, abstraction faite de toutes les valeurs de x; les trois développements précédents n'ont une valeur commune que lorsque la variable x est comprise entre o et $\frac{1}{2}\pi$. La construction des valeurs de ces trois séries et la comparaison des lignes dont elles expriment les ordonnées rendraient sensibles la coïncidence et la distinction alternatives des valeurs de ces fonctions.

Pour donner un second exemple du développement d'une fonction en série de cosinus d'arcs multiples, nous choisirons la fonction sin. x qui ne contient que des puissances impaires de la variable, et nous nous proposerons de la développer sous la forme

$$a + b\cos. x + c\cos. 2x + d\cos. 3x + \text{etc.}$$

En faisant à ce cas particulier l'application de l'équation générale, on trouvera, pour l'équation cherchée,

$$\frac{1}{4}\pi \sin. x = \frac{1}{2} - \frac{\cos. 2x}{1.3} - \frac{\cos. 4x}{3.5} - \frac{\cos. 6x}{5.7} - \frac{\cos. 8x}{7.9} - \text{etc.}$$

On parvient ainsi à développer une fonction qui ne contient que des puissances impaires en une série de cosinus dans laquelle il n'entre que des puissances paires de la variable. Si on donne à x la valeur particulière $\frac{1}{2}\pi$, on trouvera :

$$\frac{1}{4}\pi = \frac{1}{2} + \frac{1}{1.3} - \frac{1}{3.5} + \frac{1}{5.7} - \frac{1}{7.9} + \text{etc.}$$

Or, de l'équation connue

$$\frac{1}{4}\pi = 1 - \frac{1}{3} + \frac{1}{5} - \frac{1}{7} + \frac{1}{9} - \frac{1}{11} + \text{etc.}$$

On tire

$$\frac{1}{8}\pi = \frac{1}{1.3} + \frac{1}{5.7} + \frac{1}{9.11} + \frac{1}{13.15} + \text{etc.}$$

et aussi

$$\frac{1}{8}\pi = \frac{1}{2} - \frac{1}{3.5} - \frac{1}{7.9} - \frac{1}{11.13} - \frac{1}{13.15} - \text{etc.}$$

en ajoutant ces deux résultats, on a, comme précédemment,

$$\frac{1}{4}\pi = \frac{1}{2} + \frac{1}{1.3} - \frac{1}{3.5} + \frac{1}{5.7} - \frac{1}{7.9} + \frac{1}{9.11} - \frac{1}{11.13} + \text{etc.}$$

226.

L'analyse précédente donnant le moyen de développer une fonction quelconque en série de sinus ou de cosinus d'arcs multiples, nous l'appliquerons facilement au cas où la fonction à développer a des valeurs déterminées, lorsque la variable est comprise entre de certaines limites et a des valeurs nulles, lorsque la variable est comprise entre d'autres limites. Nous nous arrêterons à l'examen de ce cas particulier, parce qu'il se présente dans les questions physiques qui dépendent des équations aux différences partielles, et qu'il avait été proposé autrefois comme un exemple des fonctions qui ne peuvent être développées en sinus ou cosinus d'arcs multiples. Supposons donc que l'on ait à réduire en une série de cette forme une fonction dont la valeur est constante, lorsque x est comprise entre o et α, et dont toutes les valeurs sont nulles lorsque x est comprise entre α et π. On emploiera l'équation générale (m) dans laquelle les intégrales doivent être prises depuis $x = o$ jusqu'à $x = \pi$. Les valeurs de φx qui entrent sous le signe $\int$

étant nulles depuis $x = \alpha$ jusqu'à $x = \pi$; il suffira d'intégrer depuis $x = o$ jusqu'à $x = \alpha$. Cela posé, on trouvera, pour la série demandée, en désignant par h la valeur constante de la fonction,

$$\frac{1}{2}\pi\varphi x = h\left\{\frac{1-\cos.\alpha}{2}\sin.x + \frac{1-\cos.2\alpha}{2}\sin.2x\right.$$
$$\left. + \frac{1-\cos.3\alpha}{2}\sin.3x + \frac{1-\cos.4\alpha}{2}\sin.4x + \text{etc.}\right\}$$

Si l'on fait $h = \frac{1}{2}\pi$, et que l'on représente le sinus verse de l'arc x par $\sin.V.x$, on aura :

$$\varphi x = \sin.V.\alpha\sin.x + \frac{1}{2}\sin.V.2\alpha\sin.2x + \frac{1}{3}\sin.V.3\alpha\sin.3x$$
$$ + \frac{1}{5}\sin.V.4\alpha\sin.4x + \frac{1}{7}\sin.V.5\alpha\sin.5x + \text{etc.}$$

Cette série toujours convergente est telle que si l'on donne à x une valeur quelconque comprise entre o et α, la somme de ses termes sera $\frac{1}{2}\pi$; mais si l'on donne à x une valeur quelconque plus grande que α et moindre que $\frac{1}{2}\pi$ la somme des termes sera nulle.

Dans l'exemple suivant, qui n'est pas moins remarquable, les valeurs de φx sont égales à $\sin.x$ pour toutes les valeurs de x comprises entre o et α, et sont nulles pour toutes les valeurs de x comprises entre α et π. Pour trouver la série qui satisfait à cette condition, on emploiera l'équation (m).

Les intégrales doivent être prises depuis $x = o$ jusqu'à $x = \pi$; mais il suffira, dans le cas dont il s'agit, de prendre ces intégrales depuis $x = o$ jusqu'à $x = \alpha$, puisque les valeurs de φx sont supposées nulles, dans le reste de l'intervalle. On en conclura :

$$\varphi\,x = 2\,\alpha\,\left\{\frac{\sin.\,\alpha\sin.\,x}{\pi^2 - \alpha^2} + \frac{\sin.\,2\,\alpha\sin.\,2\,x}{\pi^2 - 2^2\alpha^2} + \frac{\sin.\,3\,\alpha\sin.\,3\,x}{\pi^2 - 3^2\alpha^2}\right.$$

$$\left. + \frac{\sin.\,4\,\alpha\sin.\,4\,x}{\pi^2 - 4^2\alpha^2} + \text{etc.}\right\}$$

Si l'on supposait $\alpha = \pi$, tous les termes de la série s'évanouiraient, excepté le premier qui deviendrait $\frac{0}{0}$, et qui a pour valeur sin. x, on aurait donc $\varphi\,x = \sin.\,x$.

227.

On peut étendre la même analyse au cas ou l'ordonnée représentée par $\varphi\,x$ serait celle d'une ligne composée de différentes parties, dont les unes seraient des arcs de courbes et les autres des lignes droites. Par exemple, si la fonction dont on demande le développement en séries de cosinus d'arcs multiples a pour valeur $\left(\frac{\pi}{2}\right)^2 - x^2$, depuis $x = 0$ jusqu'à $x = \frac{1}{2}\,\pi$, et est nulle depuis $x = \frac{1}{2}\,\pi$ jusqu'à $x = \pi$. On emploiera l'équation générale (n), et en effectuant les intégrations dans les limites données, on trouvera que le terme général $\int\left(\left(\frac{\pi}{2}\right)^2 - x^2\right)\cos.\,ix\,dx$ est égal à $\frac{2}{i^2}$ lorsque i est impair, à $\frac{\pi}{i^2}$ lorsque i est double d'un nombre impair, et à $-\frac{\pi}{i^2}$ lorsque i est quadruple d'un nombre impair. D'un autre côté, on trouvera $\frac{1}{3}\frac{\pi^3}{2^3}$ pour la valeur du premier terme $\frac{1}{2}\int\varphi\,x\,d\,x$. On aura donc le développement suivant :

$$\frac{1}{2}\varphi\,x = \frac{1}{2.3}\left(\frac{\pi}{2}\right)^2 + \frac{2}{\pi}\left\{\frac{\cos.\,x}{1^3} + \frac{\cos.\,3\,x}{3^3} + \frac{\cos.\,5\,x}{5^3} + \frac{\cos.\,7\,x}{7^3} + \text{etc.}\right\}$$

$$+ \frac{\cos.\,2\,x}{2^2} - \frac{\cos.\,4\,x}{4^2} + \frac{\cos.\,6\,x}{6^2} - \text{etc.}$$

Le second membre est représenté par une ligne composée d'arcs paraboliques et de lignes droites.

228.

On pourra trouver de la même manière le développement d'une fonction de x qui exprime l'ordonnée du contour d'un trapèze. Supposons que φx soit égale à x depuis $x = 0$ jusqu'à $x = \alpha$, que cette fonction soit égale à α depuis $x = \alpha$ jusqu'à $x = \pi - \alpha$, et enfin égale à $\pi - x$, depuis $x = \pi - \alpha$ jusqu'à $x = \pi$. Pour la réduire en une série de sinus d'arcs multiples, on se servira de l'équation générale (m). Le terme général $\int \varphi x \sin. ix. dx$ sera composé de trois parties différentes, et l'on aura, après les réductions, $\frac{2}{i^2} \sin. (i\alpha)$ pour le coëfficient de $\sin. ix$, lorsque i est un nombre impair ; et zéro pour ce coëfficient, lorsque i est un nombre pair. On parvient ainsi à l'équation :

$$\frac{1}{2} \pi \varphi x = 2 \left\{ \sin. \alpha \sin. x + \frac{1}{3^2} \sin. 3\alpha \sin. 3x + \frac{1}{5^2} \sin. 5\alpha \sin. 5x \right.$$
$$\left. + \frac{1}{7^2} \sin. 7\alpha \sin. 7x + \text{etc.} \right\} \quad (\mu)$$

Si l'on supposait $\alpha = \frac{1}{2} \pi$, le trapèze se confondrait avec le triangle isocèle, et l'on aurait, comme précédemment, pour l'équation du contour de ce triangle :

$$\frac{1}{2} \pi \varphi x = 2 \left(\sin. x + \frac{1}{3^2} \sin. 3x + \frac{1}{5^2} \sin. 5x + \frac{1}{7^2} \sin. 7x + \text{etc.} \right)$$

série qui est toujours convergente quelle que soit la valeur de x. En général les suites trigonométriques auxquelles nous sommes parvenus, en développant les diverses fonctions, sont toujours convergentes : mais il ne nous a point paru nécessaire de le démontrer ici : car les termes qui composent ces suites ne sont que les coëfficients des termes des séries qui donnent les valeurs des températures ; et ces coëfficients affectent des quantités exponentielles qui décroissent très-rapidement, en sorte que ces dernières séries sont très-convergentes. A l'égard de celles où il n'entre que des sinus ou des cosinus d'arcs multiples, il est également facile de prouver qu'elles sont convergentes, quoiqu'elles représentent les ordonnées des lignes discontinues. Cela ne résulte pas seulement de ce que les valeurs des termes diminuent continuellement ; car cette condition ne suffit pas pour établir la convergence d'une série. Il est nécessaire que les valeurs auxquelles on parvient, en augmentant continuellement le nombre des termes, s'approchent de plus en plus d'une limite fixe, et ne s'en écartent que d'une quantité qui peut devenir moindre que toute grandeur donnée : cette limite est la valeur de la série. Or on démontre rigoureusement que les suites dont il s'agit satisfont à cette dernière condition.

229.

Nous reprendrons l'équation précédente (μ.) dans laquelle on peut donner à x une valeur quelconque ; on considérera cette quantité comme une nouvelle ordonnée, ce qui donnera lieu à la construction suivante.

Ayant tracé sur le plan des x et y (*voy. fig.* 8) le rectangle dont la base o π est égale à la demi-circonférence, et dont la hauteur est $\frac{1}{2}\pi$, sur le milieu m du côté parallèle à la base on élevera perpendiculairement au plan du rectangle une ligne égale à $\frac{1}{2}\pi$, et par l'extrémité supérieure de cette ligne, on tirera des droites aux quatre angles du rectangle. On formera ainsi une pyramide quadrangulaire. Si l'on porte maintenant sur le petit côté du rectangle, à partir du point o, une ligne quelconque égale à α, et que par l'extrémité de cette ligne on mène un plan parallèle à la base o π, et perpendiculaire au plan du rectangle, la section commune à ce plan et au solide sera le trapèze, dont la hauteur est égale à α. L'ordonnée variable du contour de ce trapèze est égal, comme nous venons de le voir, à

$$\frac{4}{\pi} \left(\sin. \alpha \sin. x + \frac{1}{3^2} \sin. 3 \alpha \sin. 3 x + \frac{1}{5^2} \sin. 5 \alpha \sin. 5 x \right.$$
$$\left. + \frac{1}{7^2} \sin. 7 \alpha \sin. 7 x + \text{etc.} \right);$$

Il suit de là qu'en appelant x, y, z, les coordonnées d'un point quelconque de la surface supérieure de la pyramide quadrangulaire que nous avons formée, on aura pour l'équation de la surface du polyèdre, entre les limites

$$x = 0, \ x = \pi, \ y = 0, \ y = \tfrac{1}{2} \pi :$$

$$\frac{1}{2} \pi z = \frac{\sin. x \sin. y}{1^2} + \frac{\sin. 3 x \sin. 3 y}{3^2} + \frac{\sin. 5 x \sin. 5 y}{5^2} + \text{etc.}$$

Cette série convergente donnera toujours la valeur de l'ordonnée z ou de la distance d'un point quelconque de la surface au plan des x et y.

Les suites formées de sinus ou de cosinus d'arcs multiples sont donc propres à représenter entre des limites déterminées, toutes les fonctions possibles, et les ordonnées des lignes ou des surfaces dont la loi est discontinue. Non seulement la possibilité de ces développements est démontrée, mais il est facile de calculer les termes des séries ; la valeur d'un coëfficient quelconque dans l'équation :

$$\tfrac{1}{2} x = a_1 \sin. x + a_2 \sin. 2 x + a_3 \sin. 3 x + \dots + a_i \sin. i x + \text{etc.}$$

est celle d'une intégrale définie, savoir :

$$\frac{2}{\pi} \int \varphi\, x \, \sin. \, i\, x.\, d\, x.$$

Quelle que puisse être la fonction φx, ou la forme de la courbe qui la représente, l'intégrale a une valeur déterminée qui peut être introduite dans le calcul. Les valeurs de ces intégrales définies sont analogues à celle de l'aire totale $\int \varphi x \, dx$ comprise entre la courbe et l'axe dans un intervalle donné, ou à celles des quantités mécaniques, telles que les ordonnées du centre de gravité de cette aire ou d'un solide quelconque. Il est évident que toutes ces quantités ont des valeurs assignables soit que la figure des corps soit régulière, soit qu'on leur donne une forme entièrement arbitraire.

230.

Si l'on applique ces principes à la question du mouvement des cordes vibrantes, on résoudra les difficultés qu'avait d'abord présentées l'analyse de Daniel Bernouilli. La solution donnée par ce géomètre suppose qu'une fonction quelconque peut toujours être développée en séries de sinus ou de cosinus d'arcs multiples. Or de toutes les preuves de cette proposition la plus complète est celle qui consiste à résoudre en effet une fonction donnée en une telle série dont on détermine les coëfficients.

Dans les recherches auxquelles on applique les équations aux différences partielles, il est souvent facile de trouver des solutions dont la somme compose une intégrale plus générale : mais l'emploi de ces intégrales exigeait que l'on en déterminât l'étendue, et que l'on pût distinguer clairement les cas où elles représentent l'intégrale générale de ceux où elles n'en comprennent qu'une partie. Il était nécessaire sur-tout d'assigner les valeurs des constantes, et c'est dans la recherche des coëfficients que consiste la difficulté de l'application. Il est remarquable que l'on puisse exprimer par des séries convergentes, et, comme on le verra dans la suite, par des intégrales définies, les ordonnées des lignes et des surfaces qui ne sont point assujéties à une loi continue. On voit par-là qu'il est nécessaire d'admettre dans l'analyse des fonctions qui ont des valeurs égales, toutes les fois que la variable reçoit des valeurs quelconques comprises entre deux limites données, tandis qu'en substituant dans ces deux fonctions, au lieu de la variable, un nombre compris dans un autre intervalle les résultats des deux substitutions ne sont point les mêmes. Les fonctions qui jouissent de cette propriété sont représentées par des lignes différentes, qui ne coïncident que dans une portion déterminée de leur cours, et offrent une espèce singulière d'osculation finie. Ces considérations prennent leur origine dans le calcul des équations aux différences partielles; elles jettent un nouveau jour sur ce calcul, et serviront à en faciliter l'usage dans les théories physiques.

231.

Les deux équations générales qui expriment le développement d'une fonction quelconque en cosinus ou en sinus d'arcs multiples donnent lieu à plusieurs remarques qui font connaître le véritable sens de ces théorêmes, et en dirigent l'application.

Si dans la série

$$a + b\cos.x + c\cos.2x + d\cos.3x + e\cos.4x + \text{etc.}$$

on rend négative la valeur de x, la série demeure la même, et elle conserve aussi sa valeur si l'on augmente la variable d'un multiple quelconque de la circonférence 2π. Ainsi dans l'équation

$$\tfrac{1}{2}\pi\,\varphi\,x = \tfrac{1}{2}\int\varphi\,x\,dx + \cos.x\int\varphi\,x\cos.x\,dx$$

$$+ \cos.2x\int\varphi\,x\cos.2x\,dx + \cos.3x\int\varphi\,x\cos.3x\,dx + \text{etc. (v)}$$

la fonction φ est périodique, et représentée par une courbe composée d'une multitude d'arcs égaux, dont chacun correspond sur l'axe des abscisses à un intervalle égal à 2π. De plus chacun de ces arcs est composé de deux branches symétriques qui répondent aux deux moitiés de l'intervalle égal à 2π.

Supposons donc que l'on trace une ligne d'une forme quelconque $\varphi\varphi\alpha$ et qui réponde à un intervalle égal à π, (*voyez* fig. 9). Si l'on demande une série de la forme

$$a + b\cos.x + c\cos.2x + d\cos.3x + \text{etc.}$$

telle qu'en mettant au lieu de x une valeur quelconque X comprise entre o et π, on trouve pour la valeur de la série celle de l'ordonnée X φ, il sera facile de résoudre cette question : car les coëfficients donnés par l'équation (v) sont

$$\tfrac{1}{\pi}\int\varphi\,x\,dx,\ \tfrac{2}{\pi}\int\varphi\,x\cos.2x\,dx,\ \tfrac{2}{\pi}\int\varphi\,x\cos.3x\,dx,\ \text{etc.}$$

Les diverses intégrales qui sont prises de $x = $ o à $x = \pi$, ayant toujours des valeurs mesurables comme celle de l'aire o φ a π, et la série formée par ces coëfficients étant toujours

32.

convergente, il n'y a aucune forme de la ligne $\varphi\varphi a$, pour laquelle l'ordonnée $X\varphi$ ne soit exactement représentée par le développement

$$a + b\cos.x + c\cos.2x + d\cos.3x + e\cos.4x + \text{etc.}$$

L'arc $\varphi\varphi a$ est entièrement arbitraire; mais il n'en est pas de même des autres parties de la ligne, elles sont au contraire déterminées : ainsi l'arc $\varphi\,\alpha$ qui répond à l'intervalle de o à $-\pi$, est le même que l'arc φa; et l'arc total $\alpha\varphi a$ se répète pour les parties consécutives de l'axe dont la longueur est 2π.

On peut faire varier dans l'équation (v) les limites des intégrales. Si elles étaient prises depuis $x = -\pi$ jusqu'à $x = \pi$, le résultat serait double; il le serait aussi si les limites des intégrales étaient o et 2π, au lieu d'être o et π.

Nous désignons en général par le signe $\int_a^b$ l'intégrale qui commence lorsque la variable équivaut à a, et qui est complète lorsque la variable équivaut à b; et nous écrirons l'équation (n) sous la forme suivante :

$$\frac{1}{2}\pi\varphi x = \frac{1}{2}\int_o^\pi \varphi x\,dx + \cos.x\int_o^\pi \varphi x\cos.x\,dx$$

$$+ \cos.2x\int_o^\pi \varphi x\cos.2x\,dx + \cos.3x\int_o^\pi \varphi x\cos.3x\,dx + \text{etc.} \quad (\text{v})$$

Au lieu de prendre les intégrales depuis $x = o$ jusqu'à $x = \pi$, on pourrait les prendre depuis $x = o$ jusqu'à $x = 2\pi$, ou depuis $x = -\pi$ jusqu'à $x = \pi$; mais dans chacun de ces deux cas, il faut écrire au premier membre $\pi \varphi x$ au lieu de $\frac{1}{2} \pi \varphi x$.

232.

Dans l'équation qui donne le développement d'une fonction quelconque en sinus d'arcs multiples, la série change de signe et conserve la même valeur absolue lorsque la variable x devient négative; elle conserve sa valeur et son signe lorsque la variable est augmentée ou diminuée d'un multiple quelconque de la circonférence 2π. L'arc $\varphi \varphi a$ (*voyez* fig. 10), qui répond à l'intervalle de o à π est arbitraire; toutes les autres parties de la ligne sont déterminées. L'arc $\varphi \varphi \alpha$, qui répond à l'intervalle de o à $-\pi$, a la même forme que l'arc donné $\varphi \varphi a$; mais il est dans une situation opposée. L'arc total $\alpha \varphi \varphi \varphi a$ est répété dans l'intervalle de π à 3π, et dans tous les intervalles semblables. Nous écrirons cette équation comme il suit :

$$\frac{1}{2} \pi \varphi x = \sin . x \int_0^\pi \varphi x \sin . x \, dx + \sin . 2x \int_0^\pi \varphi x \sin . 2x \, dx$$

$$+ \sin . 3x \int_0^\pi \varphi x \sin . 3x \, dx + \text{etc.} \qquad (\mu)$$

On pourrait changer les limites des intégrales, et écrire $\int_0^{2\pi}$ ou $\int_{-\pi}^{+\pi}$ au lieu de $\int_0^\pi$; mais dans chacun de ces deux cas, il faut écrire au premier membre $\pi \varphi x$, au lieu de $\frac{1}{2} \pi \varphi x$.

233.

La fonction φx, développée en cosinus d'arcs multiples, est représentée par une ligne formée de deux arcs égaux placés symétriquement de part et d'autre de l'axe des y, dans l'intervalle de $-\pi$ à $+\pi$ (*voy.* fig. 11); cette condition est exprimée ainsi $\varphi x = \varphi(-x)$. La ligne qui représente la fonction ψx est au contraire formée dans le même intervalle de deux arcs opposés, ce qu'exprime l'équation

$$\psi x = -\psi(-x).$$

Une fonction quelconque $F x$, représentée par une ligne tracée arbitrairement dans l'intervalle de $-\pi$ à $+\pi$, peut toujours être partagée en deux fonctions telles que φx et ψx. En effet, si la ligne $F' F' m F F$ représente la fonction $F x$, et que l'on élève par le point o l'ordonnée $o\,m$, on tracera par le point m à droite de l'axe $o\,m$ l'arc $m f f$ semblable à l'arc $m F' F'$ de la courbe donnée, et à gauche du même axe on tracera l'arc $m f' f'$ semblable à l'arc $m F F$; ensuite on fera passer par le point m une ligne $\varphi' \varphi' m \varphi \varphi$ qui partagera en deux parties égales la différence de chaque ordonnée $x F$ ou $x' f'$ à l'ordonnée correspondante $x f$ ou $x' F'$. On tracera aussi la ligne $\psi' \psi' o \psi \psi$, dont l'ordonnée mesure la différence de l'ordonnée de $F' F' m F F$ à celle de $f' f' m f f$. Cela posé, les ordonnées de la ligne $F' F' m F F$ et de la ligne $f f' m f f$ étant désignées l'une par $F x$ et la seconde par $f x$, on aura évidemment $f x = F(-x)$; désignant aussi l'ordonnée de $\varphi' \varphi' m \varphi \varphi$ par φx, et celle de $\psi' \psi' o \psi \psi$ par ψx, on aura

$$F x = \varphi x + \psi x + \text{ et } f x = \varphi x - \psi x = F(-x)$$

donc

$$\varphi x = \tfrac{1}{2} F x + \tfrac{1}{2} F(-x) \text{ et } \psi x = \tfrac{1}{2} F x - \tfrac{1}{2} F(-x),$$

on en conclut

$$\varphi x = \varphi(-x) \text{ et } \psi x = -\psi(-x);$$

ce que la construction rend d'ailleurs évident.

Ainsi les deux fonctions φx et ψx, dont la somme équivaut à Fx, peuvent être développées l'une en cosinus d'arcs multiples et l'autre en sinus.

Si l'on applique à la première fonction l'équation (ν), et à la seconde l'équation (μ), en prenant dans l'une et l'autre les iutégrales depuis $x = -\pi$ jusqu'à $x = \pi$, et si l'on ajoute les deux résultats, on aura

$$\pi(\varphi x + \psi x) = \pi Fx = \frac{1}{2}\int \varphi x\, dx \begin{array}{l} + \cos x \int \varphi x\, dx + \cos 2x \int \varphi x \cos 2x\, dx + \text{etc.} \\ + \sin x \int \psi x\, dx + \sin 2x \int \psi x \sin 2x\, dx + \text{etc.} \end{array}$$

les intégrales doivent être prises depuis $x = -\pi$ jusqu'à $x = \pi$. Il faut remarquer maintenant que dans l'intégrale $\int_{-\pi}^{+\pi} \varphi x \cos x\, dx$ on pourrait, sans en changer la valeur, mettre $\varphi x + \psi x$ au lieu de φx: car la fonction $\cos x$ étant composée, à droite et à gauche de l'axe des x, de deux parties semblables, et la fonction ψx étant au contraire formée de deux parties opposées, l'intégrale $\int_{-\pi}^{+\pi} \psi x \cos x\, dx$ est nulle. Il en serait de même si l'on mettait $\cos 2x$ ou $\cos 3x$ et en général $\cos ix$ au lieu de $\cos x$, i étant un des nombres entiers depuis o jusqu'à l'infini. Ainsi l'intégrale $\int_{-\pi}^{+\pi} \varphi x \cos ix\, dx$ est la même que l'intégrale

$$\int_{-\pi}^{+\pi} (\psi x + \psi x) \cos. \; i x \; d x \;\; \text{ou} \int_{-\pi}^{+\pi} \mathrm{F} x \cos. \; i x \; d x :$$

On reconnaîtra aussi que l'intégrale $\int_{-\pi}^{+\pi} \psi x \sin. \; i x \; d x$ est égale

à l'intégrale $\int_{-\pi}^{+\pi} \mathrm{F} x \sin. \; i x \; d x$, parce que l'intégrale

$$\int_{-\pi}^{+\pi} \varphi x \sin. \; i x \; d x$$

est nulle. On obtient par-là l'équation suivante (p), qui sert à développer une fonction quelconque en une suite formée de sinus et de cosinus d'arcs multiples ;

$$\pi \mathrm{F} x = \frac{1}{2} \int \mathrm{F} x \, d x \begin{array}{l} + \cos. \; x \int \mathrm{F} x \cos. \; x \, d x + \cos. \; 2 x \int \mathrm{F} x \cos. \; 2 x \, d x + \text{etc.} \\ + \sin. \; x \int \mathrm{F} x \sin. \; x \, d x + \sin. \; 2 x \int \mathrm{F} x \sin. \; 2 x \, d x + \text{etc.} \end{array} \qquad (p)$$

234.

La fonction $\mathrm{F} x$, qui entre dans cette équation, est représentée par une ligne F'F'FF, d'une forme quelconque. L'arc F'F'FF, qui répond à l'intervalle de $-\pi$ à $+\pi$, est arbitraire ; toutes les autres parties de la ligne sont déterminées, et l'arc F'F'FF est répété dans tous les intervalles consécutifs dont la longueur est 2π. Nous ferons des applications fréquentes de ce théorême, et des équations précédentes (m) et (n).

Si l'on suppose dans l'équation (p) que la fonction Fx est représentée, dans l'intervalle de $-\pi$ à $+\pi$, par une ligne composée de deux arcs égaux symétriquement placés, tous les termes qui contiennent les sinus s'évanouiront, et l'on trouvera l'équation (m). Si au contraire la ligne qui représente la fonction donnée Fx est formée de deux arcs égaux de situation opposée, tous les termes qui ne contiennent point les sinus disparaissent, et l'on trouve l'équation (n). En assujétissant la fonction $F'x$ à d'autres conditions, on trouverait d'autres résultats.

On écrira dans l'équation générale (p), au lieu de la variable x, la quantité $\pi\frac{x}{r}$, x désignant une autre variable, et $2r$ la longueur de l'intervalle dans lequel est placé l'arc qui représente Fx; cette fonction sera $F\left(\pi\frac{x}{r}\right)$, que nous désignerons par fx. Les limites qui étaient $x=-\pi$ et $x=\pi$ deviendront $\pi\frac{x}{r}=-\pi$, $\pi\frac{x}{r}=\pi$; on aura donc, après la substitution

$$fx = \frac{1}{2}\int_{-r}^{+r} fx\,dx \begin{array}{l} + \cos.\left(\pi\frac{x}{r}\right)\int fx\cos.\left(\frac{\pi x}{r}\right)dx + \cos.\left(2\pi\frac{x}{r}\right)\int fx\cos.\left(2\pi\frac{x}{r}\right)dx + \text{etc.} \\ \\ + \sin.\left(\pi\frac{x}{r}\right)\int fx\sin.\left(\frac{\pi x}{r}\right)dx + \sin.\left(2\pi\frac{x}{r}\right)\int fx\sin.\left(2\pi\frac{x}{r}\right)dx + \text{etc.} \end{array} \quad (P)$$

toutes les intégrales doivent être prises comme la première, de $x=-r$ à $x=+r$. Si l'on fait la même substitution dans les équations (n) et (m), on aura

$$fx = \int_0^r fx\,dx + \cos.\left(\pi\frac{x}{r}\right)\int fx\cos.\left(\pi\frac{x}{r}\right)dx + \cos.\left(2\pi\frac{x}{r}\right)\int fx\cos.\left(2\pi\frac{x}{r}\right)dx + \text{etc.}$$

33 $\qquad$ (N)

$$\text{et } \frac{1}{2} rfx = \sin.\left(\pi \frac{x}{r}\right) \int_{0}^{r} fx . \sin.\left(\pi \frac{x}{r}\right) dx + \sin.\left(2\pi \frac{x}{r}\right) \int fx \sin.\left(2\pi \frac{x}{r}\right) dx + \text{etc.}$$

$$(\text{M})$$

dans la première équation (P), les intégrales pourraient être prises depuis $x = 0$ jusqu'à $x = 2r$, et en représentant par X l'intervalle total $2r$, on aura

$$X fx = \frac{1}{2} \int fx\, dx$$

$$+ \cos.\left(2\pi \frac{x}{X}\right)\int fx \cos.\left(2\pi \frac{x}{X}\right) dx + \cos.\left(2.2\pi \frac{x}{X}\right)\int fx \cos. 2\left(2\pi \frac{x}{X}\right) dx +$$

$$+ \sin.\left(2\pi \frac{x}{X}\right)\int fx \sin.\left(2\pi \frac{x}{X}\right) dx + \sin. 2.\left(2\pi \frac{x}{X}\right)\int fx \sin. 2\left(2\pi \frac{x}{X}\right) dx +$$

$$(\ )$$

235.

Il résulte de tout ce qui a été démontré dans cette section, concernant le développement des fonctions en séries trigonométriques, que si l'on propose une fonction fx, dont la valeur est représentée dans un intervalle déterminé, depuis $x = 0$ jusqu'à $x = X$, par l'ordonnée d'une ligne courbe tracée arbitrairement on pourra toujours développer cette fonction en une série qui ne contiendra que les sinus, ou les cosinus, ou les sinus et cosinus des arcs multiples, ou les seuls cosinus des multiples impairs. On emploiera, pour connaître les termes de ces séries, les équations (M), (N), (P).

On ne peut résoudre entièrement les questions fondamentales de la théorie de la chaleur, sans réduire à cette forme les fonctions qui représentent l'état initial des températures.

Ces séries trigonométriques, ordonnées selon les cosinus ou les sinus des multiples de l'arc, appartiennent à l'analyse élémentaire, comme les séries dont les termes contiennent les puissances successives de la variable. Les coëfficients des séries trigonométriques sont des aires définies, et ceux des séries de puissance sont des fonctions données par la différentiation, et dans lesquelles on attribue aussi à la variable une valeur définie. Nous aurions à ajouter plusieurs remarques concernant l'usage et les propriétés des séries trigonométriques; nous nous bornerons à énoncer brièvement celles qui ont un rapport plus direct avec la théorie dont nous nous occupons.

1° Les séries ordonnées selon les cosinus ou les sinus des arcs multiples sont toujours convergentes, c'est-à-dire qu'en donnant à la variable une valeur quelconque non imaginaire, la somme des termes converge de plus en plus vers une seule limite fixe, qui est la valeur de la fonction développée.

2° Si l'on a l'expression de la fonction fx qui répond à une série donnée

$$a + b \cos. x + c \cos. 2 x + d \cos. 3 x + e \cos. 4 x + \text{etc.},$$

et celle d'une autre fonction φx, dont le développement donné est

$$\alpha + \beta \cos. x + \gamma \cos. 2 x + \delta \cos. 3 x + \varepsilon \cos. 4 x + \text{etc.};$$

il est facile de trouver en termes réels la somme de la série composée, $a\alpha + b\beta + c\gamma + d\delta + e\varepsilon + \text{etc.}$, et plus généralement celle de la série

$$a\alpha + b\beta \cos. x + c\gamma \cos. 2x + d\delta \cos. 3 x + e\varepsilon \cos. 4 x + \text{etc.}$$

que l'on forme, en comparant terme à terme les deux séries

33.

données. Cette remarque s'applique à un nombre quelconque de séries.

3º La série (P) (art. 234) qui donne le développement d'une fonction Fx en une suite de sinus et de cosinus d'arcs multiples, peut être mise sous cette forme :

$$\,\div F\,x = \frac{1}{2} \int F\,\alpha\,d\alpha \quad \begin{aligned} &+\cos. \, x \int F\,\alpha \cos. \alpha \, d\alpha + \cos. 2x \int F\,\alpha \cos. 2\alpha\, d\alpha + \text{etc.} \\ &+\sin. \, x \int F\,\alpha \sin. \alpha \, d\alpha + \sin. 2x \int F\,\alpha \sin. 2\alpha\, d\alpha + \text{etc.} \end{aligned}$$

α étant une nouvelle variable qui disparaît après les intégrations. On a donc

$$\pi\,F\,x = \int_{-\pi}^{+\pi} F\,\alpha\,d\alpha \left\{ \begin{aligned} &\frac{1}{2} + \cos. \, x \cos. \alpha + \cos. 2x \cos. 2\alpha + \cos. 3x \cos. 3\alpha + \text{etc.} \\ &+ \sin. \, x \sin. \alpha + \sin. 2x \sin. 2\alpha + \sin. 2x \sin. 3\alpha + \text{etc.} \end{aligned} \right\}$$

ou $\quad F\,x = \frac{1}{\pi} \int_{-\pi}^{+\pi} \left(\frac{1}{2} + \cos. \overline{x-\alpha} + \cos. 2\overline{x-\alpha} + \cos. 3.\overline{x-\alpha} + \text{etc.} \right)$

Donc, en désignant par $\Sigma \cos. i\overline{x-\alpha}$, la somme de la série précédente, prise depuis $i = 1$ jusqu'à $i = \frac{1}{0}$, on aura

$$F\,x = \frac{1}{\pi} \int F\,\alpha\,d\alpha \left(\Sigma \cos. i\overline{x-\alpha} + \frac{1}{2} \right)$$

L'expression $\frac{1}{2} + \Sigma \cos i\overline{x-\alpha}$ représente une fonction de x et de α telle que si on la multiplie par une fonction quelconque $F\,\alpha$, et, si après avoir écrit $d\alpha$, on intègre entre les limites $\alpha = -\pi$ et $\alpha = \pi$, on aura changé la fonction proposée $F\,\alpha$ en une pareille fonction de x multipliée par la demi-circonférence π. On verra par la suite quelle est la nature de ces quantités, telles que $\frac{1}{2} + \Sigma \cos. i\overline{x-\alpha}$, qui jouissent de la propriété que l'on vient d'énoncer.

4° Si dans les équations (M) (N) et (P) (art. 234) qui étant divisées par r donnent le développement d'une fonction fx, on suppose que l'intervalle r devient infiniment grand; chaque terme de la série est un élément infiniment petit d'une intégrale; la somme de la série est alors représentée par une intégrale définie. Lorsque les corps ont des dimensions déterminées, les fonctions arbitraires qui représentent les températures initiales, et qui entrent dans les intégrales des équations aux différences partielles, doivent être développées en séries analogues à celles des équations (M), (N), (P); mais ces mêmes fonctions prennent la forme des intégrales définies, lorsque les dimensions des corps ne sont point déterminées, comme on l'expliquera dans la suite de cet ouvrage, en traitant de la diffusion libre de la chaleur.

SECTION VII.

Application à la question actuelle.

236.

Nous pouvons maintenant résoudre d'une manière générale la question de la propagation de la chaleur dans une lame rectangulaire BAC, dont l'extrémité A est constamment échauffée, pendant que ses deux arêtes infinies B et C sont retenues à la température o.

Supposons que la température initiale de tous les points de la table BAC soit nulle, mais que celle de chaque point m de l'arête A soit conservée par une cause extérieure quelconque, et que cette valeur fixe soit une fonction fx de la distance du point m à l'extrémité o de l'arête A, dont la longueur totale est $2r$; soit v la température constante du point m, dont les coordonnées sont y et x, il s'agit de déterminer v en une fonction de y et x. La valeur

$$v = a\, e^{-my} \sin.\, mx$$

satisfait à l'équation $\dfrac{d^2 v}{dx^2} + \dfrac{d^2 v}{dy^2} = 0$; a et m sont des quantités quelconques. Si l'on prend $m = i\dfrac{\pi}{r}$, et que i soit un nombre entier, la valeur $a\, e^{-i\pi \frac{y}{r}} \sin.\left(i\pi \dfrac{x}{r} \right)$ deviendra nulle, lorsque $x = r$, quelle que soit d'ailleurs la valeur de y. On pourra donc prendre pour une valeur plus générale de v

$$v = a_1\, e^{-\pi \frac{y}{r}} \sin.\left(\pi \dfrac{x}{r} \right) + a_2\, e^{-2\pi \frac{y}{r}} \sin.\left(2\pi \dfrac{x}{r} \right) + a_3\, e^{-3\pi \frac{y}{r}} \sin.\left(3\pi \dfrac{x}{r} \right) + \text{etc.}$$

Si l'on suppose y nulle, la valeur de v sera d'après l'hypothèse égale à la fonction connue, fx. On aura donc

$$fx = a_1 \sin.\left(\pi \dfrac{x}{r} \right) + a \, \sin.\left(2\pi \dfrac{x}{r} \right) + a_3 \sin.\left(3\pi \dfrac{x}{r} \right) + a_4 \sin.\left(4\pi \dfrac{x}{r} \right) + \text{etc.}$$

On déterminera les coëfficients $a_1\, a_2\, a_3\, a_4\, a_5$ etc., au moyen de l'équation (M), et en les substituant dans la valeur de v on aura

$$\tfrac{1}{2} rv = e^{-\pi \frac{y}{r}} \sin.\left(\pi \dfrac{x}{r} \right) \int fx \, \sin.\left(\pi \dfrac{x}{r} \right) dx + e^{-2\pi \frac{y}{r}} \sin.\left(2\pi \dfrac{x}{r} \right) \int\!\!\int fx \, \sin.\left(2\pi \dfrac{x}{r} \right) dx$$

$$+ e^{-3\pi \frac{y}{r}} \left(3\pi \dfrac{x}{r} \right) \int\!\!\int fx \, \sin.\left(3\pi \dfrac{x}{r} \right) dx + \text{etc.}$$

237.

En supposant dans l'équation précédente $\pi = r$, on aura la même solution sous une forme plus simple, savoir :

$$\frac{1}{2}\pi v = e^{-y}\sin. x \int fx\sin. x\,dx + e^{-2y}\sin. 2x\,dx \int fx\sin. 2x\,dx$$

$$+ e^{-3y}\sin. 3x \int fx\sin. 3x\,dx + \text{etc.} \quad (a) \text{ ou}$$

$$\frac{1}{2}\pi v = \int_0^\pi f\alpha\,d\alpha\left(e^{-y}\sin. x\sin. \alpha + e^{-2y}\sin. 2x\sin. 2\alpha\right.$$

$$\left. + e^{-3y}\sin. 3x\sin. 3\alpha + \text{etc.}\right);$$

α est une nouvelle variable qui disparaît après l'intégration. Si l'on détermine la somme de cette série ; et si l'on en fait la substitution dans la dernière équation, on aura la valeur de v sous une forme finie. Le double de la série équivaut à

$$e^{-y}(\cos.\overline{x-\alpha} - \cos.\overline{x+\alpha}) + e^{-2y}(\cos. 2\overline{x+\alpha} - \cos. 2\overline{x+\alpha}$$

$$+ e^{-3y}(\cos. 3\overline{x-\alpha} - \cos. 3\overline{x+\alpha}) + \text{etc.}$$

désignant par $F(y, p)$ la somme de la série infinie

$$e^{-y}\cos. p + e^{-2y}\cos. 2p + e^{-4y}\cos. 4p + \text{etc.}$$

on en conclura

$$\pi v = \int_0^\pi F\alpha\,d\alpha\,(F(y, x-\alpha,) - F(y, x+\alpha)).$$

On a

$$2\,\mathrm{F}(y,p)=\begin{array}{l}e^{-(y+p\sqrt{-1})}+e^{-2(y+p\sqrt{-1})}+e^{-3(y+p\sqrt{-1})}+\text{etc.}\\[1em]e^{-(y-p\sqrt{-1})}+e^{-2(y-p\sqrt{-1})}+e^{-3(y-p\sqrt{-1})}+\text{etc.}\end{array}$$

$$=\frac{e^{-(y+p\sqrt{-1})}}{1-e^{-(y+p\sqrt{-1})}}+\frac{e^{-(y-p\sqrt{-1})}}{1-e^{-(y-p\sqrt{-1})}}$$

ou

$$\mathrm{F}(y,p)=\frac{\cos.p-e^{-y}}{e^{y}-2\cos.p+e^{-y}}$$

donc

$$\pi\,v=\int_{0}^{\pi}f\alpha\,d\alpha\left\{\frac{\cos.\overline{x-\alpha}-e^{-y}}{e^{y}-2\cos.\overline{x-\alpha}+e^{-y}}-\frac{\cos.\overline{x+\alpha}-e^{-y}}{e^{y}-2\cos.\overline{x+\alpha}+e^{-y}}\right.$$

ou

$$\pi\,v=\int_{0}^{\pi}f\alpha\,d\alpha\left\{\frac{2\left(e^{y}-e^{-y}\right)\sin.x.\sin.\alpha}{\left(e^{y}-2\cos.\overline{x-\alpha}+e^{-y}\right)\left(e^{y}-2\cos.\overline{x+\alpha}+e^{-y}\right)}\right.$$

ou décomposant le coëfficient en deux fractions,

$$\pi\,v=\frac{\left(e^{y}-e^{-y}\right)}{2}\int_{0}^{\pi}f\alpha\,d\alpha\left(\frac{1}{e^{y}-2\cos.\overline{x-\alpha}+e^{-y}}-\frac{1}{e^{y}-2\cos.\overline{x+\alpha}+e^{-y}}\right).$$

Cette équation contient sous la forme finie, et en termes réels, l'intégrale de l'équation $\frac{d^{2}v}{dx^{2}}+\frac{d^{2}v}{dy^{2}}=0$, appliquée à la question du mouvement uniforme de la chaleur dans un solide rectangulaire, exposé par son extrémité à l'action constante d'un seul foyer.

Il est facile de reconnaître les rapports de cette intégrale avec l'intégrale générale, qui a deux fonctions arbitraires; ces fonctions se trouvent déterminées par la nature même de la question, et il ne reste d'arbitraire que la fonction $f\alpha$, considérée entre les limites $\alpha = 0$ et $\alpha = \pi$. L'équation (a) représente, sous une forme simple, propre aux applications numériques, cette même valeur de v réduite en une série convergente.

Si l'on voulait déterminer la quantité de chaleur que le solide contient lorsqu'il est parvenu à son état permanent; on prendrait l'intégrale $\int dx \int dy\, v$ depuis $x = 0$ jusqu'à $x = \pi$, et depuis $y = 0$ jusqu'à $y = \frac{1}{0}$; le résultat serait proportionnel à la quantité cherchée. En général il n'y a aucune propriété du mouvement uniforme de la chaleur dans une lame rectangulaire, qui ne soit exactement représentée par cette solution. Nous envisagerons maintenant les questions de ce genre sous un autre point de vue, et nous déterminerons le mouvement varié de la chaleur dans les différents corps.

CHAPITRE IV.

DU MOUVEMENT LINÉAIRE ET VARIÉ DE LA CHALEUR
DANS UNE ARMILLE.

SECTION PREMIÈRE.

Solution générale de la question.

238.

L'ÉQUATION qui exprime le mouvement de la chaleur
dans une armille a été rapportée dans l'article 105; elle est

$$\frac{d v}{d t} = \frac{K}{C D} \frac{d^2 v}{d x^2} - \frac{h l}{C D S} v. \qquad (b)$$

Il s'agit maintenant d'intégrer cette équation, on écrira seu-
lement $\frac{d v}{d t} = K \frac{d^2 v}{d x^2} - h v$, la valeur de K représentera $\frac{K}{C D}$,
celle de h sera $\frac{h l}{C D S}$, x désigne la longueur de l'arc compris
entre un point m de l'anneau et l'origine o, v est la température que l'on observerait en ce point m après un temps
donné t. On supposera d'abord $v = e^{-h t} u$, u étant une
nouvelle indéterminée, on en tirera $\frac{d u}{d t} = K \frac{d^2 u}{d x^2}$; or cette
dernière équation convient au cas où l'irradiation serait
nulle à la surface, puisqu'on la déduirait de la précédente

en y faisant $h = 0$: on conclut de là que les différents points de l'anneau se refroidissent successivement, par l'action du milieu, sans que cette circonstance trouble en aucune manière la loi de la distribution de la chaleur. En effet, en intégrant l'équation $\dfrac{du}{dt} = K \dfrac{d^2 u}{dx^2}$, on trouverait les valeurs de u qui répondent aux différents points de l'anneau dans un même instant, et l'on connaîtrait quel serait l'état du solide si la chaleur s'y propageait sans qu'il y eût aucune déperdition à la surface; pour déterminer ensuite quel aurait été l'état du solide au même instant, si cette déperdition eût eu lieu, il suffirait de multiplier toutes les valeurs de u prises pour les divers points, et pour un même instant, par une même fraction qui est e^{-ht}. Ainsi le refroidissement qui s'opère à la surface ne change point la loi de la distribution de la chaleur; il en résulte seulement que la température de chaque point est moindre qu'elle n'eût été sans cette circonstance, et elle diminue pour cette cause proportionnellement aux puissances successives de la fraction e^{-ht}.

239.

La question étant réduite à intégrer l'équation $\dfrac{du}{dt} = K \dfrac{d^2 u}{dx^2}$, on cherchera, en premier lieu, les valeurs particulières les plus simples que l'on puisse attribuer à la variable u; on en composera ensuite une valeur générale, et l'on démontrera que cette valeur est aussi étendue que l'intégrale qui contient une fonction arbitraire en x, ou plutôt qu'elle est cette intégrale elle-même, mise sous la forme qu'exige la question, en sorte qu'il ne peut y avoir aucune solution différente.

34.

On remarquera d'abord que l'équation est satisfaite si l'on donne à u la valeur particulière $a\,e^{mt}\sin. n\,x$, m et n étant assujétis à la condition $m = -\mathrm{K}\,n^2$. On prendra donc pour une valeur particulière de u la fonction $a\,e^{-kn^2t}\sin. n\,x$. Pour que cette valeur de u convienne à la question, il faut qu'elle ne change point lorsque la distance x est augmentée de la quantité $2\,\pi\,r$, r désignant le rayon moyen de l'anneau. Donc $2\,n\,\pi\,r$ doit être un multiple i de la circonférence $2\,\pi$; ce qui donne $n = \dfrac{i}{r}$. On peut prendre pour i un nombre entier quelconque; on le supposera toujours positif parce que, s'il était négatif, il suffirait de changer dans la valeur $a\,e^{-kn^2t}\sin. n\,x$ le signe du coëfficient a. Cette valeur particulière $a\,e^{-\frac{ki^2t}{r^2}}\sin. \dfrac{i\,x}{r}$ ne pourrait satisfaire à la question proposée qu'autant qu'elle représenterait l'état initial du solide. Or en faisant $t = 0$, on trouve $n = a\sin. \dfrac{i\,x}{r}$: supposons donc que les valeurs initiales de u soient exprimées en effet par $a\sin. \dfrac{i\,x}{r}$, c'est-à-dire que les températures primitives des différents points soient proportionnelles aux sinus des angles compris entre les rayons qui passent par ces points et celui qui passe par l'origine, le mouvement de la chaleur dans l'intérieur de l'anneau sera exactement représenté par l'équation $u = a\,e^{-\frac{kt}{r^2}}\sin. \dfrac{x}{r}$, et si l'on a égard à la déperdition de la chaleur par la surface, on

trouvera $v = a e^{-(h+\frac{k}{r^2})t} \sin. \frac{x}{r}$. Dans le cas dont il s'agit,
qui est le plus simple de tous ceux que l'on puisse con-
cevoir, les températures variables conservent leurs rapports
primitifs, et celle d'un point quelconque diminue comme
les puissances successives d'une fraction qui est la même
pour tous les points.

On remarquera les mêmes propriétés si l'on suppose que
les températures initiales sont proportionnelles au sinus du
double de l'arc $\frac{x}{r}$, et cela a lieu en général lorsque les températures données sont représentées par $a \sin. i \frac{x}{r}$, i étant
un nombre entier quelconque.

On arrivera aux mêmes conséquences, en prenant pour
valeur particulière de u la quantité $a e^{-k n^2 t} \cos. n x$: on
a aussi $2 n \pi r = 2 i \pi$ et $n = \frac{i}{r}$: donc l'équation

$$u = a e^{-k \frac{i^2 t}{r^2}} \cos. \frac{i x}{r}$$

exprimera le mouvement de la chaleur dans l'intérieur de
l'anneau si les températures initiales sont représentées par
$\cos. \frac{i x}{r}$.

Dans tous ces cas, où les températures données sont proportionnelles aux sinus ou aux cosinus d'un multiple de
l'arc $\frac{x}{r}$, les rapports établis entre ces températures subsistent continuellement pendant la durée infinie du refroidis-

sement. Il en serait de même si les températures initiales étaient représentées par la fonction $a \sin. \frac{i\,x}{r} + b \cos. \frac{i\,x}{r}$, i étant un nombre entier, a et b des coëfficients quelconques.

240.

Venons maintenant au cas général dans lequel les températures initiales n'ont point les rapports que l'on vient de supposer, mais sont représentées par une fonction quelconque F x. Donnons à cette fonction la forme $\varphi\left(\frac{x}{r}\right)$ en sorte qu'on ait F $x = \varphi\left(\frac{x}{r}\right)$, et concevons que la fonction $\varphi\left(\frac{x}{r}\right)$ est décomposée en une série de sinus ou de cosinus d'arcs multiples affectés de coëfficients convenables. On posera l'équation

$$\varphi\left(\frac{x}{r}\right) = \begin{array}{l} a \sin.\left(0\,\frac{x}{r}\right) + a_1 \sin.\left(1\,\frac{x}{r}\right) + a_2 \sin.\left(2\,\frac{x}{r}\right) + \text{etc.} \\[2mm] + b_0 \cos.\left(0\,\frac{x}{r}\right) + b_1 \cos.\left(1\,\frac{x}{r}\right) + b_2 \cos.\left(2\,\frac{x}{r}\right) + \text{etc.} \end{array} \quad (\varepsilon)$$

Les nombres $a_0\,a_1\,a_2\ldots\,b_0\,b_1\,b_2\ldots$ sont regardés comme connus et calculés d'avance. Il est visible que la valeur de u sera alors représentée par l'équation :

$$u = b^0 + \begin{array}{c} a_1 \sin.\frac{x}{r} \\[2mm] b_1 \cos.\frac{x}{r} \end{array} \;\bigg|\; e^{-\frac{k\,t}{r^2}} \;\begin{array}{c} a_2 \sin. 2\frac{x}{r} \\[2mm] b_2 \cos. 2\frac{x}{r} \end{array}\;\bigg|\; e^{-\frac{k\,t}{r^2}} + \text{etc.}$$

En effet, 1° cette valeur de u satisfera à l'équation

$$\frac{d\,u}{d\,t} = \mathrm{K}\,\frac{d^2\,u}{d\,x^2},$$

parce qu'elle est la somme de plusieurs valeurs particulières ; 2° elle ne changera point lorsqu'on augmentera la distance x d'un multiple quelconque de la circonférence de l'anneau ; 3° elle satisfera à l'état initial, parce qu'en faisant $t = 0$, on trouvera l'équation (ε). Donc toutes les conditions de la question seront remplies, et il ne restera plus qu'à multiplier par e^{-ht} cette valeur de u.

241.

A mesure que le temps t augmente, chacun des termes qui compose la valeur de u devient de plus en plus petit ; le système des températures tend donc continuellement à se confondre avec l'état régulier et constant dans lequel la différence de la température u a la constante b_0 est représentée par $\left(a \sin. \dfrac{x}{r} + b \cos. \dfrac{x}{r} \right) e^{-\frac{kt}{r^2}}$. Ainsi les valeurs particulières que nous avons considérées précédemment, et dont nous composons la valeur générale, tirent leur origine de la question elle-même. Chacune d'elles représente un état élémentaire qui peut subsister de lui-même dès qu'on le suppose formé ; ces valeurs ont une relation naturelle et nécessaire avec les propriétés physiques de la chaleur.

Pour déterminer les coëfficients $a_0\, a_1\, a_2\, a_3 \ldots b_0\, b_1\, b_2\, b_3$ etc. on emploiera l'équation (II) art. 234, qui a été démontrée dans la dernière section du chapitre précédent.

L'abscisse totale désignée par X dans cette équation sera $2\,\pi\, r$, x sera l'abscisse variable, et fx représentera l'état initial de l'anneau, les intégrales seront prises depuis $x = 0$

jusqu'à $x = 2\,\pi\,r$, on aura donc

$$\pi r f x = \frac{1}{2}\int f x\, dx + \begin{array}{l} \cos.\left(\dfrac{x}{r}\right)\!\int\cos.\left(\dfrac{x}{r}\right) f x\, dx + \cos.\left(2\dfrac{x}{r}\right)\!\int\cos.\left(2\dfrac{x}{r}\right) f x\, dx \\[2ex] \sin.\left(\dfrac{x}{r}\right)\!\int\sin.\left(\dfrac{x}{r}\right) f x\, dx + \sin.\left(2\dfrac{x}{r}\right)\!\int\sin.\left(2\dfrac{x}{r}\right) f x\, dx \end{array} + \text{etc}$$

Connaissant ainsi les valeurs de $a_0\, a_1\, a_2\, a_3 \ldots b_0\, b_1\, b_2\, b_3$, etc. on les substituera dans l'équation, et l'on aura l'équation suivante, qui contient la solution complète de la question

$$\pi r v = e^{-h t}\left(\frac{1}{2}\int\!\!\int f x\, dx + \left.\begin{array}{l}\sin.\dfrac{x}{r}\!\int\left(\sin.\dfrac{x}{r} f x\, dx\right)\\[2ex]\cos.\dfrac{x}{r}\!\int\left(\cos.\dfrac{x}{r} f x\, dx\right)\end{array}\right| e^{-\frac{k t}{r^2}} + \left.\begin{array}{l}\sin.\left(2\dfrac{x}{r}\right)\!\int\sin.\left(2\dfrac{x}{r}\right) f x\, dx\\[2ex]\cos.\left(2\dfrac{x}{r}\right)\!\int\cos.\left(2\dfrac{x}{r}\right) f x\, dx\end{array}\right| e^{-\frac{k t}{r^2}} + \right.$$

Toutes les intégrales doivent être prises depuis $x = 0$ jusqu'à $x = 2\,\pi\,r$. Le premier terme $\dfrac{\int(f x \cdot dx)}{2\,\pi\,r}$, qui sert à former la valeur de v, est évidemment la température moyenne initiale, c'est-à-dire, celle qu'aurait cháque point si toute la chaleur initiale était également répartie entre tous les points.

242.

On peut appliquer l'équation précédente (E), quelle que soit la forme de la fonction donnée $f x$. Nous considérerons deux cas particuliers, savoir : 1° celui qui a lieu lorsque l'anneau ayant été élevé par l'action d'un foyer à des températures permanentes, on supprimè tout-à-coup le foyer; 2° le cas où la moitié de l'anneau échauffée également dans tous ses points serait réunie subitement à l'autre moitié qui aurait, dans toutes ses parties, la température initiale o.

On a vu précédemment (art. 106) que les températures permanentes de l'anneau sont exprimées par l'équation $v = a\, \alpha^{x} + b\, \alpha^{-x}$, et la quantité α a pour valeur $e^{-\sqrt{\frac{h\,l}{k\,s}}}$, l est le contour de la section génératrice, et s la surface de cette section. Si l'on suppose qu'il y ait un seul foyer, il sera nécessaire que l'on ait l'équation $\frac{d\,v}{d\,x} = o$ au point opposé à celui qui est occupé par le foyer. La condition $a\,\alpha^{x} - b\,\alpha^{-x} = o$ sera donc satisfaite en ce point. Regardons, pour plus de facilité dans le calcul, la fraction $\frac{h\,l}{k\,s}$ comme égale à l'unité, et prenons le rayon r de l'anneau pour le rayon des tables trigonométriques, on aura $v = a\,e^{x} + b\,e^{-x}$, donc l'état initial de l'anneau est représenté par l'équation

$$v = b\,e^{-\pi}\left(e^{-\pi+x} + e^{\pi-x}\right).$$

Il ne reste plus qu'à appliquer l'équation générale (E), et en désignant par M la chaleur moyenne initiale, on aura

$$e^{-ht}\, \mathrm{M}\left(\frac{1}{2} + \frac{\cos.x}{1^2+1}e^{-kt} + \frac{\cos.2\,x}{2^2+1}e^{-2^2kt} + \frac{\cos.3\,x}{3^2+1}e^{-3^2kt} + \frac{\cos.4\,x}{4^2+1}e^{-4^2kt} + \text{etc.}\right)$$

Cette équation exprime l'état variable d'un anneau solide, qui, ayant été échauffé par un de ses points et élevé à des températures stationnaires, se refroidit dans l'air après la suppression du foyer.

35

243.

Pour faire une seconde application de l'équation générale (E) nous supposerons que la chaleur initiale est tellement distribuée, qu'une moitié de l'anneau comprise depuis
$x = 0$ jusqu'à $x = \pi$ a dans tous ses points la température 1
et que l'autre partie a la température 0. Il s'agit de déterminer l'état de l'anneau après un temps écoulé t.

La fonction $f x$ qui représente l'état initial est telle dans
ce cas que sa valeur est 1 toutes les fois que la variable est
comprise entre 0 et π. Il en résulte que l'on doit supposer
$f x = 1$ et ne prendre les intégrales que depuis $x = 0$
jusqu'à $x = \pi$, les autres parties des intégrales sont nulles
d'après l'hypothèse. On obtiendra d'abord l'équation suivante qui donne le développement de la fonction proposée
dont la valeur est 1 depuis $x = 0$ jusqu'à $x = \pi$ et nulle
depuis $x = \pi$ jusqu'à $x = 2\pi$

$$f x = \frac{1}{2} + \frac{2}{\pi}\left(\sin. x + \frac{1}{3}\sin. 3x + \frac{1}{5}\sin. 5x + \frac{1}{7}\sin. 7x + \text{etc.}\right)$$

Si maintenant on substitue dans l'équation générale les
valeurs qu'on vient de trouver pour les coëfficients constants, on aura l'équation

$$\frac{1}{2}\pi v = e^{-ht}\left(\frac{1}{4}\pi + \sin. x\, e^{-kt} + \frac{1}{3}\sin. 3x\, e^{-3^2 kt} + \frac{1}{5}\sin. 5x\, e^{-5^2 kt} + \text{etc.}\right)$$

qui exprime la loi suivant laquelle varie la température à
chaque point de l'anneau, et fait connaître son état après
un terme donné, nous nous bornerons aux deux applications précédentes, et nous ajouterons seulement quelques
observations sur la solution générale exprimée par l'équation (E)

244.

1° Si l'on suppose k infini, l'état de l'anneau sera exprimé ainsi $\pi\,r\,v = e^{-ht}\frac{1}{2}\int fx\,dx$, ou désignant par M la température moyenne initiale $v = e^{-ht}$ M. La température d'un point quelconque deviendra subitement égale à la température moyenne et les différents points conserveront toujours des températures égales, ce qui est une conséquence nécessaire de l'hypothèse où l'on admet une conducibilité infinie.

2° On aura le même résultat si le rayon r de l'anneau est infiniment petit.

3° Pour trouver la température moyenne de l'anneau après un temps t il faut prendre l'intégrale $\int fx\,dx$ depuis $x = 0$ jusqu'à $x = 2\,\pi\,r$, et diviser par $2\,\pi\,r$. En intégrant entre ces limites les différentes parties de la valeur de u, et supposant ensuite $x = 2\,\pi\,r$, on trouvera que les valeurs totales des intégrales sont nulles excepté pour le premier terme; la température moyenne a donc pour valeur, après le temps t, la quantité e^{-ht} M. Ainsi, la température moyenne de l'anneau décroît de la même manière que si la conducibilité était infinie, les variations occasionnées par la propagation de la chaleur dans ce solide n'influent point sur la valeur de cette température.

Dans les trois cas que nous venons de considérer la température décroît proportionnellement aux puissances de la fraction e^{-h}, ou, ce qui est la même chose, à l'ordonnée d'une courbe logarithmique, l'abscisse étant égale au temps écoulé. Cette loi est connue depuis long-temps, mais il faut

35.

remarquer qu'elle n'a lieu en général que si les corps ont une petite dimension. L'analyse précédente nous apprend que si le diamètre d'un anneau n'est pas très-petit, le refroidissement d'un point déterminé ne serait pas d'abord assujéti à cette loi, il n'en est pas de même de la température moyenne qui décroît toujours proportionnellement aux ordonnées d'une logarithmique. Au reste, il ne faut point perdre de vue que la section génératrice de l'armille est supposée avoir des dimensions assez petites pour que les points de la même section ne diffèrent point sensiblement de température.

4° Si l'on voulait connaître quelle est la quantité de chaleur qui s'échappe dans un temps donné par la superficie d'une portion donnée de l'anneau, il faudrait employer l'intégrale $h \, l \int dt \int v \, dx$, et prendre cette intégrale entre les limites qui se rapportent au temps. Par exemple, si l'on choisit $0, 2\pi$ pour les limites de x, et $0, \frac{1}{0}$ pour les limites de t, c'est-à-dire si l'on veut déterminer toute la quantité de chaleur qui s'échappe de la superficie entière pendant toute la durée du refroidissement, on doit trouver après les intégrations un résultat égal à toute la chaleur initiale, ou $2\pi r \, M$, M étant la température moyenne initiale.

5° Si l'on veut connaître combien il s'écoule de chaleur dans un temps donné, à travers une section déterminée de l'anneau, il faudra employer l'intégrale $-K S \int dt \frac{dv}{dx}$, en mettant pour $\frac{dv}{dx}$ la valeur de cette fonction, prise au point dont il s'agit.

245.

6° La chaleur tend à se distribuer dans l'anneau, suivant une loi qui doit être remarquée. Plus le temps écoulé augmente et plus les termes qui composent la valeur de v dans l'équation (E) deviennent petits par rapport à ceux qui les précèdent. Il y a donc une certaine valeur de t pour laquelle le mouvement de la chaleur commence à être sensiblement représenté par l'équation

$$u = a_0 + \left(a_1 \sin. \frac{x}{r} + b_1 \cos. \frac{x}{r} \right) e^{-\frac{kt}{r^2}}.$$

Cette même relation continue à subsister pendant la durée infinie du refroidissement. Si dans cet état on choisit deux points de l'anneau, situés aux deux extrémités d'un même diamètre; en représentant par x_1 et x_2 leurs distances respectives à l'origine, par v_1 et v_2 leurs températures correspondantes au temps t; on aura

$$v_1 = \left(a_0 + \left(a_1 \sin. \frac{x_1}{r} + b_1 \cos. \frac{x_1}{r} \right) e^{-\frac{kt}{r^2}} \right) e^{-ht}$$

$$v_2 = \left(a_0 + \left(a_1 \sin. \frac{x_2}{r} + b_1 \cos. \frac{x_2}{r} \right) e^{-\frac{kt}{r^2}} \right) e^{-ht}$$

Les sinus des arcs $\frac{x_1}{r}$ et $\frac{x_2}{r}$ ne diffèrent que par le signe, et il en est de même des quantités $\cos. \frac{x_1}{r}$ et $\cos. \frac{x_2}{r}$; donc

$$\frac{v_1 + v_2}{2} = a\, e^{-ht},$$

ainsi la demi-somme des températures des points opposés donne une quantité $a\, e^{-ht}$ qui serait encore la même si l'on avait choisi deux points situés aux extrémités d'un autre diamètre. Cette quantité $a\,e^{-ht}$ est, comme on l'a vu plus haut, la valeur de la température moyenne après le temps t. Donc la demi-somme des températures des deux points opposés quelconques décroît continuellement avec la température moyenne de l'anneau, et en représente la valeur sans erreur sensible, après que le refroidissement a duré un certain temps. Examinons plus particulièrement en quoi consiste ce dernier état qui est exprimé par l'équation

$$v = \left(a_{_0} + \left(a_{_1} \sin. \frac{x}{r} + b_{_1} \cos. \frac{x}{r} \right) e^{-\frac{k\,t}{r^{_2}}} \right) e^{-ht}$$

Si l'on cherche d'abord le point de l'anneau pour lequel on a la condition

$$a_{_1} \sin. \left(\frac{x}{r} \right) + b_{_1} \cos. \frac{x}{r} = 0, \text{ ou } \frac{x}{r} = -\text{ arc. tang.} \left(\frac{b_{_1}}{a_{_1}} \right)$$

On voit que la température de ce point est à chaque instant la température moyenne de l'anneau : il en est de même du point diamétralement opposé : car l'abscisse x de ce dernier point satisferait encore à l'équation précédente

$$\frac{x}{r} = \text{arc.tang.} \left(-\frac{b_{_1}}{a_{_1}} \right)$$

Désignons par X la distance à laquelle le premier de ces points est placé, on aura

$$b_{_1} = -a_{_1} \frac{\sin. \dfrac{X}{r}}{\cos. \dfrac{X}{r}},$$

et substituant cette valeur de b_1, on a

$$v = \left(a_0 + \frac{a_1}{\cos. \frac{X}{r}} \sin. \left(\frac{x}{r} - \frac{X}{r}\right) e^{-\frac{kt}{r^2}}\right) e^{-ht}$$

Si l'on prend maintenant pour origine des abscisses le point qui répondait à l'abscisse X, et que l'on désigne par u la nouvelle abscisse $x - X$, on aura

$$v = e^{-ht} \left(a_a + b \sin. \frac{u}{r} e^{-\frac{kt}{r^2}}\right).$$

A l'origine où l'abscisse u est o et au point opposé, la température v est toujours égale à la température moyenne; ces deux points divisent la circonférence de l'anneau en deux parties dont l'état est pareil, mais de signe opposé; chaque point de l'une de ces parties a une température qui excède la température moyenne et la quantité de cet excès est proportionnelle au sinus de la distance à l'origine. Chaque point de l'autre partie a une température moindre que la température moyenne et la différence est la même que l'excès dans le point opposé. Cette distribution symétrique de la chaleur subsiste pendant toute la durée du refroidissement. Il s'établit aux deux extrémités de la moitié échauffée, deux flux de chaleur dirigés vers la moitié froide et dont l'effet est de rapprocher continuellement l'une et l'autre moitié de l'armille de la température moyenne.

246.

On remarquera maintenant que dans l'équation générale qui donne la valeur de v chacun des termes est de la forme

$$\left(a_i \sin. i\frac{x}{r} + b_i \cos. i\frac{x}{r}\right) e^{-i^2\frac{kt}{r^2}},$$

on pourra donc tirer, par rapport à chaque terme, des conséquences analogues aux précédentes. En effet, désignant par X la distance pour laquelle le coëfficient

$$a_i \, \text{sin.} \, i \frac{x}{r} + b_i \, \text{cos.} \, i \frac{x}{r}$$

est nul, on aura l'équation $b_i = - a_i \, \text{tang.} \, i \dfrac{X}{r}$, et cette substitution donne, pour la valeur du coëfficient,

$$a \, \text{sin.} \, i \left(\frac{x - X}{r} \right),$$

a étant une constante. Il suit de là qu'en prenant pour l'origine des coordonnées le point dont l'abscisse était X, et désignant par u la nouvelle abscisse $x - X$, on aura pour exprimer les changements de cette partie de la valeur de v la fonction $a \, e^{-ht} \, \text{sin.} \, \dfrac{u}{r} \, e^{-\frac{kt}{r^2}}$

Si cette même partie de la valeur de v subsistait seule en sorte que les coëfficients de toutes les autres fussent nuls, l'état de l'anneau serait représenté par la fonction

$$a \, e^{-ht} e^{-i^2 \frac{ht}{r^2}} \, \text{sin.} \, \left(i . \frac{u}{r} \right)$$

et la température de chaque point serait proportionnelle au sinus du multiple i de la distance de ce point à l'origine. Cet état est analogue à celui que nous avons décrit précédemment, il en diffère en ce que le nombre des points qui ont une même température toujours égale à la température moyenne de l'anneau n'est pas seulement 2, mais en général égal à 2 i. Chacun de ces points ou nœuds sépare deux

portions contiguës de l'anneau qui sont dans un état semblable, mais de signe opposé. La circonférence se trouve
ainsi divisée en plusieurs parties égales dont l'état est alternativement positif ou négatif. Le flux de la chaleur est le
plus grand possible dans les nœuds, il se dirige toujours
vers la portion qui est dans l'état négatif, et il est nul dans
le point qui est à égale distance de deux nœuds consécutifs.
Les rapports qui existent alors entre les températures se
conservent pendant toute la durée du refroidissement, et
ces températures varient ensemble très-rapidement proportionnellement aux puissances successives de la fraction

$$e^{-h} e^{-i^2 \frac{K}{r^2}}.$$

Si l'on donne successivement à i les valeurs 0, 1, 2, 3, 4, etc.
on connaîtra tous les états réguliers et élémentaires que la
chaleur peut affecter pendant qu'elle se propage dans un
anneau solide. Lorsqu'un de ces modes simples est une fois
établi, il se conserve de lui-même; et les rapports qui existaient
entre les températures ne changent point; mais quels que
soient ces rapports primitifs et de quelque manière que
l'anneau ait été échauffé; le mouvement de la chaleur se
décompose de lui-même en plusieurs mouvements simples,
pareils à ceux que nous venons de décrire, et qui s'accomplissent tous à-la-fois sans se troubler. Dans chacun de ces
états la température est proportionnelle au sinus d'un certain multiple de la distance à un point fixe. La somme de
toutes ces températures partielles, prises pour un seul point
dans un même instant, est la température actuelle de ce
point. Or, les parties qui composent cette somme décrois-

sent beaucoup plus rapidement les unes que les autres. Il
en résulte que ces états élémentaires de l'anneau qui correspondent aux différentes valeurs de i, et dont la superposition
détermine le mouvement total de la chaleur, disparaissent en
quelque sorte les uns après les autres. Ils cessent bientôt
d'avoir une influence sensible sur la valeur de la température, et laissent subsister seul le premier d'entre eux pour
lequel la valeur de i est la moindre de toutes. On se formera
de cette manière une idée exacte de la loi suivant laquelle
la chaleur se distribue dans une armille, et se dissipe par sa
surface. L'état de l'armille devient de plus en plus symétrique; il ne tarde point à se confondre avec celui vers
lequel il a une tendance naturelle, et qui consiste en ce que
les températures des différents points doivent être proportionnels aux sinus d'un même multiple de l'arc qui mesure
la distance à l'origine. La disposition initiale n'apporte
aucun changement à ces résultats.

SECTION II.

*De la communication de la chaleur entre des masses
disjointes.*

247.

Nous avons maintenant à faire remarquer la conformité
de l'analyse précédente avec celle que l'on doit employer
pour déterminer les lois de la propagation de la chaleur
entre des masses disjointes; nous arriverons ainsi à une
seconde solution de la question du mouvement de la chaleur
dans une armille. La comparaison de deux résultats fera

connaître les véritables fondements de la méthode que nous avons suivie, pour intégrer les équations de la propagation de la chaleur dans les corps continus. Nous examinerons en premier lieu un cas extrêmement simple, qui est celui de la communication de la chaleur entre deux masses égales.

Supposons que deux masses cubiques m et n d'égale dimension et de même matière soient inégalement échauffées; que leurs températures respectives soient a et b, et qu'elles soient d'une conducibilité infinie. Si l'on mettait ces deux corps en contact, la température deviendrait subitement égale dans l'une et l'autre à la température moyenne $\frac{1}{2}(a+b)$. Supposons que les deux masses soient séparées par un très-petit intervalle, qu'une tranche infiniment petite du premier corps s'en détache pour se joindre au second, et qu'elle retourne au premier immédiatement après le contact. En continuant ainsi de se porter alternativement, et dans des temps égaux et infiniment petits, de l'une des masses à l'autre, la tranche interposée fait passer successivement la chaleur du corps le plus échauffé dans celui qui l'est moins; il s'agit de déterminer quelle serait, après un temps donné, la température de chaque corps, s'ils ne perdaient par leur surface aucune partie de la chaleur qu'ils contiennent. On ne suppose point que la transmission de la chaleur dans les corps solides continus s'opère d'une manière semblable à celle que l'on vient de décrire : on veut seulement déterminer par le calcul le résultat d'une telle hypothèse.

Chacune des deux masses jouissant d'une conducibilité parfaite, la quantité de chaleur contenue dans la tranche infiniment petite, s'ajoute subitement à celle du corps avec lequel elle est en contact; et il en résulte une température

36.

commune égale au quotient de la somme des quantités de chaleur par la somme des masses. Soit ω la masse de la tranche infiniment petite qui se sépare du corps le plus échauffé dont la température est a ; soient α et β les températures variables qui correspondent au temps t, et qui ont pour valeurs initiales a et b. Lorsque la tranche ω se sépare de la masse m qui devient $m - ω$, elle a comme cette masse la température α, et dès qu'elle touche le second corps affecté de la température β, elle prend en même temps que lui une température égale à $\frac{m\beta + a\omega}{m + \omega}$. La tranche ω retenant cette dernière température, retourne au premier corps dont la masse est $m - ω$ et la température α. On trouvera donc pour la température après le second contact

$$\frac{\alpha (m - \omega) + \left(\frac{m\beta + \alpha\omega}{m + \omega}\right)\omega}{m} \quad \text{ou} \quad \frac{\alpha m + \beta\omega}{m + \omega}.$$

Les températures variables α et β deviennent, après l'instant dt, $\alpha + (\alpha - \beta)\frac{\omega}{m}$ et $\beta + (\alpha - \beta)\frac{\omega}{m}$; on trouve ces valeurs en supprimant les puissances supérieures de ω. On a ainsi $d\alpha = -(\alpha - \beta)\frac{\omega}{m}$ et $d\beta = (\alpha - \beta)\frac{\omega}{m}$; la masse qui avait la température initiale β a reçu, dans un instant, une quantité de chaleur égale à $m\,d\beta$ ou $(\alpha - \beta)\omega$, laquelle a été perdue dans le même temps par la première masse. On voit par-là que la quantité de chaleur qui passe en un instant du corps plus échauffé dans celui qui l'est moins, est, toutes choses d'ailleurs égales, proportionnelle à la différence actuelle des températures de ces deux corps. Le temps étant divisé en intervalles égaux, la quantité infiniment petite ω pourra être remplacée par $k\,dt$, k étant le nombre des unités de masse dont la somme contient ω autant de fois que l'unité de temps contient dt, en sorte que l'on a $\frac{K}{\omega} = \frac{1}{dt}$. On obtient ainsi les équations

$$d\alpha = -(\alpha - \beta)\frac{K}{m}\,dt \text{ et de } d\beta = (\alpha - \beta)\frac{K}{m}\,dt.$$

248.

Si l'on attribuait une plus grande valeur au volume ω qui sert, pour ainsi dire, à puiser la chaleur de l'un des corps pour la porter à l'autre, la transmission serait plus prompte; il faudrait, pour exprimer cette condition augmenter dans la même raison la valeur de K qui entre dans les équations. On pourrait aussi conserver la valeur de ω et supposer que cette tranche accomplit dans un temps donné un plus grand nombre d'oscillations, ce qui serait encore indiqué par une plus grande valeur de K. Ainsi ce coëfficient représente en quelque sorte la vîtesse de la transmission, ou la facilité avec laquelle la chaleur passe de l'un des corps dans l'autre, c'est-à-dire leur conducibilité réciproque.

249.

En ajoutant les deux équations précédentes, on a $d\alpha + d\beta = 0$, et si l'on retranche l'une des équations de l'autre, on a $d\alpha - d\beta + 2(\alpha - \beta)\frac{K}{m}\,dt = 0$, et, faisant $\alpha - \beta = y$, $dy + 2\frac{K}{m}y\,dt = 0$. Intégrant et déterminant la constante par la condition que la valeur initiale soit $a - b$, on a $y = (a - b)\,e^{-2\frac{K}{m}t}$. La différence y des tem-

pératures diminue donc comme l'ordonnée d'une logarithmique, ou comme les puissances successives de la frac-

tion $e^{-2\frac{K}{m}}$ On a pour les valeurs de α et β

$$\alpha = \tfrac{1}{2}(a+b) + \tfrac{1}{2}(a-b)\,e^{-2\frac{K}{m}t}, \quad \beta = \tfrac{1}{2}(a+b) \mp \tfrac{1}{2}(a-b)\,e^{-\frac{K}{m}t}$$

250.

On suppose, dans le cas qui précède, que la masse infiniment petite ω, au moyen de laquelle s'opère la transmission, est toujours la même partie de l'unité de masse, ou,
ce qui est la même chose, que le coëfficient K qui mesure
la conducibilité réciproque est une quantité constante. Pour
rendre la recherche dont il s'agit plus générale, il faudrait
considérer le coëfficient K comme une fonction de deux
températures actuelles α et β. On aurait alors les deux
équations $d\alpha = -(\alpha-\beta)\dfrac{K}{m}\,dt$, et $d\beta = (\alpha-\beta)\dfrac{K}{m}\,dt$,
dans lesquelles K serait égal à la fonction de α et β, que
nous désignons par $\varphi(\alpha, \beta)$. Il sera facile de connaître la loi
que suivent les températures variables α et β lorsqu'elles
approchent extrêmement de leur dernier état. Soit y une
nouvelle indéterminée égale à la différence entre α et la
dernière valeur qui est $\tfrac{1}{2}(a+b)$ ou c. Soit z une seconde
indéterminée égale à la différence $c - \beta$. On substituera au
lieu de α, et β leurs valeurs $c - y$ et $c - z$; et, comme il
s'agit de trouver les valeurs de y et de z, lorsqu'on les suppose très-petites, on ne doit retenir dans les résultats des
substitutions que la première puissance de y et de z. On
trouvera donc les deux équations

$$-dy = -(z-y)\frac{\mathrm{k}}{m}, (c-y, c-z)\, dt \text{ et} -dz = \frac{\mathrm{K}}{m}(z-y)\, \varphi(c-y, c-z)\, dt,$$

en développant les quantités qui sont sous le signe φ et omettant les puissances supérieures de y et de z. On trouvera $dy = (z-y)\frac{\mathrm{I}}{m}\varphi.dt$ et $dz = -(z-y)\frac{\mathrm{I}}{m}\varphi.dt$. La quantité φ étant constante, il s'ensuit que les équations précédentes donneront pour la valeur de la différence $z-y$, un résultat semblable à celui que l'on a trouvé plus haut pour la valeur de $\alpha - \beta$.

On en conclut que si le coëfficient K, que l'on avait d'abord supposé constant, était représenté par une fonction quelconque des températures variables, les derniers changements qu'éprouvent ces températures, pendant un temps infini, seraient encore assujéties à la même loi que si la conducibilité réciproque était constante. Il s'agit actuellement de déterminer les lois de la propagation de la chaleur dans un nombre indéfini de masses égales qui ont actuellement des températures différentes.

251.

On suppose que des masses prismatiques en nombre n, et dont chacune est égale à m, sont rangées sur une même ligne droite, et affectées de températures différentes a, b, c, d, etc.; que des tranches infiniment petites qui ont chacune la masse ω se séparent de ces différents corps excepté du dernier, et se portent en même temps du premier au second, du second au troisième, du troisième au quatrième, ainsi de suite; qu'aussitôt après le contact ces mêmes tranches retournent aux masses dont elles s'étaient séparées; ce double mouvement ayant lieu autant de fois qu'il y a d'instants infiniment petits dt; on demande à quelle loi sont assujétis les changements de température.

Soient α, β, γ, δ.... $\bar{\omega}$ les valeurs variables qui correspondent au même temps t, et qui ont succédé aux valeurs initiales a, b, c, d, etc. Lorsque les tranches ω se seront séparées des $\overline{n-1}$ premières masses, et mises en contact avec les masses voisines, il est aisé de voir que les températures seront devenues

$$\frac{\alpha(m-\omega)}{m-\omega}, \quad \frac{\beta(m-\omega)+\alpha\omega}{m}, \quad \frac{\gamma(m-\omega)+\beta\omega}{m}, \quad \frac{\delta(m-\omega)+\gamma\omega}{m} \dots \frac{\bar{\omega}m+\psi\omega}{m+\omega}$$

ou α, $\beta+(\alpha-\beta)\dfrac{\omega}{m}$, $\gamma+(\beta-\gamma)\dfrac{\omega}{m}$, $\delta+(\gamma-\delta)\dfrac{\omega}{m}$, $\bar{\omega}+(\psi-\bar{\omega})\dfrac{\omega}{m}$.

Lorsque les tranches ω seront revenues à leurs premières places, on trouvera les valeurs des nouvelles températures en suivant la même règle qui consiste à diviser la somme des quantités de chaleur par la somme des masses, et l'on aura pour les valeurs de α, β, γ, δ, etc. après l'instant dt

$$\alpha-(\alpha-\beta)\frac{\omega}{m}, \quad \beta+(\alpha-\beta-\overline{\beta-\gamma})\frac{\omega}{m}, \quad \gamma+(\beta-\gamma-\overline{\gamma-\delta})\frac{\omega}{m}, \quad \bar{\omega}+(\psi-\bar{\omega})\frac{\omega}{m}.$$

le coëfficient de $\dfrac{\omega}{m}$ est la différence de deux différences consécutives prises dans la suite α, β, γ... ψ, $\bar{\omega}$. Quant au premier et au dernier coëfficient de $\dfrac{\omega}{m}$ ils peuvent être considérés aussi comme des différences du second ordre. Il suffit de supposer que le terme α est précédé d'un terme égal à α, et que le terme $\bar{\omega}$ est suivi d'un terme égal à $\bar{\omega}$. On aura donc, en substituant, comme précédemment $k\,d\,t$ à ω, les équations suivantes :

$$d\,\alpha = \frac{k}{m}\,d\,t\Big((\beta-\alpha)-(\alpha-a)\Big)$$

$$d\,\beta = \frac{k}{m}\,d\,t\Big((\gamma-\beta)-(\beta-\alpha)\Big)$$

$$d\,\beta^{\gamma} = \frac{k}{m}\,d\,t\Big((\delta-\gamma)-(\gamma-\beta)\Big)$$

$$\vdots$$

$$d\,\omega = \frac{k}{m}\,d\,t\Big((\omega-\bar{\omega})-(\omega-\psi)\Big)$$

252.

Pour intégrer ces équations, on fera, suivant la méthode connue,

$$\alpha = a_{1}\,e^{h\,t} \quad \beta = a_{2}\,e^{h\,t} \quad \gamma = a_{3}\,e^{h\,t}\ldots\ \omega = a_{n}\,e^{h\,t};\quad h,\ a_{1},\ a_{2},\ a_{3},\ a_{n},$$

étant des quantités constantes qu'il faudra déterminer. Les substitutions étant faites, on aura les équations suivantes :

$$a_{1}\,h = \frac{k}{m}\,(a_{2}-a_{1})$$

$$a_{2}\,h = \frac{k}{m}\,\Big((a_{3}-a_{2})-(a_{2}-a_{1})\Big)$$

$$a_{3}\,h = \frac{k}{m}\,\Big((a_{4}-a_{3})-(a_{3}-a_{2})\Big)$$

$$\vdots$$

$$a_{n}\,h = \frac{k}{m}\,\Big((a_{n+1}-a_{n})-(a_{n}-a_{n-1})\Big)$$

Si l'on regarde a_{1} comme une quantité connue, on trouvera l'expression de a_{2} en a_{1} et h, puis celle de a_{3} en a_{2} et h;

37

il en est de même de toutes les autres indéterminées $a_4 a_5$, etc. La première et la dernière équations peuvent être écrites sous cette forme

$$a_1 h = \frac{k}{m} \left\{ (a_2 - a_1) - (a_1 - a_0) \right\}$$

et

$$a_n h = \frac{k}{m} \left\{ (a_{n+1} - a_n) - (a_n - a_{n-1}) \right\}$$

en retenant ces deux conditions $a_0 = a_1$ et $a_n = a_{n+1}$, la valeur de a_2 contiendra la première puissance de h, la valeur de a_3 contiendra la seconde puissance de h, ainsi de suite jusqu'à a_{n+1} qui contiendra la puissance $n^{\text{ième}}$ de h. Cela posé, a_{n+1} devant être égal à a_n, on aura, pour déterminer h, une équation du $n^{\text{ième}}$ degré, et a demeurera indéterminé.

Il suit de là que l'on pourra trouver pour h un nombre n de valeurs, et que d'après la nature des équations linéaires la valeur générale de a sera composée d'un nombre n de termes, en sorte que les quantités α, β, γ, etc. seront déterminées au moyen des équations

$$\alpha = a_1 e^{ht} + a_1{}' e^{h't} + a_1{}'' e^{h''t} + \text{etc.}$$

$$\beta = a_2 e^{ht} + a_2{}' e^{h't} + a_2{}'' e^{h''t} + \text{etc.}$$

$$\gamma = a_3 e^{ht} + a_3{}' e^{h't} + a_3{}'' e^{h''t} + \text{etc.}$$

$$\vdots$$

$$\omega = a_n e^{ht} + a_n{}' e^{h't} + a_n{}'' e^{h''t} + \text{etc.}$$

les valeurs h h' h'', etc. sont en nombre n et égales aux n racines de l'équation algébrique du $n^{\text{ième}}$ degré en h, qui a, comme on le verra plus bas, toutes ses racines réelles. Les coëfficients de la première équation a_1 a_1' a_1'' a_1''', etc. sont arbitraires ; quant aux coëfficients des lignes inférieures, ils sont déterminés par un nombre n de systèmes d'équations semblables aux équations précédentes. Il s'agit maintenant de former ces équations.

253.

Ecrivant la lettre q au lieu de $\dfrac{h\,m}{k}$, on aura les équations suivantes :

$$a_0 = a_0$$
$$a_1 = a_1$$
$$a_2 = a_1\,(q + 2) - a_0$$
$$a_3 = a_2\,(q + 2) - a_1$$
$$\cdot$$
$$\cdot$$
$$\cdot$$
$$a_{n+1} = a_n\,(q + 2) - a_{1\ n}$$

On voit que ces quantités appartiennent à une série récurrente dont l'échelle de relation a les deux termes $(q + 2)$ et -1. On pourra donc exprimer le terme général a_m par l'équation $a_m = A \sin. m\,u + B \sin. \overline{m - 1}\,u$, en déterminant convenablement les quantités A, B et u. On trouvera d'abord A et B, en supposant m égal à o et ensuite égal à 1, ce qui donne $a_0 = B \sin. u$, et $a_1 = A \sin. u$, et parconséquent $a_m = a_1 \sin. m\,u - \dfrac{a_1}{\sin. u} \sin. \overline{m - 1}\,u$. En substituant ensuite les valeurs de a_m a_{m-1} a_{m-2}, etc. dans l'équation générale $a_m = a_{m-1}\,(q + 2) - a_{m-2}$; on trouvera

$$\sin. m\,u = (q + 2) \sin. (m - 1)\,u - \sin (m - 2)\,u ,$$

en comparant cette équation à celle-ci

$$\sin. m u = 2 \cos. u \sin. \overline{m-1} \, u - \sin. \overline{m-2} \, u,$$

qui exprime une propriété connue de sinus d'arcs croissants en progression arithmétique, on en conclut $q + 2 = \cos. u$, ou $q = -2 \sin.$ vers. u; il ne reste plus qu'à déterminer la valeur de l'arc u.

La valeur générale de a_m étant

$$\frac{a_1}{\sin. u} \left(\sin. m u - \sin. \overline{m-1} \, u \right)$$

on aura, pour satisfaire à la condition $a_{n+1} = a_n$, l'équation

$$\sin. \overline{n+1} \, u - \sin. u = \sin. n u - \sin. \overline{n-1} \, u,$$

d'où l'on tire $\sin. n u = 0$, ou $u = i \frac{\pi}{n}$, π étant la demi-circonférence et i un nombre entier quelconque, tel que 0, 1, 2, 3, 4.... $n-1$; on en peut déduire les n valeurs de q ou $\frac{h\,m}{K}$. Ainsi toutes les racines de l'équation en h, qui donnent les valeurs de h h' h'' h''' sont réelles négatives et fournies par les équations :

$$h = -2 \frac{k}{m} \sin. V \left(0 \, \frac{\pi}{n} \right)$$

$$h' = -2 \frac{k}{m} \sin. V \left(1 \, \frac{\pi}{n} \right)$$

$$h'' = -2 \frac{k}{m} \sin. V \left(2 \, \frac{\pi}{n} \right)$$

$$h^{(n-1)} = -2 \frac{k}{m} \sin. V \left(\overline{n-1} \, \frac{\pi}{n} \right)$$

Supposons donc qu'on ait divisé la demi-circonférence π

en un nombre n de parties égales, et que l'on prenne pour former l'arc u un nombre entier i de ces parties, i étant moindre que n, on satisfera aux équations différentielles en choisissant pour a une quantité quelconque, et faisant

$$\alpha = a_{_1} \left(\frac{\sin. u - \sin. o\, u}{\sin. u} \right) e^{-2\frac{k}{m} t \sin. V u}$$

$$\beta = a_{_1} \left(\frac{\sin. 2\, u - \sin. 1\, u}{\sin. u} \right) e^{-2\frac{k}{m} t \sin. V u}$$

$$\gamma = a_{_1} \left(\frac{\sin. 3\, u - \sin. 2\, u}{\sin. u} \right) e^{-2\frac{k}{m} t \sin. V u}$$

$$\vdots$$

$$\omega = a_{_1} \left(\frac{\sin. n\, u - \sin. \overline{n-1}\, u}{\sin. u} \right) e^{-2\frac{k}{m} t \sin. V u}$$

Comme il y a un nombre n d'arcs différents que l'on peut prendre pour u, savoir $0\, \frac{\pi}{n}$, $1\frac{\pi}{n}$, $2\frac{\pi}{n} \ldots \overline{n-1}\, \frac{\pi}{n}$. Il y a aussi un nombre n de systêmes de valeurs particulières pour α, β, γ, δ, etc. et les valeurs générales de ces variables sont les sommes des valeurs particulières.

254.

On voit d'abord que si l'arc u est nul, les quantités qui multiplient $a_{_1}$ dans les valeurs de α, β, γ, δ, etc. deviennent toutes égales à l'unité, car $\dfrac{\sin. u - \sin. o\, u}{\sin. u}$ a pour valeur 1 lorsque l'arc u est nul; et il en est de même des quantités qui se trouvent dans les équations suivantes. On conclut de là qu'il doit entrer dans les valeurs générales de α, β, γ, $\delta \ldots \omega$ des termes constants.

De plus, en ajoutant toutes les valeurs particulières correspondantes de $\alpha, \beta, \gamma \ldots$ etc., on aura

$$\alpha + \beta + \gamma + \delta \ldots \text{ etc.} = a_, \frac{\sin. \, n u}{\sin. \, u} \cdot e^{-2\frac{k}{m}t \sin. \, V u};$$

équation dont le second membre se réduit à o toutes les fois que l'arc u n'est pas nul; mais dans ce cas on trouvera n pour la valeur de $\frac{\sin. \, n u}{\sin. \, u}$. On a donc en général

$$\alpha + \beta + \gamma + \delta + \ldots \text{ etc.} = n \, a_, ;$$

or les valeurs initiales des variables étant $a, b, c, d \ldots$ etc., il est nécessaire que l'on ait $n \, a_, = a + b + c + d +$ etc.; il en résulte que le terme constant qui doit entrer dans chacune des valeurs générales de

$$\alpha, \beta, \gamma, \delta \ldots \omega \text{ est } \frac{1}{n} (a + b + c + d + \text{etc.}),$$

c'est-à-dire, la température moyenne entre toutes les températures initiales.

Quant aux valeurs générales de $\alpha, \beta, \gamma \ldots \omega$, elles sont exprimées par les équations suivantes :

$$\alpha = \frac{1}{n} (a + b + c + \text{etc.}) + a_, \left(\frac{\sin. \, u - \sin. \, o \, u}{\sin. \, u} \right) e^{-2\frac{k}{m}t \sin. \, V. \, u}$$

$$+ b_, \frac{\sin. \, u' - \sin. \, o. \, u'}{\sin. \, u'} \, e^{-2\frac{k}{m}t \sin. \, V. \, u'}$$

$$+ c_, \frac{\sin. \, u'' - \sin. \, o. \, u''}{\sin. \, u} \, e^{-2\frac{k}{m}t \sin. \, V. \, u''} + \text{etc.}$$

$$\beta = \frac{1}{n}(a+b+c+\text{etc.}) + a_{\text{\tiny I}}\left(\frac{\sin. 2\,u - \sin. u}{\sin. u}\right)e - 2\frac{k}{m}t\sin. \mathrm{V}u$$

$$+ b_{\text{\tiny I}}\left(\frac{\sin. 2\,u' - \sin. u'}{\sin. u'}\right)e - 2\frac{k}{m}t\sin. \mathrm{V}u'$$

$$+ c_{\text{\tiny I}}\left(\frac{\sin. 2\,u'' - \sin. u''}{\sin. u''}\right)e - 2\frac{k}{m}t\sin. \mathrm{V}u'' \qquad + \text{etc.}$$

$$\delta = \frac{1}{n}(a+b+c+\text{etc.}) + a_{\text{\tiny I}}\left(\frac{\sin. 3\,u - \sin. u}{\sin. u}\right)e - 2\frac{k}{m}t\sin. \mathrm{V}u$$

$$+ b_{\text{\tiny I}}\frac{\sin. 3\,u' - \sin. 2\,u'}{\sin. u'}e - 2\frac{k}{m}t\sin. \mathrm{V}u''$$

$$+ c_{\text{\tiny I}}\frac{\sin. 3\,u'' - \sin. 3\,u''}{\sin. u''}e - 2\frac{k}{m}t\sin. \mathrm{V}u'' \qquad + \text{etc.}$$

$$\omega = \frac{1}{n}(a+b+c+\text{etc.}) + a_{\text{\tiny I}}\frac{\sin. n\,u - \sin. \overline{n-1}.u}{\sin. u}e - 2\frac{k}{m}t\sin. \mathrm{V}u$$

$$+ b_{\text{\tiny I}}\frac{\sin. n\,u' - \sin. \overline{n-1}.u'}{\sin. u'}e - 2\frac{k}{m}t\sin. \mathrm{V}u'$$

$$+ c_{\text{\tiny I}}\frac{\sin. n\,u'' - \sin. \overline{n-1}.u''}{\sin. u''}e - 2\frac{k}{m}t\sin. \mathrm{V}u'' \qquad + \text{etc.}$$

255.

Pour déterminer les constantes $a, b, c, d, \ldots$ etc., il faut considérer l'état initial du système. En effet, lorsque le temps est nul les valeurs de $\alpha, \beta, \gamma, \delta \ldots$ etc., doivent être égales à a, b, c, d etc.; on aura donc n équations semblables pour déterminer les n constantes. Les quantités

$$\sin. u - \sin. 0\,u, \; \sin. 2\,u - \sin. u, \; \sin. 3\,u - \sin. 2\,u, \ldots$$

$$\sin. n\,u - \sin. \overline{n-1}.u,$$

peuvent être indiquées de cette manière,

$$\Delta \sin. 0 \, u, \, \Delta \sin. u, \, \Delta \sin. 2u, \, \Delta \sin. 3u, \, \Delta \sin 4u \ldots \Delta \sin. \overline{n-1} \, u;$$

les équations propres à déterminer les constantes sont, en représentant par c la température moyenne initiale,

$$a = c + a_{\scriptscriptstyle I} + b_{\scriptscriptstyle I} + c_{\scriptscriptstyle I} + \text{etc.}$$

$$b = c + a_{\scriptscriptstyle I} \frac{\Delta \sin. u}{\sin. u} + b_{\scriptscriptstyle I} \frac{\Delta \sin. u'}{\sin. u'} + c_{\scriptscriptstyle I} \frac{\Delta \sin. u''}{\sin. u''} + \text{etc.}$$

$$c = c + a_{\scriptscriptstyle I} \frac{\Delta \sin. 2 u}{\sin. u} + b_{\scriptscriptstyle I} \frac{\Delta \sin. 2 u'}{\sin. u'} + c_{\scriptscriptstyle I} \frac{\Delta \sin. 2 u''}{\sin. u''} + \text{etc.}$$

$$d = c + a_{\scriptscriptstyle I} \frac{\Delta \sin. 3 u}{\sin. u} + b_{\scriptscriptstyle I} \frac{\Delta \sin. 3 u'}{\sin. u'} + c_{\scriptscriptstyle I} \frac{\Delta \sin. 3 u''}{\sin. u} + \text{etc.}$$

etc.

Les quantités $a_{\scriptscriptstyle I} b_{\scriptscriptstyle I} c_{\scriptscriptstyle I} d_{\scriptscriptstyle I}$ et c étant déterminées par ces équations, on connaît entièrement les valeurs des variables $\alpha, \beta, \gamma, \delta \ldots \omega$.

On peut effectuer en général l'élimination des inconnues dans ces équations, et déterminer les valeurs des quantités $a_{\scriptscriptstyle I} b_{\scriptscriptstyle I} c_{\scriptscriptstyle I} d_{\scriptscriptstyle I}$ etc., même lorsque le nombre des équations est infini; on emploiera ce procédé d'élimination dans les articles suivants.

256.

En examinant les équations qui donnent les valeurs générales des variables $\alpha, \beta, \gamma \ldots \omega$, on voit que le temps venant à augmenter les termes qui se succèdent dans la valeur de chaque variable décroissent très-inégalement: car les valeurs de u, u', u'', u''', etc. étant

$$1 \cdot \frac{\omega}{n}, \; 2 \cdot \frac{\omega}{n}, \; 3 \cdot \frac{\omega}{n}, \; 4 \cdot \frac{\omega}{n}, \text{ etc.},$$

les exposants sin. V u, sin. V u', sin. V u'', sin. V u''', etc. deviennent de plus en plus grands. Si l'on suppose que le temps t est infini, le premier terme de chaque valeur subsiste seul, et la température de chacune des masses devient égale à la température moyenne $\frac{1}{n}(a + b + c + \ldots$ etc.$)$. Lorsque le temps t augmente continuellement chacun des termes de la valeur d'une des variables, diminue proportionnellement aux puissances successives d'une fraction qui est, pour le second terme $e^{-2\frac{k}{m}\sin.\mathrm{V}u}$, pour le troisième terme. . . . . $e^{-2\frac{k}{m}\sin.\mathrm{V}u'}$, ainsi de suite. La plus grande de ces fractions étant celle qui répond à la moindre des valeurs de u, il s'ensuit que, pour connaître la loi que suivent les derniers changements de température, on ne doit considérer que les deux premiers termes : car tous les autres deviennent incomparablement plus petits à mesure que le temps t augmente. Les dernières variations de température $\alpha, \beta, \gamma, \delta$, etc., sont donc exprimées par les équations suivantes :

$$\alpha = \frac{1}{n}(a+b+c+d, \text{etc.}) + a_1\left(\frac{\sin. u - \sin. 0.u}{\sin. u}\right)e^{-2\frac{k}{m}t\sin.\mathrm{V}.u}$$

$$\beta = \frac{1}{n}(a+b+c+d, \text{etc.}) + a_1\left(\frac{\sin. 2u - \sin. u}{\sin. u}\right)e^{-2\frac{k}{m}t\sin.\mathrm{V}.u}$$

$$\gamma = \frac{1}{n}(a+b+c+d, \text{etc.}) + a_1\left(\frac{\sin. 3u - \sin. 2u}{\sin. u}\right)e^{-2\frac{k}{m}t\sin.\mathrm{V}.u}$$

etc.

257.

Si l'on divise la demi-circonférence en un nombre n de parties égales, et qu'ayant abaissé les sinus, on prenne les

38

différences entre deux sinus consécutifs; ces n différences seront proportionnelles aux coëfficients de $e^{-2\frac{k}{m}t\sin.\text{V}u}$ ou aux seconds termes des valeurs de $\alpha, \beta, \gamma \ldots \omega$. C'est pourquoi les dernières valeurs de $\alpha, \beta, \gamma \ldots \omega$ sont telles que les différences entre ces températures finales et la température moyenne initiale $\frac{1}{n}(a+b+c+\text{etc.})$ sont toujours proportionnelles aux différences des sinus consécutifs. De quelque manière que les masses aient d'abord été échauffées, la distribution de la chaleur s'opère à la fin suivant une loi constante. Si l'on mesurait les températures dans les derniers instants, où elles diffèrent peu de la température moyenne, on observerait que la différence entre la température d'une masse quelconque et cette température moyenne, décroît continuellement comme les puissances successives de la même fraction; et, en comparant entre elles les températures des différentes masses prises pour un même instant, on verrait que ces différences entre les températures actuelles et la température moyenne, sont proportionnelles aux différences des sinus consécutifs, la demi-circonférence étant divisée en un nombre n de parties égales.

258.

Si l'on suppose que les masses qui se communiquent la chaleur sont en nombre infini, on trouve pour l'arc u une valeur infiniment petite; alors les différences des sinus consécutifs, prises dans le cercle, sont proportionnelles aux cosinus des arcs correspondants: car $\dfrac{\sin. m u - \sin. \overline{m-1}.u}{\sin. u}$ équivaut à $\cos. m u$, lorsque l'arc u est infiniment petit.

Dans ce cas, les quantités dont les températures prises au même instant, diffèrent de la température moyenne à laquelle elles doivent toutes parvenir, sont proportionnelles aux cosinus qui correspondent aux différents points de la circonférence divisée en une infinité de parties égales. Si les masses qui se transmettent la chaleur sont situées à distances égales les unes des autres sur le périmètre de la demi-circonférence π, le cosinus de l'arc à l'extrémité duquel une masse quelconque est placée, est la mesure de la quantité dont la température de cette masse diffère encore de la température moyenne. Ainsi le corps placé au milieu de tous les autres est celui qui parvient le plus promptement à cette température moyenne ; ceux qui se trouvent situés d'un même côté du milieu ont tous une température excédente, et qui surpasse d'autant plus la température moyenne, qu'ils sont plus éloignés du milieu ; les corps qui sont placés de l'autre côté, ont tous une température moindre que la température moyenne, et ils s'en écartent autant que ceux du côté opposé, mais dans un sens contraire. Enfin ces différences, soit positives, soit négatives, décroissent toutes en même temps, et proportionnellement aux puissances successives de la même fraction ; en sorte qu'elles ne cessent pas d'être représentées au même instant par les valeurs des cosinus d'une même demi-circonférence. Telle est en général, et si l'on en excepte les cas singuliers, la loi à laquelle sont assujéties les dernières températures. L'état initial du système ne change point ces résultats. Nous allons présentement traiter une troisième question du même genre que les précédentes, et dont la solution nous fournira plusieurs remarques utiles.

38.

259.

On suppose un nombre n de masses prismatiques égales, placées à des distances égales sur la circonférence d'un cercle. Tous ces corps qui jouissent d'une conducibilité parfaite, ont actuellement des températures connues, différentes pour chacun d'eux ; ils ne laissent échapper à leur surface aucune partie de la chaleur qu'ils contiennent ; une tranche infiniment mince se sépare de la première masse pour se réunir à la seconde, qui est placée vers la droite ; dans le même temps une tranche parelèle se sépare de la seconde masse en se portant de gauche à droite, et se joint à la troisième ; il en est de même de toutes les autres masses, de chacune desquelles une tranche infiniment mince se sépare au même instant, et se joint à la masse suivante. Enfin, les mêmes tranches reviennent immédiatement après, et se réunissent aux corps dont elles avaient été détachées. On suppose que la chaleur se propage entre les masses au moyen de ces mouvements alternatifs, qui s'accomplissent deux fois pendant chaque instant d'une égale durée ; il s'agit de trouver suivant quelle loi les températures varient, c'est-à-dire que, les valeurs initiales des températures étant données, il faut connaître après un temps quelconque la nouvelle température de chacune des masses.

On désignera par $a, a_2 a_3 \ldots a_i \ldots a_n$ les températures initiales dont les valeurs sont arbitraires, et par $\alpha_1 \alpha_2 \alpha_3 \ldots \alpha_i \ldots \alpha_n$ les valeurs de ces mêmes températures après le temps écoulé t. Il est visible que chacune des quantités α est une fonction du temps t et de toutes les valeurs initiales $a_1 a_2 a_3 \ldots a_n$: ce sont ces fonctions qu'il s'agit de déterminer.

260.

On représentera par ω la masse infiniment petite de la tranche qui se porte d'un corps à l'autre. On remarquera en premier lieu que lorsque les tranches ont été séparées des masses dont elles faisaient partie, et mises respectivement en contact avec les masses placées vers la droite, les quantités de chaleur contenue dans les différents corps sont

$$(m-\omega)\alpha_1+\omega\alpha_n, (m-\omega)\alpha_2+\omega\alpha_1, (m-\omega)\alpha_3+\omega\alpha_2\ldots, (m-\omega)\alpha_n+\omega\alpha_{n-1}$$

en divisant chacune de ces quantités de chaleur par la masse m, on aura pour les nouvelles valeurs des températures

$$\alpha_1+\frac{\omega}{m}(\alpha_n-\alpha_1), \alpha_2+\frac{\omega}{m}(\alpha_1-\alpha_2), \alpha_3+\frac{\omega}{m}(\alpha_2-\alpha_3)$$

$$\alpha_i+\frac{\omega}{m}(\alpha_{i-1}-\alpha_i) \text{ et } \alpha_n+\frac{\omega}{m}(\alpha_{n-1}-\alpha_n);$$

c'est-à-dire que, pour trouver le nouvel état de la température après le premier contact, il faut ajouter à la valeur qu'elle avait auparavant le produit de $\frac{\omega}{m}$ par l'excès de la température du corps dont la tranche s'est séparée sur celle du corps auquel s'est jointe. On trouvera, par la même règle, que les températures, après le second contact, sont

$$\alpha_1+\frac{\omega}{m}(\alpha_n-\alpha_1)+\frac{\omega}{m}(\alpha_2-\alpha_1)$$

$$\alpha_2+\frac{\omega}{m}(\alpha_1-\alpha_2)+\frac{\omega}{m}(\alpha_3-\alpha_2)$$

$$\alpha_i+\frac{\omega}{m}(\alpha_{i-1}-\alpha_i)+\frac{\omega}{m}(\alpha_{i+1}-\alpha_i)$$

$$\alpha_n+\frac{\omega}{m}(\alpha_{n-1}-\alpha_n)+\frac{\omega}{m}(\alpha_1-\alpha_n).$$

Le temps étant divisé en instants égaux, on désignera par dt la durée de cet instant, et si l'on suppose que ω soit contenu dans un nombre k d'unités de masse autant de fois que dt est contenu dans l'unité de temps, on aura $\omega = k\,dt$. En appelant $d\alpha_1 \ldots d\alpha_2 \ldots d\alpha_3 \ldots d\alpha_i \ldots d\alpha_n$ les accroissements infiniment petits que reçoivent pendent l'instant dt les températures $\alpha_1, \alpha_2 \ldots \alpha_i, \alpha_n$, on aura les équations différentielles suivantes :

$$d\alpha_1 = \frac{k}{m}\,dt\,(\alpha_n - 2\alpha_1 + \alpha_2)$$

$$d\alpha_2 = \frac{k}{m}\,dt\,(\alpha_1 - 2\alpha_2 + \alpha_3)$$

$$\vdots$$

$$d\alpha_i = \frac{k}{m}\,dt\,(\alpha_{i-1} - 2\alpha_i + \alpha_{i+1})$$

$$\vdots$$

$$d\alpha_{n-1} = \frac{k}{m}\,dt\,(\alpha_{n-2} - 2\alpha_{n-1} + \alpha_n)$$

$$d\alpha_n = \frac{k}{m}\,dt\,(\alpha_{n-1} - 2\alpha_n + \alpha_{+1})$$

261.

Pour résoudre ces équations, on supposera en premier lieu, suivant la méthode connue

$$\alpha_1 = b_1\,e^{ht}$$

$$\alpha_2 = b_2\,e^{ht}$$

$$\alpha_3 = b_3\,e^{ht}$$

$$\vdots$$

$$\alpha_i = b_i\,e^{ht}$$

$$\vdots$$

$$\alpha_n = b_n\,e^{ht}$$

Les quantités $b_1 b_2 b_3 \dots b_n$ sont des constantes indéterminées, ainsi que l'exposant h. Il est facile de voir que ces
valeurs de $a_1 a_2 a_3 \dots a_n$ satisfont aux équations différentielles,
si l'on a les conditions suivantes :

$$b_1 h = \frac{k}{m} \left(b_n - 2 b_1 + b_2 \right)$$

$$b_2 h = \frac{k}{m} \left(b_1 - 2 b_2 + b_3 \right)$$

$$\vdots$$

$$b_i h = \frac{k}{m} \left(b_{i-1} - 2 b_i + b_{i+1} \right)$$

$$\vdots$$

$$b_{n-1} h = \frac{k}{m} \left(b_{n-2} - 2 b_{n-1} + b_n \right)$$

$$b_n h = \frac{k}{m} \left(b_{n-1} - 2 b_n + b_{n+1} \right),$$

soit $q = \frac{h m}{k}$, on aura, en commençant par la dernière équation,

$$b_1 = b_n \left(q + 2 \right) - b_{n-1}$$

$$b_2 = b_1 \left(q + 2 \right) - b_n$$

$$b_3 = b_2 \left(q + 2 \right) - b_1$$

$$\vdots$$

$$b_i = b_{i-1} \left(q + 2 \right) - b_{i-2}$$

$$\vdots$$

$$b_n = b_{n-1} \left(q + 2 \right) - b_{n-2}.$$

Il en résulte que l'on peut prendre pour $b_1 b_2 b_3 \dots b_i \dots b_n$,
les n sinus consécutifs que l'on obtient en divisant la circonférence entière 2π en un nombre n de parties égales.
En effet, en appelant u l'arc. $2\frac{\pi}{n}$, les quantités

$$\sin. 0\, u, \quad \sin. 1\, u, \quad \sin. 2\, u, \quad \sin. 3\, u \dots \overline{\sin. n - 1}\, u$$

qui sont en nombre n appartiennent, comme on le sait, à une série récurrente dont l'échelle de relation a deux termes, savoir: $2\cos. u$ et $- 1$; en sorte que l'on a toujours la condition $\sin. i\, u = 2\cos. u.\, \sin. (i-1) u. - \sin. (i-2) u$. On prendra donc pour $b_1, b_2, b_3 \ldots b_i \ldots b_n$ les quantités $\sin. 0\, u$, $\sin. 1\ u$, $\sin. 2\ u \ldots \sin. \overline{n-1}\ u$ et l'on aura ensuite $q + 2 = 2\cos. u$ ou $q = - \sin. \mathrm{V}. (u)$ ou $b = -2\sin. \mathrm{V}\left(2\dfrac{\pi}{n}\right)$. On a mis précédemment la lettre q au lieu de $\dfrac{h\,m}{k}$ en sorte que la valeur de h est $-\dfrac{2\,k}{m}\sin. \mathrm{V}\left(\dfrac{2\pi}{n}\right)$, en substituant dans les équations ces valeurs de b_i et de h, on aura

$$\alpha_1 = \sin. 0.u.e^{-2\frac{k}{m}t\sin.\mathrm{V}.2\frac{\pi}{n}}$$

$$\alpha_2 = \sin. 1.u.e^{-2\frac{k}{m}t\sin.\mathrm{V}.2\frac{\pi}{n}}$$

$$\alpha_3 = \sin. 2.u.e^{-2\frac{k}{m}t\sin.\mathrm{V}.2\frac{\pi}{n}}$$

$$\alpha_n = \sin. \overline{n-1}.u.e^{-2\frac{k}{m}t\sin.\mathrm{V}.2\frac{\pi}{n}}.$$

262.

Ces dernières équations ne fournissent qu'une solution très-particulière de la question proposée : car si l'on suppose $t = 0$, on aura, pour les valeurs initiales de $\alpha_1, \alpha_2, \alpha_3 \ldots \alpha_n$, les quantités $\sin. 0\, u$, $\sin. 1\ u$, $\sin. 2\, u \ldots \sin. \overline{n-1}\ u$ qui en général diffèrent des valeurs données $a_1, a_2, a_3 \ldots a_n$: mais la solution précédente mérite d'être remarquée parce qu'elle exprime, comme on le verra par la suite, une circonstance qui appartient à tous les cas possibles, et représente les dernières variations des températures. On voit par cette solution que, si les températures initiales $a_1 a_2 a_3 \ldots a_n$ étaient proportionnelles aux sinus

$$\sin. 0.2\frac{\pi}{n}, \sin. 1.2\frac{\pi}{n}, \sin. 2.2\frac{\pi}{n} \ldots \sin. \overline{n-1}.2\frac{\pi}{n},$$

elles demeureraient continuellement proportionnelles à ces mêmes sinus, et l'on aurait les équations

$$\alpha_1 = a_1 e^{-ht} \qquad \text{et} \qquad h = 2\frac{k}{m}\sin. V.2\frac{\pi}{n}$$

$$\alpha_2 = a_2 e^{-ht}$$

$$\alpha_3 = a_3 e^{-ht}$$

$$\vdots$$

$$\alpha_n = a_n e^{-ht}.$$

C'est pourquoi si les masses qui sont placées à distances égales sur la circonférence du cercle, avaient des températures initiales proportionnelles aux perpendiculaires abaissées sur le diamètre qui passe par le premier point; les températures varieraient avec le temps en demeurant proportionnelles à ces perpendiculaires, et ces températures diminueraient toutes à-la-fois comme les termes d'une même progression géométrique dont la raison est la fraction

$$e^{-2\frac{k}{m}\sin. V.2\frac{\pi}{n}}.$$

263.

Pour former la solution générale, on remarquera en premier lieu que l'on pourrait prendre pour $b_1, b_2, b_3 \ldots b_n$ les n cosinus correspondants aux points de division de la circonférence partagée en un nombre n de parties égales. Ces quantités cos. ou, cos. $1\,u$, cos. $2\,u$... cos. $\overline{n-1}\,u$ dans lesquelles u désigne l'arc. $2\frac{\pi}{n}$ forment aussi une série récurrente dont l'échelle de relation a les deux termes $2\cos. u$ et — 1, c'est pourquoi l'on pourrait prendre pour satisfaire aux équations différentielles, les équations suivantes :

$$\alpha_1 = \cos. 0\,.\,u\,e^{-2\frac{k}{m}t\sin. V.u}$$

$$\alpha_2 = \cos. 1\,.\,u\,e^{-2\frac{k}{m}t\sin. V.u}$$

$$\alpha_3 = \cos. 2\,u\,.\,e^{-2\frac{k}{m}t\sin. V.u}$$

$$\vdots$$

$$\alpha_n = \cos. \overline{n-1}\,u\,.\,e^{-2\frac{k}{m}t\sin. V.u}$$

Indépendamment des deux solutions précédentes, on pourrait choisir pour les valeurs de $b_1\,b_2\,b_3....b_n$ les quantités

$$\sin. 0.2\,u,\ \sin. 1.2\,u,\ \sin. 2.2\,u,\ \sin. 3.2\,u...\sin. \overline{n-1}.2\,u$$

ou celles-ci,

$$\cos. 0.2\,u,\ \cos. 1.2\,u,\ \cos. 2.2\,u,\ \cos. 3.2\,u...\cos. \overline{n-1}.2\,u.$$

En effet, chacune de ces séries est recurrente et formée de n termes ; l'échelle de relation a les deux termes $2\cos.2\,u$ et — 1 ; et, si l'on continuait la série au-delà de n termes, on en trouverait n autres, qui seraient respectivement égaux aux n précédents. En général, si l'on désigne par $u_1\,u_2\,u_3...u_i...u_n$ les arcs $0.2\frac{\pi}{n}$, $1.\frac{2\pi}{n}$, $2\frac{2\pi}{n}$, $3.\frac{2\pi}{n}$,...$(n-1)\frac{2\pi}{n}$ etc., on pourra prendre pour les valeurs de $b_1 b_2 b_3 \ldots b_n$ les n quantités

$$\sin.0.u_i, \quad \sin.1.u_i, \quad \sin.2u_i, \quad \sin.3.u_i \ldots \sin.\overline{n-1}.u_i$$

ou celles-ci,

$$\cos.0.u_i, \quad \cos.1.u_i, \quad \cos.2u_i, \quad \cos.3.u_i \ldots \cos.\overline{n-1}.u_i$$

la valeur de h correspondante à chacune de ces séries est

donnée par l'équation $\quad h = -2\dfrac{k}{m}\sin.\mathrm{V}.u_i.$

On peut donner à i n valeurs différentes, depuis $i = 1$ jusqu'à $i = n$. En substituant ces valeurs de $b_1 b_2 b_3 \ldots b_n$ dans les équations de l'art. 261; on aura, pour satisfaire aux équations différentielles de l'art. 260, les résultats suivants :

$$\alpha_1 = \sin.0.u_i \; e^{-2\frac{k}{m}t\sin.\mathrm{V}.u_i} \quad \text{ou} \quad \alpha_1 = \cos.0.u_i \; e^{-2\frac{k}{m}t\sin.\mathrm{V}.u_i}$$

$$\alpha_2 = \sin.1.u_i \; e^{-2\frac{k}{m}t\sin.\mathrm{V}.u_i} \quad\quad \alpha_2 = \cos.1.u_i \; e^{-2\frac{k}{m}t\sin.\mathrm{V}.u_i}$$

$$\alpha_3 = \sin.2.u_i \; e^{-2\frac{k}{m}t\sin.\mathrm{V}.u_i} \quad\quad \alpha_3 = \cos.2.u_i \; e^{-2\frac{k}{m}t\sin.\mathrm{V}.u_i}$$

$$\vdots \quad\quad\quad\quad\quad\quad\quad\quad\quad \vdots$$

$$\alpha_n = \sin.\overline{n-1}\, u_i \; e^{-2\frac{k}{m}t\sin.\mathrm{V}.u_i} \quad \alpha_n = \cos.\overline{n-1}.u_i \; e^{-2\frac{k}{m}t\sin.\mathrm{V}.u_i}$$

264.

On satisferait également aux équations de l'art. 260 en composant les valeurs de chacune des variables $\alpha_1\, \alpha_2\, \alpha_3 \ldots \alpha_n$ de la somme de plusieurs valeurs particulières que l'on aurait trouvées pour cette même variable, et l'on peut aussi multiplier par des coëfficients constants quelconques, chacun des termes qui entrent dans la valeur générale d'une des variables. Il suit de là qu'en désignant par $A_1 B_1 \, A_2 B_2 \, A_3 B_3 \ldots A_n B_n$ des coëfficients quelconques, on pourra prendre, pour exprimer la valeur générale d'une des variables, par exemple, de a_{m+1} l'équation

$$\alpha_{m+1} = (A_1 \sin. m \, u_1 + B_1 \cos. m \, u_1) \, e^{-2\frac{k}{m} t . \sin. V . u_1}$$

$$+ (A_2 \sin. m \, u_2 + B_2 \cos. m \, u_2) \, e^{-2\frac{k}{m} t . \sin. V . u_2}$$

$$\ldots + (A_n \sin. m \, u_n + B_n \cos. m \, u_n) \, e^{-2\frac{k}{m} t . \sin. V . u_n} \, .$$

Les quantités $A_1 A_2 A_3 \ldots A_n$, $B_1 B_2 B_3 \, B_n$ qui entrent dans cette équation, sont arbitraires, et les arcs $u_1 u_2 u_3 \ldots u_n$ sont donnés par les équations

$$u_1 = 0 . \frac{2\pi}{n}, \; u_2 = 1 . \frac{2\pi}{n}, \; u_3 = 2 . \frac{2\pi}{n} \ldots u_n = \overline{n-1} . \frac{2\pi}{n}.$$

Les valeurs des variables générales $\alpha_1 \, \alpha_2 \, \alpha_3 \ldots \alpha_n$ sont donc exprimées par les équations suivantes :

$$\alpha_1 = (A_1 \sin. \; 0 . u_1 + B_1 \cos. \; 0 . u_1) \, e^{-2\frac{k}{m} t \sin. V . u_1}$$

$$+ (A_2 \sin. \; 0 . u_2 + B_2 \cos. \; 0 . u_2) \, e^{-2\frac{k}{m} t \sin. V . u_2}$$

$$+ (A_3 \sin. \; 0 . u_3 + B_3 \cos. \; 0 . u_3) \, e^{-2\frac{k}{m} t \sin. V . u_2} + \text{etc.}$$

$$\alpha_2 = (A_1 \sin. \; 1 . u_1 + B_1 \cos. \; 1 . u_1) \, e^{-2\frac{k}{m} t \sin. V . u_1}$$

$$+ (A_2 \sin. \; 1 . u_2 + B_2 \cos. \; 1 . u_2) \, e^{-2\frac{k}{m} t \sin. V . u_2}$$

$$+ (A_3 \sin. \; 1 . u_3 + B_3 \cos. \; 1 . u_3) \, e^{-2\frac{k}{m} t \sin. V . u_3} + \text{etc.}$$

$$\alpha_3 = (A_1 \sin. \ 2.u_1 + B_1 \sin. \ 2.u_1) \ e^{-2\frac{k}{m} + \sin. \ v.u_1}$$

$$+ (A_2 \sin. \ 2.u_2 + B_2 \cos. \ 2.u_2) \ e^{-2\frac{k}{m} + \sin. \ v.u_2}$$

$$+ (A_3 \sin. \ 2.u_3 + B_3 \cos. \ 2.u_3) e^{-2\frac{k}{m} + \sin. \ v.u_3} + \text{etc.}$$

$$z_n = (A_1 \sin. \overline{n-1}.u_1 + B_1 \cos. \overline{n-1}.u_1) \ e^{-\frac{k}{m} + \sin. \ v.u_1}$$

$$+ (A_2 \sin. \overline{n-1}.u_2 + B_2 \cos. \overline{n-1}.u_2) \ e^{-2\frac{k}{m} + \sin. \ v.u_2}$$

$$+ (A_3 \sin. \overline{n-1}.u_3 + B_2 \cos. \overline{n-1}.u_3) \ e^{-2\frac{k}{m} + \sin. \ v.u_3} + \text{etc.}$$

263.

Si l'on suppose le temps nul, les valeurs $\alpha_1 \alpha_2 \alpha_3 \ \alpha_n$ doivent se confondre avec les valeurs initiales $a_1 \ a_2 \ a_3 \ldots a_n$. On tire de là un nombre n d'équations qui doivent servir à déterminer les coëfficients $A_1 B_1 \ A_2 B_2 \ A_3 B_3$. On reconnaîtra facilement que le nombre des inconnues est toujours égal à celui des équations. En effet, le nombre des termes qui entrent dans la valeur de chacune des variables, dépend du nombre des quantités différentes $\sin. \ V u_1 \sin. \ V u_2 \sin. \ V u_3 \ldots$ etc., qu'on trouve en divisant la circonférence 2π en un nombre n de parties égales. Or, le nombre des quantités $\sin. \ V.o.2\frac{\pi}{n}$, $\sin. \ V.1.2\frac{\pi}{n}$, $\sin. \ V.2.2\frac{\pi}{n} \ldots$ etc., est beaucoup moindre que n, si l'on ne compte que celles qui sont différentes. En désignant le nombre n par $2i+1$, s'il est impair, et par $2i$, s'il est pair, $i+1$ désignera toujours le nombre des sinus verses différents. D'un autre côté lorsque dans la suite des quantités

$$\sin. \ V.o.2\frac{\pi}{n}, \ \sin. \ V.1.2\frac{\pi}{n}, \ \sin. \ V.2.2\frac{\pi}{n}, \ \text{etc}$$

On parviendra à un sinus verse, sin. $V.\lambda.\frac{2\pi}{n}$ égal à l'un des précédents sin. $V.\lambda'.\frac{2\pi}{n}$. Les deux termes des équations qui contiendront ce même sinus verse, n'en formeront qu'un seul ; les deux arcs différents u_λ et $u_{\lambda'}$ qui auront le même sinus verse, auront aussi le même cosinus, et les sinus ne différeront que par le signe. Il est aisé de voir que ces arcs u_λ et $u_{\lambda'}$ qui ont le même sinus verse, sont tels que le cosinus d'un multiple quelconque de u_λ est égal au cosinus d'un même multiple de $u_{\lambda'}$, et que le sinus d'un multiple quelconque de u_λ ne diffère que par le signe du sinus du multiple de $u_{\lambda'}$. Il suit de là que lorsqu'on réunit en un seul les deux termes correspondants de chacune des équations, les deux indéterminées A_λ et $A_{\lambda'}$ qui entrent dans les équations, sont remplacées par une seule indéterminée, savoir : $A_\lambda - A_{\lambda'}$. Quant aux deux indéterminées B_λ et $B_{\lambda'}$, elles sont aussi remplacées par une seule, qui est $B_\lambda + B_{\lambda'}$: il en résulte que le nombre des indéterminées est égal dans tous les cas, au nombre des équations ; car le nombre des termes est toujours $i + 1$. Il faut ajouter que l'indéterminée A disparaît d'elle-même dans tous les premiers termes, parce qu'elle multiplie le sinus d'un arc nul. De plus, lorsque le nombre n est pair, il se trouve à la fin de chaque équation un terme dans lequel une des indéterminées disparaît d'elle-même, parce qu'elle y multiplie un sinus nul ; ainsi le nombre des inconnues qui entrent dans les équations est égal à $2(i+1)-2$, lorsque le nombre n est pair ; par conséquent le nombre des inconnues est le même dans tous les cas que le nombre des équations.

266.

L'analyse précédente nous fournit, pour exprimer les valeurs générales des températures $\alpha_1 \alpha_2 \alpha_3 \ldots \alpha_n$, les équations

$$\alpha_1 = \left(A_1 \sin.\, 0.0.\frac{2\pi}{n} + B_1 \cos.\, 0.0.\frac{2\pi}{n} \right) e^{\;-\;2\frac{k}{m}t} \sin. \text{V}.0.\frac{2\pi}{n}$$

$$+ \left(A_2 \sin.\, 0.1.\frac{2\pi}{n} + B_2 \cos.\, 0.1.\frac{2\pi}{n} \right) e^{\;-\;2\frac{k}{m}t} \sin. \text{V}.1.\frac{2\pi}{n}$$

$$+ \left(A_3 \sin.\, 0.2.\frac{2\pi}{n} + B_3 \cos.\, 0.2.\frac{2\pi}{n} \right) e^{\;-\;2\frac{k}{m}t} \sin. \text{V}.2.\frac{2\pi}{n}$$

$$+ \text{etc.}$$

$$\alpha_2 = \left(A_1 \sin.\, 1.0.\frac{2\pi}{n} + B_1 \cos.\, 1.0.\frac{2\pi}{n} \right) e^{\;-\;2\frac{k}{m}t} \sin. \text{V}.0.\frac{2\pi}{n}$$

$$+ \left(A_2 \sin.\, 1.1.\frac{2\pi}{n} + B_2 \cos.\, 1.1.\frac{2\pi}{n} \right) e^{\;-\;2\frac{k}{m}t} \sin. \text{V}.1\frac{2\pi}{n}$$

$$+ \left(A_3 \sin.\, 1.2.\frac{2\pi}{n} + B_3 \cos.\, 1.2.\frac{2\pi}{n} \right) e^{\;-\;2\frac{k}{m}t} \sin. \text{V}.2\frac{2\pi}{n}$$

$$+ \text{etc.}$$

$$\alpha_3 = \left(A_1 \sin.\, 2.0.\frac{2\pi}{n} + B_1 \cos.\, 2.0.\frac{2\pi}{\pi} \right) e^{\;-\;2\frac{k}{m}t} \sin. \text{V}.0.\frac{2\pi}{n}$$

$$+ \left(A_2 \sin.\, 2.0.\frac{2\pi}{n} + B_2 \cos.\, 2.0.\frac{2\pi}{n} \right) e^{\;-\;2\frac{k}{m}t} \sin. \text{V}.1.\frac{2\pi}{n}$$

$$+ \left(A_3 \sin.\, 2.2.\frac{2\pi}{n} + B_3 \cos.\, 2.2.\frac{2\pi}{n} \right) e^{\;-\;2\frac{k}{m}t} \sin. \text{V}.2.\frac{2\pi}{n}$$

$$+ \text{etc.} \hspace{6cm} (\mu.)$$

$$z = \left(A_1 \sin.\,\overline{n-1}.\,0.\frac{2\pi}{n} + B_1 \cos.\,\overline{n-1}.\,0.\frac{2\pi}{n} \right) e^{-2\frac{k}{m} + \sin.\,v.0.\frac{2\pi}{n}}$$

$$+ \left(A_2 \sin.\,\overline{n-1}.\,1.\frac{2\pi}{n} + B_2 \cos.\,\overline{n-1}.\,1.\frac{2\pi}{n} \right) e^{-2\frac{k}{m} + \sin.\,v.1.\frac{2\pi}{n}}$$

$$+ \left(A_3 \sin.\,\overline{n-1}.\,2.\frac{2\pi}{n} + B_3 \cos.\,\overline{n-1}.\,2.\frac{2\pi}{n} \right) e^{-2\frac{k}{m} + \sin.\,v.2.\frac{2\pi}{n}}$$

$$+ \text{etc.}$$

Pour former ces équations, il faut continuer dans chacune la suite des termes qui contiennent

$$\sin.\,v.0.\frac{2\pi}{n}, \quad \sin.\,V.1.\frac{2\pi}{n}, \quad \sin.\,V.3.\frac{2\pi}{n}, \quad \text{etc.}$$

jusqu'à ce qu'on ait épuisé tous les sinus verses différents, et omettre tous les termes subséquents, en commençant par celui où il entrerait un sinus verse égal à l'un des précédents. Le nombre des équations est n. Si n est un nombre pair égal à $2i$, le nombre des termes de chaque équation est $i + 1$; si le nombre n des équations est un nombre impair représenté par $2i + 1$, le nombre des termes est encore égal à $i + 1$. Enfin, parmi les quantités $A_1 B_1 A_2 B_2$ etc. qui entrent dans ces équations, il y en a qui doivent être omises et disparaissent d'elles-mêmes, comme multipliant des sinus nuls.

267.

Pour déterminer les quantités $A_1 B_1 A_2 B_2 A_3 B_3$ etc., qui entrent dans les équations précédentes, il faut considérer l'état initial qui est connu : on supposera $t = 0$, et l'on écrira au lieu de $z, z_2 z_3$ etc., les quantités données $a_1 a_2 a_3$ etc, qui sont les valeurs initiales des températures. On aura donc,

pour déterminer $A, B, A, B, A_3 B_3$ etc., les équations suivantes :

$$a_i = A_i \sin. 0.0.\frac{2\pi}{n} + A_2 \sin. 0.1.\frac{2\pi}{n} + A_3 \sin. 0.2.\frac{2\pi}{n} + \text{etc.}$$

$$+ B_i \cos. 0.0.\frac{2\pi}{n} + B_2 \cos. 1.1.\frac{2\pi}{n} + B_3 \cos. 0.2.\frac{2\pi}{n} + \text{etc.}$$

$$a_2 = A_i \sin. 1.0.\frac{2\pi}{n} + A_2 \cos. 0.1.\frac{2\pi}{n} + A_3 \sin. 1.2.\frac{2\pi}{n} + \text{etc.}$$

$$+ B_i \cos. 1.0.\frac{2\pi}{n} + B_2 \sin. 1.1.\frac{2\pi}{n} + B_3 \cos. 1.2.\frac{2\pi}{n} + \text{etc.}$$

$$a_3 = A_i \sin. 2.0.\frac{2\pi}{n} + A_2 \sin. 2.1.\frac{2\pi}{n} + A_3 \sin. 2.2.\frac{2\pi}{n} + \text{etc.}$$

$$+ B_i \cos. 2.0.\frac{2\pi}{n} + B_2 \cos. 2.1.\frac{2\pi}{n} + B_3 \cos. 2.2.\frac{2\pi}{n} + \text{etc.}$$

$$a_n = A_i \sin. \overline{n-1}.0.\frac{2\pi}{n} + A_2 \sin. \overline{n-1}.1.\frac{2\pi}{n} + A_3 \sin. \overline{n-1}$$
$$+ \text{etc.}$$

$$+ B_i \cos. \overline{n-1}.0.\frac{2\pi}{n} + B_2 \cos. \overline{n-1}.1.\frac{2\pi}{n} + B_3 \sin. \overline{n-1}$$
(m)
$$+ \text{etc.}$$

268.

Dans ces équations, dont le nombre est n, les quantités
inconnues sont $A, B, A_2 B_2, A_3 B_3 \ldots$ etc., il s'agit d'effectuer
les éliminations et de trouver les valeurs de ces indéterminées. On remarquera d'abord que la même indéterminée
a un multiplicateur différent dans chaque équation, et que
la suite de ces multiplicateurs compose une série recurrente.
En effet, cette suite est celle des sinus croissants en progression arithmétique, ou celle des cosinus des mêmes arcs;
elle peut être représentée par

$$\sin. \, 0\,u... \sin. \, 1\,u... \sin. \, 2\,u... \sin. \, 3\,u... \sin. \, \overline{n-1}.u,$$

ou par $\cos. \, 0\,u... \cos. \, 1\,u... \cos. \, 2\,u... \cos. \, 3\,u... \cos. \, \overline{n-1}.u.$

L'arc u est égal à $i\left(\dfrac{2\pi}{n}\right)$ si l'indéterminée dont il s'agit est A_{i+1} ou B_{i+1}. Cela posé pour déterminer l'inconnue A_{i+1} au moyen des équations précédentes, il faut comparer à la suite des équations la série des multiplicateurs $\sin. \, 0\,u...$ $\sin. \, 1\,u... \sin. \, 2\,u... \sin. \, 3\,u... \sin. \, \overline{n-1}.u,$ et multiplier chaque équation par le terme correspondant de la série. Si l'on prend la somme des équations ainsi multipliées, on éliminera toutes les inconnues, excepté celle qu'il s'agit de déterminer. Il en sera de même si l'on veut trouver la valeur de B_{i+1}; il faudra multiplier chaque équation par le multiplicateur de B_{i+1} dans cette même équation, et prendre ensuite la somme de toutes les équations. Il s'agit de démontrer qu'en opérant de cette manière, on fera disparaître en effet des équations toutes les inconnues, excepté une seule. Pour cela il suffit de faire voir 1° que si l'on multiplie terme à terme les deux suites,

$$\sin.0.u, \ \sin.1.u, \ \sin.2.u, \ \sin.3.u, \ \sin.4.u \ldots \ \sin.\overline{n-1}.u$$

$$\sin.0.v, \ \sin.1.v, \ \sin.2.v, \ \sin.3.v, \ \sin.4.v \ldots \ \sin.\overline{n-1}.v$$

la somme des produits

$$\sin.0\,u\sin.0\,v + \sin.1.u.\sin.1.v + \sin.2\,u.\sin.2\,v + \text{etc.}$$

sera nulle, excepté lorsque les arcs u et v, seront les mêmes, chacun de ces arcs étant d'ailleurs supposé un multiple d'une partie de la circonférence égale à $\frac{2\pi}{n}$; 2° que si l'on multiplie terme à terme les deux séries,

cos. $0\,u$, cos. $1\,u$, cos. $2\,u$, cos. $3\,u$, cos. $4\,u$, cos. $5\,u$... etc.

cos. $0\,v$, cos. $1\,v$, cos. $2\,v$, cos. $3\,v$, cos. $4\,v$, cos. $5\,v$... etc.

la somme des produits sera nulle, excepté le cas où u est égal à v; 3° que si l'on multiplie terme à terme les deux suites,

sin. $0\,u$, sin. $1\,u$, sin. $2\,u$, sin. $3\,u$, sin. $4\,u$... etc.

cos. $0\,v$, cos. $1\,v$, cos. $2\,v$, cos. $3\,v$, cos. $4\,v$... etc.

la somme des produits sera toujours nulle.

269.

On désignera par q l'arc $\frac{2\pi}{n}$, par μq l'arc u, et par $\nu\,q$ l'arc v, μ et ν étant des nombres entiers positifs moindres que n. Le produit de deux termes correspondants des deux premières séries sera représenté par

$$\sin. j\mu q \,.\, \sin. j\nu q \text{ ou } \tfrac{1}{2}\cos.\overline{j\mu - \nu}\,q - \tfrac{1}{2}\cos.\overline{j\mu + \nu}\,q$$

la lettre j désignant un terme quelconque de la suite, 0... 1... 2... 2... 3... i... $n-1$; or il est facile de prouver que si l'on donne à j ses n valeurs successives, depuis 0 jusqu'à $n-1$, la somme

$$\tfrac{1}{2}\cos. 0\overline{\mu - \nu}\,q + \tfrac{1}{2}\cos. 1.\overline{\mu - \nu}\,q + \tfrac{1}{2}\cos. 2\overline{\mu - \nu}\,q$$

$$+ \tfrac{1}{2}\cos. 3\overline{\mu - \nu}\,q + \ldots + \tfrac{1}{2}\cos.\left(\overline{n-1.\mu - \nu}.q\right)$$

40.

aura une valeur nulle, et qu'il en sera de même de la suite,

$$\frac{1}{2}\cos. \, 0\overline{\mu + \nu}\,q + \frac{1}{2}\cos. \, 1\, . \,\overline{\mu + \nu}\,q + \frac{1}{2}\cos. \, 0\overline{\mu + \nu}\,q$$

$$+ \frac{1}{2}\cos. \, 3\overline{\mu + \nu}\,q \ldots + \frac{1}{2}\cos. \, (\overline{n - 1 \,. \,\mu + \nu \,. \,q}).$$

En effet, en représentant l'arc $\overline{\mu - \nu}\,.\,q$ par α, qui est par conséquent un multiple de $\frac{2\pi}{n}$, on aura la suite recurrente

$\cos. \, 0\,\alpha$, $\cos. \, 1\,\alpha$, $\cos. \, 2\,\alpha \ldots \cos. \, \overline{n - 1}\,\alpha$, dont la somme est nulle. Pour le faire voir, on représentera cette somme par s, et les deux termes de l'échelle de relation étant $2\cos. \, \alpha$ et -1, on multipliera successivement les deux membres de l'équation

$$s = \cos. \, 0\,\alpha + \cos. \, 2\,\alpha + \cos. \, 3\,\alpha \ldots + \cos. \, \overline{n - 1}\,\alpha$$

par $-2\cos. \, \alpha$ et par $+1$, puis ajoutant les trois équations, on connaîtra que les termes intermédiaires se détruisent d'eux-mêmes d'après la nature de la série recurrente.

Si l'on remarque maintenant que $n\,\alpha$ étant un multiple de la circonférence entière, les quantités $\cos. \, \overline{n - 1}\,\alpha \ldots$ $\cos. \, \overline{n - 2}\,\alpha \ldots \cos. \, \overline{n - 3}\,\alpha \ldots$ etc. sont respectivement les mêmes que celles que l'on désignerait par $\cos. \, (-\alpha) \ldots$ $\cos. \, (-2\,\alpha) \ldots \cos. \, (-3\,\alpha) \ldots$ on en conclura $2\,s - 2\,s\cos. \, \alpha = 0$; ainsi la somme cherchée s doit en général être nulle. On trouvera de même que la somme des termes dus au développement de $\frac{1}{2}\cos. \, (j\,\overline{\mu + \nu}\,q)$ est nulle. Il faut excepter le cas ou l'arc représenté par α serait nul, on aurait alors $1 - \cos. \, \alpha = 1$; c'est-à-dire, que les arcs u et v seraient les mêmes. Dans ce cas, le terme $\frac{1}{2}$ cos. $j\overline{\mu+\nu}\,q$ donne encore un développement dont la somme est nulle : mais la quantité $\frac{1}{2}$ cos. $j\overline{\mu-\nu}\,q$ fournit des termes égaux dont chacun a pour valeur $\frac{1}{2}$; donc la somme des produits terme à terme des deux premières séries est $\frac{1}{2}\,n$.

On trouvera de la même manière la valeur de la somme des produits terme à terme des deux secondes séries, ou Σ (cos. $j\mu q$.cos. $j\nu q$); en effet, on substituera à.........
cos.$j\mu q$.cos.$j\nu q$ la quantité $\frac{1}{2}$ cos. $j\overline{\mu-\nu}.q + \frac{1}{2}$ cos.$j\overline{\mu+\nu}\,q$ et l'on en conclura comme dans le cas précédent, que

$$\Sigma\,\frac{1}{2}\,\cos.\,j\overline{\mu+\nu}\,q$$

est nulle, est que $\Sigma\,\frac{1}{2}$ cos. $j\overline{\mu-\nu}\,q$ est nulle, excepté le cas ou $\mu=\nu$. Il suit de là que la somme des produits terme à terme des deux secondes séries ou Σ cos. $j\mu q$.cos. $j\nu q$ est toujours nulle, lorsque les arcs u et v sont différents, et égale à $\frac{1}{2}\,n$ lorsque $u=v$. Il ne faut plus que distinguer les cas ou les arcs μq et νq sont tous les deux nuls, alors on a o pour la valeur de Σ (sin. $j\,\mu\,q$.sin. $j\,\nu\,q$), qui désigne la somme des deux produits terme à terme des deux premières séries. Il n'en est pas de même de la somme Σ(cos.$j\mu q$.cos.$j\nu q$), prise dans le cas ou μq et νq sont nuls; cette somme des produits terme à terme des deux secondes séries est évidemment égale à n. Quant à la somme des produits terme à terme des deux séries

$$\sin. 0\,u, \quad \sin. u, \quad \sin. 2u, \quad \sin. 3u, \quad \sin. 4u\ldots \sin. \overline{n-1}.u$$

$$\cos. 0\,u, \quad \cos. u, \quad \cos. 2u, \quad \cos. 3u, \quad \cos. 4u\ldots \cos. \overline{n-1}.u$$

elle est nulle, dans tous les cas, ce qu'il est facile de reconnaître par l'analyse précédente.

270.

La comparaison de ces séries fournit donc les conséquences suivantes. Si l'on partage la circonférence 2π en un
nombre n de parties égales, que l'on prenne un arc u composé d'un nombre entier μ de ces parties, et que l'on marque
les extrémités des arcs $u, 2u, 3u, 4u\ldots \overline{n-1}\,u$, il résulte des propriétés connues des quantités trigonométriques
que les quantités

$$\sin. 0\,u, \quad \sin. u, \quad \sin. 2u, \quad \sin. 3u\ldots \sin. \overline{n-1}.u,$$

ou celles-ci, $\cos. 0\,u, \cos. 1\,u, \cos. 2u, \cos. 3u\ldots\cos.\overline{n-1}\,u$
forment une série recurrente périodique, composée de n
termes; si l'on compare une de ces deux séries correspondantes à un arc u ou $\mu.\dfrac{2\pi}{n}$ à une série correspondante à un
autre arc v ou $\nu.\dfrac{2\pi}{n}$ et qu'on multiplie terme à terme les deux
deux séries comparées; la somme des produits sera nulle
lorsque les arcs u et v seront différents. Si les arcs u et v
sont égaux, la somme des produits est égale à $\dfrac{1}{2}n$ lorsque
l'on compare deux séries de sinus, ou lorsque l'on compare
deux séries de cosinus; mais cette somme est nulle, si l'on
compare une série de sinus à une série de cosinus. Si l'on
suppose nuls les arcs u et v, il est manifeste que la somme

des produits terme à terme est nulle, toutes les fois que l'une des deux séries est formée de sinus, et lorsqu'elles le sont toutes les deux, mais la somme des produits est n, si les deux séries composées sont formées de cosinus. En général, la somme des produits terme à terme est égale à o ou $\frac{1}{2} n$ ou n; au reste, les formules connues conduiraient directement aux mêmes résultats. On les présente ici comme des conséquences évidentes des théorêmes élémentaires de la trigonométrie.

271.

Il est aisé d'effectuer au moyen de ces remarques l'élimination des inconnues dans les équations précédentes. L'indéterminée A_1 disparaît d'elle-même comme ayant des coëfficients nuls; pour trouver B_1 on multipliera les deux membres de chaque équation par le coëfficient de B_1 dans cette même équation, et l'on ajoutera toutes les équations ainsi multipliées, on trouvera $a_1 + a_2 + a_3 + \ldots a_n = B_1.$

Pour déterminer A_2 on multipliera les deux membres de chaque équation par le coëfficient de A_2 dans cette équation et en désignant l'arc $\frac{2\pi}{n}$ par q, on aura, après avoir ajouté les équations

$$a_1 \sin. o.q + a_2 \sin. 1.q + a_3 \sin. 2.q + \ldots a_n \sin. \overline{n-1}.q = \frac{1}{2} n . A_2.$$

On aura pareillement pour déterminer B_2

$$a_1 \cos. o\, q + a_2 \cos. 1.q + a_3 \cos. 3\, q + \ldots a_n \cos. \overline{n-1}.q = \frac{1}{2} n B_2.$$

En général, on trouvera chaque indéterminée en multipliant les deux membres de chaque équation par le coëfficient de l'indéterminée dans cette même équation, et en ajoutant les produits. On parvient ainsi aux résultats suivants:

$$n\,B_1 = a_1 \qquad\qquad + a_2 \qquad\qquad + a_3 \qquad\qquad + \text{etc.} = S\,a_i$$

$$\tfrac{1}{2}n\,A_1 = a_1\sin.\ 0.\frac{2\pi}{n} + a_2\sin.\ 1.\frac{2\pi}{n} + a_3\sin.\ 2.\frac{2\pi}{n} + \text{etc.} = S\,a_i\sin.(i-1)1.\frac{2\pi}{n}$$

$$\tfrac{1}{2}n\,B_2 = a_1\cos.\ 0.\frac{2\pi}{n} + a_2\cos.\ 1.\frac{2\pi}{n} + a_3\cos.\ 2.\frac{2\pi}{n} + \text{etc.} = S\,a_i\cos.(i-1)1.\frac{2\pi}{n}$$

$$\tfrac{1}{2}n\,A_3 = a_1\sin.0.3.\frac{2\pi}{n} + a_2\sin.1.2.\frac{2\pi}{n} + a_3\sin.2.2.\frac{2\pi}{n} + \text{etc.} = S\,a_i\cos.(i-1)2.\frac{2\pi}{n}$$

$$\tfrac{1}{2}n\,B_3 = a_1\cos.0.3.\frac{2\pi}{n} + a_2\cos.1.3.\frac{2\pi}{n} + a_3\cos.2.3.\frac{2\pi}{n} + \text{etc.} = S\,a_i\cos.(i-1)2.\frac{2\pi}{n}$$

$$\tfrac{1}{2}n\,A_i = a_1\sin.0.3.\frac{2\pi}{n} + a_2\sin.1.3.\frac{2\pi}{n} + a_3\sin.2.3.\frac{2\pi}{n} + \text{etc.} = S\,a_i\sin.(i-1)3.\frac{2\pi}{n}$$

$$\tfrac{1}{2}n\,B_4 = a_1\cos.0.3.\frac{2\pi}{n} + a_2\cos.1.3.\frac{2\pi}{n} + a_3\cos.2.3.\frac{2\pi}{n} + \text{etc.} = S\,a_i\cos.(i-1)3.\frac{2\pi}{n}$$

$$+ \text{etc.} \hspace{6cm} \text{(M)}$$

Il faut, pour trouver le développement indiqué par le signe S, donner à i ses n valeurs successives 1... 2... 3... 4... etc. et prendre la somme, on aura en général

$$\tfrac{1}{2}n\,A_j = S\,a_i\sin.\left(\overline{i-1}.\overline{j-1}.\frac{2\pi}{n}\right) \text{ et } \tfrac{1}{2}n\,B_j = S\,a_i\cos.\left(\overline{i-1}.\overline{j-1}.\frac{2\pi}{n}\right)$$

Si l'on donne au nombre entier j toutes les valeurs successives 1... 2... 3... 4... etc. qu'il peut avoir, ces deux formules fourniront les équations, et si l'on développe le terme sous le signe S, en donnant à i ses n valeurs 1... 2... 3... 4... etc. on aura les valeurs des inconnues $A_1\,B_1\ A_2\,B_2\ A_3\,B_3\ A_4\,B_4$... etc., et les équations (m) art. 267 seront entièrement résolues.

272.

Il faut maintenant, substituer les valeurs connues des coëfficients $A, B, A_2 B, A_3 B_3 \ldots$ etc., dans les équations (μ), art. 266, et l'on trouvera les valeurs suivantes :

$$\alpha_1 = N_0 \qquad + \qquad N_1 \varepsilon^{t \sin. V. q_1} \qquad + \qquad N_2 \varepsilon^{t \sin. V. q_2} + \text{etc.}$$

$$\alpha_2 = N_0 + (M_1 \sin. q_1 + N_1 \cos. q_1) \varepsilon^{t \sin. V. q_1} + (M_2 \sin. q_2 + N_2 \cos. q_2) \varepsilon^{t \sin. V. q_2} + \text{etc.}$$

$$\alpha_3 = N_0 + (M_1 \sin. 2 q_1 + N_1 \cos. 2 q_1) \varepsilon^{t \sin. V. q_1} + (M_2 \sin. 2 q_2 + N_2 \cos. 2 q_2) \varepsilon^{t \sin. V. q_2} + \text{esc.}$$

$$\vdots$$

$$\alpha_j = N_0 + (M_1 \sin. \overline{j-1} q_1 + N_1 \cos. \overline{j-1} q_1) \varepsilon^{t \sin. V. q_1} + (M_2 \sin. \overline{j-1} q_2 + N_2 \cos. \overline{j-1} q_2) \varepsilon^{t \sin. V.}$$
$$+ \text{etc.}$$

$$\vdots$$

$$\alpha_n = N_0 + (M_1 \sin. \overline{n-1} q_1 + N_1 \cos. \overline{n-1} q_1) \varepsilon^{t \sin. V. q_1} + (M_2 \sin. \overline{n-1} q_2 + N_2 \cos. \overline{n-1} q_2) \varepsilon^{t \sin. V. q}$$
$$+ \text{etc.}$$

dans ces équations

$$\varepsilon = e^{-2 \frac{k}{m}}, \quad q_1 = 1 . \frac{2\pi}{n}, \quad q_2 = 2 . \frac{2\pi}{n}, \quad q_3 = 3 . \frac{2\pi}{n}, \text{ etc.}$$

$$N_0 = \frac{1}{n} S a_i$$

$$N_1 = \frac{2}{n} S a_i \cos. \overline{i-1} q_1 \qquad M_1 = \frac{2}{n} S a_i \sin. \overline{i-1} q_1$$

$$N_2 = \frac{2}{a} S a_i \cos. \overline{i-1} q_2 \qquad M_3 = \frac{2}{n} S a_i \sin. \overline{i-1} q_2$$

$$N_3 = \frac{2}{n} S a_i \cos. \overline{i-1} q_3 \qquad M_3 = \frac{2}{n} S a_i \sin. \overline{i-1} q_3$$

etc. etc.

273.

Les équations que l'on vient de rapporter, renferment la solution complète de la question proposée; elle est représentée par cette équation générale

$$z_{_j} = \frac{1}{n}S\,a_{_i} + \left(\frac{2}{n}\sin.\overline{j-1}\,\frac{2\pi}{n}S\,a_{_i}\sin.\overline{i-1}.\frac{2\pi}{n} + \frac{2}{n}\cos.\overline{j-1}\,\frac{2\pi}{n}S\,a_{_i}\cos.\overline{i-1}.\frac{2\pi}{n}\right)e^{-2\frac{k}{m}t\sin.V.1.\frac{2}{n}\pi}$$

$$+ \left(\frac{2}{n}\sin.\overline{j-1}.2.\frac{2\pi}{n}S\,a_{_i}\sin.\overline{i-1}.2.\frac{2\pi}{n} + \frac{2}{n}\cos.\overline{j-1}.2.\frac{2\pi}{n}S\,a_{_i}\cos.\overline{i-1}.2.\frac{2\pi}{n}\right)e^{-2\frac{k}{m}t\sin.V.2.\frac{2}{n}\pi}$$

$$+ \text{etc.} \qquad\qquad (\varepsilon)$$

dans laquelle il n'entre que des quantités connues, savoir : $a_1\ldots a_2\ldots a_3\ldots a_4\ldots a_n$, qui sont les températures initiales, K mesure de la conducibilité, m valeur de la masse, n nombre des masses échauffées, et t le temps écoulé.

Il résulte de toute l'analyse précédente que si plusieurs corps égaux en nombre n, sont rangés circulairement, et qu'ayant reçu des températures initiales quelconques, ils viennent à se communiquer la chaleur comme on l'a supposé; la masse de chaque corps étant désignée par m, le temps par t, et par k un coëfficient constant, la température variable de chacune des masses qui doit être une fonction des quantités t, m et k, et de toutes les températures initiales, est donnée par l'équation générale (ε). Il faut d'abord mettre au lieu de j le numéro qui indique la place du corps dont on veut connaître la température, savoir : 1 pour le premier corps, 2 pour le second, etc.; ensuite il restera la lettre i qui entre sous le signe S, on donnera à i ses n valeurs successives 1... 2... 3... 4... etc., et l'on prendra la somme de tous les termes. Quant au nombre des termes qui entrent dans cette équation, il doit y en avoir autant que l'on trouve de sinus verses différents, lorsque la suite des arcs est $0\frac{2\pi}{n}\ldots 1\frac{2\pi}{n}\ldots 3\frac{2\pi}{n}$ etc., c'est-à-dire, que le nombre n étant égal à $2\lambda+1$ ou à 2λ selon qu'il est impair ou pair, le nombre des termes qui entrent dans l'équation générale est toujours $\lambda+1$.

274.

Pour donner un exemple de l'application de cette formule, nous supposerons que la première masse est la seule que l'on ait d'abord échauffée, en sorte que les températures initiales $a_1\ldots a_2\ldots a_3\ldots a_n$ soient toutes nulles, excepté la première, il est visible que la quantité de chaleur contenue dans la première masse se distribuera successivement entre toutes les autres. Or, la loi de cette communication de la chaleur sera exprimée par l'équation suivante :

$$\alpha = \frac{1}{n}a_1 + \frac{2}{n}a_1\cos.\overline{j-1}\,\frac{2\pi}{n}e^{-2\frac{k}{m}t\sin.\,\mathrm{V}.1.\frac{2\pi}{n}}$$

$$+ \frac{2}{n}a_1\cos.\overline{j-1}\,2.\frac{2\pi}{n}e^{-2\frac{k}{m}t\sin.\mathrm{V}.2.\frac{2\pi}{n}}$$

$$+ \frac{2}{n}a_1\cos.\overline{j-1}\,.3\frac{2\pi}{n}e^{-2\frac{k}{m}t\sin.\,\mathrm{V}.3.\frac{2\pi}{n}} + \text{etc.}$$

Si la seconde masse était seule échauffée et que les températures $a_1\ldots a_3\ldots a_4\ldots a_n$ fussent nulles, on aurait

$$= \frac{1}{n}a_2 + \frac{2}{n}a_2\left(\sin.\overline{j-1}\,\frac{2\pi}{n}.\sin.\frac{2\pi}{n} + \cos.\overline{j-1}\,\frac{2\pi}{n}.\cos.\frac{2\pi}{n}\right)e^{-2\frac{k}{m}t\sin.\mathrm{V}.1.\frac{2\pi}{n}}$$

$$\frac{2}{n}a_2\left(\sin.\overline{j-1}\,.2.\frac{2\pi}{n}.\sin.2.\frac{2\pi}{n} + \cos.\overline{j-1}\,.2.\frac{2\pi}{n}.\cos.2.\frac{2\pi}{n}\right)e^{-2\frac{k}{m}t\sin.\mathrm{V}.2.\frac{2\pi}{n}}$$

et si l'on supposait que toutes les températures initiales fussent nulles, excepté a_1 et a_2, on trouverait pour la valeur de a_j la somme des valeurs trouvées dans chacune des deux hypothèses précédentes. En général, il est facile de conclure de l'équation générale (ε) art. 273 que pour trouver la loi suivant laquelle les quantités initiales de chaleur se répartissent entre les masses, on peut considérer séparément les cas ou les températures initiales seraient nulles, excepté une seule. On supposera que la quantité de chaleur contenue dans une des masses se communique à toutes les autres, en regardant ces dernières comme affectées de températures nulles, et ayant fait cette hypothèse pour chacune des masses en particulier à raison de la chaleur initiale qu'elle a reçue, on connaîtra quelle est, après un temps donné, la température de chacun des corps en ajoutant toutes les températures que ce même corps a dû recevoir dans chacune des hypothèses précédentes.

$$275.$$

Si dans l'équation générale (ε) qui donne la valeur de α_j, on suppose que le temps a une valeur infinie, on trouvera $\alpha_j = \frac{1}{n} S a_i$, en sorte que chacune des masses aura acquis la température moyenne; résultat qui est évident par lui-même.

A mesure que la valeur du temps augmente, le premier terme $\frac{1}{n} S (a_i)$ devient de plus en plus grand par rapport au suivant, ou à la somme des suivants. Il en est de même du second par rapport aux termes qui le suivent; et, lorsque le temps a acquis une valeur considérable, la valeur de

α_j est représentée sans erreur sensible par l'équation suivante:

$$\alpha_j = \frac{1}{n} S a_i + \frac{2}{n} \left(\sin.\overline{j-1}\frac{2\pi}{n}.S a_i \sin.\overline{i-1}\frac{2\pi}{n} \right.$$

$$\left. + \cos.\overline{j-1}.\frac{2\pi}{n} S \alpha_i \cos.\overline{i-1}.\frac{2\pi}{n} \right) e^{-2\frac{k}{m}t\sin.V.\frac{2\pi}{n}}.$$

En désignant par a et b les coëfficients de sin. $\left(\overline{j-1}\frac{2\pi}{n} \right)$

et de cos. $\left(\overline{j-1}\frac{2\pi}{n} \right)$, et la fraction $e^{-2\frac{k}{m}t\sin.V.\frac{2\pi}{n}}$ par ω on

aura $\alpha_j = \frac{1}{n} S a_i + \left(a \sin.\overline{j-1}\frac{2\pi}{n} + b \cos.\overline{j-1}\frac{2\pi}{n} \right) \omega^t$. Les

quantités a et b sont constantes, c'est-à-dire, indépendantes
du temps et de la lettre j qui indique le rang de la masse
dont la température variable est α_j. Ces quantités sont les
mêmes pour toutes les masses. La différence de la tempéra-
ture variable α_j à la température finale $\frac{1}{n} S a_i$ décroît donc
pour chacune des masses, proportionnellement aux puis-
sances successives de la fraction ω. Chacun des corps tend
de plus en plus à acquérir la température finale $\frac{1}{n} S (a_i)$, et
la différence entre cette dernière limite et la température
variable du même corps finit toujours par décroître comme
les puissances successives d'une fraction. Cette fraction est
la même, quel que soit le corps dont on considère les changements de température, le coëfficient de ω^t ou a sin. $u_j +$
$b \cos. u_j$, en désignant par u_j l'arc. $(j-1).\frac{2\pi}{n}$ peut être mis
sous cette forme A sin. $(u_j + B)$ en prenant A et B, tels que
l'on ait $a = A \cos. B$ et $b = A \sin. B$. Si l'on voulait déterminer le coëfficient de ω^t qui se rapporte aux corps sui-

vants : dont la température est $\alpha_{j+1} \cdots \alpha_{j+2} \cdots \alpha_{j+3} \cdots$ Il faudrait ajouter à u, l'arc $\frac{2\pi}{n}$ ou $2.\frac{2\pi}{n}$, ainsi de suite ; c'est-à-dire, que l'on a les équations

$$\alpha_j - \frac{1}{n}S\,a_i = A.\sin.(B + u_j)\,\omega' + \text{etc.}$$

$$\alpha_{j+1} - \frac{1}{n}S\,a_i = A.\sin.\left(B + u_j + 1.\frac{2\pi}{n}\right)\omega' + \text{etc.}$$

$$\alpha_{j+2} - \frac{1}{n}S\,a_i = A.\sin.\left(B + u_j + 2.\frac{2\pi}{n}\right)\omega' + \text{etc.}$$

$$\alpha_{j+3} - \frac{1}{n}S\,a_i = A.\sin.\left(B + u_j + 3.\frac{2\pi}{n}\right)\omega' + \text{etc.}$$

etc.

276.

On voit, par ces équations, que les dernières différences entre les températures actuelles et les températures finales, sont représentées par les équations précédentes, en ne conservant que le premier terme du second membre de chaque équation. Ces dernières différences varient donc selon la loi suivante : si l'on ne considère qu'un seul corps, la différence variable dont il s'agit, c'est-à-dire, l'excès de la température actuelle du corps sur la température finale et commune, diminue comme les puissances successives d'une fraction, le temps augmentant par parties égales ; et, si l'on compare pour un même instant la température de tous les corps, la différence dont il s'agit varie proportionnellement aux sinus successifs de la circonférence divisée en parties égales. La température d'un même corps, pris à divers instants successifs égaux, est représentée par les ordonnées d'une logarith-

mique, dont l'axe est divisé en parties égales, et la température de chacun de ces corps, prise au même instant pour
tous, est représentée par les ordonnées du cercle dont la
circonférence est divisée en parties égales. Il est facile de
voir, comme on l'a remarqué plus haut, que si les températures initiales sont telles, que les différences de ces températures à la température moyenne ou finale soient proportionnelles aux sinus successifs des arcs multiples, ces différences
diminueront toutes à-la-fois sans cesser d'être proportionnelles aux mêmes sinus. Cette loi qui régnerait entre les
températures initiales ne serait point troublée par l'action
réciproque des corps, et se conserverait jusqu'à ce qu'ils
eussent tous acquis une température commune. La différence diminuerait pour chaque corps comme les puissances
successives d'une même fraction. Telle est la loi la plus simple à laquelle puisse être assujétie la communication de la
chaleur entre une suite de masses égales. Lorsque cette loi
est établie entre les températures initiales, elle se conserve
d'elle-même, et lorsqu'elle ne règne point entre les températures initiales, c'est-à-dire lorsque les différences de ces températures à la température moyenne ne sont pas proportionnelles aux sinus successifs des arcs multiples, la loi dont
il s'agit tend toujours à s'établir, et le système des températures variables finit bientôt par se confondre sensiblement
avec celui qui dépend des ordonnées du cercle et de celles
de la logarithmique.

Puisque les dernières différences entre l'excès de la température d'un corps sur la température moyenne, sont proportionnelles aux sinus de l'arc à l'extrémité duquel le corps
est placé, il s'ensuit que si l'on désigne deux corps placés

aux extrémités du même diamètre, la température du premier surpassera la température moyenne et constante autant que cette température constante surpassera celle du second corps. C'est pourquoi, si l'on prend à chaque instant la somme des températures de deux masses dont la situation est opposée, on trouvera une somme constante et cette somme aura la même valeur pour deux masses quelconques placées aux extrémités d'un même diamètre.

277.

Les formules qui représentent les températures variables des masses disjointes s'appliquent facilement à la propagation de la chaleur dans les corps continus. Pour en donner un exemple remarquable, nous déterminerons le mouvement de la chaleur dans une armille, au moyen de l'équation générale qui a été rapportée précédemment.

On supposera que le nombre n des masses croît successivement, et qu'en même temps la longueur de chaque masse décroît dans le même rapport, afin que la longueur du système ait une valeur constante égale à 2π. Ainsi le nombre n des masses sera successivement 2 ou 4, ou 8 ou 16, à l'infini, et chacune des masses sera π ou $\frac{\pi}{2}$ ou $\frac{\pi}{4}$ ou $\frac{\pi}{8}$, etc. Il est nécessaire de supposer aussi que la facilité avec laquelle la chaleur se transmet, augmente dans le même rapport que le nombre des masses m; ainsi la quantité que représente K lorsqu'il n'y a que deux masses, devient double lorsqu'il y en a quatre, quadruple s'il y en a huit, ainsi de suite. En désignant par g cette quantité on voit que le nombre K devra être successivement remplacé par g, $2g$, $4g$, etc. Si l'on passe maintenant à la supposition du corps continu, on écrira au lieu de m, valeur de chaque masse infiniment petite, l'élément dx; au lieu du nombre n des masses on mettra $\frac{2\pi}{dx}$, au lieu de k on mettra $g\,\frac{n}{2}$ ou $\frac{\pi g}{dx}$.

Quant aux températures initiales a_1, a_2, a_3, a_i, a_n, elles dépendent de la valeur de l'arc x, et, en considérant ces températures comme les états successifs d'une même variable, la valeur générale a_i représente une fonction arbitraire de x. L'indice i sera alors remplacé par $\frac{x}{dx}$. A l'égard des quantités α_1, α_2, α_3, ces températures sont des variables qui dépendent des deux quantités x et t. En désignant par v cette variable on aura $v = \varphi(x, t)$. L'indice j qui marque la place que l'un des corps occupe sera remplacé par $\frac{dx}{x}$. Ainsi pour appliquer l'analyse précédente au cas où l'on aurait une infinité de tranches, formant un corps continu dont la forme serait celle d'une armille, il faudra substituer aux quantités n, m, k, a_i, i, α_j, j celles qui leur correspondent, savoir : $\frac{2\pi}{dx}$, dx, $\frac{\pi g}{dx}$, fx, $\frac{x}{dx}$, $\varphi(x, t)$, $\frac{x}{dx}$. On fera ces substitutions dans l'équation (ε) art. 273 et l'on écrira $\frac{1}{2}dx^2$ au lieu de sin. $V\,dx$, et i et j au lieu de $i-1$ et $j-1$. Le premier terme $\frac{1}{n}\,S\,a_i$ devient la valeur de l'intégrale $\frac{1}{\pi}\int fx\,dx$ prise depuis $x=0$ jusqu'à $x=2\pi$; la quantité sin. $(j-1)\frac{2\pi}{n}$ devient sin. $j\,dx$ ou sin. x; la valeur de cos. $(j-1)\frac{2\pi}{dx}$ est cos. x; celle de $\frac{2}{n}\int (a_i$ sin. $(i-1)\frac{2\pi}{n}$ est $\frac{2}{\pi}\int fx$ sin. $x\,dx$, l'intégrale étant prise depuis $x=0$ jusqu'à $x = 2\pi$, et celle de $\frac{2}{\pi} S\, a_i \cos.\left(\overline{i-1}\,\frac{2\pi}{n}\right)$ est

$$\frac{2}{\pi}\int\left(fx \cos.\, x\, dx\right),$$

l'intégrale étant prise entre les mêmes limites, on obtient par ces substitutions l'équation

$$\varphi(x,t) = v = \frac{1}{2\pi}Sfx\,dx + \frac{1}{\pi}(\sin.\,x\,Sfx\sin.\,x\,dx + \cos.\,x\,Sfx\cos.\,x\,dx)e^{-g\pi t}$$

$$+ \frac{1}{\pi}(\sin.\,2x\,Sfx\sin.\,2x\,dx + \cos.\,2x\,Sfx\cos.\,2x\,dx)e^{-2^2 g\pi t}$$

$$+ \text{ etc.} \qquad\qquad\qquad\qquad\qquad\qquad\qquad\qquad\text{(E)}$$

et représentant par K la quantité $g\pi$, on aura

$$\pi v = \frac{1}{2}\int fx\,dx + (\sin.\,x\int fx.\sin.\,x\,dx + \cos.\,x\int fx\cos.\,x\,dx)e^{-kt}$$

$$+ (\sin.\,2x\int\varphi x\sin.\,2x\,dx + \cos.\,2x\int\varphi x\cos.\,2x\,dx)e^{-2^2 kt}$$

$$+ \text{ etc.}$$

278.

Cette solution est la même que celle qui a été rapportée dans la section précédente, pag. 272; elle donne lieu à diverses remarques. 1° Il ne serait pas nécessaire de recourir à l'analyse des équations aux différences partielles pour obtenir l'équation générale qui exprime le mouvement de la chaleur dans une armille. On pourrait résoudre la question pour un nombre déterminé de corps, et supposer ensuite ce nombre infini. Cette méthode de calcul a une clarté qui lui est propre, et qui dirige les premières recherches. Il est facile ensuite de passer à une méthode plus concise dont la marche se trouve naturellement indiquée. On voit d'abord

que la distinction des valeurs particulières qui, satisfaisant
à l'équation aux différences partielles, composent la valeur
générale, dérive de la règle connue pour l'intégration des
équations différentielles linéaires dont les coëfficients sont
constants. Cette distinction est d'ailleurs fondée, comme on
l'a vu plus haut, sur les conditions physiques de la question;
2º Pour passer du cas des masses disjointes à celui d'un
corps continu, nous avons supposé que le coëfficient K augmentait proportionnellement au nombre n des masses. Ce
changement continuel du nombre K est une suite de ce que
nous avons démontré précédemment, savoir que la quantité
de chaleur qui s'écoule entre deux tranches d'un même
prisme est proportionnelle à la valeur de $\frac{d\,v}{d\,x}$, x désignant l'abscisse qui répond à la section, et v la température. Au reste
si l'on ne supposait point que le coëfficient K augmente
proportionnellement au nombre des masses, et que l'on
retînt une valeur constante pour ce coëfficient; on trouverait, en faisant n infini, un résultat contraire à celui qu'on
observe dans les corps continus. La diffusion de la chaleur
serait infiniment lente, et de quelque manière que la masse
eût été échauffée, la température d'un point ne subirait
aucun changement sensible, pendant un temps déterminé,
ce qui est opposé aux faits. Toutes les fois que l'on a recours
à la considération d'un nombre infini de masses séparées
qui se transmettent la chaleur, et que l'on veut passer au
cas des corps continus; il faut attribuer au coëfficient K, qui
mesure la vîtesse de la transmission, une valeur proportionnelle au nombre des masses infiniment petites qui composent le corps donné.

42.

3º Si dans la dernière équation que nous venons d'obtenir pour exprimer la valeur de v ou $\varphi(x, t)$, on suppose $t = o$; il sera nécessaire que l'équation représente l'état initial, on aura donc par cette voie l'équation (p) que nous avons obtenue précédemment, pag. 256, savoir :

$$\pi fx = \frac{1}{2} \int f x \, d x \quad \begin{aligned} &+ \sin . x \int f x \sin . x \, d x + \sin . 2 \, x \int f x \sin . 2 \, x \, d x + \text{etc.} \\ &+ \cos . x \int f x \cos . x \, d x + \cos . 2 \, x \int f x \cos . 2 \, x \, d x + \text{etc.} \end{aligned}$$

Ainsi ce théorème qui donne, entre des limites assignées, le développement d'une fonction arbitraire en séries de sinus ou de cosinus d'arcs multiples se déduit des règles élémentaires du calcul. On trouve ici l'origine du procédé que nous avons employé pour faire disparaître par des intégrations successives tous les coëfficients, excepté un seul dans l'équation

$$\varphi x = a \quad \begin{aligned} &+ a_1 \sin . x + a_2 \sin . 2 \, x + a_3 \sin . 3 \, x + \text{etc.} \\ &+ b_1 \cos . x + b_2 \cos . 2 \, x + b_3 \cos . 3 \, x + \text{etc.} \end{aligned}$$

ces intégrations correspondent aux éliminations des diverses inconnues dans les équations (m) p. 313 et 320, et l'on reconnaît clairement par cette comparaison des deux méthodes que l'équation (B) page 334, a lieu pour toutes les valeurs de x comprises entre o et 2π, sans que l'on soit fondé à l'appliquer aux valeurs de x qui excèdent ces limites.

279.

La fonction $\varphi(x, t)$ qui satisfait à la question, et dont la valeur est déterminée par l'équation (E) pag. 330 peut être exprimée comme il suit

$$2\pi\varphi(x,t) = \int d\alpha f\alpha + (2\sin.x\int d\alpha f\alpha \sin.\alpha + 2\cos.x\int d\alpha f\alpha \cos.\alpha)e^{-kt}$$

$$+ (2\sin.2x\int d\alpha f\alpha \sin.2\alpha + 2\cos.2x\int d\alpha f\alpha \cos.2\alpha)e^{-2^2 kt}$$

$$+ (2\sin.3x\int d\alpha f\alpha \sin.3\alpha + 2\cos.3x\int d\alpha f\alpha \cos.3\alpha)e^{-3^2 kt}$$

$$+ \text{etc.}$$

$$\text{ou } 2\pi\varphi(x,t) = \int d\alpha f\alpha \left(1 + (2\sin.x\sin.\alpha + 2\cos.x\cos.2)e^{-kt}\right.$$

$$+ (2\sin.2x\sin.2\alpha + 2\cos.2x\cos.2\alpha)e^{-2^2 kt}$$

$$+ (2\sin.3x\sin.3\alpha + 2\cos.3x\cos.3\alpha)e^{-3^2 kt}$$

$$\left. + \text{etc.}\right)$$

$$= \int d\alpha f\alpha \left(1 + 2\sum \cos.i(\alpha - x)e^{-i^2 kt}\right)$$

Le signe Σ affecte le nombre i et indique que la somme doit être prise de $i = 1$ à $i = \frac{1}{0}$. On peut aussi comprendre le premier terme 1 sous ce signe Σ, et l'on a

$$2\pi\varphi(x,t) = \int d\alpha f\alpha \sum_{-\frac{1}{0}}^{+\frac{1}{0}} \cos.i(\alpha - x)e^{-i^2 kt}$$

Il faut alors donner à i toutes ses valeurs en nombres entiers depuis $-\frac{1}{0}$ jusqu'à $+\frac{1}{0}$; c'est ce que l'on a indiqué en écrivant les limites $-\frac{1}{0}$ et $+\frac{1}{0}$ auprès du signe Σ, l'une de ces valeurs de i est o. Telle est l'expression la plus concise de la solution. Pour développer le second membre de l'équation, on supposera $i=0$ et ensuite $i=1,2,3,4$, etc. et l'on doublera chaque résultat excepté le premier qui répond à $i = 0$. Lorsque t est nul il est nécessaire que la fonction $\varphi\,(x, t)$ représente l'état initial dans lequel les températures sont égales à fx, on aura donc l'équation identique

$$fx = \frac{1}{2\pi}\int_{0}^{2\pi} d\alpha\, f\alpha \sum_{-\frac{1}{2}}^{+\frac{1}{2}} \cos. \, i\,(\alpha - x) \qquad \text{(B)}$$

On a joint aux signes $\int$ et Σ les indices des limites entre lesquelles l'intégrale et la somme doivent être prises. Ce théorême a lieu généralement quelle que soit la forme de la fonction fx dans l'intervalle de $x = 0$ à $x = 2\pi$; il est le même que celui qui est exprimé par les équations qui donnent le développement de F x, page 260, et nous verrons dans la suite que l'on peut démontrer immédiatement la vérité de l'équation (B), indépendamment des considérations précédentes.

280.

Il est facile de reconnaître que la question n'admet aucune solution différente de celle que donne l'équation (E) pag. 330. En effet la fonction $\varphi\,(x, t)$ satisfait entièrement à la question, et d'après la nature de l'équation différentielle $\frac{dv}{dt} = k\frac{d^2v}{dx^2}$, aucune autre fonction ne peut jouir de cette même propriété. Pour s'en convaincre il faut considérer que le premier état du solide étant représenté par une équation donnée $v_1 = fx$, la fluxion $\frac{dv_1}{dt}$ est connue, puisqu'elle équivaut à $k\frac{d^2fx}{dx^2}$. Ainsi en désignant par v_2 ou $v_1 + k\frac{dv_1}{dt}dt$ la température au commencement du second instant, on déduira la valeur de v_2 de l'état initial et de l'équation différentielle. On connaîtra donc de la même manière les valeurs v_3 v_4 v_5... v_n de la température d'un point quelconque du solide au commencement de chaque instant. Or la fonction $\varphi(x, t)$ satisfait à l'état initial, puisque l'on a $\varphi(x, o) = fx$. De plus elle satisfait aussi à l'équation différentielle; par conséquent étant différentiée elle donnerait pour $\frac{d v_1}{d t}$, $\frac{d v_2}{d t}$, $\frac{d v_3}{d t}$, etc. les mêmes valeurs que celles qui résulteraient de l'application successive de cette équation différentielle (a). Donc si dans la fonction $\varphi(x, t)$ on donne successivement à t les valeurs 0, ω, 2ω, 3ω, 4ω, etc. ω désignant l'élément du temps; on trouvera les mêmes valeurs v_1 v_2 v_3 v_4, etc. que l'on aurait déduites de l'état initial et de l'application continuelle de l'équation $\frac{d v}{d t} = k \frac{d^2 v}{d x^2}$. Donc toute fonction $\psi(x, t)$ qui satisfait à l'équation différentielle et à l'état initial se confond nécessairement avec la fonction $\varphi(x, t)$: car ces fonctions donneront l'une et l'autre une même fonction de x, si l'on y suppose successivement $t = 0$, ω, 2ω, 3ω .... $i\omega$, etc.

On voit par là qu'il ne peut y avoir qu'une seule solution de la question, et que si l'on découvre d'une manière quelconque une fonction $\psi(x, t)$ qui satisfasse à l'équation différentielle et à l'état initial, on est assuré qu'elle est la même que la précédente donnée par l'équation (E).

281.

Cette même remarque s'applique à toutes les recherches qui ont pour objet le mouvement varié de la chaleur; elle suit évidemment de la forme même de l'équation générale.

C'est par la même raison que l'intégrale de l'équation $\frac{d v}{d t} = k \frac{d^2 v}{d t^2}$ ne peut contenir qu'une seule fonction arbitraire en x. En effet, lorsqu'une valeur de v est donnée en fonction de x pour une certaine valeur du temps t, il est évident que toutes les autres valeurs de v qui correspondent à un temps quelconque sont déterminées. On peut donc choisir arbitrairement la fonction de x, qui correspond à un certain état, et la fonction de deux variables x et t se trouve alors déterminée. Il n'en est pas de même de l'équation

$$\frac{d^2 v}{d x^2} + \frac{d^2 v}{d y^2} = 0$$

que nous avons employée dans le chapitre précédent, et qui convient au mouvement constant de la chaleur; son intégrale contient deux fonctions arbitraires en x et y: mais on peut ramener cette recherche à celle du mouvement varié, en considérant l'état final et permanent comme dérivé de ceux qui le précèdent, et par conséquent de l'état initial qui est donné.

L'intégrale que nous avons donnée

$$\frac{1}{2\pi} \int d\alpha\, f\alpha \, \Sigma\, e^{-i^2 k t} \cos. i(\alpha - x)$$

contient une fonction arbitraire fx, et elle a la même étendue que l'intégrale générale, qui ne contient aussi qu'une fonction arbitraire en x: ou plutôt elle est cette intégrale elle-même mise sous la forme qui convient à la question. En effet l'équation $v_{,} = fx$ représentant l'état initial, et $v = \varphi(x, t)$, représentant l'état variable qui lui succède; on voit que d'après la forme même du solide échauffé la valeur de v ne doit point changer lorsqu'on écrit, au lieu de x, $x \pm i.2\pi$, i étant un nombre entier positif quelconque. La fonction

$$\frac{1}{2\pi} \int d\alpha\, f\alpha \, \Sigma\, e^{-i^2 k t} \cos. i(\alpha - x)$$

remplit cette condition; elle représente aussi l'état initial lorsqu'on suppose $t = o$; car on a alors

$$fx = \frac{1}{2\pi} \int d\alpha\, f\alpha \, \Sigma \cos. \, i\, (\alpha - x)$$

équation qui a été démontrée précédemment, pages 260 et 333 et qu'il est d'ailleurs facile de vérifier. Enfin la même fonction satisfait à l'équation différentielle $\frac{dv}{dt} = K \frac{d^2 v}{dx^2}$. Quelle que soit la valeur du temps t, la température v est donnée par une série très-convergente, et les différents termes représentent tous les mouvements partiels qui se composent pour former le mouvement total. A mesure que le temps augmente, les états partiels de l'ordre le plus élevé s'altèrent rapidement, et ne conservent aucune influence appréciable; ensorte que le nombre des valeurs que l'on doit donner à l'exposant i diminue de plus en plus. Après un certain temps le système des températures est représenté sensiblement par les termes que l'on trouve en donnant à i les valeurs o, ± 1 et ± 2 ou seulement o et ± 1, ou enfin par le premier de ces termes qui est $\frac{1}{2\pi} \int d\alpha\, f\alpha$; il y a donc une relation manifeste entre la forme de la solution et la marche du phénomène physique que l'on a soumis à l'analyse.

282.

Pour parvenir à cette solution on a considéré d'abord les valeurs simples de la fonction v qui satisfont à l'équation différentielle; on a formé ensuite une valeur qui convient avec l'état initial, et qui a par conséquent toute la généralité que la question comporte. On pourrait suivre une marche différente et déduire la même solution d'une autre expression de l'intégrale; car cette solution étant une fois connue, on en transforme aisément les résultats. Si l'on suppose que le diamètre de la section moyenne de l'anneau devient de plus en plus grand à l'infini, la fonction $\varphi(x, t)$ reçoit, comme on le verra par la suite, une forme différente, et se confond avec l'intégrale qui contient une seule fonction arbitraire sous le signe d'intégrale définie. On pourrait aussi appliquer cette dernière intégrale à la question actuelle; mais, si l'on se bornait à cette application, on n'aurait qu'une connaissance très-imparfaite du phénomène: car les valeurs des températures ne seraient pas exprimées par des séries convergentes, et l'on ne distinguerait point les états qui se succèdent à mesure que le temps augmente. Il faudrait donc attribuer à la fonction qui représente l'état initial la forme périodique que la question suppose; mais, en modifiant ainsi cette intégrale, on n'aurait point d'autre résultat que celui-ci

$$\varphi(x, t) = \frac{1}{2\pi} \int d\alpha f \alpha \, \Sigma \, e^{-i^2 k t} \cos. i\,(\alpha - x).$$

On passe aisément de cette dernière équation à l'intégrale dont il s'agit, comme nous l'avons prouvé dans le Mémoire qui a précédé cet ouvrage. Il n'est pas moins facile d'obtenir l'équation en partant de l'intégrale elle-même. Ces transformations rendent de plus en plus manifeste l'accord des résultats du calcul; mais elles n'ajoutent rien à la théorie, et ne constituent nullement une analyse différente.

On examinera dans un des chapitres suivants les différentes formes que peut recevoir l'intégrale de l'équation

$\frac{dv}{dt} = K \frac{d^2v}{dx^2}$, les rapports qu'elles ont entre elles, et les cas où elles doivent être employées.

Pour former celle qui exprime le mouvement de la chaleur dans une armille, il était nécessaire de résoudre une fonction arbitraire en une série de sinus et cosinus d'arcs multiples ; les nombres qui affectent la variable sous les signes sinus et cosinus sont les nombres naturels 1, 2, 3, 4, etc. Dans la question suivante, on réduit encore la fonction arbitraire en une série de sinus ; mais les coëfficients de la variable sous le signe sinus ne sont plus les nombres 1, 2, 3, 4, etc. ces coëfficients satisfont à une équation déterminée dont toutes les racines sont irrationnelles et en nombre infini.

CHAPITRE V.

DE LA PROPAGATION DE LA CHALEUR DANS UNE SPHÈRE SOLIDE.

SECTION PREMIÈRE.

Solution générale.

283.

LA question de la propagation de la chaleur a été exposée dans le chapitre II, section 2, article 117 (page 111); elle consiste à intégrer l'équation $\frac{dv}{dt} = K \left(\frac{d^2 v}{dx^2} + \frac{2}{x} \frac{dv}{dx} \right)$ en sorte que l'intégrale satisfasse, lorsque $x = X$, à la condition $\frac{dv}{dx} + h v = 0$, K désigne le rapport $\frac{K}{CD}$ et h désigne le rapport $\frac{h}{K}$ des deux conducibilités; v est la température que l'on observerait après le temps écoulé t dans une couche sphérique dont le rayon est x; X est le rayon de la sphère; v est une fonction de x et t qui équivaut à F x lorsqu'on suppose $t = 0$. La fonction F x est donnée, elle représente l'état initial et arbitraire du solide.

Si l'on fait $y = v x$, y étant une nouvelle indéterminée, on aura, après les substitutions, $\frac{dy}{dt} = K \frac{d^2 y}{dx^2}$: ainsi il faut intégrer cette dernière équation, et l'on prendra ensuite $v = \frac{y}{x}$. On cherchera en premier lieu quelles sont les valeurs les plus simples que l'on puisse attribuer à y, ensuite on en formera une valeur générale qui satisfera en même temps à l'équation différentielle, à celle de la surface et à l'état initial. Il sera facile de reconnaître que lorsque ces trois conditions sont remplies, la solution est complète, et que l'on ne pourrait en trouver aucune autre.

284.

Soit $y = e^{mt} u$, u étant une fonction de x, on aura $m u = K \frac{d^2 u}{dx^2}$. On voit d'abord que la valeur de t devenant infinie, celle de v doit être nulle dans tous les points; puisque le corps est entièrement refroidi. On ne peut donc prendre pour m qu'une quantité négative. Or K a une valeur numérique positive; on en conclut que la valeur de u dépend des arcs de cercle, ce qui résulte de la nature connue de l'équation $m u = K \frac{d^2 u}{dx^2}$. Soit $u = A \cos. \, n x + B \sin. \, n x$; on aura cette condition $m = - K n^2$. Ainsi l'on peut exprimer une valeur particulière de v par l'équation $v = \frac{e^{-kn^2 t}}{x} (A \cos. \, n x + B \sin. \, n x)$, n est un nombre positif quelconque, et A et B sont des constantes. On remarquera d'abord que la constante A doit être nulle; car la valeur de v qui exprime la température du centre, lorsqu'on fait $x = 0$ ne peut pas être infinie, donc le terme A cos. x doit être omis.

De plus le nombre n ne peut pas être pris arbitrairement.

En effet si dans l'équation déterminée $\frac{dv}{dx} + hv = 0$ on substitue la valeur de v, on trouvera

$$n x \cos. \; n x :: (h x - 1) \sin. \; n x = 0.$$

Comme l'équation doit avoir lieu à la surface, on y supposera $x = X$ rayon de la sphère, ce qui donnera $\frac{n X}{\text{tang.} \, n X} = 1 - h X$. Soit λ le nombre $1 - h X$ et $n X = \varepsilon$, on aura $\frac{\varepsilon}{\text{tang.} \, \varepsilon} = \lambda$. Il faut donc trouver un arc ε qui, divisé par sa tangente donne un quotient connu λ, et l'on prendra $n = \frac{\varepsilon}{X}$. Il est visible qu'il y a une infinité de tels arcs, qui ont avec leur tangente un rapport donné ; en sorte que l'équation de condition $\frac{n X}{\text{tang.} \, n X} = 1 - h X$ a une infinité de racines réelles.

285.

Les constructions sont très-propres à faire connaître la nature de cette équation. Soit $u = \text{tang.} \; \varepsilon$ (*voy.* fig. 12), l'équation d'une ligne dont l'arc ε est l'abscisse, et u l'ordonnée ; et soit $u = \frac{\varepsilon}{\lambda}$ l'équation d'une droite dont ε et u désignent aussi les coordonnées. Si on élimine u avec ces deux équations, on a la proposée $\frac{\varepsilon}{\lambda} = \text{tang.} \; \varepsilon$. L'inconnue ε est donc l'abscisse du point d'intersection de la courbe et de la droite. Cette ligne courbe est composée d'une infinité d'arcs ; toutes les ordonnées correspondantes aux abscisses $\frac{1}{2} \pi$, $\frac{3}{2} \pi$, $\frac{5}{2} \pi$, $\frac{7}{2} \pi$, etc. sont infinies, et toutes celles qui répondent aux points 0, π, 2π, 3π, 4π, etc. sont nulles. Pour tracer la droite dont l'équation est $u = \frac{\varepsilon}{\lambda} = \frac{\varepsilon}{1 - h X}$, on forme le quarré o 1 ω 1, et portant la quantité h X de ω en h, on joint le point h avec l'origine o. La courbe dont l'équation est $u =$ tang. ε a pour tangente à l'origine $n o n$ une ligne qui divise l'angle droit en deux parties égales, parce que la dernière raison de l'arc à sa tangente est 1. On conclut de là que si λ ou 1 — h X est une quantité moindre que l'unité, la droite $m o m$ passe à l'origine au-dessus de la courbe $n o n$ et qu'il y a un point d'intersection de cette droite avec la première branche. Il est également évident que la même droite coupe toutes les branches ultérieures n ω n, n 2 ω n, etc. Donc l'équation $\dfrac{\varepsilon}{\text{tang.}\,\varepsilon} = \lambda$ a un nombre infini de racines réelles. La première est comprise entre o et $\dfrac{\pi}{2}$, la seconde entre π et $3\,\dfrac{\pi}{2}$, la troisième entre 2π et $5\,\dfrac{\pi}{2}$, ainsi de suite. Ces racines approchent extrêmement de leurs limites supérieures lorsque leur rang est très-avancé.

286.

Si l'on veut calculer la valeur d'une de ces racines, par exemple : de la première, on peut employer la règle suivante : on écrira les deux équations ε = arc. tang. u et $u = \dfrac{\varepsilon}{\lambda}$, arc. tang. u désignant la longueur de l'arc dont la tangente est u. Ensuite prenant un nombre quelconque pour u, on en conclura, au moyen de la première équation, la valeur de ε; on substituera cette valeur dans la seconde équation, et l'on en déduira une autre valeur de u; on substituera cette seconde valeur de u dans la première équation; on en déduira la valeur de ε qui, au moyen de la seconde équation, fera connaître une troisième valeur de u. En la substituant dans la première équation on aura une nouvelle valeur de ε. On continuera ainsi de déterminer u par la seconde équatiou, et ε par la première. Cette opération donnera des valeurs de plus en plus approchées de l'inconnue ε, la construction suivante rend cette convergence manifeste.

En effet, si le point u correspond (*voy.* fig. 13) à la valeur arbitraire que l'on attribue à l'ordonnée u; et si l'on substitue cette valeur dans la première équation $\varepsilon =$ arc. tang. u, le point ε correspondra à l'abscisse que l'on aura calculée, au moyen de cette équation. Si l'on substitue cette abscisse ε dans la seconde équation $u = \frac{\varepsilon}{\lambda}$, on trouvera une ordonnée u' qui correspond au point u'. Substituant u' dans la première équation, on trouvera une abscisse ε' qui répond au point ε'; ensuite cette abcisse étant substituée dans la seconde équation fera connaître une ordonnée u'' qui, étant substituée dans la première, fera connaître une troisième abscisse ε'', ainsi de suite à l'infini. C'est-à-dire que, pour représenter l'emploi continuel et alternatif des deux équations précédentes, il faut par le point u mener l'horizontale jusqu'à la courbe, par le point d'intersection ε mener la verticale jusqu'à la droite, par le point d'intersection u' mener l'horizontale jusqu'à la courbe, par le point d'intersection ε' mener la verticale jusqu'à la droite, ainsi de suite à l'infini, en s'abaissant de plus en plus vers le point cherché.

287.

La figure précédente (13) représente le cas où l'ordonnée prise arbitrairement pour u est plus grande que celle qui répond au point d'intersection. Si l'on choisit au contraire pour la valeur initiale de u, une quantité plus petite, et que l'on emploie de la même manière les deux équations $\varepsilon = $ arc. tang. u, $u = \frac{\varepsilon}{\lambda}$, on parviendrait encore à des valeurs de plus en plus approchées de l'inconnue. La figure (14) fait connaître que dans ce cas on s'élève continuellement vers le point d'intersection en passant par les points $u\varepsilon$ $u'\varepsilon'$ $u''\varepsilon''$, etc. qui terminent des droites horizontales et verticales. On obtient, en partant d'une valeur de u trop petite, des quantités ε ε' ε'' ε''' ε^{iv}, etc. qui convergent vers l'inconnue et sont plus petites qu'elles; et l'on obtient, en partant d'une valeur de u trop grande, des quantités qui convergent aussi vers l'inconnue, et dont chacune est plus grande qu'elle. On connaît donc des limites de plus en plus resserrées, et entre lesquelles la grandeur cherchée sera toujours comprise. L'une et l'autre approximation sont représentées par la formule

$$\varepsilon = \dots \text{arc. tang.} \left(\frac{1}{\lambda} \text{ arc. tang.} \left(\frac{1}{\lambda} \text{ arc. tang.} \left(\frac{1}{\lambda} \text{ arc. tang.} \frac{1}{\lambda} \right) \right) \right)$$

Lorsqu'on aura effectué quelques-unes des opérations indiquées, les résultats successifs différeront moins et l'on sera parvenu à une valeur approchée de ε.

288.

On pourrait se proposer d'appliquer les deux équations $\varepsilon = $ arc. tang. u, et $u = \frac{\varepsilon}{\lambda}$ dans un ordre différent, en leur donnant cette forme $u = $ tang. ε et $\varepsilon = \lambda u$. On prendrait pour ε une valeur arbitraire, et, en la substituant dans la première équation, on trouverait la valeur de u, qui étant substituée dans la seconde équation donnerait une seconde valeur de ε; on emploierait ensuite cette nouvelle valeur de ε de la même manière qu'on a employé la première. Mais il est facile de reconnaître, par les constructions, qu'en suivant le cours de ces opérations, on s'éloigne de plus en plus du point d'intersection, au lieu de s'en approcher. comme dans le cas précédent. Les valeurs successives de que l'on obtiendrait diminueraient continuellement jusqu'à zéro, ou augmenteraient sans limite. On passerait successivement de ε'' en u'', de u'' en ε', de ε' en u', de u' en ε, ainsi de suite à l'infini.

La règle que l'on vient d'exposer pouvant s'appliquer au calcul de chacune des racines de l'équation $\dfrac{\varepsilon}{\text{tang}.\varepsilon} = 1 - h\,X$ qui ont d'ailleurs des limites données, on doit regarder toutes ces racines comme des nombres connus. Au reste il était seulement nécessaire de se convaincre que l'équation a une infinité de racines réelles. On a rapporté ici ce procédé d'approximation parce qu'il est fondé sur une construction remarquable, qu'on peut employer utilement dans plusieurs cas, et qu'il fait connaître sur-le-champ la nature et les limites des racines; mais l'application qu'on ferait de ce procédé à l'équation dont il s'agit serait beaucoup trop lente; il serait facile de recourir dans la pratique à une autre méthode d'approximation.

289.

On connaît maintenant une forme particulière que l'on peut donner à la fonction v, et qui satisfait à deux conditions de la question. Cette solution est représentée par l'équation $v = \dfrac{A\,.e^{-kn^2 t}\sin. nx}{x}$ ou $v = a\,e^{-kn^2 t}\dfrac{\sin. nx}{nx}$ Le coëfficient a est un nombre quelconque, et le nombre n est tel que l'on a $\frac{n\,\mathrm{X}}{\tan g.\,n\,\mathrm{X}} = 1 - h\,\mathrm{X}$. Il en résulte que si les températures initiales des différentes couches étaient proportionnelles au quotient $\frac{\sin.\,n\,x}{n\,x}$, elles diminueraient toutes à-la-fois, en conservant entre elles pendant toute la durée du refroidissement les rapports qui avaient été établis; et la température de chaque point s'abaisserait comme l'ordonnée d'une logarithmique dont l'abscisse désignerait le temps écoulé. Supposons donc que, l'arc ε étant divisé en parties égales et pris pour abscisse, on élève en chaque point de division une ordonnée égale au rapport du sinus à l'arc. Le système de toutes ces ordonnées sera celui des températures initiales, qu'il faut attribuer aux différentes couches, depuis le centre jusqu'à la surface, le rayon total X étant divisé en parties égales. L'arc ε dont la longueur représenterait dans cette construction le rayon X ne doit pas être pris arbitrairement; il est nécessaire que cet arc ait avec sa tangente un rapport donné. Comme il y a une infinité d'arcs qui satisfont à cette condition, on formerait ainsi une infinité de systêmes des températures initiales, qui peuvent subsister d'eux-mêmes dans la sphère, sans que les rapports des températures changent pendant la durée du refroidissement.

290.

Il ne reste plus qu'à former un état initial quelconque, au moyen d'un certain nombre ou d'une infinité d'états partiels, dont chacun représente un de ces systêmes de température que nous avons considérés précédemment, et

44.

dans lesquels l'ordonnée varie avec la distance x, proportionnellement au quotient du sinus par l'arc. Le mouvement général de la chaleur dans l'intérieur de la sphère, sera alors décomposé en autant de mouvements particuliers dont chacun s'accomplira librement comme s'il était seul.

Désignant par n_1 n_2 n_3 n_4 n_5, etc. les quantités qui satisfont à l'équation $\dfrac{n\,\mathrm{X}}{\text{tang.}\,n\,\mathrm{X}} = 1 - h\,\mathrm{X}$, et que l'on suppose rangées par ordre, en commençant par la plus petite; on formera l'équation générale

$$v x = a_1 e^{-k n_1^2 t} \sin. n_1 x + a_2 e^{-k n_2^2 t} \sin. n_2 x + a_3 e^{-k n_3^2 t} \sin. n_3 x + \text{etc.}$$

Si l'on fait $t = 0$, on aura pour exprimer l'état initial des températures

$$x v = a_1 \sin. n_1 x + a_2 \sin. n_2 x + a_3 \sin. n_3 x + a_4 \sin. n_4 x + \text{etc.}$$

La question consiste à déterminer, quel que soit l'état initial, les coëfficients a_1 a_2 a_3 a_4, etc. Supposons donc que l'on connaisse les valeurs de v depuis $x = 0$ jusqu'à $x = \mathrm{X}$, et représentons ce système de valeurs par $\mathrm{F}\,x$; on aura

$$\mathrm{F}\,x = \frac{1}{x}\left(a_1 \sin. n_1 x + a_2 \sin. n_2 x + a_3 \sin. n_3 x + a_4 \sin. n_4 x + \text{etc.}\right) \quad (e)$$

291.

Pour déterminer le coëfficient a_1, on multipliera les deux nombres de l'équation par $x \sin. n x \, d x$, et l'on intégrera depuis $x = 0$ jusqu'à $x = \mathrm{X}$. L'intégrale $\int \sin. m x \sin. n x \, d x$ prise entre ces limites, est

$$\frac{1}{m^2 - n^2}\left(- m \sin. n\,\mathrm{X} \cos. m\,\mathrm{X} + n \sin. m\,\mathrm{X} \cos. n\,\mathrm{X}\right).$$

Si m et n sont des nombres choisis parmi les racines $n_1 \, n_2 \, n_3 \, n_4$, et qui satisfont à l'équation $\frac{n\,X}{\text{tang.}\,n\,X} = 1 - h\,X$, on aura

$$\frac{m\,X}{\text{tang.}\,m\,X} = \frac{n\,X}{\text{tang.}\,n\,X} \ \text{ou}\ m\cos.\,m\,X\sin.\,n\,X - n\sin.\,m\,X\cos.\,n\,x = 0.$$

On voit par-là que la valeur totale de l'intégrale est nulle; mais il y a un seul cas où cette intégrale ne s'évanouit pas, c'est lorsque $m = n$. Elle devient alors $\frac{0}{0}$, et, par l'application des règles connues, elle se réduit à $\frac{1}{2}\,X - \frac{1}{4\,n}\sin.\,2n\,X$. Il résulte de là que pour avoir la valeur du coëfficient a_1, dans l'équation (e), il faut écrire

$$2\int x\sin.\,n_1\,x.dx\,Fx = a_1\left(X - \frac{1}{2\,n_1}\sin.\,2n_1\,X\right).$$

Le signe $\int$ indiquant que l'on prend l'intégrale depuis $x = 0$ jusqu'à $x = X$. On aura pareillement

$$2\int x\sin.\,n_2\,x\,dx\,Fx = a_2\left(X - \frac{1}{2\,n_2}\sin.\,2n_2\,X\right).$$

On déterminera de même tous les coëfficients suivants. Il est aisé de voir que l'intégrale définie $2\int x.\sin.\,nx\,dx\,Fx$ a toujours une valeur déterminée, quelle que puisse être la fonction arbitraire Fx. Si cette fonction Fx est représentée par l'ordonnée variable d'une ligne qu'on aurait tracée d'une manière quelconque, la fonction $x\,Fx.\sin.\,nx$, correspondra aussi à l'ordonnée d'une seconde ligne que l'on construirait facilement au moyen de la première. L'aire terminéc par cette dernière ligne entre les abscisses $x = 0$,

$x = X$ fera connaître le coëfficient a_i, i étant l'indice du rang de la racine n.

La fonction arbitraire $F x$ entre dans chaque coëfficient sous le signe de l'intégration, et donne à la valeur de v toute la généralité que la question exige, on parvient ainsi à l'équation suivante

$$\frac{x v}{2} = \frac{\sin . n_1 x \int x \sin . n_1 x \, F x . dx}{X - \frac{1}{2 n_1} \sin . 2 n_1 X} e^{-k n_1^2 t} + \frac{\sin . n_2 x \int x \sin . n_2 x \, F x \, dx}{X - \frac{1}{2 n_2} \sin . 2 n_2 X} e^{-k n_2^2 t} + \text{etc.}$$

Telle est la forme que l'on doit donner à l'intégrale générale de l'équation $\frac{d v}{d t} = K \frac{d^2 v}{d x^2} + \frac{2}{x} \frac{d v}{d x}$, pour qu'elle représente le mouvement de la chaleur dans la sphère solide. En effet toutes les conditions de la question seront remplies : 1° l'équation aux différences partielles sera satisfaite; 2° la quantité de chaleur qui s'écoule à la surface conviendra à-la-fois à l'action mutuelle des dernières couches et à l'action de l'air sur la surface; c'est-à-dire que l'équation $\frac{d v}{d x} + h v = 0$, à laquelle chacune des parties de la valeur de v satisfait lorsque $x = X$, aura lieu aussi lorsqu'on prendra pour v la somme de toutes ces parties; 3° la solution donnée conviendra à l'état initial lorsqu'on supposera le temps nul.

292.

Les racines n_1 n_2 n_3 n_4, etc. de l'équation $\frac{n X}{\text{tang.} n X} = 1 - h X$ sont très-inégales; d'où l'on conclut que si la valeur du temps écoulé t est considérable, chaque terme de la valeur de v est extrêmement petit par rapport à celui qui le précède. A mesure que le temps du refroidissement augmente, les dernières parties de la valeur de v cessent d'avoir aucune influence sensible; et ces états partiels et élémentaires qui composent d'abord le mouvement général, afin qu'il puisse comprendre l'état initial, disparaissent presqu'entièrement, excepté un seul. Dans ce dernier état, les températures des différentes couches décroissent depuis le centre jusqu'à la surface, de même que dans le cercle les rapports du sinus à l'arc décroissent à mesure que cet arc augmente. Cette loï règle naturellement la distribution de la chaleur dans une sphère solide. Lorsqu'elle commence à subsister, elle se conserve pendant toute la durée du refroidissement. Quelle que soit la fonction F x qui représente l'état initial, la loi dont il s'agit tend de plus en plus à s'établir; et lorsque le refroidissement a duré quelque temps, on peut supposer qu'elle existe sans erreur sensible.

293.

Nous appliquerons la solution générale au cas où la sphère ayant été long-temps plongée dans un liquide, a acquis dans tous ses points une même température. Dans ce cas, la fonction F x est 1, et la détermination des coëfficients se réduit à intégrer x sin. $nx\ dx$, depuis $x = 0$ jusqu'à $x = X$, cette intégrale est $\dfrac{\sin. n\,X - n\,X \cos. n\,X}{n^2}$. Donc la valeur d'un coëfficient quelconque est exprimée ainsi

$$a = \frac{2}{n} \cdot \frac{\sin. n\,X - n\,X \cos. n\,X}{n\,X - \sin. n\,X \cos. n\,X};$$

le rang du coëfficient est déterminé par celui de la racine n, l'équation qui donne ces valeurs de n est

$$\frac{n\,X \cos. n\,X}{\sin. n\,X} = 1 - h\,X.$$

on trouvera donc $a = \dfrac{2}{n} \cdot \dfrac{hX}{nX\cos. e\, c\, nX - \cos. nX}$.

Il est aisé maintenant de former la valeur générale; elle est donnée par l'équation

$$\frac{vx}{2Xh} = \frac{e^{-kn_1^2 t}\sin. n_1 x}{n_1\,(n_1 X\cos ec.\, n_1 X - \cos. n_1 X)} + \frac{e^{-kn_2^2 t}\sin. n_2 x}{n\,(n_2 X\cos ec.\, n_2 X - \cos. n_2 X)} + \text{etc.}$$

En désignant par $\varepsilon_1\ \varepsilon_2\ \varepsilon_3\ \varepsilon_4$, etc. les racines de l'équation $\dfrac{\varepsilon}{\tan g.\,\varepsilon} = 1 - hX$, et les supposant rangées par ordre en commençant par la plus petite; remplaçant $n_1 X, n_2 X, n_3 X$, etc. par $\varepsilon_1\ \varepsilon_2\ \varepsilon_3$, etc., et mettant au lieu de K et h leurs valeurs $\dfrac{K}{C.D}$ et $\dfrac{h}{K}$, on aura pour exprimer les variations des températures pendant le refroidissement d'une sphère solide qui avait été uniformément échauffée, l'équation

$$v = \frac{2h}{K}X\left\{ \frac{\sin. \varepsilon_1 \frac{x}{x}}{\varepsilon_1 \frac{x}{x}}\frac{e^{-\frac{K}{C.D}\frac{\varepsilon_1^2}{X^2}t}}{\varepsilon_1 \cos ec.\,\varepsilon_1 - \cos. \varepsilon^1} + \frac{\sin. \varepsilon_2 \frac{x}{X}}{\varepsilon_2 \frac{x}{X}}\frac{e^{-\frac{K}{C.D}\frac{\varepsilon_2^2}{X^2}t}}{\varepsilon_2 \cos ec.\,\varepsilon_2 - \cos. \varepsilon_2} + \text{etc.} \right\}$$

SECTION II.

Remarques diverses sur cette solution.

294.

Nous exposerons quelques-unes des conséquences que l'on peut déduire de la solution précédente. Si l'on suppose que le coëfficient h qui mesure la facilité avec laquelle la chaleur passe dans l'air, a une très-petite valeur, ou que le rayon X de la sphère est très-petit, la moindre valeur de ε sera extrêmement voisine de zéro, en sorte que l'équation $\dfrac{\varepsilon}{\tan{g.\varepsilon}} = 1 - \dfrac{h}{K} X$ se réduit à $\dfrac{\varepsilon\left(1 - \dfrac{1}{2}\varepsilon^2\right)}{\varepsilon - \dfrac{1}{2.3}\varepsilon^3} = 1 - \dfrac{hX}{K}$, ou ; en

omettant les puissances supérieures de ε, $\varepsilon^2 = 3\dfrac{hX}{K}$. D'un

autre côté la quantité $\dfrac{\varepsilon}{\sin.\varepsilon} - \cos.\varepsilon$ devient, dans la même

hypothèse, $\dfrac{2hX}{K}$. Quant au terme $\dfrac{\sin.\left(\varepsilon\dfrac{x}{X}\right)}{\varepsilon\dfrac{x}{X}}$ il se réduit à

1. En faisant ces substitutions dans l'équation générale, on aura $v = e^{-\frac{3h}{C.D.X}t} +$ etc. On peut remarquer que les termes suivants décroissent très-rapidement en comparaison du premier, parce que la seconde racine n_2 est beaucoup plus grande que zéro ; en sorte que si les quantités h ou X ont une petite valeur, on doit prendre, pour exprimer les

variations des températures, l'équation $v = e^{-\frac{3ht}{C.D.X}}$. Ainsi les différentes enveloppes sphériques dont le solide est composé conservent une température commune pendant toute la durée du refroidissement. Cette température diminue comme l'ordonnée d'une logarithmique, le temps étant pris pour abscisse ; la température initiale qui est 1 se réduit après le temps t à $e^{-\frac{3ht}{C.D.X}}$. Pour que la température initiale devienne la fraction $\dfrac{1}{m}$, il faut que la valeur de t soit $\dfrac{X}{3h}\cdot\dfrac{\log.m}{C.D}$. Ainsi, pour des sphères de même matière qui ont des diamètres différents; les temps qu'elles mettent à perdre la moitié ou une même partie déterminée de leur chaleur actuelle, lorsque la conducibilité extérieure est extrêmement petite, sont proportionnels à leurs diamètres. Il en est de même des sphères solides dont le rayon est très-petit; et l'on trouverait encore le même résultat en attribuant à la conducibilité intérieure K une très-grande valeur. Il a lieu en général lorsque la quantité $\frac{h\,X}{K}$ est très-petite. On peut regarder le rapport $\frac{h}{K}$ comme très-petit, lorsque le corps qui se refroidit est formé d'un liquide continuellement agité que renferme un vase sphérique d'une petite épaisseur. Cette hypothèse est en quelque sorte la même que celle d'une conducibilité parfaite : donc la température décroît suivant la loi exprimée par l'équation $v = e^{-3\frac{h}{\mathrm{c.D.X}}t}$.

295.

On voit par ce qui précède que dans une sphère solide qui se refroidit depuis long-temps, les températures décroissent depuis le centre jusqu'à la surface comme le quotient du sinus par l'arc décroît depuis l'origine où il est 1 jusqu'à l'extrémité d'un arc donné ε, le rayon de chaque couche étant représenté par la longueur variable de cet arc. Si la sphère a un petit diamètre, ou si la conducibilité propre est beaucoup plus grande que la conducibilité extérieure, les températures des couches successives diffèrent très-peu entre elles, parce que l'arc total ε qui représente le rayon X de la sphère a très-peu d'étendue. Alors la variation de la température v commune à tous les points est donnée par l'équation $v = e^{-3\frac{h.t}{C.D.X}}$. Ainsi, en comparant les temps respectifs que deux petites sphères emploient à perdre la moitié ou une partie aliquote de leur chaleur actuelle, on doit trouver que ces temps sont proportionnels aux diamètres.

296.

Le résultat exprimé par l'équation $v = e^{-3\frac{ht}{C.D.X}}$ ne convient qu'à des masses d'une forme semblable et de petite dimension. Il était connu depuis long-temps des physiciens, et il se présente pour ainsi dire de lui-même. En effet si un corps quelconque est assez petit pour que l'on puisse regarder comme égales les températures des différents points, il est facile de reconnaître la loi du refroidissement. Soit 1 la température initiale commune à tous les points, et v la valeur de cette température après le temps écoulé t; il est visible que la quantité de chaleur qui s'écoule pendant l'instant dt dans le milieu supposé entretenu à la température o est $h\,S\,v\,dt$, en désignant par S la surface extérieure du corps. D'un autre côté C étant la chaleur qui est nécessaire pour élever l'unité de poids de la température o à la température 1, on aura C.D.V pour l'expression de la quantité de chaleur qui porterait le volume V du corps dont la densité est D de la température o à la température 1. Donc $\frac{h\,S\,v\,dt}{C.D.V}$ est la quantité dont la température v est diminuée lorsque le corps perd une quantité de chaleur égale à $h\,S\,v\,dt$. On doit donc avoir l'équation $dv = -\frac{h\,S\,v\,dt}{C.D.V}$, ou $v = e^{-\frac{h\,S\,t}{C.D.V}}$. Si le corps a la forme sphérique, on aura.

en appelant X le rayon total, l'équation $v = e^{-\frac{3\,h\,t}{\text{C.D.X}}}$.

298.

Supposons que l'on puisse observer pendant le refroidissement du corps dont il s'agit deux températures $v_{,}$ et $v_{,,}$
correspondantes aux temps $t_{,}$ et $t_{,}$; on aura

$$\frac{h\,\text{S}}{\text{C.D.V}} = \frac{\log. v_{,} - \log. v_{,}}{t_{,} - t_{,}}.$$

On connaîtra donc facilement par l'expérience l'exposant
$\frac{h\,\text{S}}{\text{C.D.V}}$. Si l'on fait cette même observation sur des corps
différents, et si l'on connaît d'avance le rapport de leurs
chaleurs spécifiques C et C'; on trouvera celui de leurs
conducibilités extérieures h et h'. Réciproquement, si l'on
est fondé à regarder comme égales les valeurs h et h' de la
conducibilité extérieure des deux corps différents, on connaîtra le rapport des chaleurs spécifiques. On voit par-là
qu'en observant les temps du refroidissement pour divers
liquides et autres substances enfermées successivement dans
un même vase d'une très-petite épaisseur, on peut déterminer exactement les chaleurs spécifiques de ces substances.
Nous remarquerons encore que le coëfficient K qui mesure
la conducibilité propre n'entre point dans l'équation

$$v = e^{-3\frac{h\,t}{\text{C.D.X}}},$$

ainsi les temps du refroidissement dans les corps de petite
dimension ne dépendent point de la conducibilité propre;
et l'observation de ces temps ne peut rien apprendre sur
cette dernière propriété; mais on pourrait là déterminer en

mesurant les temps du refroidissement dans des vases de différentes épaisseurs.

298.

Ce que nous avons dit plus haut sur le refroidissement d'une sphère de petite dimension, s'applique au mouvement du thermomètre dans l'air ou dans les liquides. Nous ajouterons les remarques suivantes sur l'usage de ces instruments.

Supposons qu'un thermomètre à mercure soit plongé dans un vase rempli d'eau échauffée, et que ce vase se refroidisse librement dans l'air dont la température est constante. Il s'agit de trouver la loi des abaissements successifs du thermomètre.

Si la température du liquide était constante, et que le thermomètre y fut plongé, il changerait de température en s'approchant très-promptement de celle du liquide. Soit v la température variable indiquée par le thermomètre, c'est-à-dire son élévation au-dessus de la température de l'air; soit u l'élévation de la température du liquide au-dessus de celle de l'air, et t le temps correspondant à ces deux valeurs v et u. Au commencement de l'instant dt qui va s'écouler, la différence de la température du thermomètre à celle du mercure étant $v - u$ la variable v tend à diminuer, et elle perdra dans l'instant dt une quantité proportionnelle à $v-u$; en sorte que l'on aura l'équation $dv = -h(v-u)dt$. Pendant le même instant dt la variable u tend à diminuer, et elle perd une quantité proportionnelle à u, en sorte que l'on a l'équation $du = -Hu\,dt$. Le coëfficient H exprime la vîtesse du refroidissement du liquide dans l'air, quantité que l'on peut facilement reconnaître par l'expérience, et le coëfficient h exprime la vîtesse avec laquelle le thermomètre se refroidit dans le liquide. Cette dernière vîtesse est beaucoup plus grande que H. On peut pareillement trouver par l'expérience le coëfficient h en faisant refroidir le thermomètre dans le liquide entretenu à une température constante. Les deux équations $du = -Hu\,dt$ et $dv = -h(v-u)\,dt$ ou $u = A\,e^{-Ht}$ et $\frac{dv}{dt} = -hv + hA\,e^{-Ht}$ fournissent celle-ci $v - u = b\,e^{-ht} + a\,H\,e^{-Ht}$, a et b étant des constantes arbitraires. Supposons maintenant que la valeur initiale de $v - u$ soit Δ, c'est-à-dire que la hauteur du thermomètre surpasse de Δ la vraie température du liquide au commencement de l'immersion; et que la valeur initiale de u soit E, on déterminera a et b, et l'on aura

$$v - u = \Delta\,e^{-ht} + \frac{H.E}{h-H}\left(e^{-Ht} - e^{-ht}\right).$$

La quantité $v - u$ est l'erreur du thermomètre, c'est-à-dire la différence qui se trouve entre la température indiquée par le thermomètre et la température réelle du liquide au même instant. Cette différence est variable, et l'équation précédente nous fait connaître suivant quelle loi elle tend à décroître. On voit par l'expression de cette différence $v - u$ que deux de ses termes qui contiennent e^{-ht} diminuent très-rapidement, avec la vîtesse qu'on remarquerait dans le thermomètre, si on le plongeait dans le liquide à température constante. A l'égard du terme qui contient e^{-Ht}, son décroissement est beaucoup plus lent, et s'opère avec la vîtesse du refroidissement du vase dans l'air. Il résulte de là qu'après un temps bien peu considérable, l'erreur du thermomètre est représentée par le seul terme

$$\frac{H.E}{h-H}\, e^{-Ht} \quad \text{ou} \quad \frac{H}{h-H}\cdot u.$$

299.

Voici maintenant ce que l'expérience apprend sur les valeurs de H et h. On a plongé dans l'eau, à 8° $\frac{1}{2}$ (division octogésimale), un thermomètre qui avait d'abord été échauffé, et il est descendu dans l'eau de 40 à 20 degrés en six secondes. On a répété plusieurs fois et avec soin cette expérience. On trouve d'après cela que la valeur de e^{-h} est 0,000042, si le temps est compté en minutes, c'est-à-dire que l'élévation du thermomètre étant E au commencement d'une minute, elle sera E (0,000042) à la fin de cette minute. On trouve aussi h log. $e = -4{,}3761271$. On a laissé en même temps se refroidir dans l'air à 12° un vase de porcelaine, rempli d'eau échauffée à 60°. La valeur de e^{-H} dans ce cas a été trouvée de 0,98514, celle de H log. e est $-0{,}006500$. On voit par-là combien est petite la valeur de la fraction e^{-h}, et qu'après une seule minute chaque terme multiplié par e^{-ht} n'est pas la moitié de la dix-millième partie de ce qu'il était au commencement de cette minute. On doit donc n'avoir aucun égard à ces termes dans la valeur de $v - u$. Il reste l'équation $v - u = \dfrac{H.u}{h-H}$ ou $v - u = \dfrac{Hu}{h} - \dfrac{H}{h-H}\cdot\dfrac{Hu}{h}$. D'après les valeurs trouvées pour H et h, on voit que cette dernière quantité h est plus

de 673 fois plus grande que H, c'est-à-dire que le thermomètre se refroidit dans l'eau plus de six cent fois plus vîte
que le vase ne se refroidit dans l'air. Ainsi le terme $\frac{Hu}{h}$ est
certainement moindre que la 600e partie de l'élévation de
la température de l'eau au-dessus de celle de l'air, et comme
le terme $\frac{H}{h-H} \cdot \frac{Hu}{h}$ est moindre que la 600e partie du précédent qui est déja très-petit, il s'ensuit que l'équation
qu'on doit employer pour représenter très-exactement
l'erreur du thermomètre est $v - u = \frac{H.u}{h}$. En général si h
est une quantité très-grande par rapport à H, on aura toujours l'équation $v - u = \frac{H.u}{h}$.

300.

L'examen dans lequel on vient d'entrer fournit des conséquences très-utiles pour la comparaison des thermomètres.

La température marquée par un thermomètre plongé dans
un liquide qui se refroidit est toujours un peu plus forte
que celle du liquide. Cet excès ou erreur du thermomètre
diminue en même temps que l'élévation du thermomètre.
On trouverait la quantité de la correction en multipliant
l'élévation actuelle u du thermomètre, par le rapport de la
vîtesse H du refroidissement du vase dans l'air à la vîtesse
h du refroidissement du thermomètre dans le liquide. On
pourrait supposer que le thermomètre, lorsqu'il a été plongé
dans le liquide, marquait une température inférieure. C'est
même ce qui arrive presque toujours ; mais cet état ne peut
durer ; le thermomètre commence à se rapprocher de la
température du liquide ; en même temps le liquide se

refroidit, de sorté que le thermomètre passe d'abord à la température même du liquide, ensuite il indique une température extrêmement peu différente et toujours supérieure.

300.

On voit par ces résultats que si l'on plonge dans un même vase rempli d'un liquide qui se refroidit lentement différents thermomètres, ils doivent tous indiquer à très-peu-près la même température dans le même instant. Appelant h, h', h'', les vîtesses du refroidissement de chacun de ces thermomètres dans le liquide, on aura $\frac{H.u}{h}$, $\frac{H u}{h'}$, $\frac{H u}{h''}$ pour les erreurs respectives. Si deux thermomètres sont également sensibles, c'est-à-dire si les quantités h et h' sont les mêmes, leurs températures différeront également de celles du liquide. Les coëfficients h, h', h'', ont de grandes valeurs en sorte que les erreurs des thermomètres sont des quantités extrêmement petites et souvent inappréciables. On conclut de là que si un thermomètre est construit avec soin et peut être regardé comme exact, il sera facile de construire plusieurs autres thermomètres d'une exactitude égale. Il suffira de placer tous les thermomètres que l'on voudra diviser dans un vase rempli d'un liquide qui se refroidit lentement, et d'y placer en même temps le thermomètre qui doit servir de modèle; on n'aura plus qu'à les observer tous de degré en degré, ou à de plus grands intervalles, et l'on marquera les points où le mercure se trouve en même temps dans les différents thermomètres. Ces points seront ceux des divisions cherchées. Nous avons appliqué ce procédé à la construction des thermomètres employés dans nos expé-

46

riences, en sorte que ces instruments coïncidaient toujours exactement dans des circonstances semblables.

Non-seulement cette comparaison des thermomètres pendant la durée du refroidissement du liquide établit entre eux une coïncidence parfaite, et les rend tous semblables à un seul modèle; mais on en déduit aussi le moyen de diviser exactement le tube de ce thermomètre principal sur lesquels tous les autres doivent être réglés. On satisfait ainsi à la condition fondamentale de cet instrument, qui est que deux intervalles quelconques comprenant sur l'échelle un même nombre de degrés contiennent la même quantité de mercure. Au reste nous omettons ici plusieurs détails qui n'appartiennent point directement à l'objet de notre ouvrage.

301.

On a déterminé dans les articles précédents la température v que reçoit après le temps écoulé t une couche sphérique intérieure placée à la distance x du centre. Il s'agit maintenant de calculer la valeur de la température moyenne de la sphère, ou celle qu'aurait ce solide si toute la quantité de chaleur qu'elle contient était également distribuée entre tous les points de la masse. Le solide de la sphère dont le rayon est x étant $4\pi \dfrac{x^3}{3}$, la quantité de chaleur contenue dans une enveloppe sphérique dont la température est v, et qui est placée à la distance x, sera $4v\, d\left(\dfrac{\pi x^3}{3}\right)$. Ainsi la chaleur moyenne est $4\displaystyle\int \frac{v \cdot d\left(\frac{\pi x^3}{3}\right)}{4\pi \frac{X^3}{3}}$ ou $\dfrac{3}{X^3}\displaystyle\int x^2\, v\, dx$, l'intégrale étant prise depuis $x = 0$ jusqu'à $x = X$. On mettra pour v sa valeur

$$\frac{a_1}{x} e^{-kn_1^2 t} \sin. n_1 x + \frac{a_2}{x} e^{-kn_2^2 t} \sin. n_2 x + \frac{a_3}{x} e^{-kn_3^2 t} \sin. n_3 x + \text{etc.}$$

et l'on aura l'équation

$$\frac{3}{X^3} \int x^2 v\, dx = \frac{3}{X^3} \left\{ a_1 \frac{\sin. n_1 X - n_1 X \cos. n_1 X}{n_1^2} 4 e^{-kn_1^2 t} \right.$$
$$\left. + a_2 \frac{\sin. n_2 X - n_2 X \cos. n_2 X}{n_2^2} 4 e^{-kn_2^2 t} + \text{etc.} \right\}$$

On a trouvé précédemment $a_i = \dfrac{2}{n_i} \cdot \dfrac{\sin. n_i X - n_i X \cos. n_i X}{2 n_i X - \frac{1}{2} \sin. 2 n_i X}$. On aura donc, en désignant par z la température moyenne,

$$\frac{z}{3.4} = \frac{\sin. \varepsilon_1 - \varepsilon_1 \cos. \varepsilon_1}{\varepsilon_1^2 (2\varepsilon_1 - \sin. 2\varepsilon_1) \varepsilon_1} e^{-K \frac{\varepsilon_1^2}{C.D.X^2} t} + \frac{\sin. \varepsilon_2 - \varepsilon_2 \cos. \varepsilon_2}{\varepsilon_2^2 (2\varepsilon_2 - \sin. 2\varepsilon_2) \varepsilon_2} e^{-K \frac{C.D.X^2}{\varepsilon_2^2} t} + \text{etc.}$$

équation dans laquelle tous les coëfficients des exponentielles sont positifs.

302.

Nous considérerons le cas où toutes les autres conditions demeurant les mêmes, la valeur X du rayon de la sphère deviendra infiniment grande. En reprenant la construction rapportée en l'article 285, on voit que la quantité $\frac{HX}{K}$ devenant infinie, la droite menée par l'origine, et qui doit couper les différentes branches de la courbe se confond avec l'axe des x. On trouve donc pour les différentes valeurs de ε les quantités π, 2π, 3π, etc.

Le terme de la valeur de z qui contient $e^{-\frac{K}{C.D} \cdot \frac{\varepsilon_1^2}{X^2} t}$ deve-

46.

nant, à mesure que le temps augmente, beaucoup plus grand que les suivants ; cette valeur de z après un certain temps est exprimée sans erreur sensible par le premier terme seulement. L'exposant $\frac{K\,n^2}{C.D}$ étant égal à $K\,\frac{\pi^2}{C.D.X^2}$, on voit que le refroidissement final est très-lent dans les sphères d'un grand diamètre, et que l'exposant de e qui mesure la vîtesse du refroidissement est en raison inverse du quarré des diamètres.

303.

On peut d'après les remarques précédentes se former une idée exacte des variations que subissent les températures pendant le refroidissement d'une sphère solide. Les valeurs initiales de ces températures changent successivement, à mesure que la chaleur se dissipe par la surface. Si les températures des diverses couches sont d'abord égales, ou si elles diminuent depuis la surface jusqu'au centre, elles ne peuvent point conserver leurs premiers rapports, et dans tous les cas, le système tend de plus en plus vers un état durable qu'il ne tarde point à atteindre sensiblement. Dans ce dernier état, les températures décroissent depuis le centre jusqu'à la surface. Si l'on représente par un certain arc ε moindre que le quart de la circonférence le rayon total de la sphère, et que, divisant cet arc en parties égales, on prenne en chaque point le quotient du sinus par l'arc, le système de ces rapports représentera celui qui s'établit de lui-même entre les températures des couches d'une égale épaisseur. Dès que ces derniers rapports ont lieu, ils continuent de subsister pendant toute la durée du refroidissement. Alors chacune des températures diminue comme l'ordonnée d'une logarithmique, le temps étant pris pour abscisse. On peut reconnaître que cet ordre est établi en observant plusieurs valeurs successives z z' z'' z''', etc. qui désignent la température moyenne pour les temps t, $t+\Theta$, $t+2\Theta$, $t+3\Theta$, etc. la suite de ces valeurs converge toujours vers une progression géométrique, et lorsque les quotients successifs $\frac{z}{z'}$, $\frac{z'}{z''}$, $\frac{z''}{z'''}$, etc. ne changent plus, on en conclut que les rapports dont il s'agit sont établis entre les températures. Lorsque la sphère est d'un petit diamètre, ces quotients sont sensiblement égaux dès que le corps commence à se refroidir. La durée du refroidissement pour un intervalle donné, c'est-à-dire le temps nécessaire pour que la température moyenne z soit réduite à une partie déterminée d'elle-même $\frac{z}{m}$, est d'autant plus grande que la sphère a un plus grand diamètre.

3o4.

Si deux sphères de même matière et de dimensions différentes sont parvenues à cet état final où les températures s'abaissent en conservant leurs rapports, et que l'on veuille comparer les durées d'un même refroidissement, c'est-à-dire le temps Θ que la température moyenne z de la première emploie pour se réduire à $\frac{z}{m}$, et le temps Θ' que la température z' de la seconde met à devenir $\frac{z'}{m}$; il faut considérer trois cas différents. Si les sphères ont l'une et l'autre un petit diamètre, les durées Θ et Θ' sont dans le rapport même des diamètres. Si les sphères ont l'une et l'autre un diamètre très-grand, les durées Θ et Θ' sont dans le rapport des quarrés des diamètres; et si les sphères ont des diamètres compris entre ces deux limites, les rapports des temps seront plus grands que ceux des diamètres, et moindres que ceux de leurs quarrés. On a rapporté plus haut les valeurs exactes de ces rapports.

La question du mouvement de la chaleur dans une sphère comprend celle des températures terrestres. Pour traiter cette dernière question avec plus d'étendue, nous en avons fait l'objet d'un chapitre séparé.

305.

L'usage que l'on a fait précédemment de l'équation $\frac{\varepsilon}{\text{tang. }\varepsilon} = \lambda$ est fondée sur une construction géométrique qui est très-propre à expliquer la nature de ces équations. En effet cette construction fait voir clairement que toutes les racines sont réelles; en même temps elle en fait connaître les limites, et indique les moyens de déterminer la valeur numérique de chacune d'elles. L'examen analytique des équations de ce genre donnerait les mêmes résultats. On pourra d'abord reconnaître que l'équation $\varepsilon - \lambda$ tang. ε, dans laquelle λ est un nombre connu moindre que l'unité, n'a aucune racine imaginaire de la forme $m + n\sqrt{-1}$. Il suffit de substituer au lieu de ε cette dernière quantité, et l'on voit après les transformations que le premier membre ne peut devenir nul lorsqu'on attribue à m et n des valeurs réelles, à moins que n ne soit nulle. On démontre aussi qu'il ne peut y avoir dans cette même équation

$$\varepsilon - \lambda \text{ tang. } \varepsilon = 0, \text{ ou } \frac{\varepsilon \cos. \varepsilon - \lambda \sin. \varepsilon}{\cos. \varepsilon} = 0,$$

aucune racine imaginaire de quelque forme que ce soit.

En effet, 1° les racines imaginaires du facteur $\frac{1'}{\cos.\varepsilon}=0$ n'appartiennent point à l'équation $\varepsilon - \lambda\,\mathrm{tang.}\,\varepsilon = 0$ puisque ces racines sont toutes de la forme $m + n\sqrt{-1}$; 2° l'équation $\sin.\varepsilon - \frac{\varepsilon}{\lambda}\cos.\varepsilon = 0$ a nécessairement toutes ses racines réelles lorsque λ est moindre que l'unité. Pour prouver cette dernière proposition, il faut considérer $\sin.\varepsilon$ comme le produit d'une infinité de facteurs qui sont

$$\varepsilon\left(1 - \frac{\varepsilon^2}{\pi^2}\right)\left(1 - \frac{\varepsilon^2}{2^2\pi^2}\right)\left(1 - \frac{\varepsilon^2}{3^2\pi^2}\right)\left(1 - \frac{\varepsilon^2}{4^2\pi^2}\right)$$

et considérer $\cos.\varepsilon$ comme dérivant de $\sin.\varepsilon$ par la différentiation. On supposera qu'au lieu de former $\sin.\varepsilon$ du produit d'un nombre infini de facteurs, on emploie seulement les m premiers, et que l'on désigne le produit par $\varphi_m\varepsilon$. Pour trouver la valeur correspondante qui remplace $\cos.\varepsilon$, on prendra $d\frac{(\varphi_m\varepsilon)}{d\varepsilon}$ ou $\varphi'_m\varepsilon$. Cela posé, on aura l'équation $\varphi_m\varepsilon - \frac{\varepsilon}{\lambda}\varphi'_m\varepsilon = 0$. Or, en donnant au nombre m ses valeurs successives $1, 2, 3, 4$, etc. depuis 1 jusqu'à l'infini, on reconnaîtra, par les principes ordinaires de l'algèbre, la nature des fonctions de ε qui correspondent à ces différentes valeurs de m. On verra que, quelque soit le nombre m des facteurs, les équations en ε qui en proviennent ont les caractères distinctifs de celles qui ont toutes leurs racines réelles. De là on conclut rigoureusement que l'équation $\frac{\varepsilon}{\mathrm{tang.}\,\varepsilon}=\lambda$, dans laquelle λ est moindre que l'unité ne peut avoir aucune racine imaginaire. Cette même propoposition pourrait

encore être déduite d'une analyse différente que nous em-
ploierons dans un des chapitres suivants.

Au reste la solution que nous avons donnée n'est point
fondée sur la propriété dont jouit cette équation d'avoir
toutes ses racines réelles. Il n'aurait donc pas été nécessaire
de démontrer cette proposition par les principes de l'analyse
algébrique. Il suffit pour l'exactitude de la solution que
l'intégrale puisse coïncider avec un état initial quelconque;
car il s'ensuit rigoureusement qu'elle doit représenter aussi
tous les états subséquents.

CHAPITRE VI.

DU MOUVEMENT DE LA CHALEUR DANS UN CYLINDRE SOLIDE.

306.

LE mouvement de la chaleur dans un cylindre solide d'une longueur infinie, est représenté par les équations

$$\frac{dv}{dt} = \frac{K}{CD}\left(\frac{d^2 v}{dx^2} + \frac{1}{x}\frac{dv}{dx}\right) \text{ et } \frac{h}{K}V + \frac{dV}{dx} = 0,$$

que l'on a rapportées (pag. 112 et suivantes) dans les articles 118, 119 et 120. Pour intégrer ces équations, on donnera en premier lieu à v une valeur particulière très-simple exprimée par l'équation $v = e^{-mt}u$; m est un nombre quelconque, et u une fonction de x. On désigne par k le coëfficient $\frac{K}{CD}$ qui entre dans la première équation et par h le coëfficient $\frac{h}{K}$ qui entre dans la seconde. En substituant la valeur attribuée à v, on trouve la condition suivante :

$$\frac{m}{k}u + \frac{d^2 u}{dx^2} + \frac{1}{x}\frac{du}{dx} = 0.$$

On choisira donc pour u une fonction de x qui satisfasse à cette équation différentielle. Il est facile de voir que cette fonction peut être exprimée par la série suivante :

47

$$u = 1 - \frac{g\,x^2}{2^2} + \frac{g^2\,x^4}{2^2.4^2} + \frac{g^3\,x^6}{2^2.4^2.6^2} + \frac{g^4\,x^8}{2^2.4^2.6^2.8^2} \cdots \text{ etc.},$$

g désignant la constante $\frac{m}{k}$. On examinera plus particulièrement par la suite l'équation différentielle dont cette série
dérive ; on regarde ici la fonction u comme étant connue, et
l'on a $e^{-gkt}. u$ pour la valeur particulière de v.

L'état de la surface convexe du cylindre est assujéti à une
condition exprimée par l'équation déterminée $h\,V + \frac{dV}{dx} = 0$,
qui doit être satisfaite lorsque le rayon x a sa valeur totale
X ; on en conclura l'équation déterminée

$$h\left(1 - \frac{g\,X^2}{2^2} + \frac{g^2\,X^4}{2^2.4^2} + \frac{g^3\,X^6}{2^2.4^2.6^2} + \text{etc.}\right) = \frac{2gX}{2^2} - \frac{4g^2X^3}{2^2.4^2} + \frac{6g^3X^5}{2^2.4^2.6^2} + \text{etc.}$$

ainsi le nombre g qui entre dans la valeur particulière
$e^{-gkt}. u$ n'est point arbitraire. Il est nécessaire que ce nombre satisfasse à l'équation précédente, qui contient g et X.
Nous prouverons que cette équation en g dans laquelle h et
X sont des quantités données a une infinité de racines, et
que toutes ces valeurs de g sont réelles. Il s'ensuit que l'on
peut donner à la variable v une infinité de valeurs particulières de la forme $e^{-gkt}. u$, qui différeront seulement par
l'exposant g. On pourra donc composer une valeur plus
générale, en ajoutant toutes ces valeurs particulières multipliées par des coëfficients arbitraires. L'intégrale qui servira
à résoudre dans toute son étendue la question proposée est
donnée par l'équation suivante :

$$v = a_1 e^{-g_1 kt}.u_1 + a_2 e^{-g_2 kt}.u_2 + a_3 e^{-g_3 kt}.u_3 + \text{etc.}$$

$g, g_2, g_3 \ldots$ etc. désignent toutes les valeurs de u qui satisfont à l'équation déterminée; $u_1 u_2 u_3$ etc. désignent les valeurs de u qui correspondent à ces différentes racines; $a_1 a_2 a_3$ etc., sont des coëfficients arbitraires qui ne peuvent être déterminés que par l'état initial du solide.

307.

Il faut maintenant examiner la nature de l'équation déterminée qui donne les valeurs de g, et prouver que toutes les racines de cette équation sont réelles, recherche qui exige un examen attentif.

Dans la série $1 - \dfrac{g\,X^2}{2^2} + \dfrac{g^2\,X^4}{2^2 . 4^2} - \dfrac{g^3\,X^6}{2^2 . 4^2 . 6^2} +$ etc. qui exprime la valeur que reçoit u lorsque $x = X$, on remplacera $\dfrac{g\,X^2}{2^2}$ par la quantité θ, et désignant par $f\theta$ ou y cette fonction de θ, on aura $y = f\theta = 1 - \theta + \dfrac{\theta^2}{2^2} - \dfrac{\theta^3}{2^2 . 3^2} + \dfrac{\theta^4}{2^2 . 3^2 . 4^2} . +$ etc. l'équation déterminée deviendra

$$\frac{h\,X}{2} = \frac{\theta - 2\dfrac{\theta^2}{2^2} + 3\dfrac{\theta^3}{2^2 . 3^2} - 4\dfrac{\theta^4}{2^2 . 3^2 . 4^2} + \text{etc.}}{1 - \theta + \dfrac{\theta^2}{2^2} - \dfrac{\theta^3}{2^2 . 3^2} + \dfrac{\theta^4}{2^2 . 3^2 . 4^2} - \text{etc.}} \quad \text{ou} \quad \frac{h\,X}{2} + \theta\frac{f'\theta}{f\theta} = 0,$$

$f'\theta$ désignant la fonction $\dfrac{d(f\theta)}{d\theta}$.

Chacune des valeurs de θ fournira une valeur pour g, au moyen de l'équation $\dfrac{g\,X^2}{2^2} = \theta$; et l'on obtiendra ainsi les quantités $g_1 g_2$ etc. qui entrent en nombre infini dans la solution cherchée.

La question est donc de démontrer que l'équation

$$\frac{h\,X}{2} + \theta\frac{f'\theta}{f\theta} = 0$$

doit avoir toutes ses racines réelles. Nous prouverons en effet que l'équation $f\theta = 0$ a toutes ses racines réelles, qu'il en est de même par conséquent de l'équation $f'\theta = 0$, et qu'il s'ensuit que l'équation $A = \dfrac{\theta \cdot f'\theta}{f\theta}$ a aussi toutes ses racines réelles, A représentant la quantité connue $-\dfrac{h X}{2}$.

3o8.

L'équation $y = 1 - \theta + \dfrac{\theta^2}{2^2} - \dfrac{\theta^3}{2^2 \, 3^2} + \dfrac{\theta^4}{2^2 \, 3^2 \, 4^2}$ — etc. étant différentiée deux fois, donne la relation suivante :

$$y + \frac{dy}{d\theta} + \theta \frac{d^2 y}{d\theta^2} = 0.$$

On écrira comme il suit cette équation, et toutes celles que l'on en déduit par la différentiation,

$$y + \frac{dy}{d\theta} + \theta \frac{d^2 y}{d\theta^2} = 0$$

$$\frac{dy}{dt} + 2 \frac{d^2 y}{d\theta^2} + \theta \frac{d^3 y}{d\theta^3} = 0$$

$$\frac{d^2 y}{d\theta^2} + 3 \frac{d^3 y}{d\theta^3} + \theta \frac{d^4 y}{d\theta^4} = 0,$$

etc.

et en général

$$\frac{d^i y}{d\theta^i} + (i + 1) \frac{d^{(i+1)} y}{d\theta^{(i+1)}} + \theta \frac{d^{(i+2)} y}{d\theta^{(i+2)}} = 0$$

Or si l'on écrit dans l'ordre suivant l'équation algébrique $X = 0$, et toutes celles qui en dérivent par la différentiation

$$X = 0, \quad \frac{dX}{dx} = 0, \quad \frac{d^2 X}{dx^2} = 0, \quad \frac{d^3 X}{dx^3} = 0, \quad \frac{d^4 X}{dx^4} = 0 \text{ etc};$$

et si l'on suppose que toute racine réelle d'une quelconque de ces équations étant substituée dans celle qui la précède, et dans celle qui la suit, donne deux résultats de signe contraire; il est certain que la proposée $X = 0$ a toutes ses racines réelles, et que par conséquent il en est de même de toutes ses équations subordonnées

$$\frac{dX}{dx} = 0, \quad \frac{d^{,}X}{dx^{,}} = 0, \quad \frac{d^{,}X}{dx} = 0, \quad \text{etc.}$$

ces propositions sont fondées sur la théorie des équations algébriques, et ont été démontrées depuis long-temps. Il suffit donc de prouver que les équations

$$y = 0, \quad \frac{dy}{d\theta} = 0, \quad \frac{d^{,}y}{d\theta^{,}} = 0 \quad \text{etc.}$$

remplissent la condition précédente. Or cela suit de l'équation générale

$$\frac{d^{i}y}{d\theta^{i}} + (i + 1) \frac{d^{i+1}y}{d\theta^{i+2}} + \theta \frac{d^{i+2}y}{d\theta^{i+2}} = 0:$$

car si l'on donne a θ une valeur positive qui rende nulle la fluxion $\dfrac{d^{i+1}y}{d\theta^{i+1}}$, les deux autres termes $\dfrac{d^{i}y}{d\theta^{i}}$ et $\dfrac{d^{i+1}y}{d\theta^{i+1}}$ recevront des valeurs de signe opposé. A l'égard des valeurs négatives de θ il est visible, d'après la nature de la fonction $f\theta$, qu'aucune quantité négative mise à la place de θ ne pourrait rendre nulle, ni cette fonction, ni aucune de celles qui en dérivent par la différentiation; car la substitution d'une quantité négative quelconque, donne à tous les termes le même signe. Donc on est assuré que l'équation $y = 0$ a toutes ses racines réelles et positives.

309.

Il suit de là que l'équation $f'\theta = 0$ ou $y' = 0$ a aussi toutes ses racines réelles; ce qui est une conséquence connue des principes de l'algèbre. Examinons maintenant quelles sont les valeurs successives que reçoit le terme $\theta \dfrac{f'\theta}{f\theta}$, ou $\theta . \dfrac{y'}{y}$ lorsqu'on donne à θ des valeurs continuellement croissantes, depuis $\theta = 0$ jusqu'à $\theta = \dfrac{1}{0}$. Si une valeur de θ rend y' nulle, la quantité $\theta \dfrac{y'}{y}$ devient nulle aussi; elle devient infinie lorsque θ rend y nulle. Or il suit de la théorie des équations que, dans le cas dont il s'agit, toute racine de $y' = 0$ est placée entre deux racines consécutives de $y = 0$, et réciproquement. Donc, en désignant par θ_1 et θ_3 deux racines consécutives de l'équation $y' = 0$, et par θ_2 la racine de l'équation $y = 0$ qui est placée entre θ_1 et θ_3, toute valeur de θ comprise entre θ_1 et θ_2 donnera à y un signe différent de celui qui recevrait cette fonction y, si θ avait une valeur comprise entre θ_2 et θ_3. Ainsi la quantité $\theta \dfrac{y'}{y}$ est nulle lorsque $\theta = \theta_1$; elle est infinie lorsque $\theta = \theta_2$, et nulle lorsque $\theta = \theta_3$. Il est donc nécessaire que cette quantité $\theta \dfrac{y'}{y}$ prenne toutes les valeurs possibles, depuis θ jusqu'à l'infini, dans l'intervalle de θ_1 a θ_2, et prenne aussi toutes les valeurs possibles de signe opposé, depuis l'infini jusqu'à zéro, dans l'intervalle de θ_2 à θ_3. Donc l'équation $A = \theta . \dfrac{y'}{y}$ a nécessairement une racine réelle entre θ_1 et θ_3, et comme l'équation

$y' = 0$ a toutes ses racines réelles en nombre infini, il s'en suit que l'équation $A = \theta \dfrac{y'}{y}$ a la même propriété. On est parvenu à démontrer de cette manière que l'équation déterminée

$$\frac{h\,\mathrm{X}}{2} = \frac{\dfrac{g^2\,\mathrm{X}^2}{2^2} - 2\dfrac{g^2\,\mathrm{X}^4}{2^2.4^2} + 6\dfrac{g^3.\mathrm{X}^4}{2^2.4^2.6^2} + \text{etc.}}{1 - \dfrac{g\mathrm{X}^2}{2^2}\dfrac{\mathrm{X}^2}{2^2} + \dfrac{2^2.4^2}{g^2\mathrm{X}^4} + \dfrac{g^3\,\mathrm{X}^6}{2^2.4^2.6^2} + \text{etc.}}$$

dont l'inconnue est g à toutes ses racines réelles et positives. Nous allons poursuivre cet examen de la fonction u et de l'équation différentielle à laquelle elle satisfait.

310.

De l'équation $y + \dfrac{dy}{d\theta} + \theta\dfrac{d^2y}{d\theta^2} = 0$, on déduit l'équation générale $\dfrac{d^i y}{d\theta^i} + (i+1)\dfrac{d^{(i+1)}y}{d\theta^{i+1}} + \theta\dfrac{d^{(i+2)}y}{d\theta^{i+2}} = 0$, et si l'on suppose $\theta = 0$, on aura l'équation

$$\frac{d^{(i+1)}y}{d\theta^{i+1}} = -\frac{1}{i+1}\frac{d^i y}{d\theta^i},$$

qui servira à déterminer les coëfficients des différents termes du développement de la fonction $f\theta$, car ces coëfficients dépendent des valeurs que reçoivent les rapports différentiels lorsqu'on y fait la variable nulle. En supposant le premier connu et égal à 1, on aura la série

$$y = 1 - \theta + \frac{\theta^2}{2^2} - \frac{\theta^3}{2^2.3^2} + \frac{\theta^4}{2^2.3^2.4^2} - \text{etc.},$$

si maintenant dans l'équation proposée

$$g\,u + \frac{d^2u}{dx^2} + \frac{1}{x}\frac{du}{dx} = 0.$$

On fait $g\,\dfrac{x^2}{2^2} = \theta$ et que l'on cherche la nouvelle équation en u et θ en regardant u comme une fonction de θ, on trouvera

$$u + \frac{du}{d\theta} + \theta\,\frac{d^2u}{d\theta^2} = 0$$

d'où l'on conclut

$$u = 1 - \theta + \frac{\theta^2}{2^2} - \frac{\theta^3}{2^2\,3^2} + \frac{\theta^4}{2^2\,3^2\,4^2} + \text{etc.},$$

ou $\quad u = 1 - \dfrac{g\,x^2}{2^2} + \dfrac{g^2\,x^4}{2^2\,3^2} + \text{etc.}$

Il est facile d'exprimer la somme de cette série. Pour obtenir ce résultat, on développera comme il suit la fonction cos. $(\alpha\sin.\,x)$ en cosinus d'arcs multiples. On aura, par les transformations connues,

$$2\cos.\,(\alpha\sin.\,x) = e^{\frac{1}{2}\alpha e^{x\sqrt{-1}}}\, e^{-\frac{1}{2}\alpha e^{-x\sqrt{-1}}} + e^{-\frac{1}{2}\alpha e^{x\sqrt{-1}}}\, e^{\frac{1}{2}\alpha e^{-x\sqrt{-1}}},$$

et désignant $e^{x\sqrt{-1}}$ par ω

$$2\cos.\,(\alpha\sin.\,x) = e^{\frac{\alpha\omega}{2}}.\,e^{-\frac{\alpha\omega^{-1}}{2}} + e^{-\frac{\alpha\omega}{2}}.\,e^{\frac{\alpha\omega^{-1}}{2}}$$

En développant le second membre selon les puissances de ω, on trouvera que le terme qui ne contient point ω dans le développement de cos. $(\alpha\sin.\,x)$ est

$$2\left(1 - \frac{\alpha^2}{2^2} + \frac{\alpha^4}{2^2.4^2} - \frac{\alpha^6}{2^2.4^2.6^2} + \frac{\alpha^8}{2^2.4^2.6^2.8^2} - \text{etc.}\right)$$

les coëfficients de $\omega^1, \omega^3, \omega^5$, etc. sont nuls, il en est de même des coëfficients des termes qui contiennent $\omega^{-1}, \omega^{-3}, \omega^{-5}$, etc.; le coëfficient de ω^{-2} est le même que celui de ω^2; le coëfficient de ω^4 est $2\left(\dfrac{\alpha^4}{2.4.6.8} - \dfrac{\alpha^6}{2^2.4.6.8.10} + \text{etc.}\right)$, le coëfficient de ω^{-4} est le même que celui de ω^4; il est aisé d'exprimer la loi suivant laquelle ces coëfficients se succèdent; mais, sans s'y arrêter, on écrira $2\cos. 2x$, au lieu de $(\omega^2 + \omega^{-2})$ ou $2\cos. 4x$ au lieu de $(\omega^4 + \omega^{-4})$, ainsi de suite : donc la quantité $2\cos. (\alpha\sin. x)$ peut être facilement développée en une série de la forme

$$A + B\cos. 2x + C\cos. 4x + D\cos. 6x + \text{etc.}$$

et le premier coëfficient A est égal à

$$2\left(1 - \frac{\alpha^2}{2^2} + \frac{\alpha^4}{2^2.4^2} - \frac{\alpha^6}{2^2.4^2.6^2} + \text{etc.}\right);$$

si l'on compare maintenant l'équation générale que nous avons donnée précédemment

$$\frac{1}{2}\pi\varphi x = \frac{1}{2}\int \varphi x\, dx + \cos. x \int \varphi x \cos. x\, dx + \text{etc.}$$

à celle-ci, $2\cos. (\alpha\sin. x) = A + B\cos. 2x + C\cos. 4x + \text{etc.}$, on trouvera les valeurs des coëfficients A, B, C, exprimées par des intégrales définies. Il suffit ici de trouver celle du premier coëfficient A. On aura donc

$$\frac{1}{2}A = \frac{1}{\pi}\int\left(\cos. (\alpha\sin. x)\, dx\right),$$

l'intégrale devant être pris depuis $x = 0$ jusque $x = \pi$. Donc

48

la valeur de la série $1 - \dfrac{\alpha^2}{2^2} + \dfrac{\alpha^4}{2^2 \, 4^2} - \dfrac{\alpha^6}{2^2 \, 4^2 \, 6^2} +$ etc. est celle

de l'intégrale définie $\int_0^\pi dx \cos. (\alpha \sin. x)$. On trouverait de

la même manière par la comparaison des deux équations les valeurs des coëfficients suivants B, C etc.; on a indiqué ces résultats, parce qu'ils sont utiles dans d'autres recherches qui dépendent de la même théorie. Il suit de là que la valeur particulière de u qui satisfait à l'équation

$$g\,u + \frac{d^2 u}{dx^2} + \frac{1}{x}\frac{du}{dx} = 0 \text{ est } \frac{1}{\pi} \int \cos. (\sqrt{g}.\sin. r)\, dr,$$

l'intégrale étant prise depuis $r = 0$ jusqu'à $r = \pi$. En désignant par q cette valeur de u, et faisant $u = q\,s$, on trouvera $S = a + b \int \dfrac{dx}{x\,q^2}$ et l'on aura pour l'intégrale complète de l'équation $g\,u + \dfrac{d^2 u}{dx^2} + \dfrac{1}{x}\dfrac{du}{dx} = 0$,

$$u = \left(A + B \int \frac{dx}{x\,(\int.\cos. (x\sqrt{g}.\sin. r)\,dr)^2} \right) \int \cos. (x\sqrt{g}.\sin. r)\,dr,$$

A et B sont des constantes arbitraires. Si l'on suppose $B = 0$ on aura, comme précédemment, $u = \int \cos. (x\sqrt{g}.\sin. r)\,dr$. Nous ajouterons les remarques suivantes relatives à cette dernière expression.

311.

L'équation

$$\frac{1}{\pi} \int \cos. (\theta \sin. u)\, du = 1 - \frac{\theta^2}{2^2} + \frac{2^2 . 4^2}{\theta^4} - \frac{2^2 . 4^2 . 6^2}{\theta^6} + \text{etc.}$$

se vérifie d'elle-même. En effet, on a

$$\int \cos. (\theta \sin. u)\, du = \int du \left(1 - \frac{\theta^2 \sin.^2 u}{2} + \frac{\theta^4 \sin.^4 u}{2.3.4} - \frac{\theta^2.\sin.^6 u}{2.3.4.5.6} + \text{etc.} \right)$$

et intégrant depuis $u = 0$ jusqu'à $u = \pi$, en désignant par $S_2 S_4 S_6$ etc. les intégrales définies

$$\int \sin.^2 u\, du, \int \sin.^4 u\, du, \int \sin.^6 u\, du \text{ etc.},$$

on aura

$$\frac{1}{\pi} \int \cos. (\theta \sin. u)\, du = 1 - \frac{\theta^2}{2} \cdot S_2 + \frac{\theta^4}{2.3.4} \cdot S_4 - \frac{\theta^6}{2.3.4.6} S_6 + \text{etc.}$$

il reste à déterminer $S_2 S_4 S_6$ etc. Le terme $\sin.^n u$, n étant un nombre pair, peut être développé ainsi :

$$\sin.^n u = A_n + B_n \cos. 2n + C_n \cos. 4n + \text{etc.}$$

en multipliant par du et intégrant entre les limites $u = 0$ et $u = \pi$, on aura seulement $\int (du \sin.^n u) = A_n \pi$, les autres termes s'évanouissent. On a, d'après la formule connue pour le développement des puissances entières du sinus,

$$A_2 = \frac{1}{2^2} \cdot \frac{2}{1}, \quad A_4 = \frac{1}{2^4} \cdot \frac{3.4}{1.2}, \quad A_6 = \frac{1}{2^6} \cdot \frac{4.5.6}{1.2.3}, \quad A_8 = \frac{1}{2^8} \cdot \frac{5.6.7.8}{1.2.3.6} \text{ etc.}$$

en substituant ces valeurs de $S_2 S_4 S_6 S_8$ etc., on trouve

$$\frac{1}{\pi} \int \cos. (\theta \sin. u)\, du = 1 - \frac{\theta^2}{2^2} + \frac{\theta^4}{2^2.4^2} - \frac{\theta^6}{2^2.4^2.6^2} + \text{etc.}$$

On peut rendre ce résultat plus général en prenant, au lieu de $\cos. (t \sin. u)$, une fonction quelconque φ de $t \sin. u$.

48.

Supposons donc que l'on ait une fonction $\varphi\, z$ qui soit ainsi développée $\varphi z = \varphi + z\varphi' + \frac{z^2}{2}\varphi'' + \frac{z^3}{2.3}\varphi''' + $ etc., on aura

$$\varphi(t\sin. u) = \varphi + t\varphi'.\sin. u + \frac{t^2}{2}\varphi''.\sin.^2 u + \frac{t^3}{2.3}\varphi'''.\sin.^3 u + \text{etc.}$$

et $\frac{1}{\pi}\int du\,\varphi(t\sin. u) = \varphi + t\varphi'.S_1 + \frac{t^2}{2}\varphi''.S_2 + \frac{t^3}{2.3}\varphi'''.S_3 + \text{etc.} \quad (e)$

Or, il est facile de voir que $S_1 S_3 S_5 S_7$ etc., ont des valeurs nulles. A l'égard de $S_2 S_4 S_6 S_8...$ leurs valeurs sont les quantités que nous avons désignées précédemment par $A_2 A_4 A_6...$ etc. C'est pourquoi, en substituant ces valeurs dans l'équation (e), on aura généralement, et quelle que soit la fonction φ

$$\frac{1}{\pi}\int \varphi(t\sin. u)\,du = \varphi + \frac{t^2}{2^2}\varphi'' + \frac{t^4}{2^2.4^2}\varphi^{\text{iv}}. + \frac{t^6}{2^2.4^2.6^2}\varphi.^{\text{vi}} + \text{etc.},$$

dans le cas dont il s'agit, la fonction φz représente cos. z, et l'on a $\varphi = 1$, $\varphi'' = -1$, $\varphi^{\text{iv}} = 1$, $\varphi^{\text{vi}} = -1$, ainsi de suite.

312.

Pour connaître entièrement la nature de la fonction $f\theta$, et celle de l'équation qui donne les valeurs de g. il faudrait considérer la figure de la ligne qui a pour équation

$$y = 1 - \theta + \frac{\theta^2}{2^2} - \frac{\theta^3}{2^2.3^2} + \text{etc.}$$

et qui forme avec l'axe des abscisses des aires alternativement positives ou négatives qui se détruisent réciproquement; on pourrait aussi rendre plus générales les remarques précédentes sur l'expression des valeurs des suites en intégrales définies. Lorsqu'une fonction d'une variable x est développée selon les puissances de x, on en déduit facilement la fonction que représenterait la même série, si l'on remplaçait les puissances

$$x \; x^2 \; x^3 \; x^4 \; x^5 \ldots \text{ etc. par cos.} x, \; \cos. 2x, \; \cos. 3x, \; \cos. 4x, \text{ etc.}$$

en faisant usage de cette réduction, et du procédé indiqué par le paragrap. 2ᵉ. de l'art. (235), on obtient les intégrales définies qui équivalent à des séries données : mais nous ne pourrions entrer dans cet examen, sans nous écarter beaucoup de notre objet principal. Il suffit d'avoir indiqué les moyens qui nous ont servi à exprimer les valeurs des suites en intégrales définies. Nous ajouterons seulement le développement de la quantité $\theta \dfrac{f'\theta}{f\theta}$ en une fraction continue.

313.

L'indéterminée y ou $f\theta$ satisfait à l'équation

$$y + \frac{dy}{d\theta} + \theta \frac{dy}{d\theta^2} = 0$$

d'où l'on déduit, en désignant par $y', y'', y''', y'^{\mathrm{v}}$ etc. les fonctions $\dfrac{dy}{d\theta}, \dfrac{d^2y}{d\theta^2}, \dfrac{d^3y}{d\theta^3}, \dfrac{d^4y}{d\theta^4}$ etc.

$$-y = y' + y\theta''$$
$$-y' = 2y'' + y\theta'''$$
$$-y'' = 3y''' + y\theta'^{\mathrm{v}}$$
$$-y''' = 4y'^{\mathrm{v}} + y\theta^{\mathrm{v}}$$
etc.

ou

$$\frac{y'}{y} = \frac{-y'}{y' + \theta y''} = \frac{-1}{1 + \theta \frac{y''}{y'}}$$

$$\frac{y''}{y'} = \frac{-y''}{2y''' + \theta y'''} = \frac{-1}{1 + \theta \frac{y'''}{y''}}$$

$$\frac{y'''}{y''} = \frac{-y'''}{3y''' + \theta y'^{\mathrm{v}}} = \frac{-1}{3 + \theta \frac{y'^{\mathrm{v}}}{y'''}}$$

$$\frac{y'^{\mathrm{v}}}{y'''} = \frac{-y'^{\mathrm{v}}}{4y'^{\mathrm{v}} + \theta y^{\mathrm{v}}} = \frac{-1}{4 + \theta \frac{y^{\mathrm{v}}}{y'^{\mathrm{v}}}}$$

d'où l'on conclut

$$\frac{y'}{y} = \cfrac{-1}{1 - \cfrac{\theta}{2 - \cfrac{\theta}{3 - \cfrac{\theta}{4 - \cfrac{\theta}{5 - \cfrac{\theta}{6 - \text{etc.}}}}}}}$$

Ainsi la fonction $-\dfrac{\theta f'\theta}{f\theta}$ qui entre dans l'équation déter-minée a pour valeur la fraction continuée à l'infini

$$\cfrac{\theta}{1-\cfrac{\theta}{2-\cfrac{\theta}{3-\cfrac{\theta}{4-\cfrac{\theta}{5-\text{etc.}}}}}}$$

314.

Nous allons maintenant rappeler les résultats auxquels nous sommes parvenus jusqu'ici.

Le rayon variable de la couche cylindrique étant désigné par x, et la température de cette couche étant v qui est fonction de x et du temps t, cette fonction cherchée v doit satisfaire à l'équation aux différences partielles

$$\frac{dv}{dt} = k\left(\frac{d^2v}{dx^2} + \frac{1}{x}\cdot\frac{dv}{dx}\right),$$

on peut prendre pour v la valeur suivante :

$$v = e^{-mt}.u;$$

u est une fonction de x qui satisfait à l'équation

$$\frac{m}{k}u + \frac{d^2u}{dx^2} + \frac{1}{x}\cdot\frac{du}{dx} = 0.$$

Si l'on fait $\theta = \dfrac{m}{k}\cdot\dfrac{x^2}{2^2}$ et que l'on considère u comme une fonction de θ, on aura $u + \dfrac{d\,u}{d\,\theta} + \theta\,\dfrac{d^{\,2}\,u}{d\,\theta^2} = 0$. La valeur suivante,

$$u = 1 - \theta + \frac{\theta^2}{2^2} - \frac{\theta^3}{2^2 \cdot 3^2} + \frac{\theta^4}{2^2 \cdot 3^2 \cdot 4^2} - \text{etc.}$$

satisfait à l'équation en u et θ, on prendra donc pour valeur de u en x celle-ci,

$$u = 1 - \frac{m}{k} \cdot \frac{x^2}{2^2} + \frac{m^2}{k^2} \cdot \frac{x^4}{2^2 \cdot 4^2} - \frac{m^3}{k^3} \cdot \frac{x^6}{2^2 \cdot 4^2 \cdot 6^2} + \text{etc.},$$

la somme de cette série est

$$\frac{1}{\pi} \int \cos. \left(x \sqrt{\frac{m}{k}} \sin. r \right) d\,r;$$

l'intégrale étant prise depuis $r = 0$ jusqu'à $r = \pi$. Cette valeur de u en x et m satisfait à l'équation différentielle, et conserve une valeur finie lorsque x est nulle. De plus, l'équation $\dfrac{h}{k} u + \dfrac{d\,u}{d\,x} = 0$ doit être satisfaite lorsque $x = X$ rayon du cylindre. Cette condition n'aurait pas lieu, si l'on donnait à la quantité m qui entre dans la fonction u une valeur quelconque; il faut que l'on ait l'équation

$$\frac{h\,X}{2} = \cfrac{\theta}{1 - \cfrac{\theta}{2 - \cfrac{\theta}{3 - \cfrac{\theta}{4 - \cfrac{\theta}{5 - \text{etc.}}}}}}$$

dans laquelle θ désigne $\dfrac{m}{k} \dfrac{X^2}{2^2}$. Cette équation déterminée qui équivaut à la suivante :

$$\frac{h\,\mathrm{X}}{2}\Big(\mathrm{I}-\theta+\frac{\theta^2}{2^2}-\frac{\theta^3}{2^2.3^2}+\text{etc.}\Big)=\theta-\frac{2\,\theta^2}{2^2}+\frac{3\,\theta^3}{2^2.3^2}-\frac{4\,\theta^4}{2^2.3^2.4^2}+\text{etc.}$$

donne pour θ une infinité de valeurs réelles que l'on désigne par θ_1, θ_2, θ_3, etc., les valeurs correspondantes de m sont $\frac{2^2.k\,\theta_1}{\mathrm{X}^2}$, $\frac{2^2\,k\,\theta_2}{\mathrm{X}^2}$, $\frac{2^2\,k\,\theta_3}{\mathrm{X}^2}$, etc.; ainsi la valeur particulière de v est exprimée ainsi,

$$\pi\,v=e^{-\frac{2^2\,k\,t\,\theta_1}{\mathrm{X}^2}}\int\cos.\Big(2\,\frac{x}{\mathrm{X}}\sqrt{\theta_1}\sin.q\Big)\,dq.$$

On peut mettre, au lieu de θ_1, une des racines θ_1, θ_2, θ_3, θ_4, etc., et l'on en composera une valeur plus générale exprimée par l'équation

$$\pi\,v=a_1 e^{-\frac{2^2\,k\,t\,\theta_1}{\mathrm{X}^2}}\int\cos.\Big(2\,\frac{x}{\mathrm{X}}\sqrt{\theta_1}.\sin.q\Big)\,dq$$

$$+a_2 e^{-\frac{2^2\,k\,t\,\theta_2}{\mathrm{X}^2}}\int\cos.\Big(2\,\frac{x}{\mathrm{X}}\sqrt{\theta_2}.\sin.q\Big)\,dq$$

$$+a_3 e^{-\frac{2^2\,k\,t\,\theta_3}{\mathrm{X}^2}}\int\cos.\Big(2\,\frac{x}{\mathrm{X}}\sqrt{\theta_3}.\sin.q\Big)\,dq$$

$$+\text{etc.}$$

$a_1 \dots a_2 \dots a_3$ sont des coëfficients arbitraires : la variable q disparaît après les intégrations qui doivent toutes avoir lieu depuis $q=0$ jusqu'à $q=\pi$.

315.

Pour démontrer que cette valeur de v satisfait à toutes les conditions de la question et qu'elle en contient la solution générale, il ne reste plus qu'à déterminer les coëfficients a_1, a_2, a_3, d'après l'état initial. On reprendra l'équation

$$v=a_1 e^{-m_1 t}.u_1+a_2 e^{-m_2 t}.u_2+a_3 e^{-m_3 t}.u_3+\text{etc.}$$

dans laquelle u_1, u_2, u_3 sont les différentes valeurs que prend la fonction u ou

$$1 - \frac{m}{k}\frac{x^2}{2^2} + \frac{m^2}{k^3}\frac{x^4}{2^2.4^2} - \frac{m^3}{k^4}\frac{x^6}{2^2.4^2.6^2} + \text{etc.},$$

lorsqu'on met successivement au lieu de $\frac{m}{k}$ les valeurs g_1, g_2, g_3, etc. En faisant $t = 0$, on a l'équation

$$V = a_1 u_1 + a_2 u_2 + a_3 u_3 + \text{etc.},$$

dans laquelle V est une fonction donnée de x. Soit φx cette fonction, et représentons la fonction u_i dont l'indice est i, par $\psi(x\sqrt{g_i})$. On aura

$$\varphi x = a_1 \psi(x\sqrt{g_1}) + a_2 \psi(x\sqrt{g_2}) + a_3 \psi(x\sqrt{g_3}) + \text{etc.}$$

Pour déterminer le premier coëfficient, on multipliera chacun des membres de l'équation par $\sigma_1 dx$, σ_1 étant une fonction de x, et l'on intégrera depuis $x = 0$ jusqu'à $x = X$. On déterminera cette fonction σ_1, en sorte qu'après les intégrations le second membre se réduise au premier terme seulement, où se trouve le coëfficient a_1, toutes les autres intégrales ayant une valeur nulle. Pour déterminer le second coëfficient a_2, on multipliera pareillement les deux termes de l'équation $\varphi x = a_1 u_1 + a_2 u_2 + a_3 u_3 + \text{etc.}$ par un autre facteur $\sigma_2 dx$, et l'on intégrera depuis $x = 0$ jusqu'à $x = X$. Le facteur σ_2 devra être tel que toutes les intégrales du second membre s'évanouissent, excepté une seule, savoir, celle qui est affectée du coëfficient a_2. En général, on emploie une suite de fonctions de x désignées par $\sigma_1 \sigma_2 \sigma_3 \sigma_4$ etc. qui correspondent aux fonctions u_1, u_2, u etc.; chacun

de ces facteurs σ a la propriété de faire disparaître par l'intégration tous les termes qui contiennent des intégrales définies excepté un seul; on obtient de cette manière la valeur
de chacun des coëfficients a_1, a_2, a_3 etc. Il faut donc chercher
quelles sont les fonctions qui jouissent de la propriété dont
il s'agit.

316.

Chacun des termes du second membre de l'équation est
une intégrale définie de cette forme $a \int \sigma . u \, dx$; u est une
fonction de x qui satisfait à l'équation

$$\frac{m}{k} u + \frac{d^2 u}{dx^2} + \frac{1}{x} \frac{du}{dx} = 0 ;$$

on aura donc $a \int \sigma . u \, dx = - a \frac{k}{m} \int \left(\frac{\sigma}{x} \frac{du}{dx} + \sigma \frac{d^2 u}{dx^2} \right)$. En
développant au moyen de l'intégration par parties les termes

$$\int \frac{\sigma}{x} \frac{du}{dx} . dx \text{ et } \int \sigma . \frac{d^2 u}{dx^2} \, dx,$$

on a
$$\int \left(\frac{\sigma}{x} \frac{du}{dx} . dx \right) = C + u \frac{\sigma}{x} - \int u \, d \left(\frac{\sigma}{x} \right)$$

et
$$\int \sigma \frac{d^2 u}{dx^2} . dx = D + \frac{du}{dx} \sigma - u . \frac{d\sigma}{dx} + \int u \frac{d^2 \sigma}{dx^2} \, dx.$$

Les intégrales devant être prises entre les limites $x = 0$
et $x = X$, on déterminera par cette condition les quantités
qui entrent dans le développement, et ne sont point sous
le signe $\int$. Pour indiquer que l'on suppose $x = 0$ dans une
expression quelconque en x, on affectera cette expression
de l'indice α; et on lui donnera l'indice ω pour indiquer la

valeur que prend la fonction de x, lorsqu'on donne à cette variable x sa dernière valeur X.

On aura donc, en supposant $x = o$ dans les deux équations précédentes

$$o = C + \left(u\frac{\sigma}{x} \right)_\alpha \text{ et } o = D + \left(\frac{du}{dx} \cdot \sigma - u \cdot \frac{d\sigma}{dx} \right)_\alpha,$$

on détermine ainsi les constantes C et D. Faisant ensuite $x = X$ dans ces mêmes équations, et supposant que l'intégrale est prise depuis $x = o$ jusqu'à $x = X$, on aura

$$\int \left(\frac{\sigma}{x} \cdot \frac{du}{dx} \cdot dx \right) = \left(u\frac{\rho}{x} \right)_\omega - \left(u\frac{\sigma}{x} \right)_\alpha - \int u \, d\left(\frac{\sigma}{x} \right)$$

$$\text{et } \int \left(\sigma \frac{d^2 u}{dx^2} dx \right) = \left(\frac{du}{dx}\sigma - u\frac{d\sigma}{dx} \right)_\omega - \left(\frac{du}{dx}\sigma - u\frac{d\sigma}{dx} \right)_\alpha + \int \left(u\frac{d^2\sigma}{dx^2} dx \right)$$

on obtient ainsi l'équation

$$-\frac{m}{k} \int (\sigma.u\,dx) = \int \left\{ u\frac{d^2}{dx^2} - u. \frac{d\left(\frac{\sigma}{x}\right)}{dx} \right\} dx + \left(\frac{du}{dx}\sigma - u\frac{d\sigma}{dx} + u\frac{\sigma}{x} \right)_\omega$$

$$- \left(\frac{du}{dx}\sigma - u\frac{d\sigma}{dx} + u\frac{\sigma}{x} \right)_\alpha.$$

$$3i7.$$

Si la quantité $\dfrac{d^2\sigma}{dx^2} - \dfrac{d\left(\frac{\sigma}{x}\right)}{dx}$ qui multiplie u sous le signe

d'intégration dans le second membre était égale au produit de σ par un coëfficient constant, les termes

$$\int \left\{ u.\frac{d^2\sigma}{dx^2} - \frac{d\left(\frac{\sigma}{x}\right)}{dx}.dx \right\} \text{ et } \int \sigma.u\,dx$$

49.

pourraient être réunis en un seul, et l'on obtiendrait pour l'intégrale cherchée $\int \sigma . u \, dx$ une valeur qui ne contiendrait que des quantités déterminées, et aucun signe d'intégration; Il ne resterait plus qu'à égaler cette valeur à zéro.

Supposons donc que le facteur σ satisfasse à l'équation différentielle du second ordre $\dfrac{n}{k}\sigma + \dfrac{d^2\sigma}{dx^2} - \dfrac{d\left(\dfrac{\sigma}{x}\right)}{dx} = 0$ de même que la fonction u satisfait à l'équation

$$\frac{m}{k}u + \frac{d^2 u}{dx^2} + \frac{1}{x}\frac{du}{dx} = 0,$$

m et n étant des coëfficients constants, on aura

$$\frac{n-m}{k}\int \sigma u\, dx = \left(\frac{du}{dx}\sigma - u\frac{d\sigma}{dx} + u\frac{\sigma}{x}\right)_\omega - \left(\frac{du}{dx}\sigma - u\frac{d\sigma}{dx} + u\frac{\sigma}{x}\right)_\alpha.$$

Il existe entre u et σ une relation très-simple qui se découvre, lorsque dans l'équation $\dfrac{n}{k}\sigma + \dfrac{d^2.\sigma}{dx^2} - \dfrac{d\left(\dfrac{\sigma}{x}\right)}{dx} = 0$, on suppose $\sigma = x\, s$; on a, par le résultat de cette substitution, l'équation $\dfrac{n}{k}s + \dfrac{d^2\sigma}{dx^2} + \dfrac{1}{x}\dfrac{d\sigma}{dx} = 0$, ce qui fait voir que la fonction s dépend de la fonction u donnée par l'équation

$$\frac{m}{k}u + \frac{d^2 u}{dx^2} + \frac{1}{x}\frac{du}{dx} = 0.$$

Il suffit pour trouver s de changer m en n dans la valeur de u; on a désigné cette valeur de u par $\psi\left(x\sqrt{\dfrac{m}{k}}\right)$ celle de σ sera donc $x\,\psi\left(x\sqrt{\dfrac{n}{k}}\right)$.

On aura maintenant $\dfrac{du}{dx}\sigma + u\dfrac{d\sigma}{dx} + u\dfrac{\sigma}{x} =$

$$x \sqrt{\tfrac{m}{k}} \psi'\left(x\sqrt{\tfrac{m}{k}}\right) \psi\left(x\sqrt{\tfrac{n}{k}}\right) - x\sqrt{\tfrac{n}{k}}\psi'\left(x\sqrt{\tfrac{m}{k}}\right)\psi\left(x\sqrt{\tfrac{m}{k}}\right)$$

$$- \psi\left(x\sqrt{\tfrac{m}{k}}\right)\psi\left(x\sqrt{\tfrac{n}{k}}\right) + \psi\left(x\sqrt{\tfrac{m}{k}}\right)\psi\left(x\sqrt{\tfrac{n}{k}}\right).$$

les deux derniers termes se détruisant d'eux-mêmes, il s'ensuit qu'en fesant $x=0$, ce qui correspond à l'indice α, le second membre entier s'évanouit. On conclut de là l'équation suivante :

$$\frac{n-m}{k}\int \sigma u\, dx = X\sqrt{\tfrac{m}{k}}\psi'\left(X\sqrt{\tfrac{m}{k}}\right)\psi\left(X\sqrt{\tfrac{n}{k}}\right)$$

$$- X\sqrt{\tfrac{n}{k}}\psi'\left(X\sqrt{\tfrac{n}{k}}\right)\psi\left(X\sqrt{\tfrac{m}{k}}\right) \qquad (f)$$

Il est aisé de voir que le second membre de cette équation est toujours nul lorsque les quantités m et n sont du nombre de celles que nous avons désignées précédemment par $m_1 m_2 m_3$ etc.

On a en effet

$$\frac{hX}{2k} = -X\sqrt{\tfrac{m}{k}}\frac{\psi'\left(x\sqrt{\tfrac{m}{k}}\right)}{\psi\left(x\sqrt{\tfrac{m}{k}}\right)} \text{ et } \frac{hX}{2k} = X\sqrt{\tfrac{n}{k}}\frac{\psi'\left(x\sqrt{\tfrac{n}{k}}\right)}{\psi\left(x\sqrt{\tfrac{n}{k}}\right)},$$

comparant les valeurs de $\frac{hX}{2k}$ on voit que le second membre de l'équation (f) s'évanouit.

Il suit de là qu'après que l'on a multiplié par $\sigma\, dx$ les deux termes de l'équation

$$\varphi x = a_1 u_1 + a_2 u_2 + a_3 u_3 + \ldots a_i u_i + \text{etc.},$$

et intégré de part et d'autre depuis $x=0$ jusqu'à $x=X$, chacune des intégrales définies qui composent le second membre s'évanouit, il suffit de prendre pour σ la quantité $x u$ ou $x \psi \left(x \sqrt{\frac{m}{k}} \right)$. Il faut excepter le seul cas ou n est égal à m, alors la valeur de $\int \sigma u \, dx$ tirée de l'équation (f) se réduit à $\frac{0}{0}$, et on la détermine par les règles connues.

318.

Soit $\sqrt{\frac{m}{k}} = \mu$ et $\sqrt{\frac{n}{k}} = \nu$ on aura

$$\int \left(x \psi (x \mu) \psi (x \nu) \, dx \right) = \frac{\mu X \psi' (\mu X) \psi (\nu X) - \nu X \psi' (\nu X) \psi (\mu X)}{\nu^2 - \mu^2}$$

le second membre étant différentié au numérateur et au dénominateur par rapport à ν donnera en faisant

$$\mu = \nu, \quad \frac{\mu X^2 \psi'^2 - X \psi \psi' - \mu X^2 \psi \psi''}{2 \mu}.$$

On a d'un autre côté l'équation

$$\mu^2 u + \frac{d^2 u}{dx^2} + \frac{1}{x} \frac{du}{dx} = 0, \quad \text{ou} \quad \mu^2 \psi + \frac{\mu}{x} \psi' + \mu^2 \psi'' = 0,$$

et celle-ci,

$$\frac{hx}{2k} \psi + \mu x \psi' = 0 \quad \text{et faisant} \quad \lambda = \frac{hx}{2k}, \quad \lambda \psi + \mu \psi' = 0;$$

on pourra donc éliminer dans l'intégrale qu'il s'agit d'évaluer les quantités ψ' et ψ'', ce qui donnera

$$\left(\mu^2 - \frac{\lambda}{x} \right) \psi + \mu^2 \psi'' = 0;$$

on trouvera ainsi pour la valeur de l'intégrale cherchée

$$X^2 \psi^2 \left(\frac{\mu^2 + \lambda^2}{\mu^2} \right) \text{ et } \frac{X^2 U^2_i}{2} \left(1 + \frac{h^2}{2^2 k m_i} \right),$$

en mettant pour μ et λ leurs valeurs, et désignant par U_i la valeur que prend la fonction u ou $\psi \left(x \sqrt{\frac{m_i}{k}} \right)$ lorsqu'on suppose $x = X$. L'indice i désigne le rang de la racine m de l'équation déterminée qui donne une infinité de valeurs de m. Si l'on substitue m_i ou $\frac{k}{2^2} X^2 \theta_i$ dans $\frac{X^2 U^2_i}{2} \left(1 + \frac{h^2}{2^2 k m_i} \right)$

on aura $\qquad X^2 U^2_i \left(1 + \left(\frac{h X}{2^2 k \sqrt{\theta_i}} \right)^2 \right).$

319.

Il résulte de l'analyse précédente que l'on a les deux équations

$$\int_0^X (x u_j u_i \, dx) = 0 \text{ et } \int_0^X (x u_i^2 \, dx) = \left(1 + \left(\frac{h X}{2^2 k \sqrt{\theta_i}} \right)^2 \right) \frac{X^2 U^2_i}{2},$$

la première a lieu toutes les fois que les nombres i et j sont différents, et la seconde lorsque ces nombres sont égaux.

Reprenant donc l'équation $\varphi x = a_1 u_1 + a_2 u_2 + a_3 u_3 +$ etc. dans laquelle il faut déterminer les coëfficients $a_1, a_2, a_3,$ etc. On trouvera un de ces coëfficients désigné par a_i, en multipliant les deux membres de l'équation par $x u_i \, dx$, et en intégrant depuis $x = 0$ jusqu'à $a = X$; le second membre sera réduit par cette intégration à un seul terme, et l'on aura l'équation $2 \int \left(x \varphi (x) u_i \, dx \right) = a_i X^2 U^2_i \left(1 + \left(\frac{h X}{2^2 k \sqrt{\theta_i}} \right)^2 \right),$ qui donne la valeur de a_i. Les coëfficients $a_1, a_2, a_3, a_4,$ étant ainsi déterminés, la condition exprimée par l'équation

$\varphi x = a_1 u_1 + a_2 u_2 + a_3 u_3 +$ etc., qui se rapporte à l'état initial, sera remplie.

Nous pouvons maintenant donner la solution complète de de la question proposée; elle est exprimée par l'équation suivante :

$$\frac{v X^2}{2} = \frac{\displaystyle\int_0^X (x\,\varphi x.u_1\,dx)}{U^2_1\left(1 + \frac{h^2 X^2}{4^2 k^2 \theta_1}\right)}\,u_1.e^{-\frac{2^2 k t}{X^2}\theta_1} \quad \frac{\displaystyle\int_0^X (x\,\varphi x.u_2\,dx)}{U^2_2\left(1 + \frac{h^2 X^2}{4^2 k^2 \theta_2}\right)}\,u_2.e^{-\frac{2^2 k t}{X^2}\theta_2}$$

$$+ \frac{\displaystyle\int_0^X (x\,\varphi x.u_3\,dx)}{U^3_3\left(1 + \frac{h^2 X^2}{4^2 k^2 \theta_3}\right)}\,u.e^{-\frac{2^2 k t}{X^2}\theta_3} + \text{etc.}$$

La fonction de x qui est exprimée par u dans l'équation précédente a pour expression

$$\frac{1}{2}\int \cos.\left(\frac{2x}{X}\sqrt{\theta_1}.\sin.q\right)dq;$$

toutes les intégrales par rapport à x doivent être prises depuis $x = 0$ jusqu'à $x = X$, et pour trouver la fonction u on doit intégrer depuis $q = 0$ jusqu'à $q = \pi$; φx est la valeur initiale de la température, prise dans l'intérieur du cylindre à la distance x de l'axe, et cette fonction est arbitraire, les quantités $\theta_1, \theta_2, \theta_3, \theta_4 \ldots$ etc. sont les racines réelles et positives de l'équation

$$\frac{h\,\mathrm{X}}{2\,k} = \cfrac{\theta}{1 - \cfrac{\theta}{2 - \cfrac{\theta}{3 - \cfrac{\theta}{4 - \cfrac{\theta}{5 - \text{etc.}}}}}}$$

320.

Si l'on suppose que le cylindre ait été plongé pendant un temps infini dans un liquide entretenu à une température constante, toute la masse se trouvera également échauffée, et la fonction φx qui représente l'état initial sera remplacée par l'unité. Après cette substitution, l'équation générale représentera exactement les progrès successifs du refroidissement.

Si le temps écoulé t est infini, le second membre de l'équation ne contiendra plus qu'un seul terme, savoir : celui où se trouve la moindre de toutes les racines $\theta_1, \theta_2, \theta_3$, etc.; c'est pourquoi, en supposant que ces racines sont rangées selon leur grandeur, et que θ est la moindre de toutes, l'état final du solide sera exprimé par l'équation

$$\frac{v\,\mathrm{X}^2}{2} = \frac{\int (x\,\varphi\,x . u_1\,dx)}{\mathrm{U}_1^2 \left(1 + \frac{h^2 . \mathrm{X}^2}{4^2\,k^2\,\theta_1}\right)}\, u_1\, e^{\frac{-2^2 k t}{\mathrm{X}^2}}\,\theta.$$

On déduirait de la solution générale des conséquences semblables à celles que présente le mouvement de la chaleur dans une masse sphérique. On reconnaît d'abord qu'il y a une infinité d'états particuliers, dans chacun desquels les rapports établis entre les températures initiales se conservent jusqu'à la fin du refroidissement. Lorsque l'état initial ne coïncide pas avec un des états simples, il est toujours composé de plusieurs d'entre eux, et les rapports des températures changent continuellement, à mesure que le temps augmente. En général le solide arrive bientôt à cet état, ou les températures des différentes couches décroissent continuellement en conservant les mêmes rapports. Lorsque le rayon X est très-petit, on trouve que les températures décroissent proportionnellement à la fraction $e^{-2\frac{h}{X}}$. Si au contraire ce rayon X a une valeur extrêmement grande, l'exposant de e dans le terme qui représente le système final des températures contient le quarré du rayon total. On voit par-là comment la dimension du solide influe sur la vîtesse finale du refroidissement. Si la température du cylindre dont le rayon est X, passe de la valeur A à la valeur moindre B, dans un temps T, la température d'un second cylindre de rayon égal à X′ passera de A à B dans un temps différent T′. Si les deux solides ont peu d'épaisseur, le rapport des temps T et T′ sera celui des diamètres. Si au contraire les diamètres des cylindres sont très-grands, le rapport des temps T et T′ sera celui du quarré des diamètres.

CHAPITRE VII.

PROPAGATION DE LA CHALEUR DANS UN PRISME RECTANGULAIRE.

321.

L'ÉQUATION $\frac{d^2 v}{dx^2} + \frac{d^2 v}{dy^2} + \frac{d^2 v}{dz^2} = 0$ que nous avons rapportée dans la section IV du chapitre II, page 119, exprime le mouvement uniforme de la chaleur dans l'intérieur d'un prisme d'une longueur infinie, assujétie par son extrémité à une température constante, et dont on suppose les températures initiales nulles. Pour intégrer cette équation, on cherchera en premier lieu une valeur particulière de v, en remarquant que cette fonction v doit demeurer la même, lorsque y change de signe, ou lorsque z change de signe; et qu'elle doit prendre une valeur infiniment petite, lorsque la distance x est infiniment grande. D'après cela il est facile de voir que l'on peut choisir pour valeur particulière de v la fonction $a e^{-mx} . \cos. ny \cos. pz$; et faisant la substitution on trouve $m^2 - n^2 - p^2 = 0$. Mettant donc pour n et p des quantités quelconques, on aura $m = \sqrt{n^2 + p^2}$. La valeur de v doit aussi satisfaire à l'équation déterminée

$$\frac{h}{k} v + \frac{dv}{dy} = 0,$$

lorsque $y = l$ ou $-l$, et à l'équation $\frac{h}{k} v + \frac{dv}{dy} = 0$, lorsque $z = l$ ou $- l$, section IV du chapitre II, article 125. Si l'on donne à v la valeur précédente, on aura

$$- n \sin. \, ny + \frac{h}{k} \cos. \, ny = 0 \text{ et } - p \sin. \, pz + \frac{h}{k} \cos. \, pz = 0,$$

ou $$\frac{hl}{k} = p\, l \,\text{tang.}\, p\, l, \quad \frac{hl}{k} = n\, l \,\text{tang.}\, n\, l,$$

on voit par-là que si l'on trouvait un arc ε tel que ε tang. ε équivalût à la quantité toute connue $\frac{h}{k} l$, on prendrait pour n ou pour p la quantité $\frac{\varepsilon}{l}$. Or, il est facile de reconnaître qu'il y a une infinité d'arcs qui, multipliés respectivement par leur tangente donnent un même produit déterminé $\frac{hl}{k}$, d'où il suit que l'on peut trouver pour n ou pour p une infinité de valeurs différentes.

322.

Si l'on désigne par $\varepsilon_1 \, \varepsilon_2 \, \varepsilon_3$ etc. les arcs en nombre infini qui satisfont à l'équation déterminée ε tang. $\varepsilon = \frac{hl}{k}$, on pourra prendre pour n un quelconque de ces arcs divisé par l. Il en sera de même de la quantité p; il faudra ensuite prendre $m^2 = n^2 + p^2$. Si l'on donnait à n et à p d'autres valeurs, on satisferait à l'équation différentielle; mais non pas à la condition relative à la surface. On peut donc trouver de cette manière une infinité de valeurs particulières de v, et comme la somme de plusieurs quelconques de ces valeurs satisfait encore à l'équation, on pourra former une valeur plus générale de v.

On prendra successivement pour n et pour p toutes les

valeurs possibles qui sont $\frac{\varepsilon_1}{l}$, $\frac{\varepsilon_2}{l}$, $\frac{\varepsilon_3}{l}$ etc. Désignant par $a_1 a_2$ a_3 etc., $b_1 b_2 b_3$ etc. des coëfficients constants, on exprimera la valeur de v par l'équation suivante :

$$v = \left(a_1 e^{-x\sqrt{n_1{}^2+n_1{}^2}}.\cos.n_1 y + a_2 e^{-x\sqrt{n_2{}^2+n_1{}^2}}.\cos.n_2 y + \text{etc.}\right) b_1 \cos. n_1 z$$

$$+ \left(a_1 e^{-x\sqrt{n_1{}^2+n_2{}^2}}.\cos.n_1 y + a_2 e^{-x\sqrt{n_2{}^2+n_2{}^2}}.\cos. n_2 y + \text{etc.}\right) b_2 \cos. n_2 z$$

$$+ \left(a_1 e^{-x\sqrt{n_1{}^2+n_3{}^2}}.\cos.n_1 y + a_2 e^{-x\sqrt{n_2{}^2+n_3{}^2}}.\cos. n_2 y + \text{etc.}\right) b_3 \cos. n_3 z$$

$+$ etc.

323.

Si l'on suppose maintenant la distance x nulle, il faudra que chaque point de la section A conserve une température constante. Il est donc nécessaire qu'en faisant $x = 0$, la valeur de v soit toujours la même, quelque valeur que onl' puisse donner à y, ou à z; pourvu que ces valeurs soient comprises entre o et l. Or en faisant $l = 0$, on trouve

$$v = (a_1 \cos. n_1 y + a_2 \cos. n_2 y + a_3 \cos. n_3 y + \text{etc.})$$
$$(b_1 \cos. n_1 z + b_2 \cos. n_2 z + b_3 \cos. n_3 z + \text{etc.}).$$

En désignant par 1 la température constante de l'extrémité A, on prendra les deux équations

$$1 = a_1 \cos. n_1 y + a_2 \cos. n_2 y + a_3 \cos. n_3 y + \text{etc.}$$
$$1 = b_1 \cos. n_1 y + b_2 \cos. n_2 y + b_3 \cos. n_3 y + \text{etc.}$$

Il suffit donc de déterminer les coëfficients $a_1 a_2 a_3 a_4$ etc., dont le nombre est infini, en sorte que le second membre de l'équation soit toujours égal à l'unité. On a résolu précédemment cette question dans le cas où les nombres n_1, n_2, n_3, etc. forment la série des nombres impairs, section II du chapitre III, page 175. Ici les quantités n_1, n_2, n_3, etc. sont des irrationnelles données par une équation d'un degré infiniment élevé.

241.

Posant l'équation

$$1 = a_1 \cos. n_1 y + a_2 \cos. n_2 y + a_3 \cos. n_3 y + \text{etc.},$$

on multipliera les deux membres de l'équation par $\cos.(n_1 y) dy$, et l'on prendra l'intégrale depuis $y = 0$ jusqu'à $y = l$. On déterminera ainsi le premier coëfficient a_1. On suivra un procédé semblable pour déterminer les coëfficients suivants. En général, si l'on multiplie les deux membres de l'équation par $\cos. v y$, et que l'on intègre, on aura pour un seul terme du second membre qui serait représenté par $a \cos. n y$ l'intégrale,

$$a \int (\cos. n y . \cos. v y \, dy) \quad \text{ou} \quad \tfrac{1}{2} a \int \cos. \overline{n - v} . y \, dy + \tfrac{1}{2} a \int \cos. \overline{n + v} y \, dy$$

$$\text{ou} \quad \frac{a}{2} \left(\frac{1}{n - v} . \sin. \overline{n - v} . y + \frac{1}{n + v} \sin. \overline{n + v} . y \right), \quad \text{et faisant } y = l,$$

$$\frac{a}{2} \left(\frac{\overline{n + v} . \sin. \overline{n - v} . l + \overline{n - v} . \sin. \overline{n + v} . l}{n^2 - v^2} \right).$$

Or ne valeur quelconque de n satisfait à l'équation $n \tang . n l = \frac{h}{k}$, il en est de même de v, on aura donc

$$n \text{ tang. } n l = v \text{ tang. } v l ;$$

ou $n \sin. n l \cos. v l - v \sin. v l \cos. n l = 0.$

Ainsi l'intégrale précédente qui se réduit à

$$\frac{a}{n^2-v^2}\left(n\sin. nl \cos. vl - v\cos. nl \sin. vl\right) \text{ est nulle.}$$

Il faut excepter le seul cas ou $n=v$. En reprenant alors l'intégrale $\frac{a}{2}\left(\frac{\sin.\overline{n-v}.l}{n-v}+\frac{\sin.\overline{n+v}.l}{n+v}\right)$, on voit que si l'on a $n=v$, elle équivaut à la quantité $\frac{1}{2}a\left(l+\frac{\sin. 2nl}{2n}\right)$.

Il résulte de là que si dans l'équation

$$1 = a_1 \cos. n_1 y + a_2 \cos. n_2 y + a_3 \cos. n_3 y + \text{etc.}$$

on veut déterminer le coëfficient d'un terme du second membre désigné par $a\cos. ny$, il faut multiplier les deux membres par $\cos. ny.dy$, et intégrer depuis $y=0$ jusqu'à $y=l$. On aura pour résultat l'équation

$$\int_0^l \cos. ny \, dy = \frac{1}{2}a\left(l+\frac{\sin. 2nl}{2n}\right) = \frac{1}{n}\sin. nl,$$

d'où l'on tire $\frac{\sin. nl}{2nl+\sin. 2nl} = \frac{1}{4}a$. On déterminera de cette manière les coëfficients a_1, a_2, a_3, a_4, etc.; il en sera de même des coëfficients $b_1 b_2 b_3 b_4$, etc., qui seront respectivement les mêmes que les précédents.

325.

Il est aisé maintenant de former la valeur générale de v; 1° elle satisfera à l'équation $\frac{d^2 v}{dx^2}+\frac{d^2 v}{dy^2}+\frac{d^2 v}{dz^2}=0$; 2° elle satisfera aux deux conditions $k\frac{dv}{dy}+hv=0$ et $k\frac{dv}{dz}+hv=0$; 3° elle donnera une valeur constante pour v, lorsqu'on fera

$x=0$, quelles que soient d'ailleurs les valeurs de y et de z, comprises entre o et l; donc elle résoudra dans toute son étendue la question proposée.

On est parvenu ainsi à l'équation

$$\frac{1}{4}=\frac{\sin. n_1 l \cos. n_1 y}{2 n_1 l+\sin. 2 n_1 l}+\frac{\sin. n_2 l.\cos. n_2 y}{2 n_2 l+\sin. 2 n_2 l}+\frac{\sin. n_3 l.\cos. n_3 y}{2 n_3 l+\sin. 2 n_3 l}+\text{etc.}$$

ou désignant par $\varepsilon_1 \varepsilon_2 \varepsilon_3$ etc. les arcs $n_1 l,\, n_2 l,\, n_3 l$, etc.

$$\frac{1}{4}=\frac{\sin.\varepsilon_1 \cos.\frac{\varepsilon_1}{l}}{2\varepsilon_1+\sin.2\varepsilon_1}+\frac{\sin.\varepsilon_2 \cos.\frac{\varepsilon_2}{l}}{2\varepsilon_2+\sin.2\varepsilon_2}+\frac{\sin.\varepsilon_3 \cos.\frac{\varepsilon_3}{l}}{2\varepsilon_3+\sin.2\varepsilon_3}+\text{etc.},$$

équation qui a lieu pour toutes les valeurs de y comprises entre o et l, et par conséquent pour toutes celles qui sont comprises entre o et $-l$.

En substituant les valeurs connues de $a_1 b_1,\, a_2 b_2,\, a_3 b_3$ etc. dans la valeur générale de v, on aura l'équation suivante, qui contient la solution complète de la question proposée,

$$\frac{v}{4.4}=\frac{\sin. n_1 l \cos. n_1 z}{2 n_1 l+\sin. 2 n_1 l}\left(\frac{\sin. n_1 l \cos. n_1 y}{2 n_1 l+\sin. 2 n_1 l}e^{-x\sqrt{n_1{}^2+n_1{}^2}}+\text{etc.}\right)$$

$$+\frac{\sin. n_2 l \cos. n_2 z}{2 n_2 l+\sin. 2 n_2 l}\left(\frac{\sin. n_1 l \cos. n_1 y}{2 n_1 l+\sin. 2 n_1 l}e^{-x\sqrt{n_2{}^2+n_1{}^2}}+\text{etc.}\right)$$

$$+\frac{\sin. n_3 l \cos. n_3 z}{2 n_3 l+\sin. 2 n_3 l}\left(\frac{\sin. n_1 l.\cos. n_1 y}{2 n_1 l+\sin. 2 n_1 l}e^{-x\sqrt{n_3{}^2+n_1{}^2}}+\text{etc.}\right)$$

$$+\text{etc.} \qquad\qquad\qquad\qquad\qquad\qquad\text{(E)}$$

Les quantités désignées par n_1, n_2, n_3 etc. sont en nombre infini, et respectivement égales aux quantités

$$\frac{\varepsilon_1}{l},\ \frac{\varepsilon_2}{l},\ \frac{\varepsilon_3}{l},\ \frac{\varepsilon_4}{l},\ \text{etc.}$$

les arcs ε_1, ε_2, ε_3, ε_4 etc. sont les racines de l'équation déterminée ε tang. $\varepsilon = \dfrac{hl}{k}$.

326.

La solution exprimée par l'équation précédente E est la
seule qui convienne à la question; elle représente l'intégrale
générale de l'équation $\dfrac{d^2 v}{d x^2} + \dfrac{d^2 v}{d y^2} + \dfrac{d^2 v}{d z^2} = 0$, dans laquelle
on aurait déterminé les fonctions arbitraires d'après les con-
ditions données. Il est facile de reconnaître qu'il ne peut y
avoir aucune solution différente. En effet, désignons par
$\psi(x, y, z)$ la valeur de v déduite de l'équation (E), il est
évident que si l'on donnait au solide des températures
initiales exprimées par $\psi(x, y, z)$, il ne pourrait survenir
aucun changement dans le système des températures, pourvu
que la section à l'origine fût retenue à la température con-
stante 1 : car l'équation $\dfrac{d^2 v}{d x^2} + \dfrac{d^2 v}{d y^2} + \dfrac{d^2 v}{d z^2} = 0$ étant satisfaite,
la variation instantanée de la température est nécessaire-
ment nulle. Il n'en sera pas de même, si après avoir donné à
chaque point intérieur du solide dont les coordonnées sont
x, y, z la température initiale $\psi(x, y, z)$, on donnait à tous
les points de la section à l'origine la température constante
0. On voit clairement, et sans aucun calcul, que dans ce dernier cas l'état du solide changerait continuellement, et que
la chaleur primitive qu'il renferme se dissiperait peu-à-peu
dans l'air, et dans la masse froide qui maintient l'extrémité
à la température 0. Ce résultat dépend de la forme de la
fonction $\psi(x, y, z)$, qui devient nulle lorsque x a une valeur
infinie comme la question le suppose.

Un effet semblable aurait lieu si les températures initiales, au lieu d'être $+ \psi(x, y, z)$, étaient $- \psi(x, y, z)$ pour tous les points intérieurs du prisme; pourvu que la section à l'origine fût toujours retenue à la température o. Dans l'un et l'autre cas, les températures initiales se rapprocheraient continuellement de la température constante du milieu qui est zéro; et les températures finales seraient toutes nulles.

327.

Ces principes étant posés, considérons le mouvement de la chaleur dans deux prismes parfaitement égaux à celui qui est l'objet de la question. Pour le premier solide, nous supposons que les températures initiales sont $+ \psi(x, y, z)$, et que l'origine A conserve la température fixe 1. Pour le second solide, nous supposons que les températures initiales sont $- \psi(x, y, z)$, et qu'à l'origine A tous les points de la section sont retenus à la température o. Il est manifeste que dans le premier prisme le système des températures ne peut point changer, et que dans le second ce système varie continuellement jusqu'à ce que toutes les températures deviennent nulles.

Si maintenant on fait coïncider dans le même solide ces deux états différents; le mouvement de la chaleur s'opérera librement, comme si chaque système existait seul. Dans l'état initial formé des deux systèmes réunis, chaque point du solide aura une température nulle, excepté les points de la section A dont la température sera 1, ce qui est conforme à l'hypothèse. Ensuite les températures du second système changeront de plus en plus, et s'évanouiront entièrement, pendant que celles du premier se conserveront sans aucun changement. Donc, après un temps infini, le système permanent des températures sera celui que représente l'équation

(E), ou $v = \psi(x, y, z)$. Il faut remarquer que cette conséquence dépend de la condition relative à l'état initial ; on la
déduira toutes les fois que la chaleur initiale contenue dans
le prisme est tellement distribuée, qu'elle s'évanouirait entièrement, si l'on retenait l'extrémité A la température o.

328.

Nous ajouterons diverses remarques à la solution précé-
dante ; 1° il est facile de connaître la nature de l'équation
ε tang. $\varepsilon = \frac{hl}{k}$, il suffit de supposer (voyez fig. 15) que l'on
ait construit la courbe $u = \varepsilon$ tang. ε, l'arc ε étant pris pour
abscisse, et u pour ordonnée. Cette ligne est composée de
branches asymptotiques. Les abscisses qui correspondent
aux asymptotes, sont $\frac{1}{2}\pi$, $\frac{3}{2}\pi$, $\frac{5}{2}\pi$, $\frac{7}{2}\pi$ etc. : celles qui correspondent aux points d'intersection sont : 1π, 2π, 3π, etc.
Si maintenant on élève à l'origine une ordonnée égale à la
quantité connue $\frac{hl}{k}$, et que par son extrémité on mène une
parallèle à l'axe des abscisses, les points d'intersection don-
neront les racines de l'équation proposée ε tang. $\varepsilon = \frac{hl}{k}$. La
construction indique les limites entre lesquelles chaque ra-
cine est placée. Nous ne nous arrêterons point aux procédés
de calcul qu'il faut employer pour déterminer les valeurs
des racines. Les recherches de ce genre ne présentent aucune difficulté.

329.

2° On conclut facilement de l'équation générale (E), que
plus la valeur de x devient grande, plus le terme de la valeur de v, dans lequel se trouve la fraction $e^{-x\sqrt{n_1^2 + n_2^2}}$,

devient grand par rapport à chacun des suivants. En effet, $n_1 \, n_2 \, n_3 \, n_4$ etc. étant des quantités positives croissantes, la fraction $e^{-x\sqrt{2n_1^2}}$ est la plus grande de toutes les fractions analogues qui entrent dans les termes subséquents.

Supposons maintenant que l'on puisse observer la température d'un point de l'axe du prisme situé à une distance x extrêmement grande, et la température d'un point de cet axe situé à la distance $x + 1$, 1 étant l'unité de mesure; on aura alors $y = 0$, $z = 0$, et le rapport de la seconde température à la première sera sensiblement égal à la fraction $e^{-x\sqrt{2n_1^2}}$. Cette valeur du rapport des températures des deux points de l'axe est d'autant plus exacte, que la distance x est plus grande.

Il suit de là que si l'on marquait sur l'axe des points dont chacun fût distant du précédent de l'unité de mesure, le rapport de la température d'un point à celle du point qui précède, convergerait continuellement vers la fraction $e^{-x\sqrt{2n_1^2}}$; ainsi les températures des points placés à distances égales finissent par décroître en progression géométrique. Cette loi aura toujours lieu, quelle que soit l'épaisseur de la barre, pourvu que l'on considère des points situés à une grande distance du foyer de chaleur.

Il est facile de voir, au moyen de la construction, que si la quantité appelée l qui est la demi-épaisseur du prisme, est fort petite, n_1 a une valeur beaucoup plus petite que n_2, ou n_3 etc.; il en résulte que la première fraction $e^{-x\sqrt{2n_1^2}}$ est beaucoup plus grande qu'aucune des fractions analogues. Ainsi, dans le cas où l'épaisseur de la barre est très-petite, il n'est pas nécessaire de s'éloigner de la source de la chaleur pour que les températures des points également distants décroissent en progression géométrique. Cette loi règne alors dans toute l'étendue de la barre.

33o.

Si la demi-épaisseur l est une très-petite quantité, la valeur générale de v se réduit au premier terme qui contient $e^{-x\sqrt{2n_1^2}}$. Ainsi la fonction v qui exprime la température d'un point dont les coordonnées sont x, y et z; est donnée dans ce cas par l'équation

$$v = \left(\frac{4 \cdot \sin \cdot n\,l}{2\,n\,l + \sin \cdot 2\,n\,l} \right)^2 \cdot \cos \cdot n\,y \cdot \cos \cdot n\,z \; e^{-x\sqrt{2n^2}},$$

l'arc ε ou $n\,l$ devient extrêmement petit, comme on le voit par la construction. L'équation ε tang. $\varepsilon = \frac{h}{k}\,l$ se réduit alors à $\varepsilon^2 = \frac{h}{k}\,l$; la première valeur de ε ou ε_1 est $\sqrt{\frac{h\,l}{k}}$; à l'inspection de la figure, on connaît les valeurs des autres racines, en sorte que les quantités $\varepsilon_1\,\varepsilon_2\,\varepsilon_3\,\varepsilon_4\,\varepsilon_5$ etc. sont les suivantes $\sqrt{\frac{h\,l}{k}}, \pi, 2\,\pi, 3\,\pi, 4\,\pi$, etc. Les valeurs de $n_1\,n_2\,n_3\,n_4\,n_5$ etc. sont donc $\frac{1}{\sqrt{l}}\sqrt{\frac{h}{k}}, \frac{\pi}{l}, \frac{2\,\pi}{l}, \frac{3\,\pi}{l}$, etc.; on en conclut comme on l'a dit plus haut, que si l est une très-petite quantité, la première valeur n est incomparablement plus grande que toutes les autres, et que l'on doit omettre dans la valeur générale de v, tous les termes qui suivent le premier. Si maintenant on substitue dans ce premier terme la valeur trouvée pour n, en remarquant que l'arc $n\,l$ et l'arc $2\,n\,l$ sont égaux à leurs sinus, on aura

$$v = \cos.\left(\sqrt{\tfrac{hl}{k}} \cdot \tfrac{y}{l}\right) \cos.\left(\sqrt{\tfrac{hl}{k}} \cdot \tfrac{z}{l}\right) e^{-x\sqrt{\tfrac{2h}{kl}}},$$

le facteur $\sqrt{\tfrac{hl}{k}}$ qui entre sous le signe cosinus étant très-petit, il s'ensuit que la température varie très-peu, pour les différents points d'une même section, lorsque la demi-épaisseur l est très-petite. Ce résultat est pour ainsi dire évident de lui-même : mais il est utile de remarquer comment il est expliqué par le calcul. La solution générale se réduit en effet à un seul terme, à raison de la ténuité de la barre, et l'on a en remplaçant par l'unité les cosinus d'arcs extrê-

mement petits $v = e^{-x\sqrt{\tfrac{2h}{kl}}}$, équation qui exprime dans le cas dont il s'agit les températures stationnaires.

On avait trouvé cette même équation précédemment, article 76, page 65 ; on l'obtient ici par une analyse entière-ment différente.

331.

La solution précédente fait connaître en quoi consiste le mouvement de la chaleur dans l'intérieur du solide. Il est facile de voir que lorsque le prisme a acquis, dans tous ses points, les températures stationnaires que nous considérons, il existe dans chaque section perpendiculaire à l'axe, un flux constant de chaleur qui se porte vers l'extrémité non échauffée. Pour déterminer la quantité de ce flux qui répond à une abscisse x. Il faut considérer que celle qui traverse pendant l'unité de temps, un élément de la section, est égale au pro-duit du coëfficient k, de l'aire $dy\,dz$, de l'élément dt, et du rapport $\tfrac{dv}{dx}$ pris avec un signe contraire. Il faudra donc prendre l'intégrale $-k \int dy \int dz \frac{dv}{dx}$, depuis $x = 0$ jusqu'à $x = l$, demi-épaisseur de la barre, et ensuite depuis $y = 0$ jusqu'à $y = l$. On aura ainsi la quatrième partie du flux total.

Le résultat de ce calcul fait connaître la loi suivant laquelle décroît la quantité qui traverse une section du prisme ; et l'on voit que les parties éloignées reçoivent très-peu de chaleur du foyer, parce que celle qui en émane immédiatement, se détourne en partie vers la surface, pour se dissiper dans l'air. Celle qui traverse une section quelconque du prisme, forme, si l'on peut parler ainsi, une nappe de chaleur dont la densité varie d'un point de la section à l'autre. Elle est continuellement employée à remplacer la chaleur qui s'échappe par la surface, dans toute l'extrémité du prisme située à la droite de la section : il est donc nécessaire que toute la chaleur qui sort pendant un certain temps de cette partie du prisme, soit exactement compensée par celle qui y pénètre en vertu de la conducibilité intérieure du solide.

332.

Pour vérifier ce résultat, il faut calculer le produit du flux établi à la surface. L'élément de la surface est $dx\,dy$, et v étant sa température $hv\,dx\,dy$ est la quantité de chaleur qui sort de cet élément pendant l'unité de temps. Donc l'intégrale $h \int dx \int dy . v$ exprime la chaleur totale émanée d'une portion finie de la surface. Il faut maintenant employer la valeur connue de v en y, en supposant $z = l$, puis intégrer une fois depuis $y = 0$ jusqu'à $y = l$, et une seconde fois depuis $x = x$ jusqu'à $x = \frac{1}{0}$. On trouvera ainsi la moitié de la chaleur qui sort de la surface supérieure du prisme; et prenant quatre fois le résultat, on aura la chaleur perdue par les surfaces supérieure et inférieure.

Si l'on se sert maintenant de l'expression $h \int dx \int dz . v$, que l'on donne à y dans v sa valeur l, et que l'on intègre une fois depuis $z = 0$ jusqu'à $z = l$, et une seconde fois depuis $x = 0$ jusqu'à $x = \frac{1}{0}$; on aura la quatrième partie de la chaleur qui s'échappe par les surfaces latérales.

L'intégrale $h \int dx \int dy\, v$, étant prise entre les limites désignées donne

$$\frac{h\,a}{m \sqrt{m^2 + n^2}} . \sin m\, l \cos. n\, l\, e^{-x\sqrt{m^2+n^2}}$$

et l'intégrale $h \int dx \int dz . v$ donne

$$\frac{h\,a}{n \sqrt{m^2 + n^2}} \cos. m\, l \sin. n\, l\, e^{-x\sqrt{m^2+n^2}}$$

Donc la quantité de chaleur que le prisme perd à sa surface, dans toute la partie située à la droite de la section dont l'abscisse est x, se compose de tous les termes analogues à celui-ci

$$\frac{4\,h.a}{\sqrt{m^2+n^2}} e^{-x\sqrt{m^2+n^2}} \left\{ \frac{1}{m} \sin. m\, l \cos. n\, l + \frac{1}{n} \cos. m\, l . \sin. n\, l \right\}.$$

D'un autre côté la quantité de chaleur qui pénètre pendant le même temps à travers la section dont l'abscisse est x, se compose des termes analogues à celui-ci :

$$\frac{k\,a\sqrt{m^2+n^2}}{m.n} e^{-x\sqrt{m^2+n^2}} . \sin. m\, l . \sin. n\, l;$$

il est donc nécessaire que l'on ait l'équation

$$\frac{k\sqrt{m^2+n^2}}{m.n}.\sin. m\,l.\sin. n\,l = \frac{h}{m\sqrt{m^2+n^2}}.\sin. m\,l.\cos. n\,l$$

$$+ \frac{h}{n\sqrt{m^2+n^2}}.\cos. m\,l.\sin. n\,l,$$

ou $k(m^2+n^2)\sin. m\,l \sin. n\,l = h\,m \cos. m\,l\sin. n\,l$

$$+ h\,n \sin. m\,l\cos. n\,l:$$

or on a séparément $\mathrm{K}\,m^2 \sin. m\,l\sin. n\,l = h\,m \cos. m\,l\sin. n\,l$,

ou $m\frac{m\sin. m\,l}{\cos. m\,l} = \frac{h}{h}$; on a aussi

$$k\,n^2 \sin. n\,l, \sin. m\,l = h\,n \cos. n\,l \sin. m\,l.$$

$$\text{ou} \quad \frac{n.\sin. n\,l}{\cos. n\,l} = \frac{h}{k},$$

donc l'équation est satisfaite. Cette compensation qui s'établit sans cesse entre la chaleur dissipée et la chaleur transmise, est une conséquence manifeste de l'hypothèse; et le calcul reproduit ici la condition qui avait d'abord été exprimée; mais il était utile de remarquer cette conformité dans une matière nouvelle, qui n'avait point encore été soumise à l'analyse.

332.

Supposons que le demi-côté l du quarré qui sert de base au prisme, soit une ligne extrêmement grande, et que l'on veuille connaître la loi suivant laquelle les températures décroissent pour les différents points de l'axe; on donnera à x et à z des valeurs nulles dans l'équation générale, et à l une valeur extrêmement grande. Or la construction fait connaître dans ce cas que la première valeur de ε est $\frac{\pi}{2}$, la seconde $3\frac{\pi}{2}$, la troisième $5\frac{\pi}{2}$ etc. On fera ces substitutions dans l'équation générale, et l'on remplacera $n_1 l$, $n_2 l$, $n_3 l$, $n_4 l$, etc. par leurs valeurs $\frac{\pi}{2}$, $\frac{3\pi}{2}$, $\frac{5\pi}{2}$, $\frac{7\pi}{2}$, et l'on mettra aussi la fraction α au lieu de $e^{-\frac{x}{2}\cdot\frac{\pi}{2}}$. On trouve alors

$$v\left(\frac{\pi}{4}\right)^2 = 1\left(\alpha^{\sqrt{1^2+1^2}} - \frac{1}{3}\alpha^{\sqrt{1^2+3^2}} + \frac{1}{5}\alpha^{\sqrt{1^2+5^2}} - \text{etc.}\right)$$

$$-\frac{1}{3}\left(\alpha^{\sqrt{3^2+1^2}} - \frac{1}{3}\alpha^{\sqrt{3^2+2^2}} + \text{etc.}\right)$$

$$+\frac{1}{5}\left(\alpha^{\sqrt{5^2+1^2}} - \text{etc.}\right)$$

$$-\frac{1}{7}\left(\alpha^{\sqrt{7^2+1^2}} - \text{etc.}\right)$$

$$+ \text{ etc.}$$

On voit par ce résultat que la température des différents points de l'axe décroît rapidement à mesure qu'on s'éloigne de l'origine. Si donc on plaçait sur un support échauffé et maintenu à une température permanente, un prisme d'une hauteur infinie, ayant pour base un carré dont le demi-côté l est très-grand; la chaleur se propagerait dans l'intérieur du prisme, et se dissiperait par la surface dans l'air environnant qu'on suppose à la température o. Lorsque le solide serait parvenu à un état fixe, les points de l'axe auraient des températures très-inégales, et à une hauteur équivalente à la moitié du côté de la base, la température du point le plus échauffé serait moindre que la cinquième partie de la température de la base.

CHAPITRE VIII.

333.

Il nous reste encore à faire usage de l'équation

$$\frac{d\,v}{d\,t} = \frac{K}{C.D} \left(\frac{d^2\,v}{d\,x^2} + \frac{d^2\,v}{d\,y^2} + \frac{d^2\,v}{d\,z^2} \right) \qquad (a)$$

qui représente le mouvement de la chaleur dans un solide de forme cubique exposé à l'action de l'air. (section IV du chapitre II, page 119) On choisira en premier lieu pour v la valeur très-simple e^{-mt} cos. nx cos. py cos. qz; et en substituant dans la proposée, on aura l'équation de condition $m = k(n^2 + p^2 + q^2)$, la lettre k désignant le coëfficient $\frac{K}{C.D}$. Il suit de là que si l'on met au lieu de n, p, q des quantités quelconques, et si l'on prend pour m la quantité $k(n^2 + p^2 + q^2)$, la valeur précédente de v satisfera toujours à l'équation aux différences partielles. On aura donc l'équation $v = e^{-k(n^2 + p^2 + q^2)t}$ .cos. nx cos. py cos. qz. L'état de la question exige aussi que si x change de signe, et si y et z demeurent les mêmes, la fonction ne change point; et que cela ait aussi lieu par rapport à y et par rapport à z: or la valeur de v satisfait évidemment à ces conditions.

334.

Pour exprimer l'état de la surface, on emploiera les équations suivantes :

$$\pm K \frac{dv}{dx} + hv = o,$$

$$\pm K \frac{dv}{dy} + hv = o,$$

$$\pm K \frac{dv}{dz} + hv = o. \qquad (b)$$

Elles doivent être satisfaites lorsque l'on a $x = \pm a$, ou $y = \pm a$, ou $z = \pm a$. On prend le centre du cube pour l'origine des coordonnées; et le côté est désigné par a.

La première des équations (b) donne

$$\mp e^{-mt} n \sin. nx \cos. py \cos. qz + \frac{k}{K} \cos. nx \cos py \cos. qz = o,$$

$$\text{ou} \quad \mp n \tang. nx + \frac{h}{K} = o,$$

équation qui doit avoir lieu lorsque $x = \pm a$.

Il en résulte que l'on ne peut pas prendre pour n une valeur quelconque, mais que cette quantité doit satisfaire à la condition $na \tang. na = \frac{h}{K} a$. Il faut donc résoudre l'équation déterminée $\varepsilon \tang. \varepsilon = \frac{h}{K} a$, ce qui donnera la valeur de ε, et l'on prendra $n = \frac{\varepsilon}{a}$. Or l'équation en ε a une infinité de racines réelles; donc on pourra trouver pour n une infinité de valeurs différentes. On connaîtra de la même manière les valeurs que l'on peut donner à p et à q; elles sont toutes représentées par la construction que l'on a employée dans la question précédente, art. (321). Nous désignerons ces racines par $n_1\, n_2\, n_3\, n_4$ etc. Ainsi l'on pourra donner à v la valeur particulière exprimée par l'équation

$$v = e^{-kt(n^2+p^2+q^2)} \cos. nx . \cos. py . \cos. qz,$$

pourvu que l'on mette au lieu de n, une des racines n_1, n_2, $n_3\, n_4$ etc., et qu'il en soit de même de p et de q.

335.

On peut former ainsi une infinité de valeurs particulières de v, et il est visible que la somme de plusieurs de ces valeurs satisfera aussi à l'équation différentielle (a) et aux équations déterminées (b). Pour donner à v la forme générale que la question exige, on réunira un nombre indéfini de termes semblables à celui-ci :

$$a\, e^{-kt(n^2+p^2+q^2)} . \cos. nx \cos. py \cos. qz.$$

Nous exprimerons cette valeur de v par l'équation suivante :

$$v = \left(a_1 \cos. n_1 x\, e^{-kn_1^2 t} + a \cos. n_2 x\, e^{-kn_2^2 t} + a \cos. n_3 x\, e^{-kn_3^2 t} + \text{etc.} \right)$$

$$\left(\cos. n_1 y\, e^{-kn_1^2 t} + \cos. n_2 y\, e^{-kn_2^2 t} + \cos. n_3 y\, e^{-kn_3^2 t} + \text{etc.} \right)$$

$$\left(\cos. n_1 z\, e^{-kn_1^2 t} + \cos. n_2 z\, e^{-kn_2^2 t} + \cos. n_3 z\, e^{-kn_3^2 t} + \text{etc.} \right).$$

Le second membre doit se former du produit des trois facteurs écrits dans les trois lignes horizontales, et les quantités $a, a_2\, a_3$ etc. sont des coëfficients inconnus. Or, selon l'hypothèse, si l'on fait $t = o$, la température doit être la

même pour tous les points du cube. Il faut donc déterminer $a_1 a_2 a_3$ etc., en sorte que la valeur de v soit constante, quelles que soient celles de x de y et de z, pourvu
que chacune de ces valeurs soit comprise entre a et $-a$.
Désignant par 1 la température initiale commune à tous les
points du solide, on posera l'équation

$$1 = a_1 \cos. n_1 x + a_2 \cos. n_2 x + a_3 \cos. n_3 x + \text{etc.}$$

dans laquelle il s'agit de déterminer $a_1 a_2 a_3$ etc. Après avoir
multiplié chaque membre par $\cos. n_i x$, on intégrera depuis
$x = 0$ jusqu'à $x = a$: or, il résulte de l'analyse employée
précédemment art. (325), que l'on a l'équation

$$1 = \frac{\sin. n_1 a \cos. n_1 x}{\frac{1}{2} n_1 a \left(1 + \frac{\sin. 2 n_1 a}{2 n_1 a} \right)} + \frac{\sin. n_2 a . \cos. n_2 x}{n_2 a \left(1 + \frac{\sin. 2 n_2 a}{2 n_2 a} \right)} + \frac{\sin. n_3 a . \cos. n_3 x}{n_3 a \left(1 + \frac{\sin. 2 n_3 a}{2 n_3 a} \right)} + \text{etc.}$$

désignant par μ_i la quantité $\frac{1}{2} \left(1 + \frac{\sin. 2 n_i a}{2 n_i a} \right)$, on aura

$$1 = \frac{\sin. n_1 a}{n_1 a \mu_1} \cos. n_1 x + \frac{\sin. n_2 a}{n_2 a \mu_2} \cos. n x_2 + \frac{\sin. n_3 a}{n_3 a \mu_3} \cos. n_3 x + \text{etc.}$$

cette équation aura toujours lieu lorsque l'on donnera à x
une valeur comprise entre a et $-a$.

On peut en conclure l'expression générale de v, elle est
donnée par l'équation suivante :

$$v = \left(\frac{\sin. n_1 a}{n_1 a \mu_1 a} \cos. n_1 x e^{-k n_1^2 t} + \frac{\sin. n_2 a}{n_2 a \mu_2 a} \cos. n_2 x e^{-k n_2^2 t}\right.$$

$$\left. + \frac{\sin. n_3 a}{n_3 a \mu_3 a} \cos. n_3 x e^{-k n_3^2 t} + \text{etc.}\right)$$

$$\left(\frac{\sin. n_1 a}{n_1 a \mu_1 a} \cos. n_1 y e^{-k n_1^2 t} + \frac{\sin. n_2 a}{n_2 a \mu_2 a} \cos. n_2 y e^{-k n_2^2 t}\right.$$

$$\left. + \frac{\sin. n_3 a}{n_3 a \mu_3 a} \cos. n_3 y e^{-k n_3^2 t} + \text{etc.}\right)$$

$$\left(\frac{\sin. n_1 a}{n_1 a \mu_1 a} \cos. n_1 z e^{-k n_1^2 t} + \frac{\sin. n_2 a}{n_2 a \mu_2 a} \cos. n_2 z e^{-k n_2^2 t}\right.$$

$$\left. + \frac{\sin. n_3 a}{n_3 a \mu_3 a} \cos. n_3 z e^{-k n_3^2 t} + \text{etc.}\right).$$

336.

L'expression de v est donc formée du produit de trois fonctions semblables, l'une de x, l'autre de y et la troisième de z, ce qu'il est facile de vérifier immédiatement.

En effet, si dans l'équation

$$\frac{dv}{dt} = k\left(\frac{d^2 v}{dx^2} + \frac{d^2 v}{dy^2} + \frac{d^2 v}{dz^2}\right),$$

l'on suppose $v = XYZ$; en dénotant par X une fonction de x et t, par Y une fonction de y et t, et par Z une fonction de z et t, on aura

$$XY\frac{dZ}{dt} + XZ\frac{dY}{dt} + Y.Z.\frac{dX}{dt} = k\left(X.Y.\frac{d^2 Z}{dz^2} + XZ.\frac{d^2 Y}{dy^2} + Y.Z.\frac{d^2 X}{dx^2}\right);$$

on prendra les trois équations séparées

$$\frac{dZ}{dt} = k\frac{d^2 Z}{dz^2}, \quad \frac{dY}{dt} = {}'k\frac{d^2 Y}{dy^2}, \quad \frac{dX}{dt} = {}'k\frac{d^2 X}{dx^2}.$$

On doit avoir aussi pour la condition relative à la surface

$$\frac{d\,V}{d\,x}+\frac{k}{K}\,V=0,\quad \frac{d\,V}{dy}+\frac{k}{K}\,V=0,\quad \frac{d\,V}{dz}+\frac{h}{K}\,V=0,$$

d'où l'on déduit

$$\frac{d\,X}{d\,x}+\frac{h}{K}\,X=0,\quad \frac{d\,Y}{dy}+\frac{h}{K}\,Y=0,\quad \frac{d\,Z}{dz}+\frac{h}{K}\,Z=0.$$

Il suit de là que pour résoudre complètement la question il suffit de prendre l'équation $\frac{d\,u}{d\,t}=\,'k\,\frac{d^2u}{d\,x^2}$ et d'y ajouter l'équation de condition $\frac{d\,u}{d\,x}+\frac{h}{K}\,u=0$ qui doit avoir lieu, lorsque $x=a$. On mettra ensuite à la place de x, ou y ou z et l'on aura les trois fonctions X, Y, Z, dont le produit est la valeur générale de v.

Ainsi la question proposée est résolue comme il suit :

$$v=\varphi(x,\,t).\varphi(y,\,t).\varphi(z,\,t)$$

$$\varphi(x,\,t)=\frac{\sin.\,n_1 a}{n_1\,a\,\mu_1}\cos.\,n_1\,x\,e^{-'k\,n_1^2\,t}+\frac{\sin.\,n_2 a}{n_2\,a\,\mu_2}\cos.\,n_2\,x\,e^{-'k\,n_2^2\,t}$$

$$+\frac{\sin.\,n_3 a}{n_3\,a\,\mu_3}\cos.\,n_3\,x\,e^{-'k\,n_3^2\,t}+\text{etc.}$$

n_1, n_2, n_3 etc., sont donnés par l'équation suivante :

$$\varepsilon\text{ tang. }\varepsilon=\frac{h\,a}{K},$$

dans laquelle ε représente $n\,a$; la valeur de μ_1 est

$$\frac{1}{2}\left(1+\frac{\sin.\,2\,n_i a}{2\,n_i a}\right).$$

On trouve de la même manière les fonctions $\varphi(y,t),\varphi(z,t)$.

337.

On peut se convaincre que cette valeur de v résoud la question dans toute son étendue, et que l'intégrale complète de l'équation aux différences partielles (a) doit nécessairement prendre cette forme pour exprimer les températures variables du solide.

En effet, l'expression de v satisfait à l'équation (a) et aux conditions relatives à la surface. Donc les variations des températures qui résultent dans un instant de l'action des molécules et de l'action de l'air sur la surface, sont celles que l'on trouverait en differentiant la valeur de v par rapport à t. Il s'ensuit que si, au commencement d'un instant, la fonction v représente le système des températures, elle représentera encore celles qui ont lieu au commencement de l'instant suivant, et l'on prouve de même que l'état variable du solide sera toujours exprimé par la fonction v, dans laquelle on augmentera continuellement la valeur de t. Or cette même fonction convient à l'état initial : donc elle représentera tous les états ultérieurs du solide. Ainsi on est assuré que toute solution qui donnerait pour v une fonction différente de la précédente, serait erronée.

338.

Si l'on suppose que le temps écoulé t est devenu très-grand, on n'aura plus à considérer que le premier terme de l'expression de v; car les valeurs $n_1 n_2 n_3$ etc. sont rangées par ordre en commençant par la plus petite. Ce terme est donné par l'équation

$$v = \left(\frac{\sin . \, n_1 a}{n_1 a \, \mu_1} \right)^3 \cos . \, n_1 x \, \cos . \, n_1 y \, \cos . \, n z \, e^{-3 k n_1^2 t},$$

voilà donc l'état principal vers lequel le système des tempé-

53

ratures tend continuellement, et avec lequel il coïncide sans erreur sensible après une certaine valeur de t. Dans cet état la température de chacun des points décroît proportionnellement aux puissances de la fraction e^{-3kn^2}; alors les états successifs sont tous semblables, ou plutôt ils ne diffèrent que par la quantité des températures qui diminuent toutes comme les termes d'une progression géométrique, en conservant leurs rapports. On trouvera facilement, au moyen de l'équation précédente, la loi suivant laquelle les températures décroissent d'un point à l'autre dans le sens des diagonales ou des arêtes du cube, ou enfin d'une ligne donnée de position. On reconnaîtra aussi quelle est la nature des surfaces qui déterminent les couches de même température. On voit que dans l'état extrême et régulier que nous considérons ici, les points d'une même couche conservent toujours la même température, ce qui n'avait point lieu dans l'état initial et dans ceux qui lui succèdent immédiatement. Pendant la durée infinie de ce dernier état la masse se divise en une infinité de couches dont tous les points ont une température commune.

339.

Il est facile de déterminer pour un instant donné la température moyenne de la masse, c'est-à-dire, de celle que l'on obtiendrait en prenant la somme des produits du volume de chaque molécule par sa température, et en divisant cette somme par le volume entier. On formera ainsi l'expression $\int \frac{v\,dx.dy.dz}{2^3 a^3}$, qui est celle de la température moyenne V. L'intégrale doit être prise successivement par rapport à x, à y et à z, entre les limites a et $-a$; v étant égal au produit X.Y.Z, on aura

$$V = \int X \, dx \int Y \, dy \int Z \, dz,$$

ainsi la température moyenne est $\left(\int \cdot \frac{X \, dx}{2\,a} \right)^3$, car les trois intégrales totales ont une valeur commune, donc

$$\sqrt[3]{V} = \left(\frac{\sin. n_1 a}{n_1 a} \right)^2 \cdot \frac{1}{\mu_1} \cdot e^{-k n_1^2 t} + \left(\frac{\sin. n_2 a}{n_2 a} \right)^2 \cdot \frac{1}{\mu_2} \cdot e^{-k n_2^2 t}$$

$$+ \left(\frac{\sin. n_3 a}{n_3 a} \right)^2 \frac{1}{\mu_3} \cdot e^{-k n_3^2 t} + \text{etc.}$$

La quantité $n\,a$ équivaut à ε qui est une racine de l'équation ε tang. $\varepsilon = \frac{h\,a}{V}$ et μ est égale à $\frac{1}{2} \left(1 - \frac{\sin. 2\,\varepsilon}{2\,\varepsilon} \right)$. On a donc, en désignant les différentes racines de cette équation par $\varepsilon_1 \; \varepsilon_2 \; \varepsilon_3$ etc.,

$$\sqrt[3]{V} = \left(\frac{\sin.\varepsilon_1}{\varepsilon_1} \right)^2 \cdot \frac{e^{-k\frac{\varepsilon_1}{a^2}t}}{1 + \frac{\sin. 2\,\varepsilon_1}{2\,\varepsilon_1}} + \left(\frac{\sin \varepsilon_2}{\varepsilon_2} \right)^2 \cdot \frac{e^{-k\frac{\varepsilon_2}{a^2}t}}{1 + \frac{\sin. 2\,\varepsilon_2}{2\,\varepsilon_2}} + \left(\frac{\sin. \varepsilon_3}{\varepsilon_3} \right)^2 e^{-k\frac{\varepsilon_3^2}{a^2}t\varepsilon_3} + \text{etc.}$$

ε_1 est entre 0 et $\frac{1}{2}\,\pi$, ε_2 est entre π et $\frac{3}{2}\,\pi$, ε_3 entre $2\,\pi$ et $\frac{5}{2}\,\pi$, les moindres limites $\pi, 2\,\pi, 3\,\pi$ etc., approchent de plus en plus des racines $\varepsilon_2, \varepsilon_3, \varepsilon_4$ etc., et finissent par se confondre avec elles lorsque l'indice i est très-grand. Les arcs doubles $2\,\varepsilon_1, 2\,\varepsilon_2, 2\,\varepsilon_3$ etc. sont compris entre 0 et π, entre $2\,\pi$ et $3\,\pi$, entre 4π et 5π; c'est pourquoi les sinus de ces arcs sont tous positifs : les quantités $1 + \frac{\sin. 2\,\varepsilon_1}{2\,\varepsilon_1}$, $1 + \frac{\sin. 2\,\varepsilon_2}{2\,\varepsilon_2}$, etc., sont positives et comprises entre 1 et 2. Il suit de là que

53.

tous les termes qui entrent dans la valeur de $\sqrt[3]{v}$ sont positifs.

340.

Proposons nous maintenant de comparer la vîtesse du refroidissement dans le cube, à celle que l'on a trouvée pour une masse sphérique. On a vu que pour l'un et l'autre de ces corps, le système des températures converge vers un état durable qu'il atteint sensiblement après un certain temps; alors les températures des différents points du cube diminuent toutes ensemble en conservant les mêmes rapports, et celles d'un seul de ces points décroissent comme les termes d'une progression géométrique dont la raison n'est pas la même dans les deux corps. Il résulte des deux solutions que pour la sphère la raison est e^{-kn^2} et pour le cube $e^{-3\frac{\varepsilon^2}{a^2}k}$. La quantité n est donnée par l'équation

$$n\,a\,\frac{\cos.\,n\,a}{\sin.\,n\,a} = 1 - \frac{h}{K}\,a,$$

a étant le demi-diamètre de la sphère, et la quantité ε est donnée par l'équation $\varepsilon\, \text{tang.}\, \varepsilon = \frac{h}{K}\,a$, a étant le demi-côté du cube.

Cela posé, on considérera deux cas différents; celui où le rayon de la sphère et le demi-côté du cube, sont l'un et l'autre égaux à a, quantité très-petite; et celui où la valeur de a est très-grande. Supposons d'abord que les deux corps ont une petite dimension; $\frac{h\,a}{K}$ ayant une très-petite valeur, il en sera de même de ε, on aura donc $\frac{h\,a}{K} = \varepsilon^2$, donc la fraction

$e^{-3\frac{s^2}{a^2}k}$ est égale à $e^{-\frac{3h}{a}}$;

ainsi les dernières températures que l'on observe, ont une expression de cette forme $A\, e^{-3\frac{h}{a}t}$. Si maintenant dans l'équation $\frac{n\,a.\cos.\,n\,a}{\sin.\,n\,a} = 1 - \frac{h}{K}\,a$, on suppose que le second membre diffère très-peu de l'unité, on trouve $\frac{h}{K} = \frac{n^2.a}{3}$, donc la franction $e^{-k n^2}$ est $e^{-3\frac{h}{a}}$.

On conclut de là que si le rayon de la sphère est très-petit, les vitesses finales du refroidissement dans ce solide et dans le cube circonscrit sont égales, et qu'elles sont l'une et l'autre en raison inverse du rayon ; c'est-à-dire que si la température d'un cube dont le demi-côté est a, passe de la valeur A à la valeur B dans le temps t, une sphère dont le demi-diamètre est a, passera aussi dans le même temps de la température A à la température B. Si la quantité a venait à changer pour l'un et l'autre corps, et devenait a' le temps nécessaire pour passer de A à B aurait une autre valeur t', et le rapport des temps t et t' serait celui des demi-côtés a et a'. Il n'en est pas de même lorsque le rayon a est extrêmement grand : car ε équivaut alors à $\frac{1}{2}\pi$, et les valeurs de $n\,a$ sont les quantités π, 2π, 3π, 4π, etc.

On trouvera donc facilement dans ce cas les valeurs des fractions

$e^{-3\frac{\varepsilon^2}{a^2}k}$, $e^{-k n^2}$; ces valeurs sont $e^{-\frac{3k\pi^2}{4a^2}}$ et $e^{-\frac{k\pi}{a^2}}$.

On tire de là ces deux conséquences remarquables : 1° si les deux cubes ont de grandes dimensions, et que a et a' soient leurs demi-côtés; si le premier emploie le temps t pour passer de la température A à la température B, et le second le temps t' pour ce même intervalle; les temps t et t' seront proportionnels aux quarrés a^2 et a'^2 des demi-côtés. On a trouvé un résultat semblable pour les sphères de grande dimension. 2° si un cube a pour demi-côté une longueur considérable a, et qu'une sphère ait la même quantité a pour rayon, et que pendant le temps t la température du cube s'abaisse de A à B, il s'écoulera un temps différent t' pendant que la température de la sphère s'abaissera de A à B, et les temps t et t' seront dans le rapport de 4 à 3.

Ainsi le cube et la sphère inscrite se refroidissent également vîte lorsqu'ils ont une petite dimension; et dans ce cas la durée du refroidissement est pour l'un et l'autre corps proportionnelle à l'épaisseur. Si le cube et la sphère inscrite ont une grande dimension, la durée du refroidissement final n'est pas la même pour les deux solides. Cette durée est plus grande pour le cube que pour la sphère, dans la raison de 4 à 3, et pour chacun des deux corps en particulier la durée du refroidissement augmente comme le carré du diamètre.

341.

On a supposé que le corps se refroidit librement dans l'air atmosphérique dont la chaleur est constante. On pourrait assujétir la surface à une autre condition, et concevoir, par exemple, que tous ses points conservent, en vertu d'une cause extérieure, la température fixe o. Les quantités n, p, q, qui entrent dans la valeur de v sous le signe cosinus, doivent être telles dans ce cas, que nx devienne nulle, lorsque x reçoit sa valeur complète a, et qu'il en soit de même de py et de qz. Si le côté du cube $2a$ est représenté par $\frac{1}{2}c$, c étant la longueur de la circonférence dont le rayon est 1; ... on pourra exprimer une valeur particulière de v par l'équation suivante, qui satisfait en même temps à l'équation générale du mouvement de la chaleur et à l'état de la surface,

$$v = e^{-3\frac{K}{C.D}t} . \cos.x \cos.y \cos.z.$$

Cette fonction est nulle, quel que soit le temps t, lorsque x ou y ou z reçoivent leurs valeurs extrêmes $+\frac{1}{4}c$ ou $-\frac{1}{4}c$: mais l'expression de la température ne peut avoir cette forme simple qu'après qu'il s'est écoulé un temps considérable, à moins que l'état initial donné ne soit lui-même représenté par la fonction $\cos.x . \cos.y . \cos.z$. C'est ce que l'on a supposé dans la sect. VIII du chap. I, art. 100, p. 95. L'analyse précédente démontre la vérité de l'équation employée dans l'article que l'on vient de citer. Il faut remarquer que le nombre désigné par π dans cet article, est le même que c: il équivaut à la circonférence entière, et non à la demi-circonférence.

On a traité jusqu'ici les questions fondamentales de la théorie de la chaleur, et considéré l'action de cet élément dans les corps principaux. L'ordre et l'espèce des questions ont été tellement choisis, que chacune d'elles présentât une difficulté nouvelle et d'un degré plus élevé. On a omis à dessein les questions intermédiaires qui sont en trop grand nombre, telles que la question du mouvement linéaire de la chaleur dans un prisme dont les extrémités seraient retenues à des températures fixes, ou exposées à l'air atmosphérique. On pourrait généraliser l'expression du mouvement varié de la chaleur dans le cube ou le prisme rectangulaire qui se refroidit dans un milieu aériforme, et supposer un état initial quelconque; ces recherches n'exigent point d'autres principes que ceux qui sont expliqués dans cet ouvrage.

CHAPITRE IX.

DE LA DIFFUSION DE LA CHALEUR.

SECTION PREMIÈRE.

Du mouvement libre de la chaleur dans une ligne infinie.

342.

On considère ici le mouvement de la chaleur dans une masse solide homogène, dont toutes les dimensions sont infinies. On divise ce solide par des plans infiniment voisins et perpendiculaires à un axe commun, et l'on suppose d'abord qu'on a échauffé une seule partie de la masse, savoir, celle qui est comprise entre deux plans A et B parallèles, dont la distance est g; toutes les autres parties ont la température initiale o: mais chacun des plans compris entre A et B a une température initiale donnée, que l'on regarde comme arbitraire, et qui est commune à tous ses points : cette température est différente pour les différents plans. L'état initial de la masse étant ainsi défini, il s'agit de déterminer par le calcul tous les états successifs. Le mouvement dont il s'agit, est seulement linéaire, et dans le sens de l'axe des plans; car il est évident qu'il ne peut y avoir aucun transport de chaleur dans un plan quelconque perpendiculaire à cet axe, puisque la chaleur initiale de tous ses points est la même.

On peut supposer, au lieu du solide infini, un prisme d'une très-petite épaisseur, et dont la surface convexe est totalement impénétrable à la chaleur. On ne considère donc le mouvement que dans une ligne infinie, qui est l'axe commun de tous les plans.

La question est plus générale, lorsqu'on attribue des températures entièrement arbitraires à tous les points de la partie de la masse qui a été échauffée, tous les autres points du solide ayant la température initiale o. Les lois de la distribution de la chaleur dans une masse solide infinie, doivent avoir un caractère simple et remarquable ; parce que le mouvement n'est point troublé par l'obstacle des surfaces et par l'action du milieu.

343.

La position de chaque point étant rapportée à trois axes rectangulaires, sur lesquels on mesure les coordonnées x, y, z, la température cherchée est une fonction des variables x, y, z, et du temps t. Cette fonction v ou $\varphi\,(x,\, y,\, z,\, t)$ satisfait à l'équation générale $\dfrac{d v}{d t} = \dfrac{\mathrm{K}}{\mathrm{C.D}} \left(\dfrac{d^2 v}{d x^2} + \dfrac{d^2 v}{d y^2} + \dfrac{d^2 v}{d z^2} \right)$ $\quad$ (a). De plus, il est nécessaire qu'elle représente l'état initial qui est arbitraire ; ainsi, en désignant par $\mathrm{F}\,(x, y, z)$ la valeur donnée de la température d'un point quelconque, prise lorsque le temps est nul, c'est-à-dire, au moment où la diffusion commence ; on doit avoir $\varphi(x, y, z, \mathrm{o}) = \mathrm{F}(x, y, z)$ $\;(b)$. Il faut trouver une fonction v des quatre variables $x,\ y,\ z,\ t$, qui satisfasse à l'équation différentielle (a) et à l'équation déterminée (b).

Dans les questions que nous avons traitées précédemment, l'intégrale est assujettie à une troisième condition qui dépend de l'état de la surface. C'est pour cette raison que l'analyse en est plus composée, et que la solution exige l'emploi des termes exponentiels. La forme de l'intégrale est beaucoup plus simple, lorsqu'elle doit seulement satisfaire à l'état initial; et il serait facile de déterminer immédiatement le mouvement de la chaleur selon les trois dimensions. Mais pour exposer cette partie de la théorie, et faire bien connaître suivant quelle loi la diffusion s'opère, il est préférable de considérer d'abord le mouvement linéaire, en résolvant les deux questions suivantes; on verra par la suite comment elles s'appliquent au cas des trois dimensions.

344.

Ire question : une partie $a\,b$ d'une ligne infinie est élevée dans tous ses points à la température 1 ; les autres parties de la ligne ont la température actuelle o ; on suppose que la chaleur ne peut se dissiper dans le milieu environnant; il faut déterminer quel est l'état de la ligne après un temps donné. On peut rendre cette question plus générale, en supposant, 1° que les températures initiales des points compris entre a et b sont inégales et représentées par les ordonnées d'une ligne quelconque, que nous regarderons d'abord comme composée de deux parties symétriques (voyez fig. 15); 2° qu'une partie de la chaleur se dissipe par la surface du solide, qui est un prisme d'une très-petite épaisseur et d'une longueur infinie.

La seconde question consiste à déterminer les états successifs d'une barre prismatique, dont une extrémité est assujettie à une température constante, et qui est infiniment prolongée. La résolution de ces deux questions dépend de l'intégration de l'équation

$$\frac{d\,v}{dt} = \frac{K}{C.D} \cdot \frac{d^2 v}{dx^2} - \frac{H.L}{C.D.S}\,v,$$

(article 105), qui exprime le mouvement linéaire de la chaleur. v est la température que le point placé à la distance x de l'origine doit avoir après le temps écoulé t; K, H, C, D, L, S, désignent la conducibilité propre, la conducibilité extérieure, la capacité spécifique de chaleur, la densité, le contour de la section perpendiculaire, et l'aire de cette section.

345.

Nous considérons d'abord le premier cas, qui est celui où la chaleur se propage librement dans la ligne infinie dont une partie $a\,b$ a reçu des températures initiales quelconques; tous les autres points ayant la température initiale o. Si l'on élève en chaque point de la barre l'ordonnée d'une courbe plane qui représente la température actuelle de ce point, on voit qu'après une certaine valeur du temps t, l'état du solide est exprimé par la figure de la courbe. Nous désignerons par $v = F.x$ l'équation donnée qui correspond à l'état initial, et nous supposons d'abord pour rendre le calcul plus simple que la figure initiale de la courbe, est composée de deux parties symétriques, en sorte que l'on a la condition $F.x = F(-x)$. Soit

$$\frac{K}{C.D} = k, \quad \frac{H.L}{C.D.S} = h; \quad \text{dans l'équation} \quad \frac{dv}{dt} = k\frac{d^2 v}{dx^2} - h\,v,$$

on fera $v = e^{-ht} \cdot u$ et l'on aura $\dfrac{du}{dt} = k\dfrac{d^2 u}{dz^2}$. On prendra pour u la valeur particulière $a \cos. q x e^{-k q^2 t}$; a et q sont des constantes arbitraires. Soient $q_1, q_2, q_3, q_4 \dots$ etc. une suite de valeurs quelconques, et $a_1, a_2, a_3, a_4 \dots$ etc., une suite de valeurs correspondantes du coëfficient Q, on aura

$$u = a_1 \cos.(q_1 x) e^{-k q_1^2 t} + a_2 \cos.(q_2 x) e^{-k q_2^2 t} + a_3 \cos.(q_3 x) e^{-k q_3^2 t} + \text{etc.}$$

Supposons 1° que les valeurs $q_1, q_2, q_3, q_4 \dots$ etc., croissent par degrés infiniment petits, comme les abscisses q d'une certaine courbe; en sorte qu'elles deviennent égales à dq, $2dq$, $3dq$, $4dq, \dots$ etc.; dq étant la différentielle constante de l'abscisse; 2° que les valeurs $a_1, a_2, a_3, a_4 \dots$ etc. sont proportionnelles aux ordonnées Q de la même courbe, et qu'elles deviennent égales à $Q_1 dq$, $Q_2 dq$, $Q_3 dq \dots$ etc. Q étant une certaine fonction de q. Il en résulte que la valeur de u pourra être exprimée ainsi :

$$u = \int dq \, Q . \cos. q x \, e^{-k q^2 t}.$$

Q est une fonction arbitraire fq, et l'intégrale peut être prise de $q = 0$ à $q = \frac{1}{0}$. La difficulté se réduit à déterminer convenablement la fonction Q.

346.

Pour y parvenir, il faut supposer $t = 0$ dans l'expression de u et l'égaler à $F x$. On a ainsi l'équation de condition

$$F x = \int dq \, Q . \cos. q x.$$

Si l'on mettait au lieu de Q une fonction quelconque de q, et que l'on achevât l'intégration depuis $q = 0$ jusqu'à $q = \frac{1}{0}$, on trouverait une fonction de x; il s'agit de résoudre la question inverse, c'est-à-dire, de connaître quelle est la fonction de q qui, étant mise au lieu de Q, donnera pour résultat la fonction Fx, problême singulier dont la solution exige un examen attentif.

En développant le signe de l'intégrale, on écrira comme il suit l'équation dont il faut déduire la valeur de Q :

$$Fx = dq\, Q_{1} \cos. q_{1} x + dq\, Q_{2} \cos. q_{2} x + dq\, Q_{3} \cos. q_{3} x$$
$$+ dq\, Q_{4} \cos. q_{4} x + dq\, Q_{5} \cos. q_{5} x + \text{etc.}$$

Pour faire disparaître tous les termes du second membre, excepté un seul, on multipliera de part et d'autre par $dx \cos. rx$, et l'on intégrera ensuite par rapport à x depuis $x = 0$ jusqu'à $x = n\pi$, n étant un nombre infini; r représente une grandeur quelconque égale à l'une des suivantes : $q_{1}, q_{2}, q_{3}, q_{4}...$ etc., ou ce qui est la même chose $dq, 2dq, 3dq, 4dq...$ etc. Soit q_{1} une valeur quelconque de la variable q, et q_{j} une autre valeur qui est celle que l'on a prise pour r; on aura $r = q_{j}\, dq$ et $q = q_{i}\, dq$. On considérera ensuite le nombre infini n comme exprimant combien l'unité de longueur contient de fois l'élément dq, en sorte que l'on aura $n = \frac{1}{dq}$. En procédant à l'intégration, on reconnaîtra que la valeur de l'intégrale $\int dx \cos. qx \cos. rx$ est nulle, toutes les fois que r et q sont des grandeurs différentes; mais cette même valeur de l'intégrale est $\frac{1}{2} n\pi$, lorsque $q = r$. Il suit de là que l'intégration élimine dans le second membre tous les termes, excepté un seul : savoir, celui qui contient q_j ou r. La fonction qui affecte ce même terme est Q_j, on aura donc

$$\int dx\, Fx.\cos.\, qx = dq.Q_j \frac{1}{2}\, n\pi,$$

et mettant pour $n\, dq$ sa valeur 1, on a

$$\frac{\pi Q_j}{2} = \int dx\, Fx \cos.\, qx :$$

on trouve donc en général $\frac{\pi Q}{2} = \int_0^{\frac{1}{0}} dx\, Fx \cos.\, qx$. Ainsi,

pour déterminer la fonction Q qui satisfait à la condition proposée, il faut multiplier la fonction donnée Fx par $dx \cos.\, qx$, et intégrer de x nulle à x infinie, en multipliant le résultat par $\frac{2}{\pi}$; c'est-à-dire, que de l'équation

$$Fx = \int dq\, fq \cos.\, qx,$$

on déduit celle-ci, $fq = \frac{2}{\pi} \int dx\, Fx \cos.\, qx$, la fonction Fx représentant les températures initiales d'un prisme infini dont une partie intermédiaire seulement est échauffée. En substituant la valeur de fq dans l'expression de Fx, on obtient l'équation générale

$$\frac{\pi}{2} Fx = \int dq \cos.\, qx \int dx\, Fx \cos.\, qx. \qquad (\varepsilon)$$

347.

Si l'on substitue dans l'expression de v la valeur que l'on a trouvée pour la fonction Q, on a l'intégrale suivante, qui contient la solution complète de la question proposée

$$\frac{\pi v}{2} = e^{-ht} \int dq \, \cos. \, qx \, e^{-kq^2 t} \int dx \, \mathrm{F} x \, \cos. \, qx.$$

L'intégrale, par rapport à x, étant prise de x nulle à x infinie, il en résulte une fonction de q, et prenant ensuite l'intégrale par rapport à q de $q = 0$ à $q = \frac{1}{0}$, on obtient pour v la fonction de x et t, qui représente les états successifs du solide. Puisque l'intégration, par rapport à x, fait disparaître cette variable, on peut la remplacer dans l'expression de v par une variable quelconque α, en prenant l'intégrale entre les mêmes limites, savoir depuis $\alpha = 0$ jusqu'à $\alpha = \frac{1}{0}$. On a donc

$$\frac{\pi v}{2} = e^{-ht} \int_{0}^{\frac{1}{0}} dq \, \cos. \, qx \, e^{-kq^2 t} \int_{0}^{\frac{1}{0}} d\alpha \, \mathrm{F} \alpha \, \cos. \, q\alpha,$$

ou $\qquad \dfrac{\pi v}{2} = e^{-ht} \int_{0}^{\frac{1}{0}} d\alpha \, \mathrm{F} \alpha \int_{0}^{\frac{1}{0}} dq \, e^{-kq^2 t} \cos. \, qx \, \cos. \, q\alpha.$

L'intégration, par rapport à q, donnera une fonction de x, t et α, et en prenant l'intégrale par rapport à α, on trouve une fonction de x et t seulement. Il serait facile d'effectuer dans la dernière équation l'intégration par rapport à q et et l'on changerait ainsi l'expression de v. On peut en général donner diverses formes à l'intégrale de l'équation

$$\frac{dv}{dt} = k \frac{d^2 v}{dx^2} - hv,$$

elles représentent toutes une même fonction de x et t.

348.

Supposons en premier lieu que toutes les températures initiales des points compris entre a et b, depuis $x = -1$, jusqu'à $x = 1$, aient pour valeur commune 1, et que les températures de tous les autres points soient nulles, la fonction $\mathrm{F}\,x$ sera donnée par cette condition. Il faudra donc intégrer, par rapport à x, depuis $x = 0$ jusqu'à $x = 1$, car le reste de l'intégrale est nulle d'après l'hypothèse. On trouvera ainsi :

$$Q = \frac{2}{\pi} \cdot \frac{\sin . q}{q} \ \text{et} \ \frac{\pi \, v}{2} = e^{-ht} \int \frac{dq}{q} e^{-q^2 kt} . \cos . q \, x \sin . q .$$

Le second membre peut être facilement converti en série convergente, comme on le verra par la suite ; il représente exactement l'état du solide en un instant donné, et si l'on y fait $t = 0$, on exprime l'état initial.

Ainsi la fonction $\frac{2}{\pi} \int \frac{dq}{q} \sin . q . \cos . q \, x$ équivaut à l'unité si l'on donne à x une valeur quelconque comprise entre -1 et 1 : mais cette fonction est nulle si l'on donne à x toute autre valeur non comprise entre -1 et 1. On voit par-là que les fonctions discontinues peuvent aussi être exprimées en intégrales définies.

349.

Pour donner une seconde application de la formule précédente, nous supposerons que la barre a été échauffée en un de ses points par l'action constante d'un même foyer, et qu'elle est parvenue à l'état permanent que l'on sait être représenté par une courbe logarithmique.

Il s'agit de connaître suivant quelle loi s'opérera la diffu-

55

sion de la chaleur après qu'on aura retiré le foyer. En désignant par $F x$ la valeur initiale de la température, on aura

$$F x = A e^{-x \sqrt{\frac{HL}{KS}}};$$ A est la température initiale du point
le plus échauffé. On fera, pour simplifier le calcul,

$$A = 1 \text{ et } \frac{HL}{KS} = 1.$$

On a donc $F x = e^{-x}$ on en déduit $Q = \int d x \, e^{-x} \cos. q x$
et prenant l'intégrale de x nulle à x infinie $Q = \frac{1}{1+q^2}$.
Ainsi la valeur de v en x et t, est donnée par l'équation
suivante :

$$\frac{\pi v}{2} = e^{-h t} \int \frac{d q . \cos. q x}{1 + q^2}.$$

350.

Si l'on fait $t = 0$, on aura $\frac{\pi v}{2} = \int \frac{d q . \cos. q x}{1 + q^2}$; ce qui correspond à l'état initial. Donc l'expression $\frac{2}{\pi} \int \frac{d q . \cos. q x}{1 + q^2}$ équivaut à e^{-x}. Il faut remarquer que la fonction $F x$, qui
représente l'état initial ne change point de valeur d'après
l'hypothèse lorsque x devient négative. La chaleur communiquée par le foyer avant que l'état initial ne fût formé,
s'est propagée également à la droite et à la gauche du point
o, qui la reçoit immédiatement, il s'ensuit que la ligne
dont l'équation serait $y = \frac{2}{\pi} \int \frac{d q . \cos. q x}{1 + q^2}$ est composée de
deux branches symétriques que l'on forme en répétant à
droite et à gauche de l'axe de y la partie de la logarithmique
qui est à la droite de l'axe des y, et a pour équation

$y = e^{-x}$. On voit ici un second exemple d'une fonction discontinue exprimée par une intégrale définie. Cette fonction $\int \frac{dq . \cos . q x}{1 + q}$, équivaut à e^{-x} lorsque x est positive, mais elle est e^{x} lorsque x est négative.

351.

La question de la propagation de la chaleur dans une barre infinie, dont l'extrémité est assujettie à une température constante, se réduit, comme on le verra dans la suite, à celle de la diffusion de la chaleur dans une ligne infinie; mais il faut supposer que la chaleur initiale, au lieu d'affecter également les deux moitiés contiguës du solide y est distribuée d'une manière contraire; c'est-à-dire qu'en représentant par Fx la température d'un point dont la distance au milieu de la ligne est x, la température initiale du point opposé pour lequel la distance est $-x$, a pour valeur Fx. Cette seconde question diffère très-peu de la précédente et pourrait être résolue par une méthode semblable : mais on peut aussi déduire la solution de l'analyse qui nous a servi à déterminer le mouvement de la chaleur dans les solides de dimensions finies.

Supposons qu'une partie $a\,b$ de la barre prismatique infinie soit échauffée d'une manière quelconque, voy. fig. (16) et que la partie opposée $a\,\beta$ soit dans un état pareil, mais de signe contraire; tout le reste du solide ayant la température initiale o. On suppose aussi que le milieu environnant est entretenu à la température constante o, et qu'il reçoit de la barre ou leur communique la chaleur par la surface extérieure. Il s'agit de trouver quelle sera, après un temps donné

55.

t, la température v d'un point dont la distance à l'origine est x.

On considérera d'abord la barre échauffée comme ayant une longueur finie $2\,\mathrm{X}$, et comme étant soumise à une cause extérieure quelconque qui retient ses deux extrémités à la température constante 0; on fera ensuite $\mathrm{X} = \dfrac{1}{0}$.

252.

On emploiera d'abord l'équation

$$\frac{dv}{dt} = \frac{\mathrm{K}}{\mathrm{C.D}} \cdot \frac{d^2 v}{dx^2} - \frac{\mathrm{C.D.S}}{\mathrm{HL}}\, v; \quad \text{ou} \quad \frac{dv}{dt} = k\frac{d^2 v}{dx^2} - hv,$$

et faisant

$$v = e^{-ht} .u \quad \text{on aura} \quad \frac{du}{dt} = k\frac{d^2 u}{dx^2},$$

on exprimera comme il suit la valeur générale de u

$$u = a_1 e^{-kg^2_1 t} \sin. g_1 x + a_2 e^{-kg^2_2 t} \sin. g_2 x$$
$$+ a_3 e^{-kg^2_3 t} \sin. g_3 x + a_4 e^{-kg^2_4 t} \sin. g_4 x + \text{etc.};$$

faisant ensuite $x = \mathrm{X}$, ce qui doit rendre nulle la valeur de v, on aura, pour déterminer la série des exposants g, la condition $\sin. g\mathrm{X} = 0$, ou $g\mathrm{X} = i\pi$, i étant un nombre entier. Donc

$$u = a_1 e^{-k\frac{\pi^2}{\mathrm{X}^2}t} \sin.\left(x\frac{\pi}{\mathrm{X}} \right) + a_2 e^{-k\frac{\pi^2}{\mathrm{X}^2}t} \sin.\left(2x\frac{\pi}{\mathrm{X}} \right) + \text{etc.}$$

Il ne reste plus qu'à trouver la série des constantes a_1, a_2, a_3, a_4, etc. Faisant $t = 0$ on a

$$u = \mathrm{F} x = a_1 \sin.\left(x\frac{\pi}{\mathrm{X}} \right) + a_2 \sin.\left(2x\frac{\pi}{\mathrm{X}} \right) + a_3 \sin.\left(3x\frac{\pi}{\mathrm{X}} \right) + \text{etc.}$$

soit $x\frac{\pi}{X}=r$, et désignons Fx ou $F\left(r\frac{X}{\pi}\right)$ par fr; on aura

$$fr=a_1\sin. r+a_2\sin. 2r+a_3\sin. 3r+a_4\sin. 4r+\text{etc.}$$

Or, on a trouvé précédemment $a_i=\frac{2}{\pi}\int dr fr.\sin. ir$, l'intégrale étant prise de $r=0$ à $r=\pi$. Donc

$$\frac{X}{2}a_i=\int dx\, Fx.\sin.\left(ix\frac{X}{\pi}\right).$$

L'intégrale devait être prise de $r=0$ à $r=\pi$; donc elle doit être prise par rapport à x depuis $x=0$ jusqu'à $x=X$. En faisant ces substitutions, on forme l'équation

$$v=\frac{2}{X}e^{-ht}\left\{e^{-k\frac{\pi^2}{X^2}t}\sin.x\frac{\pi}{X}\int dx\, Fx\sin.\left(x\frac{\pi}{X}\right)\right.$$

$$\left.+e^{-k\frac{\pi^2}{X^2}2^2t}.\sin.\left(2x\frac{\pi}{X}\right)\int dx\, Fx\,\text{ern.}\left(2x\frac{\pi}{X}\right)+\text{etc.}\right\}$$

$$(a)$$

353.

Telle serait la solution, si le prisme avait une longueur finie représentée par $2X$. Elle est une conséquence évidente des principes que nous avons posés jusqu'ici; il ne reste plus qu'à supposer la dimension X infinie. Soit $X=n\pi$, n étant un nombre infini; soit aussi q une variable dont les accroissements infiniment petits dq sont tous égaux; on écrira $\frac{qd}{1}$ au lieu de n. Le terme général de la série qui entre dans l'équation (a) étant

$$e^{-k\frac{\pi^2}{X^2}i^2t}\sin.\left(ix\frac{\pi}{X}\right)\int dx\, Fx\sin.\left(ix\frac{\pi}{X}\right).$$

On représentera par $\frac{q}{dq}$, le nombre i, qui est variable et qui devient infini. Ainsi l'on aura

$$X = \frac{\pi}{dq}, \quad n = \frac{1}{dq}, \quad i = \frac{q}{dq},$$

En faisant ces substitutions dans le terme dont il s'agit, on trouvera $e^{-kq^2 t} \sin. \, qx \int dx \, \mathrm{F}x \sin. \, qx$. Chacun de ces termes doit être divisé par X ou $\frac{\pi}{dq}$, il devient par-là une quantité infiniment petite, et la somme de la série n'est autre chose qu'une intégrale, qui doit être prise par rapport à q de $q = 0$ à $q = \frac{1}{0}$. Donc

$$v = \frac{2}{\pi} e^{-ht} \int dq \, e^{il} \, {}^{kq^2 t} \sin. \, qx \int dx \, \mathrm{F}x \sin. \, qx \qquad (\alpha).$$

l'intégrale, par rapport à x, doit être prise de $x = 0$ à $x = \frac{1}{0}$, ce qui donne une fonction de q ; et la seconde intégrale doit être prise par rapport à q de $q = 0$ à $q = \frac{1}{0}$. On peut aussi écrire

$$\frac{\pi v}{2} = e^{-ht} \int_0^\infty dq \, e^{-kq^2 t} \sin. \, qx \int_0^\infty d\alpha \, \mathrm{F}\alpha \sin. \, q\alpha,$$

ou $\quad \dfrac{\pi v}{2} = e^{-ht} \displaystyle\int_0^\infty d\alpha \, \mathrm{F}\alpha \int_0^\infty dq \, e^{-q^2 t} \sin. \, qx \sin. \, q\alpha.$

L'équation (α) contient la solution générale de la question ; et, en substituant pour $\mathrm{F}x$ une fonction quelconque, assujettie ou non à une loi continue, on pourra toujours exprimer en x et t la valeur de la température: il faut seulement remarquer que la fonction $F x$ correspond à une ligne formée de deux parties égales et alternes.

354.

Si la chaleur initiale est distribuée dans le prisme de telle manière que la ligne FFFF (fig. 17) qui représente cet état initial soit formée de deux arcs égaux placés à droite et à gauche du point fixe o, le mouvement variable de la chaleur est exprimé par l'équation

$$\frac{\pi v}{2} = e^{-ht} \int_0^{\frac{1}{0}} da \, F\alpha \int_0^{\frac{1}{0}} dq \, e^{-kq^2 t} \cos. \, q\,x \cos. \, q\,\alpha.$$

Si la ligne $ffff$ (fig. 18) qui représente l'état initial est formée de deux arcs pareils et alternes, l'intégrale qui donne la valeur de température est

$$\frac{\pi v}{2} = e^{-ht} \int_0^{\frac{1}{0}} d\alpha \, f\alpha \int_0^{\frac{1}{0}} dq \, e^{-kq^2 t} \sin. \, q\,x \sin. \, q\,\alpha.$$

Lorsqu'on supposera la chaleur initiale distribuée d'une manière quelconque, il sera facile de conclure des deux solutions précédentes l'expression de v. En effet, quelle que soit la fonction φx qui représente la température initiale et donnée, elle se décompose toujours en deux autres $F x + f x$ dont l'une correspond à la ligne FFFF, et l'autre à la ligne $ffff$, en sorte que l'on a ces trois conditions:

$$F x = F(-x), \quad f x = -f(-x), \quad \varphi x = F x + f x.$$

On a déja fait usage de cette remarque dans les art. 233 et 234. On sait aussi que chaque état initial donne lieu à un état variable partiel qui se forme comme s'il·était seul. La composition de ces divers états n'apporte aucun changement dans les températures qui auraient lieu séparément pour chacun d'eux. Il suit de là qu'en désignant par v la température variable produite par l'état initial que représente la fonction totale φx, on doit avoir

$$\frac{\pi v}{2} = e^{-ht} \left(\int_0^{\frac{1}{0}} dq\, e^{-kq^2t} \cos. q\, x \int_0^{\frac{1}{0}} d\alpha\, F\alpha \cos. q\, \alpha \right.$$

$$\left. + \int_0^{\frac{1}{0}} dq\, e^{-kq^2t} \sin. q\, x \int_0^{\frac{1}{0}} d\alpha\, f\alpha \sin. q\, \alpha. \right)$$

Si l'on prenait entre les limites $-\frac{1}{0}$ et $+\frac{1}{0}$ les intégrales par rapport à α, il est évident que l'on doublerait les résultats. On peut donc, dans l'équation précédente, omettre au premier membre le dénominateur 2, et prendre dans le second les intégrales pour α, depuis $\alpha = -\frac{1}{0}$ jusqu'à $\alpha = +\frac{1}{0}$. On voit facilement aussi que l'on pourrait écrire $\int_{-\frac{1}{0}}^{+\frac{1}{0}} d\alpha\, \varphi\alpha \cos. q\, \alpha$, au lieu de $\int_{-\frac{1}{0}}^{+\frac{1}{0}} d\alpha\, F\alpha \cos. q\, \alpha$; car il résulte de la condition à laquelle est assujettie la fonction $f\alpha$, que l'on doit avoir

$$0 = \int_{-\frac{1}{0}}^{+\frac{1}{0}} d\alpha\, f\alpha \cos. q\, \alpha,$$

On peut encore écrire

$$\int_{-\frac{1}{2}}^{+\frac{1}{2}} d\alpha\, \varphi\alpha \sin. q\alpha \quad \text{au lieu de} \quad \int_{-\frac{1}{2}}^{+\frac{1}{2}} d\alpha\, f\alpha \cos. q\alpha,$$

car on a évidemment

$$0. = \int_{-\frac{1}{2}}^{+\frac{1}{2}} d\alpha\, F\alpha \sin. q\alpha.$$

On en conclut

$$\pi v = e^{-ht} \int_{0}^{\frac{1}{2}} dq\, e^{-kq^{2}t} \left(\int_{-\frac{1}{2}}^{+\frac{1}{2}} d\alpha\, \varphi\alpha \cos. q\alpha \cos. qx \right.$$

$$\left. + \int_{-\frac{1}{2}}^{+\frac{1}{2}} d\alpha\, \varphi\alpha \sin. q\alpha \sin. qx \right),$$

ou $\pi v = e^{-ht} \displaystyle\int_{0}^{\frac{1}{2}} dq\, e^{-kq^{2}t} \int_{-\frac{1}{2}}^{+\frac{1}{2}} d\alpha\, \varphi\alpha \cos. (q\overline{x-\alpha}),$

ou $\pi v = e^{-ht} \displaystyle\int_{-\frac{1}{2}}^{+\frac{1}{2}} d\alpha\, \varphi\alpha \int_{0}^{\frac{1}{2}} dq\, e^{-kq^{2}t} \cos. (q\overline{x-\alpha}).$

355.

La solution de cette seconde question fait connaître distinctement quel rapport il y a entre les intégrales définies que nous venons d'employer, et les résultats de l'analyse que nous avons appliquée aux solides d'une figure déter-

minée. Lorsque, dans les séries convergentes que cette analyse fournit, on donne aux quantités qui désignent les
dimensions, une valeur infinie; chacun des termes devient
infiniment petit, et la somme de la série n'est autre chose
qu'une intégrale. On pourrait passer directement de la
même manière et sans aucune considération physique des
diverses séries trigonométriques que nous avons employées
dans le chapitre III aux intégrales définies; il nous suffira de
donner quelques exemples de ces transformations dont les
résultats sont remarquables.

356.

Dans l'équation

$$\frac{1}{4}\pi = \sin.u + \frac{1}{3}\sin.3u + \frac{1}{5}\sin.5u + \frac{1}{7}\sin.7u + \text{etc.}$$

on écrira au lieu de u la quantité $\frac{x}{n}$; x est une autre variable, et n est un nombre infini égal à $\frac{1}{dq}$; q est une quantité
formée successivement par l'addition de ses parties infiniment petites égales à dq. On représentera le nombre varia-
ble i par $\frac{q}{dq}$. Si dans le terme général $\frac{1}{2i+1}\sin.(2i+1)\frac{x}{n}$
on met pour i et n leurs valeurs; ce terme deviendra
$\frac{dq}{2q}\sin.2qx$. Donc la somme de la série sera $\frac{1}{2}\int\frac{dq}{q}\sin.2qx$,
l'intégrale étant prise de $q = 0$ à $q = \frac{1}{0}$; on a donc l'é-
quation $\frac{1}{4}\pi = \frac{1}{2}\int\frac{dq}{q}\sin.2qx$ qui a toujours lieu, quelle
que soit la valeur positive de x. Soit $2qx = r$, r étant une
nouvelle variable, on aura $\frac{dq}{q} = \frac{dr}{r}$ et $\frac{1}{2}\pi = \int\frac{dr}{r}\sin.r$:

cette valeur de l'intégrale définie $\int \frac{dr}{r}$ sin. r est connue depuis long-temps. Si en supposant r négatif on prenait la même intégrale de $r = 0$ à $r = -\frac{1}{0}$, on aurait évidemment un résultat de signe contraire $-\frac{1}{2}\pi$.

357.

La remarque que nous venons de faire sur la valeur de l'intégrale $\int \frac{dr}{r}$ sin. r, qui est $\frac{1}{2}\pi$ ou $-\frac{1}{2}\pi$ peut servir à faire connaître la nature de l'expression

$$\frac{2}{\pi} \int \frac{dq.\,\text{sin.}\,q}{q} \cos.\,qx,$$

dont nous avons trouvé précédemment (article 348) la valeur égale à 1 ou à 0, selon que x est ou n'est pas comprise entre 1 et -1. En effet, on a

$$\int \frac{dq}{q} \cos.\,qx \sin.\,q = \frac{1}{2} \int \frac{dq}{q} \sin.\,q.\overline{x+1} - \frac{1}{2} \int \frac{dq}{q} \sin.\,q\,\overline{x-1};$$

le premier terme vaut $\frac{1}{4}\pi$ ou $-\frac{1}{4}\pi$, selon que $x+1$ est une quantité positive ou négative; le second $\frac{1}{2}\int \frac{dq}{q}\sin.\,q\,\overline{x-1}$ vaut $\frac{1}{4}\pi$ ou $-\frac{1}{4}\pi$, selon que $x-1$ est une quantité positive ou négative. Donc l'intégrale totale est nulle si $x+1$ et $x-1$ ont le même signe; car, dans ce cas, les deux termes se détruisent. Mais si ces quantités sont de signe différent, c'est-à-dire si l'on a en même temps

$$x + 1 > 0 \quad \text{et} \quad x - 1 < 0,$$

les deux termes s'ajoutent et la valeur de l'intégrale est $\frac{1}{2}\pi$.

Donc l'intégrale définie $\frac{2}{\pi}\int\frac{dq}{q}$ sin. q cos. $q\,x$ est une fonction de x égale à 1 si la variable x a une valeur quelconque comprise entre 1 et -1 ; et cette même fonction est nulle pour toute autre valeur de x non comprise entre les limites 1 et -1.

358.

On pourrait déduire aussi de la transformation des séries en intégrales les propriétés des deux expressions

$$\int\frac{dq\ \cos.\ q\,x}{1+q^2}\quad\text{et}\quad\int\frac{q\,dq\ \sin.\ q\,x}{1+q^2},$$

la première (art. 350) équivaut à e^{-x} lorsque x est positive, et à e^{x} lorsque x est négative. La seconde équivaut à e^{-x} si x est positive, et à $-e^{x}$ si x est négative, en sorte que ces deux intégrales ont la même valeur, lorsque x est positive, et ont des valeurs de signe contraire lorsque x est négative. L'une est représentée par la ligne $eeee$, (fig. 19) l'autre par la ligne $\varepsilon\varepsilon\varepsilon\varepsilon$, (fig. 28).

L'équation

$$\frac{1}{2\,x}\ \sin.\ x=\frac{\sin.\ \alpha.\sin.\ x}{\pi^2-\alpha^2}+\frac{\sin.\ 2\,\alpha.\sin.\ 2\,x}{\pi^2-2^2.\alpha^2}+\frac{\sin.\ 3\,\alpha.\sin.\ 3\,x}{\pi^2-3^2\,x^2}+\text{etc.},$$

que nous avons rapportée (art. 226), donne immédiatement l'intégrale $\frac{2}{\pi}\int\frac{dq\ \sin.\ q\,\pi\ \sin.\ q\,x}{1-q^2}$; cette dernière expression équivaut à sin. x, si x est comprise entre 0 et π, et sa valeur est nulle toutes les fois que x surpasse π.

359.

La même transformation s'applique à l'équation générale

$$\frac{1}{2}\pi\varphi\,u = \sin. u \int d u \varphi\,u \sin. u + \sin. 2 u \int d u \varphi\,u \sin. 2 u + \text{etc.}$$

faisant $u = \frac{x}{n}$, on désignera φu ou $\varphi\left(\frac{x}{n}\right)$ par fx; on introduira dans le calcul une quantité q qui reçoit des accroissements infiniment petits, égaux à dq, n sera égal à $\frac{1}{dq}$ et i à $\frac{q}{dq}$; substituant ces valeurs dans le terme général

$$\sin. i\frac{x}{n}\int\frac{dx}{n}\varphi\left(\frac{x}{n}\right)\sin.\left(i\frac{x}{n}\right),$$

on trouvera $dq \sin. qx \int dx\, fx \sin. qx$. L'intégrale par rapport à u est prise de $u = 0$ à $u = \pi$, donc l'intégration par rapport à x doit avoir lieu de $x = 0$ à $x = n\pi$, ou de x nulle à x infinie.

On obtient ainsi un résultat général exprimé par cette équation

$$\frac{1}{2}\pi fx = \int_0^\infty dq \sin. qx \int_0^\infty dx\, fx \sin. qx, \quad (e)$$

c'est pourquoi, en désignant par Q une fonction de q, telle que l'on ait $fu = \int dq\, Q \sin. qu$, équation dans laquelle fu est une fonction donnée, on aura $Q = \frac{2}{\pi}\int du\, fu \sin. qu$, l'ingrale étant prise de u nulle à u infinie. Nous avons déja résolu une question semblable (art. 346), et démontré l'équation générale

$$\frac{1}{2}\pi\,\mathrm{F}x = \int\limits_0^\infty dq\ \cos.\ qx\int\limits_0^\infty dx\,\mathrm{F}x\cos.\ qx \qquad (\varepsilon)$$

qui est analogue à la précédente.

360.

Pour donner une application de ces théorèmes, nous supposerons $fx = x^r$, le second membre de l'équation (e) deviendra par cette substitution $\int dq\sin.\ qx\int dx\sin.\ qx\,x^r$. L'intégrale

$$\int dx\sin.\ qx.x^r \text{ ou } \frac{1}{q^r q}\int q\,dx\sin.\ qx.(qx)^r$$

équivaut à $\dfrac{1}{q^r.q}\int du\sin.\ u.u^r$, l'intégrale étant prise de u nulle à u infinie. Soit μ cette intégrale totale

$$\int du\sin.\ u.u^r;$$

il reste à prendre l'intégrale

$$\int dq\sin.\ (qx).\frac{1}{q^r.q}\,\mu \text{ ou } \mu x^r\int du\sin.\ u.u^{-(r+1)}.$$

désignant par ν cette dernière intégrale, prise de u nulle à u infinie, on aura pour résultat des deux intégrations successives le terme $x^r\,\mu.\nu$. On doit donc avoir, selon la condition exprimée par l'équation (e),

$$\frac{1}{2}\pi\,x^r = \mu.\nu\,x^r \text{ ou } \mu\nu = \frac{1}{2}\pi;$$

ainsi le produit des deux transcendantes

$$\int du \, u^r \, \sin. \, u \quad \text{et} \quad \int \frac{du}{u} u^{-r} \sin. \, u \text{ est } \frac{1}{2}\pi.$$

Par exemple, si $r = -\frac{1}{2}$, on trouve pour $\int \frac{du . \sin. u}{\sqrt{u}}$ sa valeur connue $\sqrt{\frac{1}{2}\pi}$, on trouve de la même manière

$$\int \frac{du \, \cos. u}{\sqrt{u}} = \sqrt{\frac{1}{2}\pi};$$

Et de ces deux équations on pourrait aussi conclure la suivante : $\int_0^\infty dq \, e^{-q^2} = \frac{1}{2}\sqrt{\pi}$, qui est employée depuis longtemps.

361.

On peut résoudre, au moyen des équations (e) et (ε), le problème suivant, qui appartient aussi à l'analyse des différences partielles : Quelle est la fonction Q de la variable q qui doit être placée sous le signe intégral pour que l'expression $\int dq \, Q \, e^{-qx}$ soit égale à une fonction donnée, l'intégrale étant prise de q nulle à q infinie; mais sans s'arrêter à ces diverses conséquences dont l'examen nous éloignerait de notre objet principal, on se bornera au résultat suivant, que l'on obtient en combinant les deux équations (e) et (ε). Elles peuvent être mises sous cette forme :

$$\frac{1}{2}\pi f x = \int_0^\infty dq \, \sin. \, qx \int_0^\infty d\alpha \, f\alpha \, \sin. \, q\alpha$$

et $\quad \frac{1}{2}\pi \, F x = \int_0^\infty dq \, \cos. \, qx \int_0^\infty d\alpha \, F\alpha \, \cos. \, q\alpha.$

Si l'on prenait les intégrales par rapport à α, depuis $-\frac{1}{0}$ jus-qu'à $+\frac{1}{0}$, le résultat de chaque intégration serait doublé, ce qui est une conséquence nécessaire des deux conditions

$$f\alpha = -f(-\alpha) \quad \text{et} \quad F\alpha = F(-\alpha),$$

on a donc les deux équations

$$\pi f x = \int_0^\infty dq \, \sin. \, qx \int_{-\infty}^{+\infty} d\alpha \, f\alpha \, \sin. \, q\alpha$$

$$\text{et} \quad \pi F\alpha = \int_0^\infty dq \, \cos. \, qx \int_{+\infty}^{+\infty} d\alpha \, F\alpha \, \cos. \, q\alpha.$$

On a remarqué précédemment qu'une fonction quelconque φx se décompose toujours en deux autres, dont l'une, $F x$ satisfait à la condition $fx = F(-x)$, et dont l'autre fx satis-fait à la condition $fx = -f(-x)$. On a aussi les deux équations

$$o = \int d\alpha \, F\alpha \, \sin. \, q\alpha \quad \text{et} \quad o = \int d\alpha \, f\alpha \, \cos. \, q\alpha,$$

on en conclut

$$\pi (Fx + fx) = \pi \varphi x = \int_0^\infty dq \, \sin. \, qx \int_{-\infty}^{+\infty} d\alpha \, f\alpha \, \sin. \, q\alpha$$

$$+ \int_0^\infty dq \, \cos. \, qx \int_{-\infty}^{+\infty} d\alpha \, F\alpha \, \cos. \, q\alpha,$$

et $\pi \varphi x = \int_0^\infty dq \, \sin. \, qx \int_{-\infty}^{+\infty} d\alpha \, \varphi\alpha \, \sin. \, q\alpha$

$$+ \int_0^\infty dq \, \cos. \, qx \int_{+\infty}^{-\infty} d\alpha \, \varphi\alpha \, \cos. \, q\alpha,$$

$$\text{ou } \pi \varphi x = \int_{-\infty}^{+\infty} d\alpha \, \varphi \alpha . \int_{0}^{\infty} dq \, (\sin. q\,x \sin. q\,\alpha + \cos. q\,x \cos. q\,\alpha)$$

$$\text{ou enfin} \quad \varphi x = \frac{1}{\pi} \int_{-\infty}^{+\infty} d\alpha \, \varphi \alpha \int_{0}^{\infty} dq \, \cos. \Big(q\,(x - \alpha) \Big). \qquad \text{(E)}$$

L'intégration par rapport à q donne une fonction de x et α, et la seconde intégration ferait disparaître la variable α. Ainsi la fonction représentée par l'intégrale définie $\int dq \cos.(q\,\overline{x - \alpha})$ a cette singulière propriété, que si on la multiplie par une fonction quelconque $\varphi \alpha$ et par $d\alpha$, et si l'on intègre par rapport à α entre des limites infinies, le résultat est égal à $\pi \varphi x$; en sorte que l'effet de l'intégration est de changer α en x et de multiplier par le nombre π.

362.

On pourrait déduire directement l'équation (E) du théorême rapporté dans l'art. 234, p. 256 et 257, qui donne le développement d'une fonction quelconque $\mathrm{F}x$ en série de sinus et de cosinus d'arcs multiples. On passe de cette dernière proposition à celles que nous venons de démontrer en donnant une valeur infinie aux dimensions. Chaque terme de la série devient dans ce cas une quantité différentielle. Ces transformations des fonctions en suites trigonométriques sont des éléments de la théorie analytique de la chaleur ; il est indispensable d'en faire usage pour résoudre les questions qui dépendent de cette théorie.

La réduction des fonctions arbitraires en intégrales définies, telles que l'expriment l'équation (E), et les deux équations élémentaires dont elle dérive donne lieu à diverses conséquences que l'on omettra ici parce qu'elles ont un rapport moins direct avec la question physique. On fera seulement remarquer que ces mêmes équations se présentent quelquefois dans le calcul sous d'autres formes. On obtient par exemple ce résultat :

$$\varphi.x = \frac{1}{\pi} \int_0^\infty d\alpha\ \varphi\alpha \int_0^\infty dq\ \cos.(q\,\overline{x-\alpha}), \qquad (\text{E}')$$

qui diffère de l'équation (E), en ce que les limites de l'intégrale prises par rapport à α sont o et $\frac{1}{o}$ au lieu d'être $-\frac{1}{o}$ et $+\frac{1}{o}$. Il faut considérer dans ce cas que les deux équations (E) et (E') donnent pour le second membre des valeurs égales lorsque la variable x est positive. Si cette variable est négative, l'équation (E') donne toujours pour le second membre une valeur nulle. Il n'en est pas de même de l'équation (E), dont le second membre équivaut à $\pi\varphi x$, soit que l'on donne à x une valeur positive ou une valeur négative. Quant à l'équation (E') elle résout le problème suivant. Trouver une fonction de x telle que si x est positive, la valeur de la fonction soit φx, et que si x est négative, la valeur de la fonction soit toujours nulle.

363.

La question de la propagation de la chaleur dans une ligne infinie peut encore être résolue en donnant à l'intégrale de l'équation aux différences partielles une forme différente que nous ferons connaître dans l'article suivant. Nous examinerons auparavant le cas où la source de la chaleur est constante.

Supposons que la chaleur initiale étant répartie d'une manière quelconque dans la barre infinie, on entretienne la tranche A à une température constante, tandis qu'une partie de la chaleur communiquée se dissipe par la surface extérieure. Il s'agit de déterminer l'état du prisme après un temps donné, ce qui est l'objet de la seconde question que nous nous sommes proposée. En désignant par 1 la température constante de l'extrémité A, par 0 celle du milieu, on aura $e^{-x\sqrt{\frac{HL}{KS}}}$ pour l'expression de la température finale du point situé à la distance x de cette extrémité, ou seulement e^{-x} en supposant, pour simplifier le calcul, que la quantité $\frac{HL}{K.S}$ soit égale à l'unité. Désignant par v la température variable du même point après le temps écoulé t, on a, pour déterminer v cette équation

$$\frac{dv}{dt} = \frac{K}{C.D} \frac{d^2 v}{dx^2} - \frac{H.L}{C.D.S} \cdot v,$$

soit maintenant $\qquad v = e^{-x\sqrt{\frac{HL}{KS}}} + u',$

on aura $\dfrac{du'}{dt} = \dfrac{K}{C.D}\dfrac{d^2 u'}{dx^2} - \dfrac{H.L}{C.D.S}\, u'$, ou $\dfrac{du'}{dt} = k\dfrac{d^2 u'}{dx^2} - h u',$

en remplaçant $\dfrac{K}{C.D}$ par k et $\dfrac{HL}{C.D.S}$ par h. Si l'on fait

$$u' = e^{-ht} u \quad \text{on a} \quad \frac{du}{dt} = k\frac{d^2 u}{dx^2};$$

la valeur de u ou $v - e^{-x\sqrt{\frac{HL}{K.S}}}$ en celle de la différence entre la température actuelle et la température finale; cette différence u, qui tend de plus en plus à s'évanouir, et dont la dernière valeur est nulle équivaut d'abord à

$$F x - e^{-x\sqrt{\frac{h}{k}}},$$

en désignant par Fx la température initiale d'un point situé
a la distance x. Soit fx l'excès de cette température initiale
sur la température finale, il faudra trouver pour u une fonc-
tion qui satisfasse à l'équation $\frac{du}{dt} = k\frac{d^2u}{dx^2} - hu$, et qui ait
pour valeur initiale fx, et pour valeur finale o. Au point A,
ou $x = 0$, la quantité $v - e^{-x\sqrt{\frac{H.L}{K.S}}}$ a, par hypothèse,
une valeur constante égale à o. On voit par-là que u représente une chaleur excédente qui est d'abord accumulée dans
le prisme, et qui ensuite s'évanouit, soit en se propageant à
l'infini, soit en se dissipant dans le milieu. Ainsi pour représenter l'effet qui résulte de l'échauffement uniforme de
l'extrémité A d'une ligne infiniment prolongée, il faut con-
voir 1º que cette ligne est aussi prolongée à la gauche du
point A, et que chaque point situé à droite est présentement
affecté de la température initiale excédente; 2º que l'autre
moitié de la ligne à la gauche du point A est dans un état
contraire; en sorte qu'un point placé à la distance $-x$ du
point A a pour température initiale $-fx$: ensuite la chaleur commence à se mouvoir librement dans l'intérieur de
la barre, et à se dissiper à la surface. Le point A conserve
la température o, et tous les autres points parviennent insensiblement au même état. C'est ainsi que l'on peut ramener
le cas où le foyer extérieur communique incessamment une
nouvelle chaleur, à celui où la chaleur primitive se propage
dans l'intérieur du solide. On pourrait donc résoudre la question proposée de la même manière que celle de la diffusion
de la chaleur, articles (347) et (353); mais afin de multiplier
les moyens de résolution dans une matière aussi nouvelle,

on employera l'intégrale sous une forme différente de celle que nous avons considérée jusqu'ici.

364.

On satisfait à l'équation $\frac{du}{dt} = k\frac{d^2 u}{dx^2}$ en supposant u égale à $e^{-x} e^{kt}$. Or cette dernière fonction de x et t peut être mise sous la forme d'intégrale définie, ce qui se déduit très-facilement de la valeur connue de $\int dq\ e^{-q^2}$. On a en effet $\sqrt{\pi} = \int dq\ e^{-q^2}$, lorsque l'intégrale est prise de $q = -\frac{1}{0}$ à $q = +\frac{1}{0}$. On aura donc aussi $\sqrt{\pi} = \int dq\ e^{-(q+b)^2}$, b étant une constante quelconque et les limites de l'intégrale étant les mêmes qu'auparavant. De l'équation

$$\sqrt{\pi} = e^{-b^2} \int dq\ e^{-(q^2 + 2bq)},$$

on conclut, en faisant $b^2 = kt$

$$e^{kt} = \frac{1}{\sqrt{\pi}} \int dq\ e^{-q^2}.e^{-2q\sqrt{t}},$$

donc la valeur précédente de u ou $e^{-x}.e^{kt}$ équivaut à

$$\frac{1}{\sqrt{\pi}} \int dq\ e^{-q^2} e^{-(x + 2q\sqrt{kt})};$$

on pourrait aussi supposer u égale à la fonction

$$a\ e^{-nx} e^{kn^2t},$$

a et n étant deux constantes quelconques; et l'on trouvera de même que cette fonction équivaut à

$$\frac{a}{\sqrt{\pi}} \int dq\ e^{-q^2} e^{-n(x + 2q\sqrt{kt})}.$$

On peut donc prendre en général pour valeur de u la somme d'une infinité de valeurs semblables, et l'on aura

$$u = \int dq \, e^{-q^2} \left(a \cdot e^{-n_1(x+2q\sqrt{kt})} + a_2 e^{-n_2(x+2q\sqrt{kt})} \right.$$
$$\left. + a_3 e^{-n_3(x+2q\sqrt{kt}} + \text{etc.} \right)$$

Les constantes a_1, a_2, a_3 etc., et n_1, n_2, n_3 etc. étant indéterminées, la série représente une fonction quelconque de

$$x + 2q\sqrt{kt}; \text{ on a donc } u = \int dq \, e^{-q^2} \varphi(x + 2q\sqrt{kt}).$$

L'intégrale doit être prise de $u = -\frac{1}{0}$ à $u = \frac{1}{0}$, et la valeur de u satisfera nécessairement à l'équation $\frac{du}{dt} = k \frac{d^2 u}{dx^2}$. Cette intégrale, qui contient une fonction arbitraire, n'était point connue lorsque nous avons entrepris nos recherches sur la théorie de la chaleur, qui ont été remises à l'Institut de France dans le mois de décembre 1807 : elle a été donnée par M. Laplace, dans un ouvrage qui fait partie du tome VI des Mémoires de l'école polytechnique; nous ne faisons que l'appliquer à la détermination du mouvement linéaire de la chaleur. On en conclut

$$v = e^{-ht} \int dq \, e^{-q^2} \varphi(x + 2q\sqrt{kt}) - e^{-x\sqrt{\frac{H.L}{KS}}},$$

lorsque $t = 0$ la valeur de u est $Fx - e^{-x\sqrt{\frac{H.L}{K.S}}}$ ou fx donc $\varphi x = \int dq \, e^{-q^2} \varphi x$ et $\varphi x = \frac{1}{\sqrt{\pi}} fx$. Ainsi la fonction arbitraire qui entre dans l'intégrale, est déterminée au moyen de la fonction donnée fx, et l'on a l'équation suivante, qui contient la solution de la question

$$v = -e^{-x\sqrt{\frac{H.L}{KS}}} + \frac{e^{-ht}}{\sqrt{\pi}} \int dq \, e^{-q^2} f(x + 2q\sqrt{kt}):$$

il est facile de représenter ce résultat par une construction.
365.

Nous appliquerons la solution précédente au cas où tous les points de la ligne A B ayant la température initiale o, on échauffe l'extrémité A pour la retenir continuellement à la température 1. Il en résulte que F x a une valeur nulle lorsque x diffère de o. Ainsi fx équivaut à $-e^{-x\sqrt{\frac{H.L}{KS}}}$, toutes les fois que x diffère de o, et à o, lorsque x est nulle. D'un autre côté il est nécessaire qu'en faisant x négative, la valeur de fx change de signe, en sorte que l'on a la condition $f(-x) = -fx$. On connaît ainsi la nature de la fonction discontinue fx; elle est $-e^{-x\sqrt{\frac{HL}{KS}}}$ lorsque x surpasse o, et $+e^{x\sqrt{\frac{HL}{KS}}}$ lorsque x est moindre que o. Il faut maintenant écrire au lieu de x la quantité $x + 2q\sqrt{kt}$. Pour trouver u ou $\int dq \, e^{-q^2} \cdot \frac{1}{\sqrt{\pi}} f(x + 2q\sqrt{kt})$, on prendra d'abord l'intégrale depuis

$$x + 2q\sqrt{kt} = 0 \quad \text{jusqu'à} \quad x + 2q\sqrt{kt} = \frac{1}{0}$$

et ensuite depuis $x + 2q\sqrt{kt} = -\frac{1}{0}$ jusqu'à $x + 2q\sqrt{kt} = 0$. Pour la première partie on a

$$-\frac{1}{\sqrt{\pi}}\int dq\; e^{-q^2} e^{-(x+2q\sqrt{kt})\sqrt{\frac{HL}{KS}}},$$

et remplaçant k par sa valeur $\dfrac{K}{C.D}$ on a

$$-\int \frac{dq}{\sqrt{\pi}} e^{-q^2} e^{-\left(x+2q\sqrt{\frac{Kt}{C.D}}\right)\sqrt{\frac{HL}{KS}}},$$

ou $-\dfrac{1}{\sqrt{\pi}} e^{-x\sqrt{\frac{HL}{KS}}}\int dq\; e^{-q^2}.e^{-2q\sqrt{\frac{HL}{C.D.S}}\cdot t,}$

ou $-\dfrac{e^{-x\sqrt{\frac{HL}{KS}}}}{\sqrt{\pi}} e^{\frac{HL}{C.D.S}t}\int dq\; e^{-\left(q+\sqrt{\frac{HL}{C.D.S}\cdot t}\right)^2}$

En désignant par r la quantité $q+\sqrt{\dfrac{H.L}{C.D.S}}\cdot t$, l'expression

précédente est $-\dfrac{e^{-x}}{\sqrt{\pi}}\sqrt{\dfrac{H.L}{K.S}}.e^{\frac{H.L}{C.D.S}\cdot t}\int dr\; e^{-r^2}$ cette in-

tégrale $\int dr\; e^{-r^2}$ doit être prise par hypothèse depuis

$$x+2q\sqrt{\frac{Kt}{C.D}}=0 \quad \text{jusqu'à} \quad x+2q\sqrt{\frac{Kt}{C.D}}=\frac{1}{0},$$

ou depuis

$$q=-\frac{x}{2\sqrt{\frac{Kt}{C.D}}} \quad \text{jusqu'à} \quad q=\frac{1}{0},$$

ou de $r=\sqrt{\dfrac{HL}{C.D.S}}\,t-\dfrac{x}{\sqrt{\dfrac{Kt}{C.D}}} \quad \text{jusqu'à} \quad r=\dfrac{1}{0}$;

la seconde partie de l'intégrale est

$$\frac{1}{\sqrt{\pi}}\int dq\, e^{-q^2}\, e^{\left(x+2q\sqrt{\frac{K\,t}{C.D}}\right)\sqrt{\frac{H\,L}{K\,S}}},$$

ou $\dfrac{1}{\sqrt{\pi}}\, e^{x\sqrt{\frac{H.L}{K\,S}}}\displaystyle\int dq\, e^{-q^2}.e^{2q\sqrt{\frac{H.L}{C.D.S}}.t}$,

ou $\dfrac{1}{\sqrt{\pi}}\, e^{x\sqrt{\frac{H.L}{K\,S}}}.e^{\frac{H.L}{C.D.S}.t}\displaystyle\int dr\, e^{-r^2}$,

en désignant par r la quantité $q-\sqrt{\dfrac{H\,L}{C.D.S}}.t$. L'intégrale

$\displaystyle\int dr\, e^{-r^2}$ doit être prise d'après l'hypothèse depuis

$$x+2q\sqrt{\frac{K\,t}{C.D}}=-\frac{1}{0} \quad \text{jusqu'à} \quad x+2q\sqrt{\frac{K\,t}{C.D}}=-\frac{1}{0},$$

ou de $q=-\dfrac{1}{0}$ à $q=-\dfrac{x}{2\sqrt{\dfrac{K\,t}{C.D}}}$, c'est-à-dire, depuis

$$r=-\frac{1}{0} \quad \text{jusqu'à} \quad r=-\sqrt{\frac{H\,L}{C.D.S}}\,t-\frac{x}{2\sqrt{\dfrac{K\,t}{C.D}}}.$$

Ces deux premières limites peuvent, d'après la nature de la fonction e^{-r^2}, être remplacées par celles-ci :

$$r=\sqrt{\frac{H.L}{C.D.S}}\,t+\frac{x}{2\sqrt{\dfrac{K\,t}{C.D}}}, \quad \text{et} \quad r=\frac{1}{0}.$$

Il suit de là que la valeur de u est exprimée ainsi :

$$u=e^{x\sqrt{\frac{H\,L}{K\,S}}}.e^{\frac{H\,L}{C.D.S}t}\int dr\, e^{-r^2}-e^{-x\sqrt{\frac{H\,L}{K\,S}}}.e^{\frac{H.L}{C.D.S}t}\int dr\, e^{-}$$

la première intégrale doit être prise depuis

$$r = \sqrt{\frac{HL}{C.D.S}} t + \frac{x}{2\sqrt{\frac{Kt}{C.D}}} \quad \text{jusqu'à} \quad r = \frac{I}{0},$$

et la seconde depuis

$$r = \sqrt{\frac{HL}{C.D.S}} t - \frac{x}{2\sqrt{\frac{Kt}{C.D}}} \quad \text{jusqu'à} \quad r = \frac{I}{0}.$$

Représentons maintenant par ψR l'intégrale $\frac{I}{\sqrt{\pi}}\int dr\, e^{-r^2}$ depuis $r = R$ jusqu'à $r = \frac{I}{0}$ et l'on aura

$$u = e^{\frac{HL}{C.D.S}t} . e^{x\sqrt{\frac{HL}{KS}}} \psi\left(\sqrt{\frac{HL}{C.D.S}}t + \frac{x}{2\sqrt{\frac{Kt}{C.D}}}\right)$$

$$- e^{\frac{HL}{C.D.S}t} . e^{-x\sqrt{\frac{HL}{KS}}} \psi\left(\sqrt{\frac{H.L}{C.D.S}}t - \frac{x}{2\sqrt{\frac{Kt}{C.D}}}\right).$$

donc u' qui équivaut à $e^{-\frac{HL}{C.D.S}t}$. u a pour expression

$$e^{x\sqrt{\frac{HL}{KS}}} \psi\left(\sqrt{\frac{H.L}{C.D.S}}t + \frac{x}{2\sqrt{\frac{Kt}{C.D}}}\right) - e^{-x\sqrt{\frac{HL}{KS}}} \psi\left(\sqrt{\frac{HL}{C.D.S}}t - \frac{x}{2\sqrt{\frac{Ht}{C.D}}}\right).$$

et $v = e^{-x\sqrt{\frac{HL}{KS}}} - e^{-x\sqrt{\frac{HL}{KS}}} \psi\left(\sqrt{\frac{H.L}{C.D.S}}t - \frac{x}{2\sqrt{\frac{Kt}{C.D}}}\right)$

$$+ e^{x\sqrt{\frac{HL}{KS}}} \psi\left(\sqrt{\frac{HL}{C.D.S}}t + \frac{x}{2\sqrt{\frac{Kt}{C.D}}}\right).$$

La fonction désignée par ψR est connue depuis long-temps et l'on peut calculer facilement, soit au moyen des séries convergentes, soit par les fractions continues, les différentes valeurs que reçoit cette fonction, lorsqu'on met au milieu de R des quantités données; ainsi l'application numérique de la solution n'est sujette à aucune difficulté.

366.

Si l'on fait H nulle, on a

$$v = 1 - \left\{ \psi\left(-\frac{x}{2\sqrt{\frac{K t}{C.D}}} \right) - \psi\left(\frac{x}{2\sqrt{\frac{K t}{C.D}}} \right) \right\}.$$

Cette équation représente la propagation de la chaleur dans une barre infinie, dont tous les points étaient d'abord à la température 0, et dont l'extrêmité est élevée et entretenue à la température constante 1. On suppose que la chaleur ne peut se dissiper par la surface extérieure de la barre; ou, ce qui est la même chose, que cette barre a une épaisseur infiniment grande. Cette dernière valeur de v fait donc connaître la loi suivant laquelle la chaleur se propage dans un solide terminé par un plan infini, en supposant que ce mu infiniment épais, a d'abord dans toutes ses parties une température constante initiale 0, et que l'on assujettit la surface à une température constante 1. Il ne sera point inutile de faire observer quelques résultats de cette solution.

En désignant par $\varphi(R)$ l'intégrale $\frac{1}{\sqrt{\pi}} \int dr\, e^{-r^2}$ prise depuis $r = 0$ jusqu'à $r = R$; on a lorsque R est une quantité positive,

$$\psi(R) = \frac{1}{2} - \varphi(R) \quad \text{et} \quad \psi(-R) = \frac{1}{2} + \varphi(R),$$

donc

$$\psi(-R) - \psi(R) = 2\varphi(R) \quad \text{et} \quad v = 1 - 2\varphi\left(\frac{x}{2\sqrt{\frac{Kt}{C.D}}}\right);$$

en développant l'intégrale $\varphi(R)$ on a

$$\varphi(R) = \frac{1}{\sqrt{\pi}}\left(R - \frac{1}{1}\cdot\frac{1}{3}R^3 + \frac{1}{1.2}\cdot\frac{1}{5}R^5 - \frac{1}{1.2.3}\cdot\frac{1}{7}R^7 + \text{etc.}\right);$$

donc

$$\frac{1}{2}v\sqrt{\pi} = \frac{1}{2}\sqrt{\pi} - \frac{x}{2\sqrt{\frac{Kt}{C.D}}} + \frac{1}{1}\cdot\frac{1}{3}\cdot\left(\frac{x}{2\sqrt{\frac{Kt}{C.D}}}\right)^3 - \frac{1}{1.2}\cdot\frac{1}{5}\cdot\left(\frac{x}{2\sqrt{\frac{Kt}{C.D}}}\right)^5 + \text{etc.}$$

1° Si l'on suppose x nulle, on trouvera $v = 1$; 2° si x n'étant point nulle, on suppose $t = 0$; la somme des termes qui contiennent x représente l'intégrale $\int dr\, e^{-r^2}$ prise depuis $r = 0$ jusqu'à $r = \frac{1}{0}$ et par conséquent équivaut à $\frac{1}{2}\sqrt{\pi}$; donc v est nulle; 3° différents points du solide placés à des profondeurs différentes x, x_1, x_3 etc., parviennent à une même température après des temps différents x, x_2, x_3 etc., qui sont proportionnels aux quarrés des longueurs x, x_2, x_3 etc.; 4° Pour comparer les quantités de chaleur qui traversent pendant un instant infiniment petit une section S placée dans l'intérieur du solide à la distance x du plan échauffé, on prendra la valeur de la quantité $-KS\frac{dv}{dx}$ et l'on aura

$$-KS\frac{dv}{dx}=\frac{2\,S.K}{2\sqrt{\dfrac{Kt}{C.D}}}.\sqrt{\pi}\left\{1-\frac{1}{1}.\left(\frac{x}{2\sqrt{\dfrac{Kt}{C.D}}}\right)^2\right.$$

$$\left.\frac{1}{1.2}.\left(\frac{x}{2\sqrt{\dfrac{Kt}{C.D}}}\right)^4-\frac{1}{1.2.3}\left(\frac{x}{2\sqrt{\dfrac{Kt}{C.D}}}\right)^6+\text{etc.}\right\}=S.\frac{\sqrt{C.D}.\sqrt{K}}{\sqrt{t}\,\sqrt{\pi}}\,e^{-\left(\frac{x}{2\sqrt{\dfrac{Kt}{C.D}}}\right)};$$

ainsi l'expression de la quantité $\dfrac{dv}{dx}$ est entièrement dégagée du signe intégral. La valeur précédente à la surface du solide échauffé est $S.\dfrac{\sqrt{C.D}.\sqrt{K}}{\sqrt{\pi}.\sqrt{t}}$, ce qui fait connaître comment le flux de chaleur à la surface varie avec les quantités C. D K, t; pour trouver combien le foyer communique de chaleur au solide pendant un temps écoulé t, on prendra l'intégrale

$$\int S.\frac{\sqrt{C.D}.\sqrt{K}}{\sqrt{\pi}}\frac{dt}{\sqrt{t}}\quad\text{ou}\quad\frac{2\,S\sqrt{C.D}.\sqrt{K}.\sqrt{t}}{\sqrt{\pi}}:$$

ainsi la chaleur acquise croît proportionnellement à la racine quarrée du temps écoulé.

367.

On peut traiter par une analyse semblable la question de la diffusion de la chaleur qui dépend aussi de l'intégration de l'équation $\dfrac{dv}{dt}=k\dfrac{d^2v}{dx^2}-hv$. On représentera par fx la température initiale d'un point de la ligne placée à la distance x de l'origine, et l'on cherchera à déterminer qu'elle doit être la température de ce même point après un temps t. faisant $v=e^{-ht}.z$, on aura $\dfrac{dz}{dt}=k\dfrac{d^2z}{dx^2}$, et par conséquent $z=\int dq\ e^{-q^2}\varphi(x+2q\sqrt{kt})$. Lorsque $t=0$ on doit avoir

$$v = fx = \int dq \; e^{-q^2} \varphi x \quad \text{ou} \quad \varphi x = \frac{1}{\sqrt{\pi}} fx ; \; \text{donc}$$

$$v = \frac{e^{-ht}}{\sqrt{\pi}} \int dq \; e^{-q^2} f(x + 2q\sqrt{kt}).$$

Pour appliquer cette expression générale, au cas où une partie de la ligne depuis $x = -\alpha$ jusqu'à $x = \alpha$ est uniformément échauffée, tout le reste du solide étant à la température o, il faut considérer que le facteur $f(x + 2q\sqrt{kt})$ qui multiplie e^{-q^2} a, selon l'hypothèse, une valeur constante 1, lorsque la quantité qui est sous le signe de la fonction est comprise entre $-\alpha$ et α, et que toutes les autres valeurs de ce facteur sont nulles. Donc l'intégrale $\int dq \; e^{-q^2}$ doit être prise depuis $x + 2q\sqrt{kt} = -\alpha$ jusqu'à $x + 2q\sqrt{kt} = \alpha$, ou depuis $q = \frac{-x-\alpha}{2\sqrt{kt}}$ jusqu'à $q = \frac{-x+\alpha}{2\sqrt{kt}}$. En désignant comme ci-dessus par $\frac{1}{\sqrt{\pi}} \psi R$ l'intégrale $\int dr \; e^{-r^2}$ prise depuis $r = R$ jusqu'à $r = \frac{1}{o}$, on aura

$$v = e^{-ht} \left\{ \psi \left(\frac{-x-\alpha}{2\sqrt{kt}} \right) - \psi \left(\frac{-x+\alpha}{2\sqrt{kt}} \right) \right\}.$$

368.

Nous appliquerons encore l'équation générale

$$v = \frac{e^{-ht}}{\sqrt{\pi}} \int dq \; e^{-q^2} f(x + 2q\sqrt{kt}),$$

au cas où la barre infinie échauffée par un foyer d'une intensité constante 1 est parvenue à des températures fixes, et se refroidit ensuite librement dans un milieu entretenu à la température o. Pour cela il suffit de remarquer que la fonction initiale désignée par fx équivaut à $e^{-x\sqrt{\frac{h}{k}}}$ tant que la variable x qui est sous le signe de fonction est positive, et que cette même fonction équivaut à $e^{x\sqrt{\frac{h}{k}}}$ lorsque la variable qui est affectée du signe f est moindre que o. Donc

$$v = \frac{e^{-ht}}{\sqrt{\pi}}\left(\int dq\, e^{-q^2}\, e^{-x\sqrt{\frac{h}{k}}}\, e^{-2q\sqrt{ht}}\right.$$

$$\left. + \int dq\, e^{-q^2}\, e^{-x\sqrt{\frac{h}{k}}}\, e^{2q\sqrt{ht}}\right)$$

la première intégrale doit être prise depuis

$$x + 2q\sqrt{kt} = 0 \quad \text{jusqu'à} \quad x + 2q\sqrt{kt} = \frac{1}{0},$$

et la seconde depuis

$$x + 2q\sqrt{kt} = -\frac{1}{0} \quad \text{jusqu'à} \quad x + 2q\sqrt{kt} = 0.$$

La première partie de la valeur de v est

$$\frac{e^{-ht}}{\sqrt{\pi}}\, e^{-x\sqrt{\frac{h}{k}}}\cdot \int dq\, e^{-q^2}\, e^{-2q\sqrt{th}},$$

$$\text{ou} \quad \frac{e^{-x\sqrt{\frac{h}{k}}}}{\sqrt{\pi}}\int dq\, e^{-(q+\sqrt{ht})^2},$$

$$\text{ou} \quad \frac{e^{-x\sqrt{\frac{h}{k}}}}{\sqrt{\pi}}\int dr\, e^{-r^2} :$$

en faisant $r = q + \sqrt{ht}$. L'intégrale doit être prise depuis

$$q = \frac{-x}{2\sqrt{kt}} \quad \text{jusqu'à} \quad q = \frac{1}{0},$$

ou depuis $\quad r = \sqrt{ht} - \frac{x}{2\sqrt{kt}} \quad$ jusqu'à $\quad r = \frac{1}{0}.$

La seconde partie de la valeur de v est

$$\frac{e^{-ht}}{\sqrt{\pi}} \, e^{x\sqrt{\frac{h}{k}}} \int dq \, e^{-q^2} . e^{2q\sqrt{ht}} \quad \text{ou} \quad e^{x\sqrt{\frac{h}{k}}} \int dr \, e^{-r^2};$$

en faisant $r = q - \sqrt{ht}$. L'intégrale doit être prise de

$r = -\frac{1}{0}$ à $r = -\sqrt{ht} - \frac{x}{2\sqrt{kt}}$, ou de $r = \sqrt{ht} + \frac{x}{2\sqrt{kt}}$ à $r = \frac{1}{0}$,

on en conclut l'expression suivante :

$$v = e^{-x\sqrt{\frac{h}{k}}} \, \psi\left(\sqrt{ht} - \frac{x}{2\sqrt{kt}}\right) + e^{x\sqrt{\frac{h}{k}}} \, \psi\left(\sqrt{ht} + \frac{x}{2\sqrt{kt}}\right).$$

369.

On a obtenu art. (367) l'équation

$$v = e^{-ht}\left\{ \psi\left(\frac{-x+\alpha}{2\sqrt{kt}}\right) - \psi\left(\frac{-x+\alpha}{2\sqrt{kt}}\right) \right\}.$$

pour exprimer la loi de la diffusion de la chaleur dans une barre peu épaisse, échauffée uniformément à son milieu entre les limites données $x = -\alpha$, $x = +\alpha$. On avait précédemment résolu la même question en suivant une méthode différente, et l'on était parvenu, en supposant $\alpha = 1$ à l'équation

$$v = \frac{2}{\pi} e^{-ht} \int \frac{dq}{q} \cos.qx \sin.q . e^{-q^2 kt} \qquad \text{art. (348)}.$$

Pour comparer ces deux résultats, on supposera dans l'un et l'autre $x = 0$; désignant encore par ψ (R) l'intégrale

$$\int dr \, e^{-r^2}$$

prise depuis $r = 0$ jusqu'à $r = R$, on a

$$v = e^{-kt} \left\{ \psi \left(\frac{-\alpha}{2 \sqrt{kt}} - \psi \left(\frac{\alpha}{2 \sqrt{kt}} \right) \right) \right\},$$

ou $\quad v = \frac{2 e^{-ht}}{\sqrt{\pi}} \left\{ \frac{\alpha}{2 \sqrt{kt}} - \frac{1}{1} \frac{1}{3} \cdot \left(\frac{\alpha}{2 \sqrt{kt}} \right)^3 \right.$

$$\left. + \frac{1}{1 \cdot 2} \cdot \frac{1}{5} \left(\frac{\alpha}{2 \sqrt{kt}} \right)^5 - \frac{1}{1 \cdot 2 \cdot 3} \frac{1}{7} \left(\frac{\alpha}{2 \sqrt{kt}} \right)^7 + \text{etc.} \right\}$$

d'un autre côté on doit avoir

$$v = \frac{2}{\pi} e^{-ht} \int \frac{dq}{q} \sin.q e^{-q^2 kt}, \qquad \text{ou}$$

$$v = \frac{2}{\pi} e^{-ht} \int dq e^{-q^2 kt} \left(1 - \frac{q^2}{2 . 3} + \frac{q^4}{2 . 3 , 4 . 5} - \frac{q^6}{2 . 3 . 4 . 5 . 6} + \text{etc.} \right)$$

Or l'intégrale $\int du e^{-u^2} . u^{2m}$ prise depuis $u = 0$ jusqu'à $u = \frac{1}{0}$ a une valeur connue, m étant un nombre entier positif. On a en général

$$\int du e^{-u^2} . u^{2m} = \frac{1}{2} . \frac{3}{2} . \frac{5}{2} . \frac{7}{2} \ldots \ldots \frac{2m-1}{2} . \frac{1}{2} \sqrt{\pi};$$

l'équation précédente donne donc, en faisant $q^2 kt = u^2$,

59 *

$$v = \frac{2e^{-ht}}{\pi \sqrt{kt}} \int du\, e^{-u^2} \left(1 - \frac{u^2}{2.3} \cdot \frac{1}{kt} + \frac{u^4}{2.3.4.5} \cdot \frac{1}{k^2 t^2} \right.$$

$$\left. - \frac{u^6}{2.3.4.5.6.7} \cdot \frac{1}{k^3 . t^3} + \text{etc.} \right),$$

ou
$$v = \frac{2e^{-ht}}{\sqrt{\pi}} \left[\frac{1}{2\sqrt{kt}} - \frac{1}{1} \frac{1}{3} \left(\frac{1}{2\sqrt{kt}} \right)^3 + \frac{1}{1.2} \frac{1}{5} \left(\frac{1}{2\sqrt{kt}} \right)^5 \right.$$

$$\left. - \frac{1}{1.2.3} \frac{1}{7} \left(\frac{1}{2\sqrt{kt}} \right)^7 + \text{etc.} \right].$$

Cette équation est la même que la précédente, lorsqu'on suppose $\alpha = 1$. On voit par-là que ces intégrales, que l'on a obtenues par des procédés différents, conduisent aux mêmes séries convergentes, et l'on parvient aussi à deux résultats identiques, quelle que soit la valeur de x.

On pourrait, dans cette question comme dans la précédente, comparer les quantités de chaleur qui, dans un instant donné, traversent différentes sections du prisme échauffé, et l'expression générale de ces quantités ne contient aucun signe d'intégration; mais, sans s'arrêter à ces remarques, on terminera cette section par la comparaison des différentes formes que l'on a données à l'intégrale de l'équation qui représente la diffusion de la chaleur dans une ligne infinie.

370.

Pour satisfaire à l'équation $\frac{du}{dt} = K \frac{d^2 u}{dx^2}$, on peut supposer $u = e^{-x} . e^{kt}$, et en général $u = e^{-nx} e^{n^2 kt}$, on en déduit facilement, art. 364, l'intégrale

$$u = \int dq\, e^{-q^2} \varphi(x + 2q \sqrt{kt}).$$

De l'équation connue $\sqrt{\pi} = \int_{-\frac{1}{0}}^{+\frac{1}{0}} dq\, e^{-q^2}$ on conclut celle-ci

$$\sqrt{\pi} = \int_{-\frac{1}{0}}^{+\frac{1}{0}} dq\, e^{-(q+a)^2}, a \text{ étant une constante quelconque;}$$

on a donc $\quad e^{a^2} = \dfrac{1}{\sqrt{\pi}} \int dq\, e^{-q^2}\, e^{-2aq^2}, \quad$ ou

$$e^{a^2} = \frac{1}{\sqrt{\pi}} \int dq\, e^{-q^2} \left(1 - 2\,aq + \frac{2^2 a^2 q^2}{2} - \frac{2^3 a^3 q^3}{2.3} + \text{etc.} \right).$$

Cette équation a lieu, quelle que soit la valeur de a. On peut développer le premier membre; et, par la comparaison des termes, on obtiendra les valeurs déja connues de l'intégrale $\int dq\, e^{-q^2} q^{2n}$. Cette valeur est nulle lorsque n est impair, et l'on trouve, lorsque n est un nombre pair $2m$,

$$\int dq\, e^{-q^2} q^{2m} = \frac{1}{2} \cdot \frac{3}{2} \cdot \frac{5}{2} \cdot \frac{7}{2} \dots \frac{2m-1}{2} \cdot \sqrt{\pi}.$$

371.

On a employé précédemment pour l'intégrale de l'équation $\dfrac{du}{dt} = k \dfrac{d^2 u}{dx^2}$ l'expression

$$u = a_1 e^{-n_1^2 kt} \cos.n_1 x + a_2 e^{-n_2^2 kt} \cos.n_2 x + a_3 e^{-n_3^2 kt} \cos.u_3 + \text{etc.}$$

ou celle-ci

$$u = a_1 e^{-n_1^2 kt} \sin.n_1 x + a_2 e^{-n_2^2 kt} \sin.n_2 x + a_3 e^{-n_3^2 kt} \sin.n_3 x + \text{etc.}$$

$a_1 a_2 a_3 a_4 \dots$ etc. et $n_1 n_2 n_3 n_4$ etc. étant deux séries de constantes arbitraires. Il est aisé de voir que chacun de ces termes

59.

équivaut à l'intégrale $\int d q\, e^{-q^2} \sin.\, n(x + 2q\sqrt{k})$ ou

$$\int dq\, e^{-q^2} \cos.\, n(x + 2q\sqrt{kt}).$$

En effet, pour déterminer la valeur de l'intégrale

$$\int dq\, e^{-q^2} \sin.\, (x + 2q\sqrt{kt});$$

on lui donnera la forme suivante :

$$\int dq\, e^{-q^2} \sin.\, x \cos.\, 2q\sqrt{kt} + \int dq\, e^{-q^2} \cos.\, x \sin.\, 2q\sqrt{kt};$$

ou celle-ci,

$$\int dq\, e^{-q^2} \sin.\, x \left(\frac{e^{2q\sqrt{-kt}}}{2} + \frac{e^{2q\sqrt{-kt}}}{2} \right)$$

$$+ \int dq\, e^{-q^2} \cos.\, x \left(\frac{e^{2q\sqrt{-kt}}}{2\sqrt{-1}} - \frac{e^{-2q\sqrt{-kt}}}{2\sqrt{-1}} \right),$$

qui équivaut à

$$e^{-kt} \sin.\, x \left(\frac{1}{2} \int dq\, e^{-(q-\sqrt{kt})^2} + \frac{1}{2} \int dq\, e^{-(q+\sqrt{kt})^2} \right)$$

$$+ e^{-kt} \cos.\, x \left(\frac{1}{2\sqrt{-1}} \int dq\, e^{-q^2} e^{-(q-\sqrt{kt})^2} - \frac{1}{2\sqrt{-1}} \int dq\, e^{-(q+\sqrt{-kt})^2} \right)$$

l'intégrale $\int dq\, e^{-(q\pm\sqrt{-kt})^2}$ prise depuis $q = -\frac{1}{0}$ jusqu'à $q = \frac{1}{0}$ est $\sqrt{\pi}$, on a donc pour la valeur de l'intégrale
$\int dq\, e^{-q^2} \sin.\, (x + 2q\sqrt{kt})$, la quantité $e^{-kt} \sin.\, x . \sqrt{\pi}$,
et en général

$$e^{-n^2 kt} \sin.(nx) \sqrt{\pi} = \int dq \, e^{-q^2} \sin. n(x + 2q\sqrt{kt}),$$

on déterminera de la même manière l'intégrale

$$\int dq \, e^{-q^2} \cos. n(x + 2q\sqrt{kt}),$$

dont la valeur est $e^{-n^2 kt} \cos.(nx) . \sqrt{\pi}$.

On voit par-là que l'intégrale

$$e^{-n^2_1 kt}(a_1 \sin. n_1 x + b_1 \cos. n_1 x) + e^{-n^2_2 kt}(a_2 \sin. n_2 x + b_2 \cos. n_2 x)$$

$$+ e^{-n^2_3 kt}(a_3 \sin. n_3 x + b_3 \cos. n_3 x) + \text{etc.}$$

équivaut à

$$\int dq \, e^{-q^2} \left\{ \begin{array}{l} a_1 \sin. n_1 (x + 2q\sqrt{kt}) + h_2 \sin. n_2 (v + 2q\sqrt{kt}) + \text{etc.} \\ b_1 \cos. n_1 (x + 2q\sqrt{kt}) + b_2 \cos. n_2 (x + 2q\sqrt{kt}) + \text{etc.} \end{array} \right\}.$$

La valeur de la série représente, comme on l'a vu précédemment, une fonction quelconque de $x + 2q\sqrt{kt}$; ainsi l'intégrale générale sera exprimée ainsi :

$$v = \int dq \, e^{-q^2} \varphi(x + 2q\sqrt{kt}).$$

Au reste, l'intégrale de l'équation $\dfrac{du}{dt} = k \dfrac{d^2 u}{dx^2}$ peut être présentée sous divers autres formes. Toutes ces expressions sont nécessairement identiques.

SECTION DEUXIÈME.

Du mouvement libre de la chaleur dans un solide infini.

372.

L'INTÉGRALE de l'équation $\dfrac{dv}{dt} = \dfrac{K}{C.D} \cdot \dfrac{d^2 v}{dx^2}$ (*a*) fournit
immédiatement celle de l'équation à quatre variables

$$\frac{dv}{dt} = \frac{K}{C.D} \left(\frac{d^2 v}{dx^2} + \frac{d^2 v}{dy^2} + \frac{d^2 v}{dz^2} \right), \qquad (A)$$

comme nous l'avons déja remarqué en traitant la question
de la propagation de la chaleur dans un cube solide. C'est
pour cela qu'il suffit en général de considérer l'effet de la
diffusion dans le cas linéaire. Lorsque les corps n'ont point
leurs dimensions infinies, la distribution de la chaleur est
continuellement troublée par le passage du milieu solide
au milieu élastique ; ou, pour employer les expressions
propres à l'analyse, la fonction qui détermine la température ne doit pas seulement satisfaire à l'équation aux différences partielles et à l'état initial ; elle est encore assujettie
à des conditions qui dépendent de la figure de la surface.
Dans ce cas l'intégrale a une forme plus difficile à connaître,
et il faut examiner la question avec beaucoup plus de soin
pour passer du cas d'une coordonnée linéaire à celui des
trois coordonnées orthogonales : mais lorsque la masse solide
n'est point interrompue, aucune condition accidentelle ne
s'oppose à la libre diffusion de la chaleur. Cet élément se
meut de la même manière dans tous les sens.

La température variable v d'un point d'une ligne infinie est exprimée par l'équation

$$v = \frac{1}{\sqrt{\pi}} \int_{-\frac{1}{0}}^{+\frac{1}{0}} dq\, e^{-q^2} f(x + 2q\sqrt{t}) \qquad (i),$$

x désigne la distance entre un point fixe o, et le point m, dont la température équivaut à v après le temps écoulé t. On suppose que la chaleur ne peut se dissiper par la surface extérieure de la barre infinie, et l'état initial de cette barre est exprimé par l'équation $v = fx$. L'équation différentielle à laquelle la valeur de v doit satisfaire est celle-ci:

$$\frac{dv}{dt} = \frac{K}{C.D} \cdot \frac{d^2 v}{dx^2} \qquad (a).$$

Mais pour simplifier le calcul, on écrit $\dfrac{dv}{dt} = \dfrac{d^2 v}{dx^2}$ $\quad(b)$;

Ce qui suppose que l'on emploie au lieu de t une autre indéterminée t égal à $\dfrac{Kt}{C.D}$.

Si dans une fonction de x et de constantes fx on substitue $x + 2n\sqrt{t}$ à x, et si, après avoir multiplié par $\dfrac{dn}{\sqrt{\pi}} e^{-n^2}$, on intègre par rapport à n entre des limites infinies, l'expression $\dfrac{1}{\sqrt{\pi}} \int dn\, e^{-n^2} f(x + 2n\sqrt{t})$ satisfera, comme on l'a démontré plus haut, à l'équation différentielle (b); c'est-à-dire que cette expression a la propriété de donner une même valeur pour la fluxion seconde par rapport à x, et pour la fluxion première par rapport à t. D'après cela il est évident qu'une fonction de trois variables

$f(x, y, z)$ jouira d'une semblable propriété, si l'on substitue au lieu de x, y, z, les quantités

$$x + 2n\sqrt{t},\ y + 2p\sqrt{t},\ z + 2q\sqrt{t},$$

et si l'on intègre après avoir multiplié par

$$\frac{dn}{\sqrt{\pi}} e^{-n^2 t},\ \frac{dp}{\sqrt{\pi}} e^{-p^2 t},\ \frac{dq}{\sqrt{\pi}} e^{-q^2 t}.$$

En effet, la fonction que l'on forme ainsi,

$$\frac{1}{\pi^{\frac{3}{2}}} \int dn \int dp \int dq\ e^{-(n^2+p^2+q^2)} f(x+2n\sqrt{t}, y+2p\sqrt{t}, z+2\sqrt{t}),$$

donnera trois termes pour la fluxion par rapport à t, et ces trois termes sont ceux que l'on trouverait en prenant la fluxion seconde pour chacune des trois variables x, y, z. Donc l'équation

$$v = \pi^{-\frac{3}{2}} \int dn \int dp \int dq\ e^{-(n^2+p^2+q^2)} f(x+2n\sqrt{t}, y+2p\sqrt{t}, z+2q\sqrt{t})\ \text{(I)},$$

donne une valeur de v qui satisfait à l'équation aux différences partielles

$$\frac{dv}{dt} = \frac{d^2 v}{dx^2} + \frac{d^2 v}{dy^2} + \frac{d^2 v}{dz^2} \qquad \text{(B)}.$$

373.

Supposons maintenant qu'une masse solide sans figure, (c'est-à-dire qui remplit l'espace infini) contienne une quantité de chaleur dont la distribution actuelle est connue. Soit $v = F(x, y, z)$ l'équation qui exprime cet état initial et arbitraire, en sorte que la molécule dont les coordonnées sont

x, y, z à une température initiale égale à la valeur de la fonction donnée $F(x, y, z)$. On peut se représenter que la chaleur initiale est contenue dans une certaine partie de la masse dont le premier état est donné au moyen de l'équation $v = F(x, y, z)$, et que tous les autres points ont une température initiale nulle. Il s'agit de connaître quel sera, après un temps donné, le système des températures. Il faut par conséquent exprimer la température variable v par une fonction $\varphi(x, y, z, t)$ qui doit satisfaire à l'équation générale (A) et à la condition $\varphi(x, y, z, 0) = F(x, y, z)$. Or la valeur de cette fonction est donnée par l'intégrale

$$v = \pi^{-\frac{3}{2}} \int dn \int dp \int dq \; e^{-(n^2 + p^2 + q^2)t} \; F(x + 2n\sqrt{t}).$$

En effet, cette fonction v satisfait à l'équation (A), et si l'on y fait $t = 0$, on trouve

$$\pi^{-\frac{3}{2}} \int dn \int dp \int dq \; e^{-(n^2 + p^2 + q^2)t} \; F(x, y, z),$$

ou, en achevant les intégrations, $F(x, y, z)$.

374.

Puisque la fonction v ou $\varphi(x, y, z, t)$ représente l'état initial lorsqu'on y fait $t = 0$, et qu'elle satisfait à l'équation différentielle de la propagation de la chaleur, elle représente aussi l'état du solide qui a lieu au commencement du second instant, et en faisant varier le second état, on en conclut que la même fonction représente le troisième état du solide, et tous les états subséquens. Ainsi la valeur de v, que l'on vient de déterminer, contenant une fonction entièrement arbitraire des trois variables x, y, z donne la solution de la question; et l'on ne peut supposer qu'il y ait une expression plus générale, quoique d'ailleurs la même intégrale puisse être mise sous des formes très-diverses.

Au lieu d'employer l'équation

$$v = \frac{1}{\sqrt{\pi}} \int dq \, e^{-q^2} f(x + 2q\sqrt{t}),$$

On pourrait donner une autre forme à l'intégrale de l'équation $\frac{dv}{dt} = \frac{d^2v}{dx^2}$; et il serait toujours facile d'en déduire l'intégrale qui convient au cas des trois dimensions. Le résultat que l'on obtiendrait serait nécessairement le même que le précédent.

Pour donner un exemple de ce calcul nous ferons usage de la valeur particulière qui nous a servi à former l'intégrale exponentielle.

Reprenant donc l'équation $\frac{dv}{dt} = \frac{d^2v}{dx^2}$ (b), nous donnerons à v la valeur très-simple $e^{-n^2 t} \cos. \, nx$, qui satisfait évidemment à l'équation différentielle (b). En effet, on en tire $\frac{dv}{dt} = -n^2 v$ et $\frac{d^2v}{dx^2} = -n^2 v$. Donc l'intégrale

$$\int_{-\frac{1}{0}}^{+\frac{1}{0}} dn \, e^{-n^2 t} \cos. \, nx$$

convient aussi à l'équation (b); car cette valeur de v est formée de la somme d'une infinité de valeurs particulières. Or, l'intégrale

$$\int_{-\frac{1}{0}}^{+\frac{1}{0}} dn \, e^{-n^2 t} \ \cos. \ nx$$

est connue, et l'on sait qu'elle équivaut à $\dfrac{e^{-\frac{x^2}{4t}}}{\sqrt{\pi}.\sqrt{t}}$. (Voyez l'article suivant.) Cette dernière fonction de x et t convient donc aussi avec l'équation différentielle (b). Il est d'ailleurs très-facile de reconnaître immédiatement que la valeur particulière $\dfrac{e^{-\frac{x^2}{4t}}}{\sqrt{t}}$ satisfait à l'équation dont il s'agit.

Ce même résultat aura lieu si l'on remplace la variable x par $x - \alpha$, α étant une constante quelconque. On peut donc employer comme valeur particulière la fonction $\dfrac{A e^{-\frac{(x-\alpha)^2}{4t}}}{\sqrt{t}}$, dans laquelle on attribue à α une valeur quelconque. Par conséquent la somme $\int d\alpha \, f\alpha \dfrac{A e^{-\frac{(x-\alpha)^2}{4t}}}{\sqrt{t}}$ satisfait aussi à l'équation différentielle (b) ; car cette somme se compose d'une infinité de valeurs particulières de la même forme, multipliées par des constantes arbitraires. Donc on peut prendre pour valeur de v dans l'équation $\dfrac{dv}{dt} = \dfrac{d^2 v}{dx^2}$ celle-ci :

$$v = \int_{-\frac{1}{0}}^{+\frac{1}{0}} d\alpha \, f\alpha . A \frac{e^{\frac{-(x-\alpha)^2}{4t}}}{\sqrt{t}}.$$

A étant un coëfficient constant. Si dans cette dernière intégrale on suppose $\dfrac{(x-\alpha)^2}{4t} = q^2$, en faisant aussi $A = \dfrac{1}{2\sqrt{\pi}}$, on aura $\quad v = \displaystyle\int_{-\frac{1}{0}}^{+\frac{1}{0}} d\alpha \, f\alpha \cdot e^{\dfrac{-(\alpha - x)^2}{4t}} \dfrac{1}{2\sqrt{\pi}\sqrt{t}}$ $\qquad (i)$

ou $\quad v = \dfrac{1}{\sqrt{\pi}} \displaystyle\int dq \, e^{-q^2} f(x + 2q\sqrt{t}).$ $\qquad (i)$ On voit

par-là comment l'emploi des valeurs particulières

$$e^{-n^2 t} \cos. \, nx \qquad \text{ou} \qquad \dfrac{e^{-\frac{x^2}{4t}}}{\sqrt{t}}$$

conduit à l'intégrale sous forme finie.

375.

La relation qu'ont entre elles ces deux valeurs particulières, se découvre lorsqu'on détermine l'intégrale

$$\int_{-\frac{1}{0}}^{+\frac{1}{0}} dn \, e^{-n^2 t} \cos. \, nx.$$

Pour effectuer l'intégration, on pourrait développer le facteur $\cos. \, nx$, et intégrer par rapport à n. On obtient ainsi une série qui représente un développement connu; mais on déduit plus facilement ce résultat de l'analyse suivante. L'intégrale $\int dn \, e^{-n^2 t} \cos. \, nx$ se rapporte à celle-ci :

$$\int dp \, e^{-p^2} \cos. \, 2pu;$$

en supposant $n^2 t = p^2$ et $nx = 2pu$. On a ainsi

$$\int_{-\frac{1}{0}}^{+\frac{1}{0}} dn \, e^{-n^2 t} \cos. \, nx = \dfrac{1}{\sqrt{t}} \int_{-\frac{1}{0}}^{+\frac{1}{0}} dp \, e^{-p^2} \cos. \, 2pu.$$

On écrira maintenant

$$dp\ e^{-p^2}\cos.2pu = \frac{1}{2}\int dp\ e^{-p^2+2pu\sqrt{-1}} + \frac{1}{2}\int dp\ e^{-p^2-2pu\sqrt{-1}}$$

$$= \frac{1}{2}e^{-u^2}\int dp\ e^{-p^2+2pu\sqrt{-1}+u^2} + \frac{1}{2}e^{-u^2}\int dp\ e^{-p^2-2pu\sqrt{-1}+u^2}$$

$$= \frac{1}{2}e^{-u^2}\int dp\ e^{-(p-u\sqrt{-1})^2} + \frac{1}{2}e^{-u^2}\int dp\ e^{-(p+u\sqrt{-1})^2}.$$

Or chacune des intégrales qui entrent dans ces deux termes équivaut à $\sqrt{\pi}$. En effet, on a en général

$$\sqrt{\pi} = \int_{-\frac{1}{0}}^{+\frac{1}{0}} dq\ e^{-q^2},$$

et par conséquent

$$\sqrt{\pi} = \int_{-\frac{1}{0}}^{+\frac{1}{0}} dq\ e^{-(q+b)^2},$$

quelle que soit la constante b. On trouve donc, en faisant

$$b = \mp u\sqrt{-1},\ \int dp\ e^{-p^2}\cos. 2pu = e^{-u^2}\sqrt{\pi},$$

donc

$$\int_{-\frac{1}{0}}^{+\frac{1}{0}} dn\ e^{-n^2 t}\cos. nx = \frac{e^{-u^2}\sqrt{\pi}}{\sqrt{t}},$$

et mettant pour u sa valeur $\frac{x}{2\sqrt{t}}$, on aura

$$\int_{-\frac{1}{0}}^{+\frac{1}{0}} dn\ e^{-n^2 t}\cos. nx = \frac{e^{-\frac{x^2}{4t}}}{\sqrt{t}}\sqrt{\pi},$$

Au reste la valeur particulière $\dfrac{e^{\frac{-x^2}{4t}}}{\sqrt{t}}$ est assez simple pour qu'elle se présente immédiatement sans qu'il soit nécessaire de la déduire de celle-ci $e^{-n^2 t}\cos. nx$. Quoi qu'il en soit, il est certain que la fonction $\dfrac{e^{\frac{-x^2}{4t}}}{\sqrt{t}}$ satisfait à l'équation différentielle $\dfrac{dv}{dt}=\dfrac{d^2 v}{dx^2}$; il en est de même par conséquent de la fonction $\dfrac{e^{\frac{-(x-\alpha)^2}{4t}}}{\sqrt{t}}$, quelle que soit la quantité α.

376.

Pour passer au cas des trois dimensions, il suffit de multiplier la fonction en x et t, $\dfrac{e^{\frac{-(x-\alpha)^2}{4t}}}{\sqrt{t}}$ par deux autres fonctions semblables l'une en y et t; le produit doit évidemment satisfaire à l'équation $\dfrac{dv}{dt}=\dfrac{d^2 v}{dx^2}+\dfrac{d^2 v}{dy^2}+\dfrac{d^2 v}{dz^2}$. On prendra donc pour v la valeur ainsi exprimée

$$v=\frac{e^{\frac{-(x-\alpha)^2}{4t}}}{\sqrt{t}}\cdot\frac{e^{\frac{-(y-\beta)^2}{4t}}}{\sqrt{t}}\cdot\frac{e^{\frac{-(z-\gamma)^2}{4t}}}{\sqrt{t}}.$$

Si maintenant on multiplie le second membre par $d\alpha, d\beta, d\gamma$, et par une fonction quelconque $f(\alpha,\beta,\gamma)$ des quantités α,β,γ, on trouvera, en indiquant l'intégration, une valeur de v formée de la somme d'une infinité de valeurs particulières multipliées par des constantes arbitraires.

Il suit de là que la fonction v peut être ainsi exprimée :

$$v=\int_{-\frac{1}{0}}^{+\frac{1}{0}} d\alpha \int_{-\frac{1}{0}}^{+\frac{1}{0}} d\beta \int_{-\frac{1}{0}}^{+\frac{1}{0}} d\gamma \; f(\alpha,\beta,\gamma).t^{-\frac{3}{2}} e^{-\frac{((\alpha-\beta)^2+(\beta-x)^2+(\gamma-x)^2)}{4t}}$$

$$(j)$$

Cette équation contient l'intégrale générale de la proposée (A) : le procédé qui nous a conduit à cette intégrale doit être remarqué par ce qu'il s'applique aux cas les plus variés ; il est principalement utile lorsque l'intégrale doit satisfaire à des conditions relatives à la surface. En l'examinant avec attention on reconnaîtra que les transformations qu'il exige sont toutes indiquées par la nature physique de la question. On peut aussi, dans l'équation (j), changer d'indéterminées, en prenant

$$\frac{(\alpha-x)^2}{4t}=n^2,\quad \frac{(\beta-y)^2}{4t}=p^2,\quad \frac{(\gamma-z)^2}{4t}=q^2,$$

on aura, en multipliant le second membre par un coëfficient constant A,

$$v=2^3.A\int dn \int dp \int dq \; e^{-(n^2+p^2+q^2)} f(x+2n\sqrt{t},\, y+2p\sqrt{t},\, z+2q\sqrt{t})$$

Prenant les trois intégrales entre les limites $-\frac{1}{0}$ et $+\frac{1}{0}$, et faisant $t=0$ afin de connaître l'état initial, on trouvera $v=2^3.A\sqrt{\pi^3} f(x,y,z)$. Ainsi, en représentant les températures initiales connues par $F(x,y,z)$, et donnant à la constante A la valeur $\frac{1}{2^3\sqrt{\pi^3}}$, on parviendra à l'intégrale

$$v=\pi^{-\frac{3}{2}}\int_{-\frac{1}{0}}^{+\frac{1}{0}} dn \int_{-\frac{1}{0}}^{+\frac{1}{0}} dp \int_{-\frac{1}{0}}^{+\frac{1}{0}} dq \; e^{-n^2}.e^{-p^2}.e^{-q^2} \; F(x+2n\sqrt{t},\, y+2p\sqrt{t},\, z+2q\sqrt{t})$$

qui est la même que celle de l'article (372).

L'intégrale de l'équation (A) peut être mise sous plusieurs autres formes parmi lesquelles on choisit celle qui convient le mieux à la question que l'on se propose de résoudre.

Il faut observer en général, dans ces recherches, que deux fonctions $\varphi(x, y, z, t)$ sont les mêmes lorsqu'elles satisfont l'une et l'autre à l'équation différentielle (A), et lorsqu'elles sont égales pour une valeur déterminée du temps. Il suit de ce principe que les intégrales, qui se réduisent, lorsque y fait $t = 0$, à une fonction arbitraire $F(x, y, z)$, ont toutes le même degré de généralité; elles sont nécessairement identiques.

Le second membre de l'équation différentielle (a) était multiplié par $\dfrac{K}{C.D}$, et l'on a supposé dans l'équation (b) ce coëfficient égal à l'unité. Il suffira, pour rétablir cette quantité dans le calcul, d'écrire $\dfrac{Kt}{C.D}$ au lieu de t, dans l'intégrale (i), ou dans l'intégrale (I). Nous indiquerons maintenant quelques-unes des conséquences que l'on déduit de ces équations.

$$377.$$

La fonction qui sert d'exposant au nombre e, ne peut représenter qu'un nombre absolu, ce qui suit des principes généraux du calcul, comme on l'a prouvé explicitement dans la section IX du chapitre II page 152. Si dans cet exposant on remplace l'indéterminée t par $\dfrac{Kt}{C.D}$, on voit que les dimensions de K, C, D et t, par rapport à l'unité de longueur étant $-1, 0, -3$ et 0, la dimension du dénominateur $\dfrac{Kt}{C.D}$ est 2 comme celle de chaque terme du numérateur, en sorte que la dimension totale de l'exposant est 0. considérons le cas où la valeur du temps t augmente de plus en plus, et pour simplifier cet examen, employons d'abord l'équation

$$v = \int d\alpha\, f\alpha\, \frac{e^{\dfrac{-(\alpha - x)^2}{4t}}}{2\sqrt{\pi}\sqrt{t}} \qquad (i)$$

qui représente la diffusion de la chaleur dans une ligne infinie. Supposons que la chaleur initiale est contenue dans une portion donnée de la ligne, depuis $x = -h$ jusqu'à $x = +g$, et que l'on attribue à x une valeur déterminée X, qui fixe la position d'un certain point m de cette ligne. Si le temps t croît sans limite, les termes $\dfrac{-\alpha^2}{4t}$ et $+\dfrac{2\alpha X}{4t}$ qui entrent dans l'exposant deviendront des nombres absolus de plus en plus petits, en sorte que, dans le produit

$$e^{-\dfrac{x^2}{4t}} . e^{\dfrac{2\alpha x}{4t}}\, e^{-\dfrac{\alpha^2}{4t}} .$$

On pourra omettre les deux derniers facteurs qui se confondent sensiblement avec l'unité. On trouvera ainsi,

$$v = \frac{.e^{-\dfrac{x^2}{4t}}}{2\sqrt{\pi}\sqrt{t}} \int_{-h}^{+g} d\alpha\, f\alpha. \qquad (y)$$

C'est l'expression de l'état variable de la ligne après un temps très-long; elle s'applique à toutes les parties de cette ligne qui sont moins éloignées de l'origine que le point m. L'intégrale définie $\int_{-h}^{+g} d\alpha\, f\alpha$ désigne la quantité de chaleur totale B contenue dans le solide, et l'on voit que la distribution primitive n'a plus d'influence sur les températures

61

après un temps très-long. Elles ne dépendent plus que de la somme B, et non de la loi suivant laquelle la chaleur a été répartie.

378.

Si l'on suppose qu'un seul élément ω placé à l'origine a reçu la température initiale f, et que tous les autres avaient la température o, le produit ωf sera équivalent à l'intégrale $\int_{-h}^{+g} d\alpha\, f\alpha$ ou B. La constante f sera extrêmement grande, puisqu'on suppose la ligne ω très-petite.

L'équation $v = \dfrac{e^{-\frac{x^2}{4t}}}{2\sqrt{\pi}\sqrt{t}} \cdot \omega f$ représente le mouvement qui aurait lieu, si un seul élément placé à l'origine eût été échauffé. En effet, si l'on donne à x une valeur quelconque a, non infiniment petite, la fonction $\dfrac{e^{-\frac{x^2}{4t}}}{\sqrt{t}}$ sera nulle lorsqu'on supposera $t = o$. Il n'en sera pas de même si la valeur de x est nulle. Dans ce cas la fonction $\dfrac{e^{-\frac{x^2}{4t}}}{\sqrt{t}}$ reçoit au contraire une valeur infinie, si $t = o$. On connaîtra distinctement la nature de cette fonction, si l'on applique les principes généraux de la théorie des surfaces courbes à la surface qui aurait pour équation $z = \dfrac{e^{-\frac{x^2}{4z}}}{\sqrt{z}}$.

L'équation $v = \dfrac{e^{-\frac{x^2}{4t}}}{2\sqrt{\pi}\sqrt{t}} \cdot \omega f$ exprime donc la température variable d'un point quelconque du prisme, lorsqu'on suppose toute la chaleur initiale réunie dans un seul élément placé à l'origine. Cette hypothèse, quoique particulière, appartient à une question générale, parce qu'après un temps assez long, l'état variable du solide est toujours le même que si la chaleur initiale eût été rassemblée à l'origine. La loi suivant laquelle la chaleur a été distribuée, influe beaucoup sur les températures variables du prisme; mais cet effet s'affaiblit de plus en plus, et finit par devenir entièrement insensible.

379.

Il est nécessaire de remarquer que l'équation réduite (γ) ne s'applique point à la partie de la ligne qui est placée au-delà du point m dont la distance a été désignée par X. En effet, quelque grande que soit la valeur de temps, on pourrait choisir une valeur de x telle que le terme $e^{\frac{2\alpha x}{4t}}$ différât sensiblement de l'unité, et alors ce facteur ne doit pas être supprimé. Il faut donc se représenter que l'on a marqué de part et d'autre de l'origine o deux points, m et m', placés à une certaine distance X ou $-$X, et que l'on augmente de plus en plus la valeur du temps, en observant les états successifs de la partie de la ligne qui est comprise entre m et m'. Cet état variable convergera de plus en plus vers celui qui est exprimé par l'équation

$$v = \frac{e^{-\frac{x^2}{4t}}}{2\sqrt{\pi}\sqrt{t}} \int_{-g}^{+h} d\alpha\, f\alpha. \qquad (\gamma)$$

Quelle que soit la valeur attribuée à X, on pourra toujours trouver une valeur du temps assez grande pour que l'état de la ligne $m'\,o\,m$ ne diffère pas sensiblement de celui qu'exprime l'équation précédente (y). Si l'on demande que cette même équation s'applique à d'autres parties plus éloignées de l'origine, il faudra supposer une valeur du temps plus grande que la précédente.

L'équation (y), qui exprime dans tous les cas l'état final d'une ligne quelconque, fait voir qu'après un temps extrêmement long, les divers points acquièrent des températures presqu'égales, et que les températures d'un même point finissent par varier, en raison inverse de la racine quarrée des temps écoulés depuis le commencement de la diffusion. Les décroissements de la température d'un point quelconque deviennent toujours proportionnels aux accroissements du temps.

380.

Si l'on faisait usage de l'intégrale

$$v = \int \frac{d\alpha \, f\alpha \cdot e^{\frac{-(\alpha - x)^2}{4 kt}}}{2 \sqrt{\pi} \sqrt{k} \sqrt{t}} \qquad (i)$$

pour connaître l'état variable des points de la ligne placés à une grande distance de la portion échauffée, et que, pour exprimer cette dernière condition, on supprimât encore le facteur $e^{-\left(\frac{x^2 - 2\alpha x}{4 kt}\right)}$, les conséquences que l'on obtiendrait ne seraient pas exactes. En effet, en supposant que la portion échauffée s'étende seulement depuis $\alpha = o$ jusqu'à $\alpha = g$ et que la limite g soit très-petite par rapport à la distance x du point dont on veut déterminer la température; la quantité $- \frac{(\alpha - x)^2}{4 kt}$ qui forme l'exposant se réduit en effet à $\frac{-x^2}{4\,k\,t}$; c'est-à-dire que la raison des deux quantités

$$\frac{(\alpha-x)^2}{4\,k\,t} \quad \text{et} \quad \frac{-x^2}{4\,k\,t}$$

approche d'autant plus de l'unité que la valeur de x est plus grande par rapport à celle de α : mais il ne s'ensuit pas que l'on puisse remplacer l'une de ces quantités par l'autre dans l'exposant de e. En général l'omission des termes subordonnés ne peut point avoir lieu ainsi dans les expressions exponentielles ou trigonométriques. Les quantités placées sous les signes de sinus ou de cosinus, ou sous le signe exponentiel e sont toujours des nombres absolus, et l'on ne peut omettre que les parties de ces nombres, dont la valeur est extrèmement petite; leurs valeurs relatives ne sont ici d'aucune considération. Pour juger si l'on peut réduire l'expression

$$\int_0^g d\alpha\, f\alpha\, e^{\frac{-(\alpha-x)^2}{4\,k\,t}} \quad \text{à celle-ci} \quad e^{\frac{-x^2}{4\,k\,t}} \int_0^g d\alpha\, f\alpha,$$

il ne faut pas examiner si le rapport de x à α est très-grand, mais si les termes $\frac{2\,\alpha\,x}{4\,k\,t}$, $\frac{-\alpha^2}{4\,k\,t}$ sont des nombres très-petits. Cette condition a toujours lieu lorsque le temps écoulé t est extrêmement grand; mais elle ne dépend point du rapport $\frac{x}{\alpha}$.

381.

Supposons maintenant que l'on veuille connaître combien il doit s'écouler de temps pour que les températures de la partie du solide, comprise depuis $x = 0$ jusqu'à $x = X$, puissent être représentées à très-peu près par l'équation réduite

$$v = \frac{e^{-\frac{x^2}{4kt}}}{2\sqrt{\pi}\sqrt{k}\sqrt{t}} \int_{-h}^{+g} d\alpha\, f\alpha,$$

et que o et soient g, les limites de la portion primitivement échauffée.

La solution exacte est donnée par l'équation

$$v = \int_0^g \frac{d\alpha\, f\alpha\, e^{\frac{-(\alpha - x)^2}{4kt}}}{2\sqrt{\pi}\sqrt{k}\sqrt{t}} \qquad (i)$$

et la solution approchée est donnée par l'équation

$$v = \frac{e^{-\frac{x^2}{4kt}}}{2\sqrt{\pi}\sqrt{k}\sqrt{t}} \int_0^g d\alpha\, f\alpha; \qquad (y)$$

k désignant la valeur $\dfrac{K}{C.D}$ de la conducibilité. Pour que l'équation (y) puisse être en général substituée à la précédente (i), il faut que le facteur $e^{\frac{2\alpha.x - \alpha^2}{4kt}}$, qui est celui que l'on omet, diffère très-peu de l'unité; car s'il était 1 ou $\frac{1}{2}$ on pourrait craindre de commettre une erreur égale à la valeur calculée, ou à la moitié de cette valeur. Soit donc

$e^{\frac{2\alpha.x - \alpha^2}{4kt}} = 1 + \omega$, ω étant une petite fraction, comme $\frac{1}{100}$ ou $\frac{1}{1000}$ on en conclura la condition.

$$\frac{2\,a\,x - a^2}{4\,k\,t} = \omega \qquad \text{ou} \qquad t = \frac{1}{\omega}\left(\frac{2\,a\,x - a^2}{4\,k\,t}\right)$$

et si la plus grande valeur g que puisse recevoir la variable a est très-petite par rapport à x, on aura $t = \frac{1}{\omega} \cdot \frac{g\,x}{2\,k}$.

On voit par ce résultat que plus les points dont on veut déterminer la température au moyen de l'équation réduite, sont éloignés de l'origine, plus il est nécessaire que la valeur du temps écoulé soit grande. Ainsi la chaleur tend de plus en plus à se distribuer suivant une loi indépendante de l'échauffement primitif. Après un certain temps, la diffusion est sensiblement opérée, c'est-à-dire que l'état du solide ne dépend plus que de la quantité de la chaleur initiale, et non de la distribution qui en avait été faite. Les températures des points assez voisins de l'origine ne tardent pas à être représentées sans erreur par l'équation réduite (y): mais il n'en est pas de même des points très-distants de ce foyer. On ne peut alors faire usage de la même équation que si le temps écoulé est extrêmement long. Les applications numériques rendront cette remarque plus sensible.

382.

Supposons que la substance dont le prisme est formé, est le fer, et que la portion de ce solide qui a été échauffée a un décimètre d'étendue, en sorte que $g = 0,1$. Si l'on veut connaître quelle sera, après un temps donné, la température d'un point m dont la distance à l'origine est un mètre, et si l'on emploie pour ce calcul l'intégrale approchée (y), ou commettra une erreur d'autant plus grande que la valeur du temps sera moindre. Cette erreur sera plus

petite que la centième partie de la quantité cherchée, si le
temps écoulé surpasse trois jours et demi.

Dans ce cas la distance comprise entre l'origine o et le
point *m* dont on détermine la température, est seulement
dix fois plus grande que la portion échauffée. Si ce rapport
est cent au lieu d'être dix, l'intégrale réduite (y) donnera
la température à moins d'un centième près, lorsque la valeur
du temps écoulé surpassera un mois. Pour que l'approximation soit admissible, il est nécessaire, en général, 1° que la
quantité $\frac{2\,a\,x - a^2}{4\,k\,t}$ ne puisse équivaloir qu'à une très-petite
fraction comme $\frac{1}{1000}$ ou $\frac{1}{100}$ au plus; 2° que l'erreur qui en
doit résulter ait une valeur absolue beaucoup moindre que
les petites quantités que l'on observe avec les thermomètres
les plus sensibles.

Lorsque les points que l'on considère sont très-éloignés
de la portion du solide qui a été primitivement échauffée,
les températures qu'il s'agit de déterminer sont extrêmement
petites; ainsi l'erreur que l'on commettrait en se servant de
l'équation réduite, aurait une très-petite valeur absolue;
mais il ne s'ensuit pas que l'on soit autorisé à faire usage de
cette équation. Car si l'erreur commise, quoique très-petite,
surpasse ou égale la quantité cherchée; ou même si elle en
est la moitié ou le quart, ou une partie notable, l'approximation doit être rejetée. Il est manifeste que dans ce cas
l'équation approchée (y) n'exprimerait point l'état du solide,
et que l'on ne pourrait point s'en servir pour déterminer
les rapports des températures simultanées de deux ou plusieurs points.

Il suit de cet examen que l'on ne doit point conclure de

l'intégrale $v = \dfrac{1}{2\sqrt{\pi}\sqrt{k}\sqrt{t}} \displaystyle\int_0^g d\alpha\, f\alpha\, e^{\dfrac{-(\alpha-x)^2}{4\,kt}}$ que la loi

de la distribution primitive n'influe pas sur la température des points très-éloignés de l'origine. L'effet résultant de cette distribution cesse bientôt d'avoir lieu pour les points voisins de la portion échauffée ; c'est-à-dire que leur température ne dépend plus que de la quantité de chaleur initiale, et non de la répartition qui en avait été faite : mais la grandeur de la distance ne concourt point à effacer l'empreinte de la distribution, elle la conserve au contraire pendant un très-long temps et retarde la diffusion de la chaleur. Ainsi l'équation

$$v = \frac{1}{\sqrt{\pi}} \frac{e^{\dfrac{x^2}{4\,kt}}}{\sqrt{4\,kt}} \int_0^g d\alpha\, f\alpha$$

ne représente les températures des points extrêmement éloignés de la partie échauffée, qu'après un temps immense. Si on l'appliquait sans cette condition, on trouverait des résultats doubles ou triples des véritables ou même incomparablement plus grands ou plus petits ; et cela n'aurait pas lieu seulement pour des valeurs très-petites du temps ; mais pour de grandes valeurs, telles que, une heure, un jour, une année. Enfin cette expression serait d'autant moins exacte, toutes choses égales d'ailleurs, que les points seraient plus éloignés de la partie primitivement échauffée.

384.

Lorsque la diffusion de la chaleur s'opère dans tous les sens, l'état du solide est représenté comme on l'a vu par l'intégrale

$$v = \iiint \frac{d\alpha \, d\beta \, d\gamma}{2^3 \cdot \sqrt{k^3 \pi^3 t^3}} e^{-\left(\frac{(\alpha - x)^2 + (\beta - y)^2 + (\gamma - z)^2}{4kt}\right)} f(\alpha, \beta, \gamma). \qquad (j)$$

Si la chaleur initiale est contenue dans une portion déterminée de la masse solide, on connaîtra les limites qui comprennent cette partie échauffée, et les quantités α, β, γ, qui varient sous le signe intégral, ne pourront point recevoir de valeurs qui excèdent ces limites. Supposons donc que l'on marque sur les trois axes six points dont les distances sont $+ X$, $+ Y$, $+ Z$, et $- X$, $- Y$, $- Z$, et que l'on considère les états successifs du solide compris entre les six plans qui passent à ces distances; on voit que l'exposant de e, sous le signe d'intégration, se réduit à $-\left(\frac{x^2 + y^2 + z^2}{4kt}\right)$, lorsque la valeur du temps écoulé augmente sans borne. En effet, les termes tels que $\frac{2\alpha x}{4kt}$ et $\frac{\alpha^2}{4kt}$ reçoivent dans ce cas des valeurs absolues très-petites, parce que les numérateurs sont compris entre des limites fixes, et que les dénominateurs croissent à l'infini. Ainsi les facteurs que l'on omet diffèrent extrêmement peu de l'unité. Donc l'état variable du solide, après une grande valeur du temps, a pour expression

$$v = \frac{e^{-\frac{(x^2 + y^2 + z^2)}{4kt}}}{2^3 \sqrt{k^3 \pi^3 t^3}} \int d\alpha \int d\beta \int d\gamma \ f(\alpha, \beta, \gamma).$$

Le facteur $\int d\alpha \int d\beta \int d\gamma\, f(\alpha,\beta,\gamma)$ représente la quantité totale de chaleur B que le solide contient. Ainsi le système des températures ne dépend point de la distribution de la chaleur initiale, mais seulement de sa quantité. On pourrait supposer que toute la chaleur initiale était contenue dans un seul élément prismatique placé à l'origine, et dont les dimensions orthogonales et extrêmement petites seraient $\omega_1, \omega_2, \omega_3$. La température initiale de cet élément serait désignée par un nombre extrêmement grand f, et toutes les autres molécules du solide auraient une température initiale nulle. Le produit $\omega_1\, \omega_2\, \omega_3\, f$ équivaut dans ce cas à l'intégrale

$$\int d\alpha \int d\beta \int d\gamma\, f(\alpha,\beta,\gamma).$$

Quelque soit l'échauffement initial, l'état du solide qui correspond à une valeur du temps très-grande, est le même que si toute la chaleur avait été réunie dans un seul élément placé à l'origine.

385.

Supposons maintenant que l'on ne considère que les points du solide dont la distance à l'origine est très-grande par rapport aux dimensions de la partie échauffée; on pourrait d'abord penser que cette condition suffit pour réduire l'exposant de e dans l'intégrale générale. En effet cet exposant est $-\left(\dfrac{(\alpha-x)^2+(\beta-y^2)+(\gamma-z)^2}{4\,kt}\right)$; et les variables α, β, γ sont, par hypothèse, comprises entre des limites déterminées, en sorte que leurs valeurs sont toujours extrêmement petites, par rapport à la plus grande coordonnée d'un point très-éloigné de l'origine. Il suit de là que l'exposant de e se compose de deux parties $M + \mu$, dont l'une est très-petite par rapport à l'autre. Mais de ce que le rapport $\frac{\mu}{M}$ est une très-petite fraction, on ne peut pas conclure que l'exponentielle $e^{M+\mu}$ devienne égale à e^{M}, ou n'en diffère que d'une quantité très-petite par rapport à sa propre valeur. Il ne faut point considérer les valeurs relatives de M et μ, mais seulement la valeur absolue de μ. Pour que l'on puisse réduire l'intégrale exacte (j) à l'équation

$$v = B \frac{e^{\dfrac{-(x^2+y^2+z^2)}{4\,k\,t}}}{2^3 \sqrt{\pi^3\,k^3\,t^3}}.$$

il est nécessaire que la quantité

$$\frac{2\,\alpha\,x + 2\,\beta\,y + 2\,\gamma\,z - \alpha^2 - \beta^2 - \gamma^2}{4\,k\,t},$$

dont la dimension est o, soit toujours un nombre fort petit. Si l'on suppose que la distance de l'origine au point m dont on veut déterminer la température est très-grande par rapport à l'étendue de la partie qui a été d'abord échauffée, on examinera si la quantité précédente est toujours une très-petite fraction ω. Il faut que cette condition soit satisfaite, pour que l'on puisse employer l'intégrale approchée $v = B\,2^{-3}\,\pi^{-\frac{3}{2}}\,k^{-\frac{3}{2}}\,t^{-\frac{3}{2}}\,e^{\dfrac{-x^2}{4\,k\,t}}$: mais cette équation ne représente point l'état variable de la partie de la masse qui est très-distante du foyer. Elle donne au contraire un résultat d'autant moins exact, toutes choses d'ailleurs égales, que les points dont on détermine la température sont plus éloignés du foyer.

La chaleur initiale contenue dans une portion déterminée de la masse solide pénètre successivement les parties voisines, et se répand dans tous les sens; il n'en parvient qu'une quantité extrêmement petite aux points dont la distance à l'origine est très-grande. Lorsqu'on exprime par l'analyse la température de ces points, l'objet du calcul n'est pas de déterminer en nombre ces températures, qui ne sont point mesurables, mais de connaître leurs rapports. Or ces quantités dépendent certainement de la loi suivant laquelle la chaleur initiale a été distribuée, et l'effet de cette répartition initiale dure d'autant plus que les parties du prisme sont plus éloignées du foyer. Mais si les termes qui font partie de l'exposant, tels que $\frac{2\,\alpha\,x}{4\,kt}$ et $\frac{\alpha^n}{4\,kt}$ ont des valeurs absolues qui décroissent sans limite, on doit employer les intégrales approchées.

Cette condition a lieu dans les questions où l'on se propose de déterminer les plus hautes températures des points très-éloignés de l'origine. En effet on peut démontrer que dans ce cas les valeurs du temps croissent dans un plus grand rapport que les distances, et qu'elles sont proportionnelles au quarré de ces distances, lorsque les points que l'on considère sont très-éloignés de l'origine. Ce n'est qu'après avoir établi cette proposition qu'on peut opérer la réduction sous l'exposant. Les questions de ce genre seront l'objet de la section suivante.

SECTION III.

Des plus hautes températures dans un solide infini.

386.

Nous considérerons en premier lieu le mouvement linéaire dans une barre infinie, dont une portion a été uniformément échauffée, et nous chercherons quelle doit être la valeur du temps écoulé pour qu'un point donné de cette ligne parvienne à sa plus haute température.

On désignera par $2\,g$ l'étendue de la partie échauffée dont le milieu correspond avec l'origine o des distances x. Tous les points dont la distance à l'axe des y est moindre que g, et plus grande que $-g$, ont par hypothèse une température initiale commune f, et toutes les autres tranches ont la température initiale o. On suppose qu'il ne se fait à la surface extérieure du prisme aucune déperdition de chaleur, ou, ce qui est la même chose, on attribue à la section perpendiculaire à l'axe des dimensions infinies. Il s'agit de connaître quel sera pour un point donné, dont la distance est x, le temps t qui répond au maximum de température.

On a vu, dans les articles précédents, que la température variable d'un point quelconque est exprimée par l'équation

$$v = \frac{1}{2\sqrt{\pi}\sqrt{kt}} \int d\alpha\, f\alpha\, e^{\frac{-(\alpha-x)^2}{4kt}}.$$

Le coëfficient k représente $\dfrac{K}{C.D}$, K étant la conducibilité spécifique, C la capacité de chaleur, et D la densité. On fera

$k = 1$ pour simplifier le calcul, et dans le résultat on écrira $k t$ ou $\dfrac{\mathrm{K}\,t}{\mathrm{C.D}}$ au lieu de t. L'expression de v est donc

$$v = \frac{1}{2\sqrt{\pi}}\,\frac{f}{\sqrt{t}}\int_{-g}^{+g} d\alpha\; e^{\frac{-(\alpha - x)^2}{4t}}.$$

Elle est l'intégrale de l'équation $\dfrac{dv}{dt} = \dfrac{d^2 v}{dx^2}$. La fonction $\dfrac{dv}{dx}$ mesure la vîtesse avec laquelle la chaleur s'écoule suivant l'axe du prisme. Or cette valeur de $\dfrac{dv}{dx}$ est donnée dans la question actuelle sans aucun signe d'intégrale. On a en effet

$$\frac{dv}{dx} = \frac{f}{2\sqrt{\pi}\sqrt{t}}\int_{-g}^{+g} 2\, d\alpha\, \frac{(\alpha - x)}{4t}\, e^{\frac{-(\alpha - x)^2}{4t}},$$

ou en achevant l'intégration

$$\frac{dv}{dx} = \frac{f}{2\sqrt{\pi}\sqrt{t}}\left\{ e^{\frac{-(x+g)^2}{4t}} - e^{\frac{-(x-g)^2}{4t}} \right\}.$$

387.

La fonction $\dfrac{d^2 v}{dx^2}$ peut donc aussi être exprimée sans signe d'intégrale; or elle équivaut à la fluxion du premier ordre $\dfrac{dv}{dt}$; donc en égalant à zéro cette valeur de $\dfrac{dv}{dt}$ qui mesure l'accroissement instantané de la température d'un point quelconque, on aura la relation cherchée entre x et t. On trouve ainsi

$$\frac{d^2 v}{dx^2} = \frac{f}{2\sqrt{\pi}\sqrt{t}}\left(\frac{-2(x+g)}{4t}e^{\frac{-(x+g)^2}{4t}} + 2\frac{(x-g)}{4t}e^{\frac{-(x-g)^2}{4t}}\right) = \frac{dv}{dt},$$

ce qui donne $\quad (x+g)\,e^{\frac{-(x+g)^2}{4t}} = (x-g)\,e^{\frac{-(x-g)^2}{4t}}$:

on en conclut $\qquad t = \dfrac{g\,x}{\log.\left(\dfrac{x+g}{x-g}\right)}.$

On a supposé $\dfrac{K}{C.D} = 1$. Pour rétablir le coëfficient, il faut

écrire $\dfrac{Kt}{C.D}$ au lieu de t et l'on a

$$t = \frac{g.C.D}{K}\frac{x}{\log.\left(\dfrac{x+g}{x-g}\right)}.$$

Les plus hautes températures se succèdent suivant la loi exprimée par cette équation. Si l'on suppose qu'elle représente le mouvement varié d'un corps qui décrit une ligne droite, x étant l'espace parcouru, et t le temps écoulé, la vîtesse du mobile sera celle du maximum de température.

Lorsque la quantité g est infiniment petite, c'est-à-dire lorsque toute la chaleur initiale est réunie dans un seul élément placé à l'origine, la valeur de t se réduit à $\frac{0}{0}$ et par la différentiation ou le développement en série, on trouve $\dfrac{Kt}{C.D} = \dfrac{x^2}{2}.$

On a fait abstraction de la quantité de chaleur qui se dissipe par la surface du prisme; nous allons maintenant avoir égard à cette déperdition, et nous supposerons que la chaleur initiale est contenue dans un seul élément de la barre prismatique infinie.

388.

Dans la question précédente on a déterminé l'état variable d'un prisme infini dont une portion déterminée était affectée dans tous les points d'une température initiale f. On supposait que la chaleur initiale était distribuée dans une étendue infinie depuis $x = 0$ jusqu'à $x = b$. On suppose maintenant que la même quantité de chaleur bf est contenue dans un élément infiniment petit, depuis $x = 0$ jusqu'à $x = \omega$. La température de la tranche échauffée sera donc $\dfrac{fb}{\omega}$, et il résulte de ce qui a été dit précédemment, que l'état variable du solide sera exprimé par l'équation

$$v = \frac{f.b}{\sqrt{\pi}} \frac{e^{\frac{-x^2}{4kt}}}{2\sqrt{kt}} . e^{-ht} ; \qquad (a)$$

ce résultat a lieu lorsque le coëfficient $\dfrac{K}{C.D}$ qui entre dans l'équation différentielle $\dfrac{dv}{dt} = \dfrac{K}{C.D} . \dfrac{d^2 v}{dx^2} - hv$, est désigné par k. Quant au coëfficient h, il équivaut à $\dfrac{Hl}{C.D.S}$; on désigne par S l'aire de la section du prisme, par l le contour de cette section, et par H la conducibilité de la surface extérieure. En substituant ces valeurs dans l'équation (a) on a

$$v = \frac{bf}{\sqrt{\pi}} \frac{e^{-x^2 . \frac{C.D}{4kt}}}{2\sqrt{t} . \sqrt{\dfrac{K}{C.D}}} e^{-\frac{H.l}{C.D.S} . t} \qquad (A)$$

f représente la température moyenne initiale, c'est-à-dire celle qu'aurait un seul point, si l'on distribuait également la chaleur initiale entre tous les points d'une portion de la barre dont la longueur serait b, ou, plus simplement, l'unité de mesure. Il s'agit de déterminer la valeur du temps écoulé t; qui répond au maximum de température d'un point donné.

Pour résoudre cette question, il suffit de déduire de l'équation (a) la valeur de $\dfrac{dv}{dt}$ et de l'égaler à zéro, on aura

$$\frac{dv}{dt} = -h\,v + \frac{x^2}{4\,k\,t^2}v - \frac{1}{2}t^{-1}.v, \quad \text{et} \quad \frac{1}{t^2} - \frac{2\,k}{x^2}\frac{1}{t} = \frac{4\,h\,k}{x^2} \qquad (b)$$

donc la valeur θ, du temps qui doit s'écouler pour que le point placé à la distance x atteigne sa plus haute température, est exprimé par l'équation

$$\theta\,k = \frac{1}{\dfrac{1}{x^2} + \sqrt{\dfrac{1}{x^2} + \dfrac{4\,h}{k\,x^2}}}. \qquad (c)$$

Pour connaître la plus haute température V, on remarquera que l'exposant de e^{-1} dans l'équation (a) est $h\,t + \dfrac{x^2}{4\,k\,t}$. Or l'équation (b) donne $h\,t = \dfrac{x^2}{4\,k\,t} - \dfrac{1}{2}$; donc $h\,t + \dfrac{x^2}{4\,k\,t} = \dfrac{x^2}{2\,k\,t} - \dfrac{1}{2}$ et, mettant pour $\dfrac{1}{t}$ sa valeur connue, on a $h\,t + \dfrac{x^2}{4\,k\,t} = \sqrt{\dfrac{1}{4} + \dfrac{h}{k}x^2}$; substituant cet exposant de e^{-1} dans l'équation (a), on a

$$V = \frac{b\,f}{2\sqrt{\pi}} \cdot \frac{-\sqrt{\dfrac{1}{4} + \dfrac{h}{k}x^2}}{\sqrt{k}\sqrt{\theta}};$$

et remplaçant $\sqrt{\theta.k}$ par sa valeur connue, on trouve, pour l'expression du maximum V

$$V = \frac{bf}{2\sqrt{\pi}} e^{-\sqrt{\frac{h}{k}x^2 + \frac{1}{4}}} \cdot \sqrt{\frac{1}{x} + \sqrt{\frac{h}{k}\frac{1}{x^2} + \frac{1}{x}}}. \qquad (d)$$

Les équations (c) et (d) contiennent la solution de la question ; on remplacer h et k par leurs valeurs $\frac{H.L}{C.D.S}$ et $\frac{K}{C\,D}$; on peut aussi écrire $\frac{1}{2}g$ au lieu de $\frac{s}{l}$, en représentant par g la demi-épaisseur du prisme dont la base est un quarré. On aura, pour déterminer V et θ, les équations

$$V = \frac{bf}{2\sqrt{\pi}} \cdot \frac{e^{-\sqrt{\frac{2H}{Kg}x^2 + \frac{1}{4}}}}{x} \sqrt{1 + 2\sqrt{\frac{2H}{Kg}x^2 + \frac{1}{4}}}, \qquad (D)$$

$$\frac{K}{C.D}\theta = \frac{x^2}{1 + 2\sqrt{\frac{2H}{Kg}x^2 + \frac{1}{4}}}. \qquad (C)$$

Ces équations s'appliquent au mouvement de la chaleur dans une barre peu épaisse, dont la longueur est très-grande. On suppose que le milieu de ce prisme a été affecté d'une certaine quantité de chaleur bf qui se propage jusqu'aux extrémités, et se dissipe par la surface convexe. V désigne le maximum de température pour le point dont la distance au foyer primitif est x ; θ est le temps qui s'écoule depuis le commencement de la diffusion jusqu'à l'instant où la plus haute température V a lieu. Les coëfficients C, H, K, D

designent les mêmes propriétés spécifiques que dans les
questions précédentes, et g est le demi-côté du quarré formé
par une section du prisme.

389.

Si l'on veut rendre ces résultats plus sensibles par une
application numérique, on supposera que la substance dont
le prisme est formé est le fer, et que le côté $2g$ du quarré est
la vingt-cinquième partie d'un mètre.

Nous avons mesuré autrefois, par nos expériences, les valeurs de H, K; celles de C et D étaient déja connues. En
prenant le mètre pour unité de longueur, et la minute sexa-
gésimale pour unité de temps, et employant les valeurs approchées de H, K, C.D, on déterminera les valeurs de Y et
de θ relatives à une distance donnée. Pour l'examen des conséquences que nous avons en vue, il n'est pas nécessaire de
connaître les coëfficients avec une grande précision.

On voit d'abord que si la distance x est d'environ un
mètre et demi ou deux mètres, le terme $\frac{2\,H}{K\,g}x^2$, qui entre
sous le radical, a une grande valeur par rapport au second
terme $\frac{1}{4}$. Le rapport de ces termes est d'autant plus grand
que la distance est plus grande.

Ainsi la loi des plus hautes températures devient de plus
en plus simple, à mesure que la chaleur s'éloigne de l'origine. Pour déterminer cette loi régulière qui s'établit dans
toute l'étendue de la barre, il faut supposer que la distance
x est très-grande, et l'on trouve.

$$V = \frac{bf}{\sqrt{2}\sqrt{\pi}} \frac{e^{-x\sqrt{\frac{2H}{Kg}}}}{\sqrt{x}} \cdot \left(\frac{2H}{Kg}\right)^{\frac{1}{4}} \qquad (\delta)$$

$$\frac{K}{C.D}\theta = \frac{x}{2\sqrt{\frac{2H}{Kg}}} \qquad \text{ou} \qquad \theta = \frac{C.D.\sqrt{g}}{2^{\frac{3}{2}}\sqrt{H}.\sqrt{K}} \cdot x. \qquad (\gamma)$$

390.

On voit par la seconde équation que le temps qui répond au maximum de température, croît proportionnellement à la distance. Ainsi la vîtesse de l'onde (si toutefois on peut appliquer cette expression au mouvement dont il s'agit) est constante, ou plutôt elle le devient de plus en plus, et conserve cette propriété en s'éloignant à l'infini de l'origine de la chaleur.

On remarquera aussi dans la première équation que la quantité $fe^{-x\sqrt{\frac{2H}{Kg}}}$ exprime les températures permanentes que prendraient les différents points de la barre, si l'on affectait l'origine d'une température fixe f, comme on peut le voir dans le chapitre I, page 65.

Il faut donc, pour se représenter la valeur de V, concevoir que toute la chaleur initiale que le foyer contient, est également distribuée dans une portion de la barre dont la longueur est b ou l'unité de mesure. La température f qui en résulterait pour chaque point de cette portion, est en quelque sorte la température moyenne. Si l'on supposait que la tranche placée à l'origine fût retenue pendant un temps infini à la température constante f, toutes les autres tranches acquerraient des températures fixes dont l'expression générale est $fe^{-x\sqrt{\frac{2H}{Kg}}}$, en désignant par x la distance de la tranche. Ces températures fixes représentées par les ordonnées d'une logarithmique sont extrêmement petites, lorsque la distance est un peu considérable ; elles décroissent, comme on le sait, très-rapidement à mesure que l'on s'éloigne de l'origine. Or l'équation (δ) fait voir que ces températures fixes, qui sont les plus hautes, que chaque point puisse acquérir, surpassent beaucoup les plus hautes températures qui se succèdent pendant la diffusion de la chaleur. Pour déterminer ce dernier maximum, il faut calculer la valeur du maximum fixe, la multiplier par le nombre constant $\left(\dfrac{2\,H}{K\,g}\right)^{\frac{1}{4}}\dfrac{1}{\sqrt{2\,\pi}}$, et diviser par la racine quarrée de la distance x.

Ainsi les plus hautes températures se succèdent dans toute l'étendue de la ligne, comme les ordonnées d'une logarithmique divisées par les racines quarrées des abscisses, et le mouvement de l'onde est uniforme. C'est suivant cette loi générale que la chaleur réunie un un seul point se propage dans le sens de la longueur du solide.

391.

Si l'on regardait comme nulle la conducibilité de la surface extérieure du prisme, ou si la conducibilité X ou l'épaisseur $2\,g$ étaient supposées infinies, on obtiendrait des résultats très-différents. On omettrait alors le terme $\dfrac{2\,H}{K\,g}\,x^2$, et l'on aurait

$$ V = \frac{f}{2\sqrt{e}\,.\,\sqrt{\pi}} \cdot \frac{1}{x}, \quad \text{et} \quad \frac{K\,\theta}{C\,.\,D} = \frac{1}{2}\,x^2. $$

Dans ce cas la valeur du maximum est en raison inverse de

la distance. Ainsi le mouvement de l'onde ne serait point uniforme. Il faut remarquer que cette hypothèse est purement théorique, et que si la conducibilité H n'est pas nulle, mais seulement une quantité extrêmement petite, la vîtesse de l'onde n'est point variable dans les parties du prisme qui sont très-éloignées de l'origine. En effet, quelque petite que soit la valeur de H, si cette valeur est donnée ainsi que celles de K et g, et si l'on suppose que la distance x augmente sans limite, le terme $\frac{2\,H}{K\,g}\,x^2$ deviendra toujours beaucoup plus grand que $\frac{1}{4}$. Les distances peuvent d'abord être assez petites pour que ce terme $\frac{2\,H}{K\,g}\,x^2$ doive être conservé seul sous le radical. Alors les temps sont proportionnels aux quarrés des distances : mais à mesure que la chaleur s'écoule dans le sens de la longueur infinie, la loi de la propagation s'altère, et les temps deviennent proportionnels aux distances. La loi initiale, c'est-à-dire celle qui se rapporte aux points extrêmement voisins du foyer, diffère beaucoup de la loi finale qui s'établit dans les parties très-éloignées, et jusqu'à l'infini : mais, dans les portions intermédiaires, les plus hautes températures se succèdent suivant une loi mixte, exprimée par les deux équations précédentes (D) et (C).

392.

Il nous reste à déterminer les plus hautes températures pour le cas où la chaleur se propage à l'infini, et en tout sens dans la matière solide. Cette recherche ne présente aucune difficulté d'après les principes que nous avons établis.

Lorsqu'une portion déterminée d'un solide infini a été échauffée, et que toutes les autres parties de la masse ont la température initiale o, la chaleur se propage dans tous les sens, et après un certain temps l'état du solide est le même que si elle avait été primitivement réunie dans un seul point à l'origine des coordonnées. Le temps qui doit s'écouler pour que ce dernier effet ait lieu est extrêmement grand, lorsque les points de la masse sont très-éloignés de l'origine. Chacun de ces derniers points qui avait d'abord la température o s'échauffe insensiblement; sa température acquiert ensuite la plus grande valeur qu'elle puisse recevoir; et elle finit par diminuer de plus en plus, jusqu'à ce qu'il ne reste dans la masse aucune chaleur sensible. L'état variable est en général représenté par l'équation.

$$v = \int da \int db \int dc \cdot \frac{e^{\frac{-(a-x)^2}{4t}}}{2\sqrt{\pi}\sqrt{t}} \cdot \frac{e^{\frac{-(b-y)^2}{4t}}}{2\sqrt{\pi}\sqrt{t}} \cdot \frac{e^{\frac{-(c-z)^2}{4t}}}{2\sqrt{\pi}\sqrt{t}} \cdot f(a,b,c) \quad \text{(E)}$$

les intégrales doivent être prises entre les limites

$$a = -a_1, \ a = a_2, \ b = -b_1, \ b = b_2, \ c = -c_1, \ c = c_2.$$

Les limites $-a_1$, $+a_2$, $-b_1$, $+b_2$, $-c_1$, $+c_2$, sont données; elles comprennent toute la portion du solide qui a été primitivement échauffée. La fonction $f(a, b, c)$ est aussi donnée. Elle exprime la température initiale d'un point dont les coordonnées sont a, b, c. Les intégrations définies font disparaître les variables a, b, c, et il reste pour v une fonction de x, y, z, t, et des constantes. Pour déterminer le temps θ qui répond au maximum de v, en un point m donné, il faut tirer de l'équation précédente la valeur de $\frac{dv}{dt}$, on formera ainsi une équation qui contient θ et les coordonnées du point m. On en pourra donc déduire la valeur de θ. Si l'on substitue ensuite cette valeur de θ au lieu de t dans l'équation (E), on connaîtra la valeur de la plus haute température V exprimée en x, y, z et en constantes.

On écrira au lieu de l'équation (E)

$$v = \int d\, a \int db \int dc \; P \cdot f(a, b, c),$$

en désignant par P le produit des trois fonctions semblables, on aura ensuite

$$\frac{dv}{dt} = -\frac{3}{2} \cdot \frac{1}{t} v + \int d\, a \int d\, b \int dc \left(\frac{(a-x)^2 + (h-y)^2 + (c-z)^2}{4t^2} \right) P.f(a, b, c). \qquad (e)$$

393.

Il faut maintenant appliquer cette dernière expression aux points du solide qui sont très-éloignés de l'origine. Un point quelconque de la portion qui contient la chaleur initiale, a pour coordonnées les variables a, b, c, et le point m, dont on veut déterminer la température, a pour coordonnées x, y, z. Le quarré de la distance de ces deux points est $(a-x)^2 + (b-y)^2 + (c-z)^2$; et cette quantité entre comme facteur dans le second terme de $\frac{dv}{dt}$. Or le point m étant très-éloigné de l'origine, il est évident que sa distance Δ à un point quelconque de la portion échauffée, se confond avec la distance D de ce même point à l'origine; c'est-à-dire que le point m s'éloignant de plus en plus du foyer primitif qui contient l'origine des coordonnées, la dernière raison des distances D et Δ est 1.

Il suit de là que dans l'équation (e) qui donne la valeur

64

de $\frac{dv}{dt}$ il faut remplacer le facteur $(a-x)^2+(b-y)^2+(c-z)^2$ par $x^2+y^2+z^2$, ou r^2 en désignant par r la distance du point m à l'origine. On aura donc

$$\frac{dv}{dt}=-\frac{3}{2}\cdot\frac{1}{t}v+\frac{r^2}{4t^2}\int da\int db\int dc\ \mathrm{P}\ f(a,b,c),$$

ou $\qquad \frac{dv}{dt}=v\left(\frac{r^2}{4t^2}-\frac{3}{2t}\right)\cdot$

Si l'on met pour v sa valeur, et si l'on remplace t par $\frac{Kt}{C.D}$, afin de rétablir le coëfficient $\frac{K}{C.D}$, que l'on avait supposé égal à 1, on aura

$$\frac{dv}{dt}=\left\{\frac{r^2}{4\left(\frac{K}{C.D}t\right)^2}\frac{-3}{2\frac{K}{C.D}t}\right\}\int da\int db\int dc\ e^{-\left((a-x)^2+(b-y)^2+(c-z)^2\right)\frac{1}{4\frac{K}{C.D}}t}\frac{}{2^3\pi^{\frac{3}{2}}\left(\frac{K}{C.D}\right)^{\frac{3}{2}}}f(a,b,c).$$

3g4.

Ce résultat ne convient qu'aux points du solide dont la distance à l'origine est très-grande par rapport à la plus grande dimension du foyer. Il faut toujours remarquer avec soin qu'il ne s'ensuit pas de cette condition que l'on puisse omettre les variables a, b, c sous le signe exponentiel. On doit seulement les omettre hors de ce signe. Si l'on ne faisait point cette distinction on pourrait commettre une erreur considérable. En effet, le terme qui entre sous les signes d'intégration, et qui multiplie $f(a,b,c)$ est le produit de plusieurs facteurs, tels que

$$e^{4\frac{K}{C.D}t^{-a^2}}, \quad e^{4\frac{K}{C.D}t^{2\,a\,x}}, \quad e^{4\cdot\frac{K}{C.D}t^{-x^2}}.$$

Or il ne suffit pas que le rapport $\frac{x}{a}$ soit toujours un très-grand nombre pour que l'on puisse supprimer les deux premiers facteurs; par exemple : si l'on suppose a égal à un décimètre, et x égale à dix mètres, et si la substance dans laquelle la chaleur se propage est le fer, on voit qu'après neuf ou dix heures écoulées, le facteur

$$e^{4\frac{K}{C.D}t^{2\,a\,x}}$$

est encore plus grand que 2; donc, en le supprimant, on s'exposerait à réduire le résultat cherché à la moitié de sa valeur. Ainsi la valeur de $\frac{d\,v}{d\,t}$ telle qu'elle convient aux points très-éloignés de l'origine, et pour un temps quelconque, doit être exprimée par l'équation (α); mais il n'en est pas de même, si l'on ne considère que des valeurs du temps extrêmement grandes, et qui croissent proportionnellement au quarré des distances. Il faut d'après cette condition omettre sous le signe exponentiel même, les termes qui contiennent a, ou b, ou c. Or la condition a lieu lorsqu'on veut déterminer la plus haute température qu'un point éloigné puisse acquérir, comme nous allons le prouver.

3g5.

En effet la valeur de $\frac{d\,v}{d\,t}$ doit être nulle dans le cas dont il s'agit; on aura donc

$$\frac{r^2}{4\,\dfrac{\mathrm{K}}{\mathrm{C.D}}\,t^2} - \frac{3}{2\,\dfrac{\mathrm{K}}{\mathrm{C.D}}\,t} = 0 \quad \text{ou} \quad \frac{\mathrm{K}}{\mathrm{C.D}}\,t = \frac{1}{6}\,r^2.$$

Ainsi le temps qui doit s'écouler pour qu'un point très-éloigné acquierre sa plus haute température est proportionnel au quarré de la distance de ce point à l'origine.

Si dans l'expression de v on remplace le dénominateur $4\,\dfrac{\mathrm{K}}{\mathrm{C.D}}\,t$ par sa valeur $\frac{2}{3}\,r^2$ l'exposant de e^{-1} qui est

$$\frac{(a-x)^2 + (b-y)^2 + (c-z)^2}{\frac{2}{3}\,r^2}$$

peut se réduire à $\frac{3}{2}$ parce que les facteurs que l'on omet se confondent avec l'unité.

On trouve par conséquent

$$v = \left(\frac{3}{2\pi e}\right)^{\frac{3}{2}} \cdot \frac{1}{r^3} \int da \int db \int dc \; f(a, b, c).$$

L'intégrale $\int da \int db \int dc\; f(a, b, c)$ représente la quantité de chaleur initiale; le volume de la sphère dont le rayon est r est $\frac{4}{3}\pi\, r^3$, en sorte qu'en désignant par f la température que recevrait chaque molécule de cette sphère, si l'on distribuait également entre ses parties toute la chaleur initiale, on aura $v = f\sqrt{\dfrac{6}{\pi e^3}}.$

Les résultats que nous avons exposés dans ce chapitre font connaître suivant quelle loi la chaleur contenue dans

une portion déterminée d'un solide infini pénètre progressivement toutes les autres parties dont la température initiale était nulle. Cette question est résolue par une analyse
plus simple que celle des chapitres précédents, parce qu'en
attribuant au solide des dimensions infinies, on fait disparaître les conditions relatives à la surface, et que la principale difficulté consiste dans l'emploi de ces mêmes condi-
tious. Les conséquences générales du mouvement de la
chaleur dans une masse solide non terminée sont très-remarquables, parce que le mouvement n'est point troublé par
l'obstacle des surfaces. Il s'accomplit librement, en vertu des
propriétés naturelles de la chaleur. Cette analyse est, à proprement parler, celle de l'irradiation de la chaleur dans la
matière solide.

SECTION IV.

Comparaison des intégrales.

396.

L'intégrale de l'équation de la propagation de la chaleur
se présente sous différentes formes qu'il est nécessaire de
comparer. Il est facile, comme on le voit dans la section
deuxième de ce chapitre, pages 471 et 478, de ramener le
cas des trois dimensions à celui du mouvement linéaire ; il
suffit donc d'intégrer l'équation

$$\frac{dv}{dt} = \frac{K}{C.D} \cdot \frac{d^2 v}{dx^2},$$

ou celle-ci :

$$\frac{dv}{dt} = \frac{d^2 v}{dx^2}. \quad (a)$$

Pour déduire de cette équation différentielle les lois de la propagation de la chaleur dans un corps d'une figure déterminée, par exemple, dans une armille, il était nécessaire de connaître l'intégrale, et de l'obtenir sous une certaine forme propre à la question, et qui ne pourrait être suppléée par aucune autre. Cette intégrale a été donnée pour la première fois dans notre Mémoire remis à l'Institut de France le 21 décembre 1807 (page 124, art. 84) : elle consiste dans l'équation suivante, qui exprime le système variable des températures d'un anneau solide :

$$v = \frac{1}{2\pi R} \sum \int d\alpha . F\alpha\, e^{-i^2 \cdot \frac{t}{R^2}} \cos\left(i \cdot \frac{x-\alpha}{R}\right). \quad (\alpha)$$

R est le rayon de la circonférence moyenne de l'armille; l'intégrale $\int$, par rapport à α, doit être prise depuis $\alpha = 0$ jusqu'à $\alpha = 2\pi R$, ou, ce qui donne le même résultat, depuis $\alpha = -\pi R$ jusqu'à $\alpha = \pi R$. i est un nombre entier quelconque, et la somme $\sum$ doit être prise depuis $i = -\frac{1}{0}$ jusqu'à $i = +\frac{1}{0}$. v désigne la température que l'on observerait après le temps écoulé t, en chaque point d'une section séparée par l'arc x de celle qui est à l'origine. On représente par $v = Fx$ la température initiale d'un point quelconque de l'anneau. Il faut donner à i les valeurs successives

$$0, +1, +2, +3, +4\ldots \text{ etc.}, \text{ et } -1, -2, -3, -4\ldots \text{ etc.}$$

et au lieu de cos. $i\left(\dfrac{x-\alpha}{R},\right)$ écrire

$$\cos.\left(i.\frac{x}{R}\right).\cos.\left(i.\frac{\alpha}{R}\right) + \sin.\left(i.\frac{x}{R}\right).\sin.\left(i.\frac{\alpha}{R}\right).$$

On obtient ainsi tous les termes de la valeur de v. Telle est la forme sous laquelle doit être mise l'intégrale de l'équation (a), pour exprimer le mouvement variable de la chaleur dans une armille (chap. IV, page 272). On considère le cas où la forme et l'étendue de·la section génératrice de l'armille sont telles, que les points d'une même section conservent des températures sensiblement égales. On suppose aussi qu'il ne se fait à la superficie de l'anneau aucune déperdition de la chaleur.

397.

L'équation (α) s'appliquant à toutes les valeurs de R, on y peut supposer R infini ; elle donne dans ce cas la solution de la question suivante : L'état initial d'un prisme solide d'une petite épaisseur et d'une longueur infinie, étant connu et exprimé par $v = Fx$, déterminer tous les états subséquents. On considère le rayon R comme contenant un nombre n de fois le rayon 1 des tables trigonométriques. Désignant par q une variable qui devient successivement dq,

$2dq$, $3dq$, ... idq ... etc., le nombre infini n sera exprimé par $\frac{1}{dq}$, et le nombre variable i par $\frac{q}{dq}$. Faisant ces substitutions, on trouve

$$v = \frac{1}{2\pi} \Sigma dq \int d\alpha\, F\alpha\, e^{-q^2 t} . \cos.(qx - q\alpha).$$

Les termes qui entrent sous le signe Σ sont des quantités différentielles, en sorte que ce signe devient celui d'une intégrale définie ; et l'on a

$$v = \frac{1}{2\pi} \int_{-\infty}^{+\infty} d\alpha\, F\alpha \int_{-\infty}^{+\infty} dq\, e^{-q^2 t} . \cos.(qx - q\alpha). \qquad (\beta)$$

Cette équation est une seconde forme de l'intégrale de l'équation (a) ; elle exprime le mouvement linéaire de la chaleur dans un prisme d'une longueur infinie (chap. VII, page 441). Elle est une conséquence évidente de la première intégrale (α).

398.

On peut, dans l'équation (β), effectuer l'intégration définie par rapport à q : car on a, selon un lemme connu, et que l'on a démontré précédemment (art. 375),

$$\int_{-\infty}^{+\infty} dz\, e^{-z^2} \cos. 2hz = e^{-h^2} \sqrt{\pi}.$$

Faisant donc $z^2 = q^2 t$, on trouvera

$$\int\limits_{-\infty}^{+\infty} dq\, e^{-q^2 t} \cos.(qx - q\alpha) = \frac{\sqrt{\pi}}{\sqrt{t}} e^{-\left(\frac{\alpha - x}{2\sqrt{t}}\right)^2} ;$$

donc l'intégrale (β) de l'article précédent devient

$$v = \int\limits_{-\infty}^{+\infty} \frac{d\alpha.\mathrm{F}\alpha}{2\sqrt{\pi}\sqrt{t}}.e^{-\left(\frac{\alpha - x}{2\sqrt{t}}\right)^2} \qquad (\gamma)$$

Si l'on emploie au lieu de x une autre indéterminée β, en faisant $\frac{x - \alpha}{2\sqrt{t}} = \beta$, on trouve

$$v = \frac{1}{\sqrt{\pi}} \int d\beta\, e^{-\beta^2} . \mathrm{F}(\alpha + 2\beta\sqrt{t}). \qquad (\delta)$$

Cette forme (δ) de l'intégrale de l'équation (a) a été donnée par M. Laplace, dans le tome VIII des *Mémoires de l'École polytechnique*. Ce grand géomètre est parvenu à ce résultat en considérant la série infinie qui représente l'intégrale.

Chacune des équations (β), (γ), (δ), exprime la diffusion linéaire de la chaleur dans un prisme d'une longueur infinie. Il est évident que ce sont trois formes d'une même intégrale, et qu'aucune ne peut être considérée comme plus générale que les autres. Chacune d'elles est contenue dans l'intégrale (α) dont elle dérive en donnant à R une valeur infinie.

399.

Il est facile de développer la valeur de v déduite de l'équa-

tion (a) en séries ordonnées suivant les puissances croissantes de l'une ou l'autre variable. Ces développements se
présentent d'eux-mêmes, et nous pourrions nous dispenser
de les rapporter; mais ils donnent lieu à des remarques utiles
pour la recherche des intégrales. En désignant par φ', φ'',
φ''', etc., les fonctions $\dfrac{d}{dx}\varphi x$, $\dfrac{d^2}{dx^2}\varphi x$, $\dfrac{d^3}{dx^3}\varphi x$, etc., on a

$$\frac{dv}{dt} = v'', \qquad \text{et} \qquad v = c + \int dt\, v'' :$$

la constante représente ici une fonction quelconque de x.
En mettant pour v'' sa valeur $c'' + \int dt\, v^{iv}$, et continuant
toujours des substitutions semblables, on trouve

$$v = c + \int dt\,.\,v''$$
$$= c + \int dt\left(c'' + \int dt\,.\,v^{iv}\right)$$
$$= c + \int dt\left(c'' + \int dt\left(c'' + \int dt\, v^{vi}\right)\right),$$

ou

$$v = c + tc'' + \frac{t^2}{2}c^{iv} + \frac{t^4}{2.3.4}c^{vi} + \frac{t^6}{2.3.4.5.6}c^{viii} + \text{etc.} \qquad \text{(T)}$$

Dans cette série, c désigne une fonction arbitraire en x. Si
l'on veut ordonner le développement de la valeur de v,
selon les puissances ascendantes de x, on écrira

$$\frac{d^2 v}{dx^2} = \frac{dv}{dt},$$

et, désignant par $\varphi_{\prime}$, $\varphi_{\prime\prime}$, $\varphi_{\prime\prime\prime}$, etc., les fonctions

$$\frac{d}{dt}\varphi, \quad \frac{d^2}{dt^2}\varphi, \quad \frac{d^3}{dt^3}\varphi, \quad \text{etc.,}$$

on aura d'abord $v = a + bx + \int dx \int dx\, v$; a et b représentent ici deux fonctions quelconques de t. On mettra ensuite pour $v_\prime$ sa valeur $a_\prime + b_\prime x + \int dx \int dx\, v_{\prime\prime}$; et, pour $v_{\prime\prime}$, sa valeur $a_{\prime\prime} + b_{\prime\prime} x + \int dx \int dx\, v_{\prime\prime\prime}$, et ainsi de suite. On trouvera, par ces substitutions continuées,

$$v = a + bx + \int dx \int dx\, v_\prime$$

$$= a + bx + \int dx \int dx \left(a_\prime + b_\prime + \int dx \int dx\, v_{\prime\prime} \right)$$

$$= a + bx + \int dx \int dx \left(a_\prime + b_\prime x + \int dx \int dx \left(a_{\prime\prime} + b_{\prime\prime} x + \int dx \int dx\, v_{\prime\prime\prime} \right) \right),$$

ou $v = a + \dfrac{x^2}{2} a_\prime + \dfrac{x^4}{2.3.4} a_{\prime\prime} + \dfrac{x^6}{2.3.4.5.6} a_{\prime\prime\prime} + \text{etc.}$

$$+ xb + \frac{x^3}{2.3} b_\prime + \frac{x^5}{2.3.4.5} b_{\prime\prime} + \frac{x^7}{2.3.4.5.6.7} b_{\prime\prime\prime} + \text{etc.} \quad (X)$$

Dans cette série, a et b désignent deux fonctions arbitraires de t.

Si dans cette série donnée par l'équation (X) on met, au lieu de a et b, deux fonctions φt et ψt, et qu'on les développe selon les puissances ascendantes de t, en ordonnant le résultat total par rapport à ces mêmes puissances de t, on ne trouve qu'une seule fonction arbitraire de x, au lieu des deux fonctions a et b. On doit cette remarque à M. Poisson, qui l'a donnée dans le tome VI des *Mémoires de l'École polytechnique*, pag. 110.

Réciproquement, si dans la série exprimée par l'équation (T) on développe la fonction c selon les puissances de x, en ordonnant le résultat par rapport à ces mêmes puissances de x, les coëfficients de ces puissances se trouvent formés de deux fonctions entièrement arbitraires de t; ce que l'on peut aisément vérifier en faisant le calcul.

400.

La valeur de v, développée selon les puissances de t, ne doit en effet contenir qu'une fonction arbitraire en x : car l'équation différentielle (a) montre clairement que, si l'on connaissait en fonction de x la valeur de v, qui répond à $t = 0$, les autres valeurs de cette fonction v, qui répondent aux valeurs subséquentes de t, seraient par cela même déterminées.

Il n'est pas moins évident que la fonction v, étant développée selon les puissances ascendantes de x, doit contenir deux fonctions entièrement arbitraires de la variable t. En effet, l'équation différentielle $\frac{d^2 v}{d x^2} = \frac{dv}{dt}$ montre que, si l'on connaissait en fonction de t la valeur de v, qui répond à une valeur déterminée de x, on ne pourrait pas en conclure les valeurs de v qui répondent à toutes les autres valeurs de x. Il faudrait, de plus, que l'on donnât en fonction de t la valeur de v qui répond à une seconde valeur de x, par exemple à celle qui est infiniment voisine de la première. Alors tous les autres états de la fonction v, c'est-à-dire ceux qui répondent à toutes les autres valeurs de x, seraient déterminés. L'équation différentielle (a) appartient à une surface courbe, l'ordonnée verticale d'un point quelconque étant v, et les deux coordonnées horizontales étant x et t.

Il suit évidemment de cette équation (a) que la forme de la surface est déterminée, lorsqu'on donne la figure de la section verticale dans le plan qui passe par l'axe des x; et cela résulte aussi de la nature physique de la question : car il est manifeste que, l'état initial du prisme étant donné, tous les états subséquents sont déterminés. Mais on ne pourrait pas construire la surface, si elle était seulement assujettie à passer par une courbe tracée sur le premier plan vertical des t et des v. Il faudrait de plus connaître la courbe tracée sur un second plan vertical parallèle au premier, et que l'on peut supposer extrêmement voisin. Les mêmes remarques s'appliquent à toutes les équations aux différences partielles, et l'on voit que l'ordre de l'équation ne détermine point pour tous les cas le nombre des fonctions arbitraires.

401.

La série (T) de l'art. 399, qui dérive de l'équation

$$\frac{dv}{dt} = \frac{d^2v}{dx^2}, \qquad (a)$$

peut être mise sous cette forme $v = e^{+tD^2}.\varphi x$. On développera l'exponentielle selon les puissances de D, et l'on écrira $\dfrac{d^i}{dx^i}$ au lieu de D^i, en considérant i comme indice de différentiation. On aura ainsi

$$v = \varphi x + t\frac{d^2}{dx^2}\varphi x + \frac{t^2}{2}\frac{d^4}{dx^4}\varphi x + \frac{t^3}{2.3}\frac{d^6}{dx^6}. \varphi x + \text{etc.}$$

Suivant la même notation, la première partie de la série (X) (art. 399), qui ne contient que des puissances paires de x, sera exprimée sous cette forme : $\cos.(x\sqrt{-D})\varphi t$. On développera selon les puissances de x, et l'on écrira $\dfrac{d^i}{dt^i}$ au lieu

de D^i, en considérant i comme indice de différentiation. La seconde partie de la série (X) se déduit de la première, en intégrant par rapport à x, et changeant la fonction φt en une autre fonction arbitraire ψt. On a donc

$$v = \cos.(x\sqrt{-D}) + W,$$

et
$$W = \psi t.\int_0^x dx\cos.(x\sqrt{-D}).$$

Ces notations abrégées et connues dérivent des analogies qui subsistent entre les intégrales et les puissances. Quant à l'usage que nous en faisons ici, il a pour objet d'exprimer les séries, et de les vérifier sans aucun développement. Il suffit de différentier sous les signes que cette notation emploie. Par exemple, de l'équation $v = e^{tD^2}\varphi x$, on déduit, en différentiant par rapport à t seulement,

$$\frac{dv}{dt} = D^2.e^{tD^2}\varphi x = D^2 v = \frac{d^2}{dx^2}.\varphi\,;$$

ce qui montre immédiatement que la série satisfait à l'équation différentielle (a). Pareillement, si l'on considère la première partie de la série (X), en écrivant

$$v = \cos.(x\sqrt{-D})\,\varphi t,$$

on aura, en différentiant deux fois par rapport à x seulement,

$$\frac{d^2 v}{dx^2} = D.\cos.(x\sqrt{-D})\,\varphi t = Dv = \frac{dv}{dt}.$$

Donc cette valeur de v satisfait à l'équation différentielle (a).

On trouvera, de la même manière, que l'équation différentielle

$$\frac{d^2 v}{dx^2} + \frac{d^2 v}{dy^2} = 0 \qquad (b)$$

donne pour l'expression de v, en série développée selon
les puissances croissantes de y,

$$v = \cos.(yD)\varphi x.$$

Il faut développer par rapport à y, et écrire $\frac{d}{dx}$, au lieu
de D. En effet, on déduit de cette valeur de v,

$$\frac{d^2 v}{dy^2} = -D^2 \cos.(yD)\varphi x = -D^2 v = -\frac{d^2}{dx^2}v.$$

La valeur sin.$(yD)\psi x$ satisfait aussi à l'équation différentielle : donc la valeur générale de v est

$$v = \cos.(yD)\varphi x + W \qquad \text{et} \qquad W = \sin.(yD)\psi x.$$

$$402.$$

Si l'équation différentielle proposée est

$$\frac{d^2 v}{dt^2} = \frac{d^2 v}{dx^2} + \frac{d^2 v}{dy^2}, \qquad (c)$$

et que l'on veuille exprimer v en série ordonnée selon les
puissances de t, on désignera par Dφ la fonction

$$\frac{d^2}{dx^2}\varphi + \frac{d^2}{dy^2}\varphi;$$

et l'équation étant $\frac{d^2 v}{dt^2} = Dv$, on aura

$$v = \cos.(t\sqrt{-D})\varphi(x, y).$$

En effet, on en conclut

$$\frac{d^2 v}{dt^2} = Dv = \frac{d^2 v}{dx^2} + \frac{d^2 v}{dy^2}.$$

Il faut développer la valeur précédente de v selon les puissances de t, écrire $\left(\dfrac{d^2}{dx^2} + \dfrac{d^2}{dy^2}\right)^i$, au lieu de D^i, et regarder ensuite i comme indice de différentiation.

La valeur suivante $\int dt \cos.(t\sqrt{-D})\,\psi(x,y)$ satisfait à la même condition : ainsi la valeur la plus générale de v est

$$v = \cos.(t\sqrt{-D})\,\varphi(x,y) + W$$

et $$W = \int dt \cos.(t\sqrt{-D}).\psi(x,y).$$

v est une fonction $f(x,y,t)$ de trois variables. Si l'on fait $t = 0$, on a $f(x,y,0) = \varphi(x,y)$; et, désignant $\dfrac{d}{dt}f(x,y,t)$ par $f'(x,y,t)$, on aura $f'(x,y,0) = \psi(x,y)$.

Si l'équation proposée est

$$\frac{d^2 v}{dt^2} + \frac{d^4 v}{dx^4} = 0, \qquad (d)$$

la valeur de v en série ordonnée selon les puissances de t sera $v = \cos.(tD^2)\varphi(x,y)$, en désignant $\dfrac{d^2}{dx^2}$ par D : car on en déduit

$$\frac{d^2 v}{dt^2} = -D^4 v = -\frac{d^4}{dy^4} v.$$

La valeur générale de v, qui ne peut contenir que deux fonctions arbitraires de x et y, est donc

$$v = \cos.(tD^2).\varphi(x,y) + W$$

et $$W = \int_0^t dt \cos.(tD^2).\psi(x,y).$$

Désignant v par $f(x,y,t)$, et $\dfrac{dv}{dt}$ par $f'(x,y,t)$, on a, pour déterminer les deux fonctions arbitraires,

$$\varphi(x,y) = f(x,y,0), \qquad \text{et} \quad \psi(x,y) = f'(x,y,0).$$

403.

Si l'équation différentielle proposée est

$$\frac{d^2 v}{d t^2} + \frac{d^4 v}{d x^4} + 2\frac{d^4 v}{d x^2 d y^2} + \frac{d^4 v}{d y^4} = 0, \qquad (e)$$

on désignera par $D\varphi$ la fonction $\frac{d^2.\varphi}{d x^2} + \frac{d^2.\varphi}{dy^2}$, en sorte que $DD\varphi$ ou $D^2\varphi$ se formera en élevant le binome $\frac{d^2}{d x^2} + \frac{d^2}{d y^2}$ au quarré, et regardant les exposants comme indices de différentiation. L'équation (e) deviendra donc $\frac{d^2 v}{d t^2} + D^2 v = 0$; et la valeur de v, ordonnée selon les puissances de t, sera cos. $(t D)\varphi(x, y)$: car on en tire

$$\frac{d^2 v}{d t^2} = -D^2 v, \quad \text{ou} \quad \frac{d^2 v}{d t^2} + \frac{d^4 v}{d x^4} + 2\frac{d^4 v}{d x^2 d y^2} + \frac{d^4 v}{d y^4} = 0.$$

La valeur la plus générale de v ne pouvant contenir que deux fonctions arbitraires en x et y, ce qui est une conséquence évidente de la forme de l'équation, cette valeur v sera ainsi exprimée :

$$v = \text{cos. } (t D)\, \varphi\, (x, y) + \int dt \text{ cos. } (t D)\, \psi\, (x, y).$$

Les fonctions φ et ψ sont déterminées comme il suit, en désignant la fonction v par $f(x, y, t)$, et $\frac{d}{dt} f(x, y, t)$ par $f_{,}(x, y, t)$,

$$\varphi(x, y) = f(x, y, 0), \quad \psi(x, y) = f_{,}(x, y, 0).$$

Enfin, soit l'équation différentielle proposée,

$$\frac{d v}{d t} = a\frac{d^2 v}{d x^2} + b\frac{d^4 v}{d x^4} + c\frac{d^6 v}{d x^6} + d\frac{d^8 v}{d x^8} + \text{etc.}, \qquad (f)$$

les coëfficients a, b, c, d sont des nombres connus, et l'ordre de l'équation est indéfini.

66

La valeur la plus générale de v ne peut pas contenir plus d'une fonction arbitraire en x : car il est évident, par la forme même de l'équation, que si l'on connaissait en fonction de x la valeur de v qui répond à $t = o$, toutes les autres valeurs de v, qui répondent aux valeurs successives de t, seraient déterminées. On aura donc, pour exprimer v, l'équation $v = e^{t\mathrm{D}}.\varphi x$.

On désigne par $\mathrm{D}\varphi$ l'expression

$$a\frac{d^2\varphi}{dx^2} + b\frac{d^4\varphi}{dx^4} + c\frac{d\varphi}{dx^6} + \text{etc.} ;$$

c'est-à-dire que, pour former la valeur de v, il faudrait développer, selon les puissances de t, la quantité

$$e^{t(a\alpha^2 + b\alpha^4 + c\alpha^6 + d\alpha^8 + \text{etc.})},$$

et écrire ensuite $\frac{d}{dx}$ au lieu de α, en considérant les exposants de α comme des indices de différentiation. En effet, cette valeur de v étant différentiée par rapport à t seulement, on a

$$\frac{dv}{dt} = \mathrm{D}\, e^{t\mathrm{D}}\varphi x = \mathrm{D}\,v = a\frac{d^2v}{dx^2} + b\frac{d^4v}{dx^4} + c\frac{d^6v}{dx^6} + \text{etc.}$$

Il serait inutile de multiplier ces applications d'un même procédé. Pour les équations très-simples, on peut se dispenser des expressions abrégées ; mais, en général, elles suppléent à des calculs très-composés. Nous avons choisi pour exemple les équations précédentes, parce qu'elles se rapportent toutes à des phénomènes physiques dont l'expression analytique est analogue à celle du mouvement de la chaleur. Les deux premières, (a) et (b), appartiennent à la théorie de la chaleur; et les trois suivantes, (c), (d), (e), à des questions dynamiques; la dernière, (f), exprime ce que serait le mouvement de la chaleur dans les corps solides, si la transmission instantanée n'était pas bornée à une distance extrêmement petite. On a un exemple de ce genre de question dans le mouvement de la chaleur lumineuse qui pénètre les milieux diaphanes.

404.

On peut obtenir par divers moyens les intégrales de ces mêmes équations. Nous indiquerons en premier lieu celui qui résulte de l'usage du théorème énoncé dans l'art. 361, pag. 449, et que nous allons rappeler.

Si l'on considère l'expression

$$\int_{-\infty}^{+\infty} d\alpha \, \varphi\alpha \int_{-\infty}^{+\infty} dp \, \cos.(px - p\alpha), \qquad (a)$$

on voit qu'elle représente une fonction de x : car les deux intégrations définies par rapport à α et p font disparaître ces variables, et il reste une fonction de x. La nature de cette fonction dépendra évidemment de celle que l'on aura choisie pour $\varphi\alpha$. On peut demander quelle doit être la fonction de $\varphi\alpha$, pour qu'après les deux intégrations définies on obtienne une fonction donnée fx. En général, la recherche des intégrales propres à exprimer divers phénomènes physiques, se réduit à des questions semblables à la précédente. Ces questions ont pour objet de déterminer les fonctions arbitraires sous les signes d'intégration définie, en sorte que le résultat de cette intégration soit une fonction donnée. Il est facile de voir, par exemple, que l'intégrale générale de l'équation

$$\frac{dv}{dt} = a\frac{d^2v}{dx^2} + b\frac{d^4v}{dx^4} + c\frac{d^6v}{dx^6} + d\frac{d^8v}{dx^8} + \text{etc.} \qquad (f)$$

66.

serait connue si, dans l'expression précédente (a), on pouvait déterminer $\varphi\alpha$, en sorte que le résultat de l'équation fût une fonction donnée fx. En effet, on forme immédiatement une valeur particulière de v, ainsi exprimée,

$$v = e^{-m^2 t} \cos. px,$$

et l'on trouve cette condition :

$$m = ap^2 + bp^4 + cp^6 + \text{etc.}$$

On pourra donc prendre aussi

$$v = e^{-mt} \cos. (px - p\alpha),$$

en donnant à la constante α une valeur quelconque. On aura pareillement

$$v = \int d\alpha\, \varphi\alpha \int dp\, e^{-t\,(ap^2 + bp^4 + cp^6 + \text{etc.})} . \cos. (px - p\alpha).$$

Il est évident que cette valeur de v satisfait à l'équation différentielle (f); elle n'est autre chose qu'une somme de valeurs particulières. De plus, supposant $t = o$, on doit trouver pour v une fonction arbitraire de x. Désignant cette fonction par $f(x)$, on a

$$fx = \int d\alpha\, \varphi\alpha \int dp\, \cos. (px - p\alpha).$$

Or il résulte de la forme de l'équation (f), que la valeur la plus générale de v ne peut contenir qu'une seule fonction arbitraire en x. En effet, cette équation montre clairement que si l'on connaît en fonction de x la valeur de v pour une valeur donnée du temps t, toutes les autres valeurs de v qui correspondent aux autres valeurs du temps, sont nécessairement déterminées. Il s'ensuit rigoureusement que si l'on connaît en fonction de t et de x une valeur de v qui satisfasse à l'équation différentielle ; et si, de plus, en y faisant $t = 0$, cette fonction de x et t devient une fonction entièrement arbitraire de x, la fonction de x et t dont il s'agit est l'intégrale générale de l'équation (f). Toute la question est donc réduite à déterminer dans l'équation la fonction $\varphi \alpha$, en sorte que le résultat des deux intégrations soit une fonction donnée fx. Il est seulement nécessaire, pour que la solution soit générale, que l'on puisse prendre pour fx une fonction entièrement arbitraire et même discontinue. Il ne s'agit donc que de connaître la relation qui doit toujours exister entre la fonction donnée fx et la fonction inconnue $\varphi \alpha$. Or cette relation très-simple est exprimée par le théorème dont nous parlons. Elle consiste en ce que les intégrales étant prises entre des limites infinies, la fonction $\varphi \alpha$ est $\frac{1}{2\pi} fa$; c'est-à-dire qu'on a l'équation

$$ fx = \frac{1}{2\pi} \int_{-\infty}^{+\infty} d\alpha \, \varphi \alpha \int_{-\infty}^{+\infty} dp \, \cos. (px - p\alpha). \qquad (B) $$

On en conclut, pour l'intégrale générale de la proposée (f),

$$ v = \frac{1}{2\pi} \int_{-\infty}^{+\infty} d\alpha \, fa \int_{-\infty}^{+\infty} dp \, e^{-t(ap^2 + bp^4 + cp^6 + \text{etc.})} \cos. px - p\alpha). \qquad (\varphi) $$

405.

Si l'on propose l'équation

$$ \frac{d^2 v}{dt^2} + \frac{d^4 v}{dx^4} = 0, \qquad (d) $$

qui exprime le mouvement *vibratoire* d'une lame élastique, on considérera que, d'après la forme de cette équation, la valeur la plus générale de v ne peut contenir que deux fonctions arbitraires en x : car, en désignant cette valeur de v par $f(x, t)$, et par $f'(x, t)$ la fonction $\frac{d}{dt}f(x, t)$, il est évident que si l'on connaissait $f(x, o)$ et $f'(x, o)$, c'est-à-dire les valeurs de v et de $\frac{dv}{dt}$ au premier instant, toutes les autres valeurs de v seraient déterminées.

Cela résulte aussi de la nature même du phénomène. En effet, considérons dans son état de repos une lame élastique rectiligne : x est la distance d'un point quelconque de cette lame à l'origine o des coordonnées; on change extrêmement peu la figure de cette lame, en l'écartant de sa position d'équilibre, où elle coïncidait avec l'axe de x sur le plan horizontal; ensuite on l'abandonne à ses forces propres excitées par le changement de figure. On suppose le déplacement arbitraire, mais très-petit, et tel que la figure initiale donnée à cette lame soit celle d'une courbe comprise dans un plan vertical qui passe par l'axe de x. Le système changera successivement de forme, et continuera à se mouvoir dans le plan vertical de part et d'autre de la ligne d'équilibre. C'est ce mouvement dont l'équation

$$\frac{d^2 v}{dt^2} + \frac{d^4 v}{dx^4} = o \qquad (d)$$

exprime la condition la plus générale.

Un point quelconque m, placé dans la situation d'équilibre à la distance x de l'origine o, et sur le plan horizontal, est, à la fin du temps t, éloigné de ce point de la hauteur perpendiculaire v. Cet écart variable v est une fonction de x et t. La valeur initiale de v est arbitraire; elle est exprimée par une fonction quelconque φx. Or, l'équation (d) déduite des principes fondamentaux de la dynamique fait connaître que la seconde fluxion de v, prise pour t, ou $\frac{d^2 v}{d t^2}$, et la fluxion du quatrième ordre, prise pour x, ou $\frac{d^4 v}{d x^4}$, sont deux fonctions de x et t qui ne diffèrent que par le signe. Nous n'entrons point ici dans la question spéciale relative à la discontinuité des fonctions; nous n'avons en vue que l'expression analytique de l'intégrale. On peut supposer aussi, qu'après avoir déplacé arbitrairement les divers points de la lame, on leur imprime des vîtesses initiales très-petites, et dans le plan vertical où les vibrations doivent s'accomplir. La vîtesse initiale donnée à un point quelconque m placé à la distance x, a une valeur arbitraire. Elle est exprimée par une fonction quelconque ψx de la distance x.

Il est manifeste que si l'on donne, 1° la figure initiale du système ou φx, 2° les impulsions initiales ou la fonction ψx, tous les états subséquents du système sont déterminés. Ainsi la fonction v ou $f(x, t)$, qui représente, après un temps quelconque t, la forme correspondante de la lame, contient deux fonctions arbitraires φx et ψx.

Pour déterminer la fonction cherchée $f(x, t)$, nous considérons que, dans l'équation

$$\frac{d^2 v}{d t^2} + \frac{d^4 v}{d x^4} = 0, \qquad (d)$$

on peut donner à v la valeur très-simple $u = \cos. (q^2 t) \cos. (q x)$, ou celle-ci :

$$u = \cos. (q^2 t) . \cos. (q x - q \alpha),$$

en désignant par q et α des quantités quelconques qui ne contiennent ni x, ni t. On aura donc aussi

$$u = \int d\alpha \, \mathrm{F}\alpha . \int dq . \cos. \, (q^2 t) \cos. \, (qx - q\alpha),$$

$\mathrm{F}\alpha$ étant une fonction quelconque, et quelles que soient les limites des intégrations. Cette valeur de v n'est autre chose qu'une somme de valeurs particulières.

Il est nécessaire maintenant qu'en supposant $t = 0$, la valeur de u soit celle que nous avons désignée par $f(x, 0)$ ou φx. On aura donc

$$\varphi x = \int d\alpha \, \mathrm{F}\alpha \int dq \cos. \, (qx - q\alpha).$$

Il faut déterminer la fonction $\mathrm{F}\alpha$, en sorte que, les deux intégrations étant achevées, le résultat soit la fonction arbitraire φx. Or le théorême exprimé par l'équation (B) fait connaître que les limites de chacune des intégrales étant

$$-\frac{1}{0} \text{ et } +\frac{1}{0}, \quad \text{on a } \mathrm{F}\alpha = \frac{1}{2\pi} \varphi \alpha.$$

Donc la valeur de u est donnée par l'équation suivante :

$$u = \frac{1}{2\pi} \int_{-\infty}^{+\infty} d\alpha \, \varphi \alpha \int_{-\infty}^{+\infty} dq \cos. \, (q^2 t) \cos. \, (qx - q\alpha).$$

Si l'on intégrait par rapport à t cette valeur u, en y changeant φ en ψ, il est évident que l'intégrale désignée par W satisferait encore à l'équation différentielle proposée (d), et l'on aurait

$$\mathrm{W} = \frac{1}{2\pi} \int d\alpha \, \psi \alpha \int dq . \frac{1}{q^2} \sin. \, (q^2 t) \cos. \, (qx - q\alpha).$$

Cette valeur W devient nulle lorsque $t = 0$; et si l'on prend l'expression

$$\frac{D\,W}{d\,t} = \frac{1}{2\pi}\int_{-\infty}^{+\infty}\!\!d\alpha\,\psi\alpha\int_{-\infty}^{+\infty}\!\!dq\,\cos.\,(q^{,}t)\,\cos.\,(qx-q\alpha),$$

on voit qu'en y faisant $t=0$ elle devient égale à ψx. Il n'en est pas de même de l'expression $\frac{d\,u}{d\,t}$; elle devient nulle lorsque $t=0$, et u devient égal à φx lorsque $t=0$.

Il suit de là que l'intégrale de l'équation (d) est

$$v = \frac{1}{2\pi}\int_{-\infty}^{+\infty}\!\!d\alpha\,\varphi\alpha\int_{-\infty}^{+\infty}\!\!dq\,\cos.\,q^{,}t\cos.\,(qx-q\alpha)+W=u+W$$

et $W = \frac{1}{2\pi}\int_{-\infty}^{+\infty}\!\!d\alpha\,\psi\alpha\int_{-\infty}^{+\infty}\!\!dq\cdot\frac{1}{q^{,}}\sin.\,(q^{,}t)\,\cos.\,(qx-q\alpha).$

En effet, 1° cette valeur de v satisfait à l'équation différentielle (d).

2° Lorsqu'on fait $t=0$, elle devient égale à la fonction entièrement arbitraire φx.

3° Lorsqu'on fait $t=0$ dans l'expression $\frac{d\,v}{d\,t}$, elle se réduit à une seconde fonction arbitraire ψx. Donc la valeur de v est l'intégrale complète de la proposée, et il ne peut y avoir une intégrale plus générale.

406.

On peut réduire la valeur de u à une forme plus simple en achevant l'intégration par rapport à q. Cette réduction et celle d'autres expressions du même genre dépendent des deux résultats exprimés par les équations (1) et (2), qui seront démontrées dans l'article suivant.

$$\int_{-\infty}^{+\infty}\!\!dq\,\cos.\,(q^{,}t).\cos.\,(qz) = \frac{\sqrt{\pi}}{\sqrt{t}}\sin.\,\left(\frac{1}{4}\pi+\frac{z^{,}}{4t}\right),\quad (1)$$

$$\int dq \sin.(q^2 t).\cos.(qz) = \frac{\sqrt{\pi}}{\sqrt{t}} \sin.\left(\frac{1}{4}\pi - \frac{z^2}{4t}\right)\cdot \quad (2)$$

On en conclut

$$u = \frac{1}{2\sqrt{\pi}}\cdot\sqrt{t}\int d\alpha\, \varphi\alpha \sin.\left(\frac{1}{4}\pi + \frac{(x-\alpha)^2}{4t}\right)\cdot \quad (\delta)$$

Désignant $\frac{\alpha - x}{2\sqrt{t}}$ par une autre indéterminée μ, on aura

$$\alpha = x + 2\mu\sqrt{t}, \quad d\alpha = 2d\mu\sqrt{t}.$$

Mettant, au lieu de $\sin.\left(\frac{1}{4}\pi + \mu^2\right)$,

sa valeur $\sqrt{\frac{1}{2}}\cdot\sin.\mu^2 + \sqrt{\frac{1}{2}}\cdot\cos.\mu^2,$

on aura

$$u = \frac{1}{\sqrt{2\pi}}\int_{-\infty}^{+\infty} d\mu\,(\sin.\mu^2 + \cos.\mu^2)\,\varphi\,(\alpha + 2\mu\sqrt{t}).\ (\delta')$$

Nous avons prouvé dans un mémoire particulier, que ces intégrales (δ) ou (δ') de l'équation (d) représentent d'une manière claire et complète le mouvement des diverses parties de la lame élastique infinie. Elles contiennent l'expression distincte du phénomène, et en font connaître facilement toutes les lois. C'est sous ce point de vue sur-tout que nous les avons proposées à l'attention des géomètres. Elles montrent comment les oscillations se propagent et s'établissent dans toute l'étendue de la lame, et comment l'effet du déplacement initial, qui est arbitraire et fortuit, s'altère de plus en plus en s'éloignant de l'origine, devient bientôt insensible, et ne laisse subsister que l'action des forces propres du système, qui sont celles de l'élasticité.

407.

Les résultats exprimés par les équations (1) et (2) dérivent des intégrales définies

$$\int dx \cos. x^2, \qquad \text{et} \qquad \int dx \sin. x^2 ;$$

soit
$$g = \int_{-\infty}^{+\infty} dx \cos. x^2, \qquad \text{et} \qquad h = \int_{-\infty}^{+\infty} dx \sin. x^2 ;$$

et regardons g et h comme des nombres connus. Il est évident que, dans les deux équations précédentes, on peut mettre $y + b$ au lieu de x, en désignant par b une constante quelconque, et que les limites de l'intégrale seront les mêmes. Ainsi l'on a

$$g = \int_{-\infty}^{+\infty} dy \cos. (y^2 + 2by + b^2), \quad h = \int_{-\infty}^{+\infty} dy \sin. (y^2 + 2by + b^2),$$

$$g = \int dy \left\{ \begin{array}{l} \cos.y^2.\cos. 2by.\cos. b^2 - \cos.y^2.\sin. 2by.\sin. b^2 \\ - \sin.y^2.\sin. 2by.\cos. b^2 - \sin.y^2.\cos. 2by.\sin. b^2 \end{array} \right\}.$$

Or il est facile de voir que toutes les intégrales qui contiennent le facteur sin. $(2by)$ sont nulles, si les limites sont $-\frac{1}{0}$ et $+\frac{1}{0}$: car sin. $(2by)$ change de signe en même temps que y. On a donc

$$g = \cos. b^2 \int dy \cos.y^2.\cos. 2by - \sin. b^2 \int dy.\sin.y^2.\cos. 2by. \quad (a)$$

L'équation en h donnera aussi

$$h = \int dy \left\{ \begin{array}{l} \sin.y^2.\cos. 2by.\cos. b^2 + \cos.y^2 \cos. 2by \sin. b^2 \\ + \cos.y^2.\sin. 2by.\cos. b^2 - \sin.y^2.\sin. 2by.\sin. b^2 \end{array} \right\} ;$$

et, omettant aussi les termes qui contiennent sin. $2by$, on aura

$$h = \cos. b^2.\int dy \sin.y^2 \cos. 2by + \sin. b^2 \int dy \cos.y^2 \cos. 2by. \quad (b)$$

Les deux équations (a) et (b) donnent donc en g et h les deux intégrales

$$\int dy . \sin . y^2 . \cos . 2by \quad \text{et} \quad \int dy \cos . y^2 . \cos . 2by,$$

que nous désignerons respectivement par A et B. On fera ensuite

$$y^2 = p^2 t, \quad \text{et} \quad 2by = pz, \quad \text{ou} \quad y = p\sqrt{t}, \quad b = \frac{z}{2\sqrt{t}}.$$

On a donc

$$\sqrt{t} . \int dp \cos . p^2 t . \cos . pz = A, \quad \sqrt{t} = \int dp . \sin . p^2 t . \cos . pz = B.$$

On déduit immédiatement les valeurs de g et h du résultat connu

$$\sqrt{\pi} = \int_{-\infty}^{+\infty} dx . e^{-x^2}.$$

En effet, cette dernière équation est identique, et par conséquent ne cessera point de l'être, lorsqu'on mettra au lieu de x la quantité $y\left(\frac{1 + \sqrt{-1}}{\sqrt{2}}\right)$:

cette substitution donne

$$\sqrt{\pi} = \left(\frac{1 + \sqrt{-1}}{\sqrt{2}}\right) \int dy\, e^{-y^2 \sqrt{-1}} = \frac{1 + \sqrt{-1}}{\sqrt{2}} \int dy \cos . y^2 - \sqrt{-1} . \sin . y^2.$$

Ainsi la partie réelle du second membre de la dernière équation est $\sqrt{\pi}$, et la partie imaginaire est nulle. On en conclut

$$\sqrt{\pi} = \frac{1}{\sqrt{2}} \left(\int dy \cos . y^2 + \int dy \sin . y^2\right),$$

et

$$0 = \int dy \cos . y^2 - \int dy \sin . y^2,$$

ou $\displaystyle\int_{-\infty}^{+\infty} dy\,\cos.y^2 = g = \sqrt{\tfrac{1}{2}\pi}, \quad \int dy\,\sin.y^2 = h = \sqrt{\tfrac{1}{2}\pi}.$

Il ne reste plus qu'à déterminer, au moyen des équations (a) et (b), les valeurs des deux intégrales

$$\int dy\,\cos.y^2\cos.2by, \quad\text{et}\quad \int dy\,\sin.y^2.\sin.2by.$$

Elles seront ainsi exprimées :

$$A = \int dy\,\cos.y^2.\cos.2by = h\sin.b^2 + g\cos.b^2,$$

$$B = \int dy\,\sin.y^2.\cos.2by = h\cos.b^2 - g\sin.b^2.$$

On en conclut :

$$\int dp\,\cos.p^2t\cos.pz = \frac{\sqrt{\pi}}{\sqrt{t}}\cdot\frac{1}{\sqrt{2}}\cdot\left(\cos.\left(\tfrac{z^2}{4t}\right) + \sin.\left(\tfrac{z^2}{4t}\right)\right),$$

$$\int dp\,\sin.p^2t\cos.pz = \frac{\sqrt{\pi}}{\sqrt{t}}\frac{1}{\sqrt{2}}\cdot\left(\cos.\left(\tfrac{z^2}{4t}\right) - \sin.\left(\tfrac{z^2}{4t}\right)\right).$$

écrivant $\sin.\left(\tfrac{1}{4}\pi\right)$, ou $\cos.\left(\tfrac{1}{4}\pi\right)$, au lieu de $\sqrt{\tfrac{1}{2}}$, on a

$$\int dp\,\cos.(p^2t).\cos.(pz) = \frac{\sqrt{\pi}}{\sqrt{t}}\sin.\left(\tfrac{\pi}{4} + \tfrac{z^2}{4t}\right), \qquad (1)$$

et $\displaystyle\int dp\,\sin.(p^2t).\cos.(pz) = \frac{\sqrt{\pi}}{\sqrt{t}}\sin.\left(\tfrac{\pi}{4} - \tfrac{z^2}{4t}\right). \qquad (2)$

408.

La proposition exprimée par l'équation (B), page 525, ou par l'équation (E), page 449, et qui nous a servi à découvrir cette intégrale (δ) et les précédentes, s'applique évidemment à un plus grand nombre de variables. En effet, dans l'équation générale

$$fx = \frac{1}{2\pi}\int_{-\infty}^{+\infty} d\alpha\,f\alpha\int_{-\infty}^{+\infty} dp\,\cos.\,(px - p\alpha),$$

ou
$$f x=\frac{1}{2 \pi} \int_{-\infty}^{+\infty} d p \int_{-\infty}^{+\infty} d \alpha \cos . (p x-p \alpha) f \alpha,$$

on peut regarder $f x$ comme une fonction de deux variables x et y. La fonction $f \alpha$ sera donc une fonction de α et y. On regardera maintenant cette fonction $f(\alpha, y)$ comme une fonction de la variable y, et l'on conclura du même théorème (B), page 525,

$$f(\alpha, y)=\frac{1}{2 \pi} \int_{-\infty}^{+\infty} d \alpha f(\alpha, \beta) \int d q \cos . (q y-q \beta).$$

On aura donc, pour exprimer une fonction quelconque des deux variables x et y, l'équation suivante :

$$f(x, y)=\left(\frac{1}{2 \pi}\right)^{2} \int_{-\infty}^{+\infty} d \alpha \int_{-\infty}^{+\infty} d \beta f(\alpha, \beta) \int_{0}^{+\infty} d p \cos . (p x-p \alpha) \int_{-\infty}^{+\infty} d q \cos . (q y-q \beta). \quad \text{(BI}$$

On formera de la même manière l'équation qui convient aux fonctions de trois variables, savoir :

$$f(x, y, z)=\left(\frac{1}{2 \pi}\right)^{3} \int d \alpha \int d \beta \int d \gamma f(\alpha, 6, \gamma)$$

$$\int d p \cos . (p x-p \alpha) \int d q \cos . (q y-q \beta) \int d r \cos . (r z-r \gamma), \qquad \text{(BBB)}$$

chacune des intégrales étant prise entre les limites $-\frac{1}{0}$ et $+\frac{1}{0}$.

Il est manifeste que la même proposition s'étend aux fonctions qui comprennent un nombre quelconque de variables.

Il nous reste à montrer comment cette proposition s'applique à la recherche des intégrales, lorsque les équations contiennent plus de deux variables.

409.

Par exemple, l'équation différentielle étant

$$\frac{d^2 v}{d t^2} = \frac{d^2 v}{d x^2} + \frac{d^2 v}{d y^2}, \qquad (c)$$

on veut connaître la valeur de v en fonction de (x, y, t), et telle, 1° qu'en supposant $t = o$), v ou $f(x, y, t)$ devienne une fonction arbitraire $\varphi(x, y)$ de x et y ;

2° Qu'en faisant $t = o$ dans la valeur de $\frac{dv}{dt}$, ou $f'(x, y, t)$, on trouve une seconde fonction entièrement arbitraire $\psi(x, y)$.

Nous pouvons conclure de la forme de l'équation différentielle (c), que la valeur de v qui satisfera à cette équation et aux deux conditions précédentes, sera nécessairement l'intégrale générale. Pour découvrir cette intégrale, nous donnons d'abord à v la valeur particulière

$$v = \cos.(mt) \cos.(px) \cos.(qy).$$

La substitution de v fournit cette condition $m = \sqrt{p^2 + q^2}$.

Il n'est pas moins évident que l'on peut écrire :

$$v = \cos.\left(p\,\overline{x - \alpha}\right) \cos.\left(q\,\overline{y - \beta}\right) \cos. t \sqrt{p^2 + q^2},$$

ou $\quad v = \int d\alpha \int d\beta\, F(\alpha, \beta)$

$$\int dp \cos.(px - p\alpha) \int dq \cos.(qy - q\beta) \cos. t \sqrt{p^2 + q^2},$$

quelles que soient les quantités p, q, α, β et $F(\alpha, \beta)$, qui ne contiennent ni x, ni y, ni t. En effet, cette dernière valeur de v n'est autre chose qu'une somme de valeurs particulières.

Si l'on suppose $t=0$, il est nécessaire que v devienne $\varphi(x,y)$. On aura donc

$$\varphi(x,y) = \int d\alpha \int d\beta\, F(\alpha,\beta) \int dp \cos.(px - p\alpha) \int dq \cos.(qy - q\beta).$$

Ainsi la question est réduite à déterminer $F(\alpha,\beta)$, en sorte que le résultat des intégrations indiquées soit $\varphi(x,y)$. Or, en comparant la dernière équation à l'équation (BB), on trouve

$$\varphi(x,y) = \left(\tfrac{1}{2\pi}\right)^2 \int_{-\infty}^{+\infty} d\alpha \int_{-\infty}^{+\infty} d\beta\, \varphi(\alpha,\beta) \int_{-\infty}^{+\infty} dp \cos.(px - p\alpha) \int_{-\infty}^{+\infty} dq \cos.(qy - q\beta).$$

Donc l'intégrale sera ainsi exprimée :

$$v = \left(\tfrac{1}{2\pi}\right)^2 \int d\alpha \int d\beta\, \varphi(\alpha,\beta) \int dp \cos.(px - p\alpha) \int dq \cos.(qy - q\beta) \cos.t \sqrt{p^2 + q^2}.$$

On obtient ainsi une première partie u de l'intégrale ; et, désignant par W la seconde partie, qui doit contenir l'autre fonction arbitraire $\psi(x,y)$, on aura

$$v = u + W,$$

et l'on prendra pour W l'intégrale $\int u\, dt$, en changeant seulement φ en ψ. En effet, u devient égale à $\varphi(x,y)$, lorsqu'on fait $t=0$; et en même temps W devient nulle, puisque l'intégration, par rapport à t, change le cosinus en sinus.

De plus, si l'on prend la valeur de $\frac{dv}{dt}$, et que l'on fasse $t=0$, la première partie, qui contient alors un sinus, devient nulle, et la seconde partie devient égale à $\psi(x,y)$. Ainsi l'équation $v=u+W$ est l'intégrale complète de la proposée.

On formerait de la même manière l'intégrale de l'équation

$$\frac{d^2 v}{dt^2} = \frac{d^2 v}{dx^2} + \frac{d^2 v}{dy^2} + \frac{d^2 v}{dz^2}.$$

Il suffirait d'introduire un nouveau facteur

$$\frac{1}{2\pi}\ \cos.\ (rz-r\gamma),$$

et d'intégrer par rapport à r et γ.

410.

Soit l'équation proposée $\dfrac{d^2 v}{dx^2} + \dfrac{d^2 v}{dy^2} + \dfrac{d^2 v}{dz^2} = 0$; il s'agit d'exprimer v en une fonction $f(x,y,z)$, telle, 1º que $f(x,y,0)$ soit une fonction arbitraire $\varphi\,(x,y)$; 2º qu'en faisant $z=0$ dans la fonction $\dfrac{d}{dz} f(x,y,z)$, on trouve une seconde fonction arbitraire $\psi\,(x,y)$. Il suit évidemment de la forme de l'équation différentielle, que la fonction ainsi déterminée sera l'intégrale complète de la proposée. Pour connaître cette fonction, on remarquera d'abord que l'on satisfait à l'équation en écrivant $v=\cos.\,px.\cos.\,qy.e^{mz}$, les exposants p et q étant des nombres quelconques, et la valeur de m étant $\pm\sqrt{p^2+q^2}$.

On pourrait donc aussi écrire

$$v=\cos.\,(px-p\alpha)\cos.\,(qy-q\beta)\left(e^{z\sqrt{p^2+q^2}}+e^{-z\sqrt{p^2+q^2}}\right),$$

ou $\ v=\displaystyle\int d\alpha \int d\beta\ \mathrm{F}\,(\alpha,\beta)\int dp \int dq.$

$$\cos.\,(px-p\alpha)\cos.\,(qy-q\beta)\left(e^{z\sqrt{p^2+q^2}}+e^{-z\sqrt{p^2+q^2}}\right).$$

Si l'on fait $z=0$, on aura, pour déterminer $\mathrm{F}\,(\alpha,\beta)$, la condition suivante :

$$\varphi\,(x,y)=\int d\alpha \int d\beta\ \mathrm{F}\,(\alpha,\beta)\int dp \int dq\ \cos.\,(px-p\alpha)\ \cos.\,(qy-q\beta);$$

et, en comparant à l'équation (BB), on voit que

$$F(\alpha, \beta) = \left(\frac{1}{2\pi}\right)^2 \varphi(\alpha, \beta).$$

On aura donc, pour l'expression d'une première partie de l'intégrale :

$$u = \left(\frac{1}{2\pi}\right)^2 \int d\alpha \int d\beta \, \varphi(\alpha, \beta)$$

$$\int dp \cos.(px - p\alpha) \int dq \cos.(qy - q\beta)\left(e^{z\sqrt{p^2+q^2}} + e^{-z\sqrt{p^2+q^2}}\right).$$

Cette valeur de u se réduit à $\varphi(x, y)$ lorsque $z = 0$, et la même substitution rend nulle la valeur de $\frac{du}{dz}$.

On pourrait aussi intégrer par rapport à z la valeur de u, et l'on donnerait à l'intégrale la forme suivante dans laquelle ψ est une nouvelle fonction arbitraire :

$$W = \left(\frac{1}{2\pi}\right)^2 \int d\alpha \int d\beta \, \psi(\alpha, \beta)$$

$$\int dp \cos.(px - p\alpha) \int dq \cos.(qy - q\beta)\left(\frac{e^{z\sqrt{p^2+q^2}} - e^{-z\sqrt{p^2+q^2}}}{\sqrt{p^2+q^2}}\right).$$

La valeur de W devient nulle lorsque $z = 0$, et la même substitution rend la fonction $\frac{dW}{dz}$ égale à $\psi(x, y)$. Donc l'intégrale générale de la proposée est $v = u + W$.

411.

Enfin, soit l'équation

$$\frac{d^2v}{dt^2} + \frac{d^4v}{dx^4} + \frac{d^4v}{dx^2 dy^2} + \frac{d^4v}{dy^4} = 0 : \qquad (e)$$

on veut connaître pour v une fonction $f(x, y, t)$, qui satisfasse à la proposée (e) et aux deux conditions suivantes, savoir, 1° que la substitution de $t=0$ dans $f(x, y, t)$ donne une fonction arbitraire $\varphi(x, y)$; que la même substitution dans $\frac{d}{d.t} f(x, y, t)$ donne une seconde fonction arbitraire $\psi(x, y)$.

Il suit évidemment de la forme de l'équation (e), et des principes que nous avons exposés plus haut, que la fonction v, étant déterminée en sorte qu'elle satisfasse aux conditions précédentes, sera l'intégrale complète de la proposée. Pour découvrir cette fonction on écrira d'abord

$$v = \cos. (px) \cos. (qy) \cos. (mt),$$

d'où l'on tire

$$\frac{d^2 v}{d t^2} = -m^2 v, \quad \frac{d^4 v}{d x^4} = p^4 v, \quad \frac{d^4 v}{d x^2 d y^2} = p^2 q^2 v, \quad \frac{d^4 v}{d y^4} = q^4 v.$$

On a donc la condition $m = p^2 + q^2$. Ainsi l'on écrira

$$v = \cos. px . \cos. qy . \cos. \left(t . \overline{p^2 + q^2} \right)$$

ou $\quad v = \cos. \left(p . \overline{x - \alpha} \right) \cos. \left(q . \overline{y - \beta} \right) \cos. \left(t . \overline{p^2 + q^2} \right)$

ou $\quad v = \int d\alpha \int d\beta \, \mathrm{F}(\alpha, \beta) \int dp \int dq$

$\qquad \cos. (px - p\alpha) \cos. (qy - q\beta) \cos. (p^2 t + q^2 t).$

Lorsqu'on fait $t = 0$, on doit avoir $v = \varphi(x, y)$; ce qui sert à déterminer la fonction $\mathrm{F}(\alpha, \beta)$. Si l'on compare à l'équation générale (BB), on trouve que, les intégrales étant prises entre des limites infinies, la valeur de $\mathrm{F}(\alpha, \beta)$ est $\left(\frac{1}{2\pi} \right)^2 \varphi(\alpha, \beta)$.

On aura donc, pour exprimer une première partie u de l'intégrale,

$$u = \left(\frac{1}{2\pi} \right)^2 \int d\alpha \int d\beta \, \varphi(\alpha, \beta) \int dp \int dq \, \cos. (px - p\alpha) \cos. (qy - q\beta) (\cos. p^2 t + q^2 t).$$

68.

En intégrant la valeur de u par rapport à t, et ψ dési-gnant la seconde fonction arbitraire, on trouvera une autre partie W de l'intégrale ainsi exprimée :

$$W = \left(\frac{1}{2\pi}\right)^2 \int d\alpha \int d\beta\, \psi\,(\alpha,\beta) \int dp \int dq \cos.\,(px - p\alpha).\cos.\,(qy - q\beta)\frac{\sin.\,(p^2 t + q^2 t)}{p^2 + q^2}.$$

Si l'on fait $t=0$ dans u et dans W, la première fonction devient égale à $\varphi\,(x,y)$, et la seconde nulle; et si l'on fait aussi $t=0$ dans $\frac{d}{dt}u$ et dans $\frac{d}{dt}$W, la première fonction devient nulle, et la seconde devient égale à $\psi\,(x,y)$: donc $v = u + W$ est l'intégrale générale de la proposée.

412.

On peut donner à la valeur de u une forme plus simple en effectuant les deux intégrations par rapport à p et q. On fait usage, pour ce calcul, des deux équations (1) et (2) que nous avons démontrées dans l'art. 407, et l'on obtient l'in-tégrale suivante :

$$u = \frac{1}{\pi}\int_{-\infty}^{+\infty} d\alpha \int_{-\infty}^{+\infty} d\beta\, \varphi\,(\alpha,\beta)\cdot\frac{1}{4t}\sin.\,\left(\frac{(x-\alpha)^2 + (y-\beta)^2}{4t}\right).$$

Désignant par u cette première partie de l'intégrale, et par W la seconde, qui doit contenir une autre fonction arbi-traire, on a

$$W = \int_0^t dt\, u \qquad \text{et} \qquad v = u + W.$$

Si l'on désigne par μ et ν deux nouvelles indéterminées, telles que l'on ait

$$\frac{\alpha - x}{2\sqrt{t}} = \mu, \qquad \frac{\beta - y}{2\sqrt{t}} = \nu,$$

et que l'on substitue, pour α, β, $d\alpha$, $d\beta$, leurs valeurs

$$x + 2\mu\sqrt{t}, \quad y + 2\nu\sqrt{t}, \quad 2d\mu\sqrt{t}, \quad 2d\nu\sqrt{t},$$

on aura cette autre forme de l'intégrale

$$v = \frac{1}{\pi}\int_{-\infty}^{+\infty} d\mu \int_{-\infty}^{+\infty} d\nu \, \sin.\,(\mu^2 + \nu^4)\, \varphi\,(x + 2\mu\sqrt{t}, y + 2\nu\sqrt{t},) + W.$$

Nous ne pourrions multiplier davantage ces applications de nos formules, sans nous écarter de notre sujet principal. Les exemples précédents se rapportent à des phénomènes physiques dont les lois étaient inconnues et difficiles à découvrir ; et nous les avons choisis parce que les intégrales de ces équations, qne l'on avait inutilement cherchées jusqu'ici, ont une analogie remarquable avec celles qui expriment le mouvement de la chaleur.

413.

On peut aussi, dans la recherche des intégrales, considérer d'abord les séries développées selon les puissances d'une variable, et sommer ces séries au moyen des théorêmes exprimés par les équations (B), (BB). Voici un exemple de cette analyse, choisi dans la théorie même de la chaleur, et qui nous a paru remarquable.

On a vu, art. 399, que la valeur générale de v, déduite de l'équation

$$\frac{dv}{dt} = \frac{d^2 v}{dx^2}, \qquad (a)$$

développée en série, selon les puissances croissantes de la variable t, contient une seule fonction arbitraire de x ; et qu'étant développée en série selon les puissances croissantes de x, elle contient deux fonctions entièrement arbitraires de t.

La première série est ainsi exprimée :

$$v = \varphi x + t \frac{d^2}{dx^2} \varphi x + \frac{t^2}{2} \frac{d^4}{dx^4} \varphi x + \frac{t^3}{2.3} \frac{d^6}{dx^6} \varphi x + \text{etc.} \qquad (\text{T})$$

L'intégrale désignée par (β), art. 397, ou

$$v = \frac{1}{2\pi} \int d\alpha \, \varphi \alpha \int dp \, e^{-p^2 t} \cos. \, (px - p\alpha),$$

représente la somme de cette série, et contient la seule fonction arbitraire φx.

La valeur de v, développée selon les puissances de x, contient deux fonctions arbitraires ft et Ft, et est ainsi exprimée :

$$v = ft + \frac{x^2}{2} \cdot \frac{d}{dt} Ft + \frac{x^4}{2.3.4} \cdot \frac{d^2}{dt^2} ft + \frac{x^6}{2.3.4.5.6} \cdot \frac{d^3}{dt^3} ft + \text{etc.}$$

$$+ xFt + \frac{x^3}{2.3} \frac{d}{dt} Ft + \frac{x^5}{2.3.4.5} \frac{d^2}{dt^2} Ft + \frac{x^7}{2.3.4.5.6.7} \frac{d^3}{dt^3} Ft + \text{etc.} \quad (\text{X})$$

Il y a donc, indépendamment de l'équation (β), une autre forme de l'intégrale qui représente la somme de cette dernière série, et qui contient deux fonctions arbitraires, ft et Ft. Il s'agit de découvrir cette seconde intégrale de l'équation proposée, qui ne peut être plus générale que la précédente (β), mais qui contient deux fonctions arbitraires.

On y parviendra en sommant chacune des deux séries qui entrent dans l'équation (X). Or il est évident que si l'on connaissait en fonction de x et t la somme de la première série qui contient ft, il faudrait, après l'avoir multipliée par dx, prendre l'intégrale par rapport à x, et changer ft en Ft. On trouverait ainsi la seconde série. De plus, il suffirait de connaître la somme des termes impairs qui entrent dans la première série : car, en désignant cette somme par μ, et la somme de tous les autres termes par ν, on a évidemment

$$\nu = \int_0^x dx \int_0^x dx \, \mu.$$

Il reste donc à trouver la valeur de μ.. Or la fonction ft peut être ainsi exprimée, au moyen de l'équation générale (B),

$$ft = \frac{1}{2\pi} \int d\alpha \, f\alpha \int dp \cos. (pt - p\alpha). \quad \text{(B)}$$

Il est facile d'en déduire les valeurs des fonctions

$$\frac{d^2}{dt^2} ft, \quad \frac{d^4}{dt^4} ft, \quad \frac{d^6}{dx^6} ft, \quad \text{etc.}$$

Il est évident que la différentiation se réduit à écrire dans le second membre de l'équation (B), sous le signe $\int dp$, les facteurs respectifs $-p^2$, $+p^4$, $-p^6$, $+p^8$, etc.

On aura donc, en écrivant une seule fois le facteur commun $\cos. (pt - p\alpha)$,

$$\mu = \frac{1}{2\pi} \int d\alpha \, f\alpha \int dp \cos. (pt - p\alpha)$$

$$\left(1 - \frac{p^2 x^4}{2.3.4} + \frac{p^4 x^8}{2.3.4.5.6.7.8} - \frac{p^6 x^{12}}{2.3\ldots\ldots 12} + \text{etc.} \right).$$

Ainsi la question consiste à trouver la somme de la série qui entre dans le second membre, ce qui ne présente aucune difficulté. En effet, soit y la valeur de cette série, on en conclut

$$\frac{d^4 y}{dx^4} = -p^2 + \frac{p^4 x^4}{2.3.4} - \frac{p^6 x^8}{2.3.4\ldots 8} + \text{etc.}, \quad \text{ou} \quad \frac{d^4 y}{dx^4} = -p^2 y.$$

Intégrant cette équation linéaire, et déterminant les constantes arbitraires, en sorte que, x étant nulle, y soit 1, et $\dfrac{dy}{dx}$, $\dfrac{d^2y}{dx^2}$, $\dfrac{d^3y}{dx^3}$, soient nulles, on trouve, pour la somme de la série,

$$y = \left(e^{x\sqrt{2p}} + e^{-x\sqrt{2p}} \right) \cos.\,(x\sqrt{2p}).$$

Il serait inutile de rapporter le détail de ce calcul ; il suffit d'en énoncer le résultat, qui donne pour l'intégrale cherchée,

$$v = \frac{2}{\pi}\int d\alpha\, f\alpha \int dq.\,q \left\{ \cos.\left(2q^2 t - \alpha \right) \left(e^{qx} + e^{-qx} \right) \cos.\,qx \right.$$

$$\left. - \sin.\left(2q^2\,\overline{t-\alpha} \right) \left(e^{qx} - e^{-qx} \right) \sin.\,qx \right\} + \mathrm{W}. \quad (\beta\beta)$$

Le terme W est la seconde partie de l'intégrale ; on le forme en intégrant la première partie par rapport à x, depuis $x = 0$ jusqu'à $x = x$, et en changeant f en F. Sous cette forme l'intégrale contient deux fonctions entièrement arbitraires, ft et Ft. Si, dans la valeur de v, on suppose x nulle, le terme W devient nul par hypothèse, et la première partie u de l'intégrale devient ft. Si l'on fait la même substitution $x = 0$ dans la valeur de $\dfrac{dv}{dx}$, il est évident que la première partie $\dfrac{du}{dx}$ deviendra nulle, et que la seconde, $\dfrac{dW}{dx}$, qui ne diffère de la première que par la fonction F placée au lieu de f, se réduira à Ft. Ainsi l'intégrale exprimée par l'équation ($\beta\beta$) satisfait à toutes les conditions, et elle représente la somme des deux séries qui forment le second membre de l'équation (X).

C'est cette forme de l'intégrale qu'il est nécessaire de choisir dans plusieurs questions de la théorie de la chaleur ;

on voit qu'elle est très-différente de celle qui est exprimée par l'équation (β), art. 397.

414.

On peut employer des procédés de calcul très-variés, pour exprimer, en intégrales définies, les sommes des séries qui représentent les intégrales des équations différentielles. La forme de ces expressions dépend aussi des limites des intégrales définies. Nous citerons un seul exemple de ce calcul en rappelant le résultat de l'art. 311, pag. 380. Si, dans l'équation qui termine cet article, on écrit $x + t \sin. u$ sous le signe de fonction φ, on a

$$\frac{1}{\pi} \int_0^\pi du\, \varphi(x + t\sin. u) = \varphi x + \frac{t^2}{2^2} \cdot \varphi'' x + \frac{t^4}{2^2.4^2} \cdot \varphi^{IV} x + \frac{t^6}{2.3.4.5.6} \cdot \varphi^{VI} x + \text{etc.}$$

Désignant par v la somme de la série qui forme le second membre, on voit que, pour faire disparaître dans chaque terme un des facteurs $2^2, 4^2, 6^2, 8^2$, etc., il faut différencier une fois par rapport à t, multiplier le résultat par t, et différencier une seconde fois par rapport à t. On conclut de là que v satisfait à l'équation aux différences partielles

$$\frac{d^2 v}{dx^2} = \frac{1}{t} \cdot \frac{d}{dt}\left(t \cdot \frac{dv}{dt}\right), \qquad \text{ou} \qquad \frac{d^2 v}{dx^2} = \frac{d^2 v}{dt^2} + \frac{1}{t} \cdot \frac{dv}{dt}.$$

On a donc, pour exprimer l'intégrale de cette équation,

$$v = \frac{1}{\pi} \int_0^\pi du\, \varphi\,(x + t\sin. u) + \text{W}.$$

La seconde partie W de l'intégrale contient une nouvelle fonction arbitraire. La forme de cette seconde partie W de l'intégrale diffère beaucoup de celle de la première, et pourrait aussi être exprimée en intégrales définies. Les résultats que l'on obtient au moyen des intégrales définies varient selon les procédés de calcul dont on les déduit, et selon les limites des intégrales. On peut dire, en général, que ces recherches n'ont point un but assez déterminé lorsqu'on les sépare des questions physiques auxquelles elles se rapportent.

415.

Il est nécessaire d'examiner avec soin la nature des propositions générales qui servent à transformer les fonctions arbitraires : car l'usage de ces théorèmes est très-étendu, et l'on en déduit immédiatement la solution de plusieurs questions physiques importantes, que l'on ne pourrait traiter par aucune autre méthode. Les démonstrations suivantes, que nous avons données dans nos premières recherches, sont très-propres à rendre sensible la vérité de ces propositions.

Dans l'équation générale

$$f x = \frac{1}{\pi} \int_{-\infty}^{+\infty} d\alpha\, f\alpha \int_{0}^{+\infty} dp \cos. (p\alpha - px),$$

qui est la même que l'équation (B), page 525, on peut effectuer l'intégration par rapport à p, et l'on trouve

$$f x = \frac{1}{\pi} \int_{-\infty}^{+\infty} d\alpha\, f\alpha . \frac{\sin. (p\alpha - px)}{\alpha - x}.$$

On doit donc donner à p, dans cette dernière expression, une valeur infinie; et, cela étant, le second membre exprimera la valeur de fx. On reconnaîtra la vérité de ce résultat au moyen de la construction suivante. Nous examinerons

d'abord l'intégrale définie $\int_{0}^{\frac{1}{0}} dx . \frac{\sin. x}{x}$, que l'on sait être égale à $\frac{1}{2}\pi$, art. 356.

Si l'on construit au-dessus de l'axe des x la ligne dont l'ordonnée est sin. x, et celle dont l'ordonnée est $\frac{1}{x}$, et qu'ensuite on multiplie l'ordonnée de la première ligne par l'ordonnée correspondante de la seconde, on considèrera le produit comme l'ordonnée d'une troisième ligne dont il est très-facile de connaître la forme.

Sa première ordonnée à l'origine est 1, et les ordonnées suivantes deviennent alternativement positives ou négatives; la courbe coupe l'axe aux points où $x = \pi, 2\pi, 3\pi, 4\pi$, etc., et elle se rapproche de plus en plus de cet axe. Une seconde branche de la courbe, entièrement semblable à la première, est située à la gauche de l'axe des y. L'intégrale $\int_{0}^{+\infty} dx \cdot \frac{\sin. x}{x}$ est l'aire comprise entre la courbe et l'axe des x, et comptée depuis $x = 0$ jusqu'à une valeur positive infinie de x.

L'intégrale définie $\int_{0}^{+\infty} dx \cdot \frac{\sin. (px)}{x}$, dans laquelle p est supposé un nombre positif quelconque, a la même valeur que la précédente. En effet, soit $px = z$; l'intégrale proposée deviendra $\int_{0}^{+\infty} dz \cdot \frac{\sin. z}{z}$, et, par conséquent, elle équivaut aussi à $\frac{1}{2}\pi$. Cette proposition est vraie, quel que soit le nombre positif p. Si l'on suppose, par exemple, $p = 10$, la courbe dont l'ordonnée est $\frac{\sin. (10\,x)}{x}$ a des sinuosités beaucoup plus rapprochées et plus courtes que celles dont l'ordonnée est $\frac{\sin. x}{x}$; mais l'aire totale depuis $x = 0$ jusqu'à $x = \frac{1}{0}$ est la même.

69.

Supposons maintenant que le nombre p devienne de plus en plus grand, et qu'il croisse sans limite, c'est-à-dire qu'il soit infini. Les sinuosités de la courbe dont $\frac{\sin.(px)}{x}$ est l'ordonnée sont infiniment voisines. Leur base est une longueur infiniment petite égale à $\frac{\pi}{p}$. Cela étant, si l'on compare l'aire positive qui repose sur un de ces intervalles $\frac{\pi}{p}$ à l'aire négative qui repose sur l'intervalle suivant, et si l'on désigne par X l'abscisse finie et assez grande qui répond au commencement du premier arc, on voit que l'abscisse x, qui entre comme dénominateur dans l'expression $\frac{\sin.(px)}{x}$ de l'ordonnée, n'a aucune variation sensible dans le double intervalle $\frac{2\pi}{p}$ qui sert de base aux deux aires. Par conséquent, l'intégrale est la même que si x était une quantité constante. Il s'ensuit que la somme des deux aires qui se succèdent est nulle.

Il n'en est pas de même lorsque la valeur de x est infiniment petite, parce que l'intervalle $\frac{2\pi}{p}$ a dans ce cas un rapport fini avec la valeur de x. On connaît par là que l'intégrale $\int_{0}^{+\infty} dx \frac{\sin.(px)}{x}$, dans laquelle on suppose p un nombre infini, est entièrement formée de la somme de ses premiers termes qui répondent à des valeurs extrêmement petites de x. Lorsque l'abscisse a une valeur finie X, l'aire ne varie plus, parce que les parties qui la composent se détruisent deux à deux alternativement. Nous exprimons ce résultat en écrivant

$$\int_{0}^{\frac{1}{2}} dx \frac{\sin.(px)}{x}, = \int_{0}^{\omega} dx \cdot \frac{\sin.(px)}{x} = \frac{1}{2}\pi.$$

La quantité ω, qui désigne la limite de la seconde intégrale, a une valeur infiniment petite ; et la valeur de l'intégrale est la même lorsque cette limite est ω, et lorsqu'elle est $\frac{1}{0}$.

416.

Cela posé, reprenons l'équation

$$fx = \frac{1}{\pi} \int da\, fa\, \frac{\sin.\,(p.\overline{\alpha - x})}{\alpha - x}.$$

Ayant placé l'axe des abscisses α, on tracera au-dessus de cet axe la ligne ff (fig. VIII), dont l'ordonnée est fa. La forme de cette ligne est entièrement arbitraire ; elle pourrait n'avoir d'ordonnées subsistantes que dans une ou dans quelques parties de son cours, toutes les autres ordonnées étant nulles.

On placera aussi au-dessus du même axe des abscisses une ligne courbe ss dont l'ordonnée est $\frac{\sin.\,(pz)}{z}$, z désignant l'abscisse et p un nombre positif extrêmement grand. Le centre de cette courbe, ou le point qui répond à la plus grande ordonnée p, pourra être placé soit à l'origine o des abscisses α, soit à l'extrémité d'une abscisse quelconque. On suppose que ce centre est successivement déplacé, et qu'il se transporte à tous les points de l'axe des α, vers la droite, à partir du point o. Considérons ce qui a lieu dans une certaine position de la seconde courbe, lorsque le centre est parvenu au point x qui termine une abscisse x de la première courbe.

La valeur de x étant regardée comme constante, et α étant seule variable, l'ordonnée de la seconde courbe sera

$$\frac{\sin.\,(p\,\overline{\alpha - x})}{\alpha - x}.$$

Si donc on *conjugue* les deux courbes pour en former une

troisième, c'est-à-dire si l'on multiplie chaque ordonnée de la première par l'ordonnée correspondante de la seconde, et si l'on représente le produit par l'ordonnée d'une troisième courbe tracée au-dessus de l'axe des α, ce produit sera

$$f\alpha \cdot \frac{\sin. \left(p . \overline{\alpha - x} \right)}{\alpha - x},$$

L'aire totale de la troisième courbe, ou l'aire comprise entre cette courbe et l'axe des abscisses, sera donc exprimée par

$$\int_{-\infty}^{+\infty} d\alpha \, f\alpha \cdot \frac{\sin. \left(p . \overline{\alpha - x} \right)}{\alpha - x}.$$

Or, le nombre p étant infiniment grand, la seconde courbe a toutes ses sinuosités infiniment voisines; on reconnaît facilement que, pour tous les points qui sont à une distance finie du point x, l'intégrale définie, ou l'aire totale de la troisième courbe, est formée de parties égales alternativement positives ou négatives, et qui se détruisent deux à deux. En effet, pour un de ces points placés à une certaine distance du point x, la valeur de $f\alpha$ varie infiniment peu lorsqu'on augmente la distance d'une quantité moindre que $\frac{2\pi}{p}$. Il en est de même du dénominateur $\alpha - x$, qui mesure cette distance. L'aire qui répond à l'intervalle $\frac{2\pi}{p}$ est donc la même que si les quantités $f\alpha$ et $\alpha - x$ n'étaient pas variables. Par conséquent elle est nulle lorsque $\alpha - x$ est une grandeur finie. Donc l'intégrale définie peut être prise entre des limites aussi voisines que l'on veut, et elle donne, entre ces limites, le même résultat qu'entre des limites infinies. Tout se réduit donc à prendre l'intégrale entre des points infiniment voisins, l'un à gauche, l'autre à droite de celui où $\alpha - x$ est nul, c'est-à-dire depuis $\alpha = x - \omega$ jusqu'à $\alpha = x + \omega$, en désignant par ω une quantité infiniment petite. Or, dans cet intervalle, la fonction $f\alpha$ ne varie point, elle est égale à fx, et peut être mise hors du signe d'intégration. Donc la valeur de l'expression est le produit de $f(x)$ par

$$\int d\alpha \cdot \frac{\sin.\left(p \overline{\alpha - x}\right)}{\alpha - x},$$

prise entre les limites $\alpha - x = -\omega$, et $\alpha - x = \omega$.

Or cette intégrale est égale à π, comme on l'a vu dans l'article précédent ; donc l'intégrale définie est égale à πfx, d'où l'on conclut l'équation

$$fx = \frac{1}{2\pi}\int_{-\infty}^{+\infty} d\alpha\, f\alpha\, \frac{2.\sin.\left(p \overline{\alpha - x}\right)}{\alpha - x} = \frac{1}{2\pi}\int_{-\infty}^{+\infty} d\alpha\, f\alpha \int_{-\infty}^{+\infty} dp \cos.\,(px - p\alpha)\cdot \quad \text{(B)}$$

417.

La démonstration précédente suppose la notion des quantités infinies, telle qu'elle a toujours été admise par les géomètres. Il serait facile de présenter la même démonstration sous une autre forme, en examinant les changements qui résultent de l'accroissement continuel du facteur p sous le signe $\sin.\left(p \overline{\alpha - x}\right)\cdot$ Ces considérations sont trop connues pour qu'il soit nécessaire de les rappeler.

Il faut sur-tout remarquer que la fonction fx, à laquelle cette démonstration s'applique, est entièrement arbitraire, et non assujettie à une loi continue. On pourrait donc concevoir qu'il s'agit d'une fonction telle, que l'ordonnée qui la représente n'a de valeurs subsistantes que si l'abscisse x est comprise entre deux limites données, a et b; toutes les autres ordonnées seraient supposées nulles, en sorte que la courbe n'aurait de forme tracée qu'au-dessus de l'intervalle de $x=a$ à $x=b$, et se confondrait avec l'axe des α dans toutes les autres parties de son cours.

La même démonstration fait connaître que l'on ne considère point ici des valeurs *infinies* de x, mais des valeurs *actuelles* et déterminées.

On pourrait aussi examiner d'après les mêmes principes les cas où la fonction fx deviendrait infinie, pour des valeurs singulières de x comprises entre des limites données; mais cela ne se rapporte point à l'objet principal que nous avons en vue, qui est d'introduire dans les intégrales les fonctions arbitraires; il est impossible qu'aucune question naturelle conduise à supposer que la fonction fx devient infinie, lorsqu'on donne à x une valeur singulière comprise entre des limites données.

En général, la fonction fx représente une suite de valeurs ou ordonnées dont chacune est arbitraire. L'abscisse x pouvant recevoir une infinité de valeurs, il y a un pareil nombre d'ordonnées fx. Toutes ont des valeurs numériques *actuelles*, ou positives, ou négatives, ou nulles. On ne suppose point que ces ordonnées soient assujetties à une loi commune; elles se succèdent d'une manière quelconque, et chacune d'elles est donnée comme le serait une seule quantité.

Il peut résulter de la nature même de la question, et de l'analyse qui s'y applique, que le passage d'une ordonnée à la suivante doive s'opérer d'une manière continue. Mais il s'agit alors de conditions spéciales, et l'équation générale (B), considérée en elle-même, est indépendante de ces conditions. Elle s'applique rigoureusement aux fonctions discontinues.

Supposons maintenant que la fonction fx coïncide avec une certaine expression analytique, telle que $\sin x$, e^{-x^2}, ou φx lorsqu'on donne à x une valeur comprise entre deux limites a et b, et que toutes les valeurs de fx soient nulles lorsque x n'est pas comprise entre a et b; les limites de l'intégration par rapport à α, dans l'équation précédente (B) seront donc $\alpha = a$, $\alpha = b$: car le résultat serait le même que pour les limites $\alpha = -\frac{1}{0}$, $\alpha = \frac{1}{0}$, toutes les valeurs de α étant nulles par hypothèse, lorsque α n'est point comprise entre a et b. On aura donc l'équation :

$$fx = \frac{1}{2\pi} \int_a^b d\alpha\, \varphi\, \alpha \int_{-\infty}^{+\infty} dp \cos. (px - p\alpha). \qquad \text{(B')}$$

Le second membre de cette équation (B') est une fonction de la variable x : car les deux intégrations font disparaître les variables α et p, et il ne reste que x et les constantes a et b. Or cette fonction équivalente au second membre est telle, qu'en y substituant pour x une valeur quelconque comprise entre a et b, on trouve le même résultat qu'en substituant cette valeur de x dans φx, et l'on trouve un résultat nul, si, dans le second membre, on met au lieu de x une valeur quelconque non comprise entre a et b. Si donc, en conservant toutes les autres quantités qui forment le second membre, on remplaçait les limites a et b par des limites plus voisines, a' et b', dont chacune est comprise entre a et b, on changerait la fonction de x qui équivaut au second membre, et l'effet du changement serait tel que ce second membre deviendrait nul toutes les fois que l'on donnerait à x une valeur non comprise entre a' et b'; et, si la valeur de x était comprise entre a' et b', on aurait le même résultat qu'en substituant cette valeur de x dans φx.

On peut donc varier à volonté les limites de l'intégrale dans le second membre de l'équation (B'). Cette équation subsistera toujours pour les valeurs de x comprises entre les limites quelconques a et b, que l'on aura choisies; et, si l'on emploie toute autre valeur de x, le second membre sera nul. Représentons φx par l'ordonnée variable d'une courbe dont x est l'abscisse; le second membre, dont la valeur est fx, représentera l'ordonnée variable d'une seconde courbe dont la figure dépendra des limites a et b. Si ces limites sont $-\frac{1}{0}$ et $+\frac{1}{0}$, les deux courbes, dont l'une a pour ordonnée φx, et l'autre a pour ordonnée fx, coïncideront exactement dans toute l'étendue de leur cours. Mais, si l'on donne d'autres valeurs a et b à ces limites, les deux courbes coïncideront exactement dans toute la partie de leur cours qui répond à l'intervalle de $x=a$ à $x=b$. A droite et à gauche de cet intervalle, la seconde courbe se confondra précisément dans tous ses points avec l'axe des x. Cette conséquence est très-remarquable, et détermine le véritable sens de la proposition exprimée par l'équation (B).

418.

Il faut considérer sous le même point de vue le théorème exprimé par l'équation (Π) de l'art. 234, pag. 258. Cette équation sert à développer une fonction arbitraire fx en une suite de sinus et de cosinus d'arcs multiples. La fonction fx désigne une fonction entièrement arbitraire, c'est-à-dire une suite de valeurs données, assujetties ou non à une loi commune, et qui répondent à toutes les valeurs de x comprises entre o et une grandeur quelconque X.

La valeur de cette fonction est représentée par l'équation suivante :

$$f(x) = \frac{1}{2\pi} \cdot \sum \int_a^b d\alpha \, f\alpha . \cos.\left(\frac{i \cdot 2\pi}{X} \overline{x-\alpha}\right). \quad \text{(A)}$$

L'intégrale, par rapport à α, doit être prise entre les limites $\alpha = a$ et $\alpha = b$; chacune de ces limites a et b est une quantité quelconque comprise entre o et X. Le signe $\sum$ affecte le nombre entier i, et indique que l'on doit donner à i toutes ses valeurs négatives ou positives, savoir :

$$-5, \ -4, \ -3, \ -2, \ -1, \ 0, \ +1, \ +2, \ +3, \ +4, \ +5,$$

et prendre la somme des termes placés sous ce signe $\sum$. Le second membre devient, par ces intégrations, une fonction de la seule variable x et des constantes a et b. La proposition générale consiste en ce que 1° la valeur du second membre, que l'on trouverait en y mettant au lieu de x une quantité comprise entre a et b, est égale à celle que l'on obtiendrait en mettant cette même quantité au lieu de x dans la fonction fx; 2° toute autre valeur de x comprise entre o et X, mais non comprise entre a et b, étant substituée dans le second membre, donne un résultat nul.

Il n'y a ainsi aucune fonction fx, ou partie de fonction, que l'on ne puisse exprimer en une suite trigonométrique.

La valeur du second membre est périodique, et l'intervalle de la période est X, c'est-à-dire que cette valeur du second membre ne change point lorsqu'on écrit $x + X$ au lieu de x. Toutes ses valeurs successives se renouvellent à chaque intervalle X.

La suite trigonométrique égale au second membre est
convergente; le sens de cette dernière proposition est que, si
l'on donne à la variable x une valeur quelconque, la somme
des termes de la suite s'approche de plus en plus, et infiniment près, d'une limite déterminée. C'est cette limite qui
est o, si l'on a mis pour x une quantité comprise entre o
et X, mais non comprise entre a et b; et si cette quantité
mise pour x est comprise entre a et b, la limite de la série a
la même valeur que fx. Cette dernière fonction n'est assujettie à aucune condition, et la ligne dont elle représente
l'ordonnée peut avoir une forme quelconque; par exemple,
celle d'un contour formé d'une suite de lignes droites et
de lignes courbes. On voit par là que les limites a et b,
l'intervalle total X et la nature de la fonction étant arbitraires, cette proposition a un sens très-étendu; et,
comme elle n'exprime pas seulement une propriété analytique, mais qu'elle conduit facilement à la solution de plusieurs questions naturelles importantes, il était nécessaire
de la considérer sous divers points de vue, et d'en indiquer
les principales applications. On a donné plusieurs démonstrations de ce théorême dans le cours de cet ouvrage.
Celle que nous rapporterons dans un des articles suivants
(art. 424) a l'avantage de s'appliquer aussi à des fonctions
non périodiques.

Si l'on suppose l'intervalle X infini, les termes de la série
deviennent des quantités différentielles; la somme indiquée
par le signe Σ devient une intégrale définie, comme on le
voit dans les art. 353 et 355, et l'équation (A) se transforme
dans l'équation (B). Ainsi cette dernière équation (B) est
contenue dans la précédente, et convient au cas où l'inter-

valle X est infini : alors les limites a et b sont évidemment des constantes entièrement arbitraires.

419.

Le théorême exprimé par l'équation (B) offre aussi diverses applications analytiques, que nous ne pourrions exposer sans nous écarter de l'objet de cet ouvrage; mais nous énoncerons le principe dont ces applications dérivent.

On voit que, dans le second membre de l'équation

$$f x = \frac{1}{2\pi} \int_a^b d\alpha \, f\alpha \int_{-\infty}^{+\infty} dp \, \cos. \, (px - p\alpha), \qquad \text{(B)}$$

la fonction fx est tellement transformée, que le signe de fonction f n'affecte plus la variable x, mais une variable auxiliaire α. La variable x est seulement affectée du signe cosinus. Il suit de là que, pour différencier la fonction fx par rapport à x, autant de fois que l'on voudra, il suffira de différencier le second membre par rapport à x sous le signe cosinus. On aura donc, en désignant par i un nombre entier quelconque,

$$\frac{d^{2i}}{dx^{2i}} fx = \pm \int d\alpha \, f\alpha \int dp \, p^{2i} \cos. \, (px - p\alpha).$$

On écrit le signe supérieur lorsque i est pair, et le signe inférieur lorsque i est impair. On aura en suivant cette même règle relative au choix du signe :

$$\frac{d^{(2i+1)}}{dx^{2i+1}} fx = \mp \frac{1}{2\pi} \int d\alpha \, f\alpha \int dp \, p^{2i+1} \sin. \, (px - p\alpha).$$

On peut aussi intégrer plusieurs fois de suite, par rapport à x, le second membre de l'équation (B); il suffit d'écrire au-devant du signe sinus ou cosinus une puissance négative de p.

La même remarque s'applique aux différenciations finies, ou aux intégrales désignées par le signe Σ, et en général aux opérations analytiques qui peuvent s'effectuer sur les quantités trigonométriques. Le caractère principal du théorème dont il s'agit, est de transporter le signe général de fonction à une variable auxiliaire, et de placer la variable x sous le signe trigonométrique. La fonction fx acquiert en quelque sorte, par cette transformation, toutes les propriétés des quantités trigonométriques; les différentiacions, les intégrations et la sommation des suites s'appliquent ainsi à des fonctions générales de la même manière qu'aux fonctions trigonométriques exponentielles. C'est pour cela que l'emploi de cette proposition donne immédiatement les intégrales des équations à différences partielles à coëfficients constants. En effet, il est évident que l'on peut satisfaire à ces équations par des valeurs particulières exponentielles; et, comme les théorèmes dont nous parlons donnent à des fonctions générales et arbitraires le caractère des quantités exponentielles, ils conduisent facilement à l'expression des intégrales complètes. Cette même transformation donne aussi, comme on l'a vu dans l'art. 413, un moyen facile de sommer les suites infinies, losque ces suites contiennent les différentielles successives, ou les intégrales successives d'une même fonction : car la sommation de la suite est réduite, par ce procédé, à celle d'une suite de termes algébriques.

420.

On peut aussi faire usage du théorème dont il s'agit pour

substituer sous le signe général de fonction un binome formé d'une partie réelle et d'une partie imaginaire. Cette question d'analyse s'est présentée dès l'origine du calcul des différences partielles ; et nous l'indiquerons ici parce qu'elle a un rapport plus direct avec notre objet principal.

Si dans la fonction fx on écrit $\mu + \nu . \sqrt{-1}$ au lieu de x, le résultat sera formé de deux parties $\varphi + \sqrt{-1} . \psi$. Il s'agit de connaître en μ et ν chacune des deux fonctions φ et ψ. On y parviendra facilement si l'on remplace fx par l'expression

$$\frac{1}{2\pi} \int d\alpha\, f\alpha \int dp \cos . (p x - p \alpha) :$$

car la question sera réduite à substituer $\mu + \nu . \sqrt{-1}$ au lieu de x sous le signe cosinus, et à calculer le terme réel et le coëfficient de $\sqrt{-1}$. On aura ainsi

$$fx = f(\mu + \nu . \sqrt{-1}) = \frac{1}{2\pi} \int d\alpha\, f\alpha \int dp \cos . \left(\overline{p\mu - \alpha} + p\nu . \sqrt{-1} \right)$$

$$= \frac{1}{\pi} \int d\alpha\, f\alpha \int dp \left\{ \cos . (p\mu - p\alpha) \left(e^{p\nu} + e^{-p\nu} \right) \right.$$

$$\left. - \sqrt{-1} . \sin . (p\mu - p\alpha) \left(e^{p\nu} - e^{-p\nu} \right) \right\} ;$$

donc $\varphi = \frac{1}{\pi} \int d\alpha\, f\alpha \int dp \cos . (p\mu - p\alpha) \left(e^{p\nu} + e^{-p\nu} \right)$

$\psi - = \frac{1}{\pi} \int d\alpha\, f\alpha \int dp \sin . (p\mu - p\alpha) \left(e^{p\nu} - e^{-p\nu} \right)$.

Ainsi toutes les fonctions fx que l'on peut concevoir, même celles qui ne sont assujetties à aucune loi de continuité, sont réduites à la forme $M + N \sqrt{-1}$, lorsqu'on y remplace la variable x par le binome $\mu + \nu . \sqrt{-1}$.

421.

Pour donner un exemple de l'usage de ces dernières formules, nous considèrerons l'équation $\frac{d^2 v}{d x^2} + \frac{d^2 v}{d y^2} = 0$, qui se rapporte au mouvement uniforme de la chaleur dans une table rectangulaire. L'intégrale générale de cette équation contient évidemment deux fonctions arbitraires. Supposons donc que l'on connaisse en fonction de x la valeur de v lorsque $y = 0$, et que l'on connaisse aussi, par une autre fonction de x, la valeur de $\frac{d v}{d y}$ lorsque $y = 0$, on peut déduire l'intégrale cherchée de celle de l'équation

$$\frac{d^2 v}{d t^2} = \frac{d^2 v}{d x^2},$$

qui est connue depuis long-temps; mais on trouve des quantités imaginaires sous le signe de fonction. Cette intégrale est

$$v = \varphi\left(x + y\sqrt{-1}\right) + \varphi\left(x - y\sqrt{-1}\right) + W.$$

La seconde partie W de l'intégrale dérive de la première en intégrant par rapport à y, et changeant φ en ψ. Il reste donc à transformer les quantités $\varphi(x + y\sqrt{-1})$ et $\varphi(x - y\sqrt{-1}$, afin de séparer les parties réelles des parties imaginaires. Suivant le procédé de l'article précédent, on trouve, pour la première partie u de l'intégrale,

$$u = \frac{1}{4\pi} \int_{-\infty}^{+\infty} d\alpha\, f\alpha \int_{-\infty}^{+\infty} dp \, \cos.\,(px - p\alpha)\left(e^{py} + e^{-py}\right),$$

et par conséquent

$$W = \frac{1}{4\pi} \int_{-\infty}^{+\infty} d\alpha\, F\alpha \int_{-\infty}^{+\infty} \frac{dp}{p} \, \cos.\,(px - p\alpha)\left(e^{py} - e^{-py}\right).$$

L'intégrale complète de la proposée exprimée en termes réels est donc $v = u + W$; et l'on reconnaît, en effet, 1° qu'elle satisfait à l'équation différentielle ; 2° qu'en y faisant $y=0$, elle donne $v=fx$; 3° qu'en faisant $y=0$ dans la fonction $\dfrac{dv}{dy}$, le résultat est Fx.

422.

Nous ferons aussi remarquer que l'on peut déduire de l'équation (B) une expression très-simple du coëfficient différentiel de l'ordre indéfini $\dfrac{d^i}{dx^i}fx$, ou de l'intégrale $f^i dx^i . fx$.

L'expression cherchée est une certaine fonction de x et de l'indice i. Il s'agit de connaître cette fonction sous une forme telle, que le nombre i n'y entre point comme indice, mais comme une quantité, afin de comprendre, dans une même formule, tous les cas où l'on attribue à i des valeurs positives ou négatives quelconques. Pour y parvenir, nous remarquerons que l'expression $\cos. \left(r + i\frac{\pi}{2} \right)$,

ou $\qquad \cos. r . \cos. \left(\dfrac{i\pi}{2} \right) - \sin. r . \sin. \left(\dfrac{i\pi}{2} \right)$,

devient successivement

$\quad -\sin. r, \quad -\cos. r, \quad +\sin. r, \quad +\cos. r, \quad -\sin. r, \ldots \ldots$ etc.,

si les valeurs respectives de i sont $1, 2, 3, 4, 5$, etc.... Les mêmes résultats reviennent dans le même ordre, lorsqu'on augmente la valeur de i. Il faut maintenant, dans le second membre de l'équation

$$ fx = \frac{1}{2\pi} \int d\alpha\, f\alpha \int dp \; \cos. (px - p\alpha), $$

écrire le facteur p^i au-devant du signe cosinus, et ajouter sous ce signe le terme $+\dfrac{i\pi}{2}$. On aura ainsi

$$\frac{d^i}{dx^i}fx = \frac{1}{2\pi}\int_{-\infty}^{+\infty}d\alpha\, f\alpha \int_{-\infty}^{+\infty}dp.p^i \cos.\left(px - p\alpha + i\frac{\pi}{2}\right).$$

Le nombre i, qui entre dans le second membre, sera regardé comme une quantité quelconque positive ou négative. Nous n'insisterons point sur ces applications à l'analyse générale; il nous suffit d'avoir montré par divers exemples l'usage de nos théorèmes. Les équations du quatrième ordre (d), art. 405, et (e), art. 411, appartiennent, comme nous l'avons dit, à des questions dynamiques. On ne connaissait point encore les intégrales de ces équations lorsque nous les avons données dans un Mémoire sur les vibrations des surfaces élastiques, lu à la séance de l'Académie des Sciences, le 6 juin 1816 (art. VI, § 10 et 11, et art. VII, § 13 et 14). Elles consistaient dans les deux formules δ et δ', art. 406, et dans les deux intégrales exprimées, l'une par la première équation de l'art. 412, l'autre par la dernière équation du même article. On a donné ensuite diverses autres démonstrations de ces mêmes résultats. Ce Mémoire contenait aussi l'intégrale de l'équation (e), art. 409, sous la forme rapportée dans cet article. Quant à l'intégrale (BB) de l'équation (b), art. 413, elle est ici publiée pour la première fois.

423.

Les propositions exprimées par les équations (A) et (B'), art. 418 et 417, dont nous avons montré diverses applications, peuvent être considérées sous un point de vue plus général. La construction indiquée dans les art. 415 et 416 ne s'applique pas seulement à la fonction trigonométrique $\dfrac{\sin.\left(p\overline{\alpha-x}\right)}{\alpha-x}$; elle convient à toutes les autres fonctions, et suppose seulement que le nombre p devenant infini, on trouve la valeur de l'intégrale par rapport à α, en prenant cette intégrale entre des limites extrèmement voisines. Or cette condition n'appartient pas seulement aux fonctions trigonométriques, elle s'applique à une infinité d'autres fonctions. On parvient ainsi à exprimer une fonction arbitraire fx sous diverses formes très-remarquables ; mais nous ne faisons point usage de ces transformations dans la recherche spéciale qui nous occupe.

Quant à la proposition exprimée par l'équation (A) (art. 418), il est également facile d'en rendre la vérité sensible par des constructions, et c'est pour ce théorême que nous les avons d'abord employées. Il suffira d'indiquer la marche de la démonstration.

Dans l'équation (A), savoir :

$$fx = \frac{1}{2\pi} \int_{-X}^{+X} d\alpha\, f\alpha \sum_{-\infty}^{+\infty} \cos.\left(i \cdot \frac{2\pi}{X} \cdot \overline{\alpha-x}\right) ;$$

on remplacera la somme des termes placés sous le signe Σ par sa valeur, qui se déduit de théorèmes connus. Nous avons vu précédemment divers exemples de ce calcul, Section III, Chap. III. Il donne ce résultat en supposant, pour rendre l'expression plus simple, $2\pi = X$, et désignant $\alpha - x$ par r.

$$\sum_{-j}^{+j} \cos.(jr) = \cos.(jr) + \sin.(jr)\frac{\sin. r}{\sin. \text{vers.}\, r}.$$

Il faut donc multiplier le second membre de cette équation par $d\alpha f\alpha$, supposer le nombre j infini, et intégrer depuis $\alpha = -\pi$ jusqu'à $\alpha = +\pi$. La ligne courbe, dont l'abscisse est x et l'ordonnée $\cos. jr$, étant conjuguée avec la ligne dont l'abscisse est α et l'ordonnée $f\alpha$, c'est-à-dire les ordonnées correspondantes étant multipliées l'une par l'autre, il est manifeste que l'aire de la courbe *produite,* prise entre des limites quelconques, devient nulle lorsque le nombre j croît sans limite. Ainsi le premier terme $\cos. jr$ donne un résultat nul.

Il en serait de même du terme $\sin. jr$, s'il n'était pas multiplié par le facteur $\frac{\sin. r}{\sin. \text{vers.} r}$; mais en comparant les trois courbes qui ont pour abscisse commune α, et pour ordonnées $\sin. r, \frac{\sin. r}{\sin. \text{vers.} r}, f\alpha$, on reconnaît évidemment que l'intégrale $\int d\alpha . f\alpha . \sin. (jr) \frac{\sin. r}{\sin. \text{vers.} r}$ n'a de valeurs subsistantes que pour de certains intervalles infiniment petits ; savoir, lorsque l'ordonnée $\frac{\sin. r}{\sin. \text{vers.} r}$ devient infinie. Cela aura lieu si r ou $\alpha - x$ est nulle ; et dans cet intervalle où α diffère infiniment peu de x, la valeur de $f\alpha$ se confond avec fx. Donc l'intégrale devient

$$2 fx . \int_0^\infty dr . \sin. (jr) . \frac{r}{\frac{1}{2} r^2} \quad \text{ou} \quad 4 fx \int_0^\infty \frac{dr}{r} \sin. (jr),$$

qui est égale à $2\pi . fx$ (art. 415 et 356). On en conclut l'équation précédente (A).

Lorsque la variable x est précisément égale à $-\pi$ ou

$+\pi$, la construction fait connaître quelle est la valeur du second membre de cette équation A.

Si les limites de l'intégration ne sont pas $-\pi$ et $+\pi$, mais d'autres nombres a et b, dont chacun est compris entre $-\pi$ et $+\pi$, on voit par la même figure quelles sont les valeurs de x, pour lesquelles le second membre de l'équation (A) est nul.

Si l'on conçoit qu'entre les limites de l'intégration certaines valeurs de α deviennent infinies, la construction indique dans quel sens la proposition générale doit être entendue. Mais nous ne considérons point ici les cas de cette nature, parce qu'ils n'appartiennent point aux questions physiques.

Si, au lieu de restreindre les limites $-\pi$ et $+\pi$, on donne plus d'étendue à l'intégrale, en choisissant des limites plus distantes a' et b', on connaît par la même figure que le second membre de l'équation (A) est formé de plusieurs termes, et donne le résultat d'une intégration finie, quelle que soit la fonction $f x$.

On trouve des résultats semblables si l'on écrit $\frac{2\pi}{X}\alpha - x$ au lieu de r, et si les limites de l'intégration sont $-X$ et $+X$.

Il faut considérer maintenant que les conséquences auxquelles on est parvenu auraient encore lieu pour une infinité de fonctions différentes de sin. $(j\,r)$. Il suffit que ces fonctions reçoivent des valeurs alternativement positives et négatives, en sorte que l'aire devienne nulle, lorsque j croît sans limite. On peut faire varier aussi le facteur $\dfrac{\sin.\,r}{\sin.\,\mathrm{vers.}\,r}$, ainsi que les limites de l'intégration, et l'on peut supposer que l'intervalle devient infini. Ces sortes d'expressions sont donc très-générales, et susceptibles des formes les plus diverses. Nous ne pouvons nous arrêter à ces développements; mais il était nécessaire de montrer l'emploi des constructions : car elles résolvent sans aucun doute les questions qui peuvent s'élever sur les valeurs extrêmes et sur les valeurs singulières; elles n'auraient pu servir à découvrir ces théorêmes, mais elles les démontrent et en dirigent toutes les applications.

424.

Nous avons encore à faire envisager ces mêmes propositions sous un autre point de vue. Si l'on compare entre elles les solutions relatives au mouvement varié de la chaleur dans l'armille, la sphère, le prisme rectangulaire, le cylindre, on voit que nous avions à developper une fonction arbitraire fx en une suite de termes, tels que

$$a_1 \varphi(\mu_1 x) + a_2 \varphi(\mu_2 x) + a_3 \varphi(\mu_3 x) +, \text{etc.}$$

La fonction φ, qui, dans le second membre de l'équation (A), est un cosinus ou un sinus, est remplacée ici par une fonction qui peut être très-différente du sinus. Les nombres μ_1, μ_2, μ_3, etc., au lieu d'être des nombres entiers, sont donnés par une équation transcendante, dont les racines en nombre infini sont toutes réelles. La question consistait à trouver les valeurs des coëfficients a_1, a_2, a_3, a_4, etc... a_i; on y est parvenu au moyen des intégrations définies qui font disparaître toutes les inconnues, excepté une seule. Nous allons examiner spécialement la nature de ce procédé, et les conséquences exactes qui en dérivent.

Afin de donner à cet examen un objet plus déterminé, nous choisirons pour exemple une des questions les plus importantes, savoir celle du mouvement varié de la chaleur dans la sphère solide. On a vu, art. 290, pag. 348, que, pour satisfaire à la distribution initiale de la chaleur, il faut déterminer les coëfficients

$$a_1, \quad a_2, \quad a_3, \ \ldots \ a_i,$$

dans l'équation

$$x\mathrm{F}x = a_1 \sin.\left(\mu_1 x\right) + a_2 \sin.\left(\mu_2 x\right) + a_3 \sin.\left(\mu_3 x\right) +, \text{etc.} \quad (e)$$

La fonction $\mathrm{F}x$ est entièrement arbitraire; elle désigne la valeur v de la température initiale et donnée de la couche sphérique dont le rayon est x. Les nombres μ_1, μ_2, $\ldots$ μ_i, sont les racines μ de l'équation transcendante

$$\frac{\mu \mathrm{X}}{\mathrm{tang.}\ \mu \mathrm{X}} = 1 - h\mathrm{X}. \quad (f)$$

X est le rayon total de la sphère; h est un coëfficient numérique connu d'une valeur positive quelconque. Nous avons prouvé rigoureusement, dans nos premières recherches, que toutes les valeurs de μ ou les racines de l'équation (f) sont réelles. Cette démonstration est déduite de la théorie générale des équations, et n'exige point que l'on suppose connue la forme des racines imaginaires que toute équation peut avoir. Nous ne l'avons point rappelée dans cet ouvrage, parce qu'elle est suppléée par des constructions qui rendent la proposition plus sensible. Au reste, nous avons traité cette même question par l'analyse, en déterminant le mouvement varié de la chaleur dans un corps cylindrique (art. 3o8, pag. 372 et 373). Cela posé, la question consiste à trouver pour a_1, a_2, a_3, ... a_i, etc., des valeurs numériques telles que le second membre de l'équation (e) devienne nécessairement égal à $x\mathrm{F}x$, lorsqu'on y mettra pour x une valeur quelconque comprise entre o et la longueur totale X.

Pour trouver le coëfficient a_i, nous avons multiplié l'équation (e) par $dx\sin.\left(\mu_i x\right)$, et ensuite intégré entre les limites $x=$o, $x=$X, et nous avons démontré, pag. 349, que l'intégrale

$$\int_o^{\mathrm{X}} dx \sin.\left(\mu_i\, x\right)\, \sin.\left(\mu_j\, x\right)$$

a une valeur nulle toutes les fois que les indices i et j ne sont point les mêmes; c'est-à-dire lorsque les nombaes μ_i et μ_j sont deux racines différentes de l'équation (f). Il suit de là, que l'intégration définie faisant disparaître tous les termes du second membre, excepté celui qui contient a_i, on a, pour déterminer ce coëfficient, l'équation

$$\int_o^{\mathrm{X}} dx \left(\sin.\left(\mu_i x\right) x\mathrm{F}\left(\boldsymbol{x}\right)\right) = a_i \int_o^{\mathrm{X}} dx \sin.\left(\mu_i x\right)\cdot \sin.\left(\mu_i\boldsymbol{x}\right).$$

Mettant cette valeur du coëfficient a_i dans l'équation (e), on en conclut l'équation identique (ε) :

$$\boldsymbol{x}\mathrm{F}x = \Sigma \sin.\left(\mu_i x\right) \frac{\displaystyle\int_o^{\mathrm{X}} \left(d\alpha\cdot\alpha\mathrm{F}\alpha\cdot\sin.(\mu_i\alpha)\right)}{\displaystyle\int_o^{\mathrm{X}} \left(d\beta\cdot\sin.(\mu_i\beta)\sin.(\mu_i\beta)\right)}.$$

$$(\varepsilon)$$

Il faut dans le second membre donner à i toutes ses valeurs, c'est-à-dire, mettre successivement, au lieu de μ_i, toutes les racines μ de l'équation (f). L'intégrale doit être prise pour α, depuis $\alpha = 0$ jusqu'à $\alpha = X$, ce qui fait disparaître l'indéterminée α. Il en est de même de β, qui entre dans le dénominateur; en sorte que le terme sin. ($\mu_i x$) est multiplié par un coëfficient a_i, dont la valeur ne dépend que de X et de l'indice i. Le signe Σ indique qu'après avoir donné à i ses différentes valeurs, il faut écrire la somme de tous les termes.

L'intégration offre donc un moyen très-simple de déterminer immédiatement les coëfficients; mais il faut examiner attentivement l'origine de ce procédé, ce qui donne lieu aux deux remarques suivantes :

1° Si dans l'équation (e) on avait omis d'écrire une partie des termes, par exemple, tous ceux où l'indice est un nombre pair, on trouverait encore, en multipliant l'équation par dx sin. ($\mu_i x$), et intégrant depuis $x = 0$ jusqu'à $x = X$, cette même valeur de a_i, qui a été déterminée précédemment, et l'on formerait ainsi une équation qui ne serait point vraie; car elle ne contiendrait qu'une partie des termes de l'équation générale, savoir, ceux dont l'indice est impair.

2° L'équation complète (ϵ), que l'on obtient, après avoir déterminé les coëfficients, et qui ne diffère point de l'équation rapportée page 350, art. 291, dans laquelle on ferait $t = 0$ et $v = Fx$, est telle que si l'on donne à x une valeur quelconque comprise entre 0 et X, les deux membres sont nécessairement égaux; mais on ne peut point conclure, comme nous l'avons fait observer, que cette égalité ait lieu, si, choisissant pour le premier membre $x \, \mathrm{F} \, x$ une fonction assujettie à une loi continue, telle que sin. x ou cos. x, on donnait à x une valeur non comprise entre o et x. En général, l'équation résultante (ε) doit être appliquée aux valeurs de x, comprises entre o et X. Or le procédé qui détermine le coëfficient a_i ne fait point connaître pourquoi toutes les racines μ_i doivent entrer dans l'équation (ε), et pourquoi cette équation se rapporte uniquement aux valeurs de x, comprises entre o et X.

Pour résoudre clairement ces questions, il suffit de remonter aux principes qui servent de fondement à notre analyse.

Nous divisons l'intervalle X en un nombre infini n de parties égales à dx, en sorte que l'on a $n \, dx = \mathrm{X}$, et écrivant fx au lieu de $x \, \mathrm{F} \, x$, nous désignons par $f_1, f_2, f_3 \ldots f_i \ldots f_n$, les valeurs de fx, qui répondent aux valeurs dx, $2 \, dx$, $3 \, dx \ldots i \, dx \ldots n \, dx$, attribuées à x; nous composons l'équation générale (e) d'un nombre n de termes; en sorte qu'il y entre n coëfficients inconnus, $a_1, a_2, a_3 \ldots a_i \ldots a_n$. Cela posé, cette équation (e) représente les n équations du premier degré, que l'on formerait en y mettant successivement, au lieu de x, ses n valeurs dx, $2 \, dx$, $3 \, dx \ldots n \, dx$. Ce système de n équations contient dans la première f_1, dans la seconde f_2, dans la troisième f_3, dans la n^{me} f_n. Pour déterminer le premier coëfficient a_1, on multiplie la première équation par σ_1, la seconde par σ_2, la troisième par σ_3, ainsi de suite, et l'on ajoute ensemble les équations ainsi multipliées. Les facteurs $\sigma_1, \sigma_2, \sigma_3 \ldots \sigma_n$, doivent être déterminés par cette condition, que la somme de tous les termes des seconds membres qui contiennent a_2, soit nulle, et qu'il en soit de même pour tous les coëfficients suivants, $a_3, a_4 \ldots a_n$. Donc toutes les équations étant ajoutées, le coëfficient a_1 entre seul dans le résultat, et l'on a une équation pour déterminer ce coëfficient. Ensuite on multiplie de nouveau toutes les équations par d'autres facteurs respectifs $\rho_1, \rho_2, \rho_3 \ldots \rho_n$, et ces facteurs sont déterminés en sorte qu'en ajoutant les n équations, tous les coëfficients soient éliminés, excepté a_2. On a donc une équation pour déterminer a_2. On continue des opérations semblables, et choisissant toujours de nouveaux facteurs, on détermine successivement tous les coëfficients inconnus. Or il est manifeste que ce procédé d'élimination est précisément celui qui résulte de l'intégration entre les limites 0 et X. La serie $\sigma_1, \sigma_2, \sigma_3, \sigma_n$ des premiers facteurs est $dx \sin. (\mu_1 dx) \ldots$ $dx \sin. (\mu_1 2dx) \ldots dx \sin. (\mu_1 3dx) \ldots dx \sin. (\mu_1 ndx)$. En général, la série des facteurs qui servent à éliminer tous les coëfficients, excepté a_i, est $dx \sin. (\mu_i dx) \ldots dx \sin. (\mu_i 2dx) \ldots$ $dx \sin. (\mu_i 3dx) \ldots dx \sin. (\mu_i ndx)$; elle est représentée par le terme général $dx \sin. (\mu_i x)$, dans lequel on donne successivement à x toutes les valeurs

$$dx \qquad 2dx \qquad 3dx \ldots ndx.$$

On voit par là que le procédé qui nous sert à déterminer les coëfficients, ne diffère en rien du calcul ordinaire de l'élimination dans les équations du premier degré. Le nombre n des équations est égal à celui des quantités inconnues a_1, $a_2, a_3 \ldots a_n$, et le même que le nombre des quantités données $f_1, f_2, f_3 \ldots f_n$. Les valeurs trouvées pour les coëfficients sont celles qui doivent avoir lieu pour que les n équations subsistent à la fois, c'est-à-dire, pour que l'équation (ε) subsiste lorsqu'on donne à x une de ces n valeurs comprises entre o et X ; et comme le nombre n est infini, il s'ensuit que le premier membre fx coïncide nécessairement avec le second, lorsque la valeur x, substituée dans l'un et l'autre, est comprise entre o et X.

La démonstration précédente ne s'applique pas seulement aux développemens dont la forme est

$$a_{1} \sin. (\mu_{1}x) + a_{2} \sin. (\mu_{2}x) + a_{3} \sin. (\mu_{3}x) \ldots + a_{i} \sin. (\mu_{i}x),$$

elle convient à toutes les fonctions $\varphi(\mu_{i}x)$ que l'on pourrait substituer à $\sin. (\mu_{i}x)$, en conservant la condition principale, savoir, que l'intégrale $\int_{0}^{X} dx \, \varphi(\mu_{i}x) \; \varphi(\mu_{j}x)$, ait une valeur nulle lorsque i et j sont des nombres différents.

Si l'on propose de développer fx sous cette forme :

$$fx = a + \frac{a_{1} \cos. x}{b_{1} \sin. x} + \frac{a_{2} \cos. 2x}{b_{2} \sin. 2x} + \cdots \frac{a_{i} \cos. (ix)}{b_{i} \sin. (ix)} + \text{etc.}$$

Les racines $\mu_{1}, \mu_{2}, \mu_{3} \ldots \mu_{j} \ldots$ etc., seront des nombres entiers, et la condition

$$\int_{0}^{X} dx \cos. \left(2\pi i \frac{x}{X}\right) \sin. \left(2\pi j \frac{x}{X}\right) = 0$$

ayant toujours lieu lorsque les indices i et j sont des nombres différents, on obtient, en déterminant les coëfficients a_{i}, b_{i}, l'équation générale (Π), page 258, qui ne diffère pas de l'équation (A), page 555.

425.

Si l'on omettait dans le second membre de l'équation (e) un ou plusieurs des termes qui répondent à une ou plusieurs racines μ_i de l'équation (f), l'équation (ε) ne serait pas vraie en général. Pour s'en convaincre, supposons qu'un terme contenant μ_j et a_j ne soit point écrit dans le second membre de l'équation (e), on pourrait multiplier respectivement les n équations par les facteurs

$$dx \sin.(\mu_j dx), dx \sin.(\mu_j 2\,dx), dx \sin. \mu_j 3\,dx \ldots dx \sin.(\mu_j n\,dx);$$

et en les ajoutant, la somme de tous les termes des seconds membres serait nulle, en sorte qu'il ne resterait aucun des coëfficients inconnus. Le résultat, formé de la somme des premiers membres, c'est-à-dire la somme des valeurs $f_1\, f_2\, f_3 \ldots f_n$, multipliées respectivement par les facteurs

$$dx \sin.(\mu_j dx), dx \sin.(\mu_j 2\,dx), dx \sin.(\mu_j 3dx) \ldots dx \sin.(\mu_j n\,dx),$$

se réduirait à zéro. Il faudrait par conséquent que cette relation existât entre les quantités données $f_1\, f_2\, f_3 \ldots f_n$; et on ne pourrait point les considérer comme entièrement arbitraires, ce qui est contre l'hypothèse. Si ces quantités $f_1\, f_2\, f_3\, f_n \ldots$ ont des valeurs quelconques, la relation dont il s'agit ne subsiste point, et l'on ne pourrait pas satisfaire aux conditions proposées, en omettant un ou plusieurs termes, tels que $a_j \sin.(\mu_j x)$ dans l'équation (e). Donc la fonction fx demeurant indéterminée, c'est-à-dire, représentant le système d'un nombre infini de constantes arbitraires qui correspondent à des valeurs de x comprises entre o et X, il est nécessaire d'introduire dans le second membre de l'équation (e) tous les termes, tels que $a_j \sin. (\mu_j x)$, qui satisfont à la condition

$$\int_0^X dx \Big(\sin. (\mu_i x) . \sin. (\mu_j x) \Big) = 0,$$

les indices i et j étant différents ; mais s'il arrivait que la fonction fx fût telle que les n grandeurs $f_1 f_2 f_3 \ldots f_n$ eussent entre elles cette relation exprimée par l'équation

$$\int_0^X dx \Big(\sin. (\mu_j x) . fx \Big) = 0,$$

il est évident que le terme $a_j \sin. (\mu_j x)$ pourrait être omis dans l'équation (e).

Ainsi, il y a plusieurs classes de fonctions fx dont le développement, représenté par le second membre de l'équation (ε), ne contient pas certains termes correspondants à quelques-unes des racines μ. Il y a, par exemple, des cas où l'on doit omettre tous les termes dont l'indice est pair ; et nous en avons vu divers exemples dans le cours de cet ouvrage. Mais cela ne peut avoir lieu, si la fonction fx a toute la généralité possible. Dans tous les cas, on doit supposer le second membre de l'équation (e) complet, et le calcul fait connaître les termes qui peuvent être omis, parce que leurs valeurs deviennent nulles.

426.

On voit clairement, par cet examen, que la fonction fx représente, dans notre analyse, le système d'un nombre n de quantités séparées, correspondantes aux n valeurs de x comprises entre o et X, et que ces n quantités ont des valeurs *actuelles*, et par conséquent non *infinies*, choisies à volonté. Toutes pourraient être nulles, excepté une seule dont la valeur serait donnée.

Il pourrait arriver que la série de ces n valeurs f_1, f_2, f_3.... f_n fût exprimée par une fonction assujettie à une loi continue, telle que x ou x^2, sin. x, cos. x, ou en général φx ; alors la ligne ococurbe, dont les ordonnées représentent les valeurs correspondantes aux abcisses x, et qui est placée au-dessus de l'intervalle de $x = o$ à $x = X$, se confond dans cet intervalle avec la courbe dont l'ordonnée est φx, et les coëfficients a_1 a_2 a_3 ... a_n de l'équation (e), déterminés par la règle précédente, satisfont toujours à cette condition, qu'une valeur de x comprise entre o et X, donne le même résultat étant substituée dans φx, et dans le second membre de l'équation (ε).

Fx représente la température initiale de la couche sphérique dont le rayon est x. On pourrait supposer, par exemple, $Fx = bx$, c'est-à-dire, que la chaleur initiale croît proportionnellement à la distance, depuis le centre, où elle est nulle, jusqu'à la surface, où elle est bX. Dans ce cas, xFx ou $f(x)$ est égale à bx^2 ; en appliquant à cette fonction la règle qui détermine les coëfficients, on développerait bx en une suite de termes, tels que

$$a_1 \sin. (\mu_1 x) + a_2 \sin. (\mu_2 x) + a_3 \sin. (\mu_3 x) \ldots + a_n \sin. (\mu_n x).$$

Or chaque terme sin. $(\mu_i x)$, étant développé selon les puissances de x, ne contient que des puissances de rang impair, et la fonction bx^2 est une puissance de rang pair. Il est très-remarquable que cette fonction bx^2, désignant une suite de valeurs données pour l'intervalle de o à X, puisse être développée en une suite de termes, tels que

$$a_i \sin. (\mu_i x).$$

Nous avons déjà prouvé l'exactitude rigoureuse de ces résultats, qui ne s'étaient point encore présentés dans l'analyse, et nous avons montré le véritable sens des propositions qui les expriment. On a vu, par exemple, dans l'article 223, page 238, que la fonction cos. x est développée en une suite de sinus d'arcs multiples, en sorte que dans l'équation qui donne ce développement, le premier membre-ne contient que des puissances paires de la variable, et le second ne contient que des puissances impaires. Réciproquement la fonction sin. x, où il n'entre que des fonctions impaires, est résolue, page 242, en une suite de cosinus qui ne contiennent que les puissances paires.

Dans la question actuelle relative à la sphère, la valeur de $xF x$ est développée au moyen de l'équation (ε). Il faut ensuite, comme on le voit art. 290, page 348, écrire dans chaque terme le facteur exponentiel, qui contient t, et l'on a, pour exprimer la température v, qui est une fonction de x et t, l'équation

$$x\, v = \Sigma \sin. (\mu_i x)\, e^{-K\mu_i^2 t} \frac{\int_o^X (d\alpha \sin. (\mu_i \alpha)\, \alpha\, F\alpha}{\int^X d\beta \sin. (\mu_i \beta) . \sin. (\mu_i \beta)} \quad (E)$$

La solution générale que donne cette équation (E) est totalement indépendante de la nature de la fonction Fx, parce
que cette fonction ne représente ici qu'une multitude infinie
de constantes arbitraires, qui répondent à autant de valeurs de x comprises entre o et X.

Si l'on supposait la chaleur primitive contenue dans une
seule partie de la sphère solide, par exemple, depuis $x=$o
jusqu'à $x=\frac{1}{2}$X, et que les températures initiales des couches
supérieures fussent nulles, il suffirait de prendre l'intégrale

$$\int d\alpha \left(\sin. (\mu_i\alpha) . f\alpha \right),$$

entre les limites $x=$o et $x=\frac{1}{2}$ X.

En général, la solution exprimée par l'équation (E) convient à tous les cas, et la forme du développement ne varie
point selon la nature de la fonction.

Supposons maintenant qu'ayant écrit sin. x au lieu de Fx,
on ait déterminé par l'intégration les coëfficiens a_i, et que
l'on ait formé l'équation

$$x \sin. x = a_1 \sin. (\mu_1 x) + a_2 \sin. (\mu_2 x) + a_3 \sin. (\mu_3 x \ldots .$$
$$+ a_i \sin. \mu_i x + \text{etc.}$$

Il est certain qu'en donnant à x une valeur quelconque comprise entre o et X, le second membre de cette équation équivaut à x sin. x; c'est une conséquence nécessaire de notre
calcul. Mais il ne s'ensuit nullement qu'en donnant à x
une valeur non comprise entre o et X, la même égalité
aura lieu. On voit très-distinctement le contraire dans les
exemples que nous avons cités, et si l'on excepte les cas par-

ticuliers, on peut dire que la fonction assujettie à une loi continue, qui formerait le premier membre des équations de ce genre, ne coïncide avec la fonction exprimée par le second membre, que pour les valeurs de x comprises entre o et X.

A proprement parler, l'équation (ε) est identique, et elle subsiste pour toutes les valeurs que l'on attribuerait à la variable x; mais l'un et l'autre membre de cette équation représentent une certaine fonction analytique qui coïncide avec une fonction connue fx, si l'on donne à la variable x des valeurs comprises entre o et X. Quant à l'existence de ces fonctions, qui coïncident pour toutes les valeurs de la variable comprises entre certaines limites, et diffèrent pour les autres valeurs, elle est démontrée par tout ce qui précède, et les considérations de ce genre sont un élément nécessaire de l'analyse des différences partielles.

Au reste, il est évident que les équations (ε) et (E) ne s'appliquent pas seulement à la sphère solide dont le rayon est X, elles représentent, l'une l'état initial, l'autre l'état variable du solide infiniment étendu, dont le corps sphérique fait partie ; et lorsqu'on donne dans ces équations, à la variable x, des valeurs plus grandes que X, elles se rapportent aux parties de ce solide infini qui enveloppe la sphère. Cette remarque convient aussi à toutes les questions dynamiques que l'on résout par l'analyse des différences partielles.

427.

Pour appliquer la solution donnée par l'équation (E) au cas où une seule couche sphérique aurait été primitivement échauffée, toutes les autres ayant une température initiale nulle, il suffirait de prendre l'intégrale $\int(d\alpha\sin.(\mu_i\alpha).\alpha F\alpha)$, entre deux limites extrêmement voisines, $\alpha=r$ et $\alpha=r+u$, r étant le rayon de la surface intérieure de la couche échauffée, et u l'épaisseur de cette couche.

On peut aussi considérer séparément l'effet résultant de l'échauffement initial d'une autre couche comprise entre les limites $r+u$ et $r+2u$; et si l'on ajoute la température variable due à cette seconde cause à la température que l'on avait d'abord trouvée lorsque la première couche était seule échauffée, la somme des deux températures est celle qui aurait lieu, si les deux couches étaient échauffées à la fois. Il suffirait, pour avoir égard aux deux causes réunies, de prendre l'intégrale $\int d\alpha(\sin.(\mu_i\alpha)\alpha F\alpha)$, entre les limites $\alpha=r$ et $\alpha=2u$. Plus généralement, l'équation (E) pouvant être mise sous cette forme :

$$v=\int_o^x\left(d\alpha.\alpha F\alpha.\sin.(\mu_i\alpha).\sum\frac{\sin.(\mu_i x).e^{-\kappa\mu_i^2=}}{x.\int_o^x(d\beta\sin.(\mu_i\beta)\sin.(\mu_i\beta))}\right).$$

On reconnaît que l'effet total de l'échauffement des différentes couches est la somme des effets partiels que l'on déterminerait séparément, en supposant que chacune des couches a été seule échauffée. La même conséquence s'étend à toutes les autres questions de la théorie de la chaleur; elle dérive de la nature même des équations, et la forme des intégrales la rend manifeste. On voit que la chaleur contenue dans chaque élément d'un corps solide produit son effet distinct, comme si cet élément avait été seul échauffé, tous les autres ayant une température initiale nulle. Ces divers états

73.

se superposent en quelque sorte, et se rassemblent pour former le système général des températures.

C'est pour cette raison que la forme de la fonction qui représente l'état initial doit être regardée comme entièrement arbitraire. L'intégrale définie, qui entre dans l'expression de la température variable, ayant les mêmes limites que le solide échauffé, montre expressément que l'on réunit tous les effets partiels dus à l'échauffement initial de chaque élément.

428.

Nous terminerons ici cette section, dont l'objet appartient presque entièrement à l'analyse. Les intégrales que nous avons obtenues ne sont point seulement des expressions générales qui satisfont aux équations différentielles ; elles représentent de la manière la plus distincte l'effet naturel, qui est l'objet de la question. C'est cette condition principale que nous avons eu toujours en vue, et sans laquelle les résultats du calcul ne nous paraîtraient que des transformations inutiles. Lorsque cette condition est remplie, l'intégrale est, à proprement parler, *l'équation du phénomène ;* elle en exprime clairement le caractère et le progrès, de même que l'équation finie d'une ligne ou d'une surface courbe fait connaître toutes les propriétés de ces figures. Pour découvrir ces solutions, nous ne considérons point une seule forme de l'intégrale ; nous cherchons à obtenir immédiatement celle qui est propre à la question. C'est ainsi que l'intégrale, qui exprime le mouvement de la chaleur dans une sphère d'un rayon donné, est très-différente de celle qui exprime ce mouvement dans un corps cylindrique, ou même dans une sphère d'un rayon supposé infini. Or, chacune de ces intégrales a une forme déterminée qui ne peut pas être suppléée par une autre. Il est nécessaire d'en faire usage, si l'on veut connaître la distribution de la chaleur dans le corps dont il s'agit. En général, on ne pourrait apporter aucun changement dans la forme de nos solutions, sans leur faire perdre leur caractère essentiel, qui est de représenter les phénomènes.

Ces diverses intégrales pourraient être déduites les unes des autres; car elles ont la même étendue. Mais ces transformations exigent de longs calculs, et supposent presque toujours que la forme des résultats est connue d'avance. On peut considérer en premier lieu, des corps dont les dimensions sont finies, et passer de cette question à celle qui se rapporte à un solide non terminé. On substitue alors une intégrale définie à la somme désignée par le signe Σ. C'est ainsi que les équations (α) et (β), rapportées au commencement de cette section, dépendent l'une de l'autre. La première devient la seconde, lorsqu'on suppose le rayon R infini. On peut réciproquement déduire de cette seconde équation (β) les solutions relatives aux corps de dimensions limitées.

En général, nous avons cherché à obtenir chaque résultat par la voie la plus courte. Voici les éléments principaux de la méthode que nous avons suivie.

1° On considère à-la-fois la condition générale donnée par l'équation aux différences partielles, et toutes les conditions singulières qui déterminent entièrement la question, et l'on se propose de former l'expression analytique qui satisfait à toutes ces conditions.

2° On reconnaît d'abord que cette expression contient un

nombre indéfini de termes, où il entre des constantes inconnues, ou qu'elle équivaut à une intégrale où se trouvent
une ou plusieurs fonctions arbitraires. Dans le premier cas,
c'est-à-dire, lorsque le terme général est affecté du signe Σ,
on déduit des conditions spéciales une équation transcendante déterminée, dont les racines donnent les valeurs d'un
nombre infini de constantes.

Le second cas a lieu lorsque le terme général devient une
quantité infiniment petite; alors la somme de la série se
change en une intégrale définie.

3° On peut démontrer par les théorèmes fondamentaux
de l'algèbre, ou même par la nature physique de la question, que l'équation transcendante a toutes ses racines réelles
en nombre infini.

4° Dans les questions élémentaires, le terme général est
formé de sinus ou cosinus; les racines de l'équation déterminée sont des nombres entiers, ou des quantités réelles
et irrationnelles : chacune d'elles est comprise entre deux
limites déterminées.

Dans les questions plus composées, le terme général est
formé d'une fonction implicitement donnée au moyen d'une
équation différentielle intégrable ou non. Quoi qu'il en soit,
l'équation déterminée subsiste; elle a toutes ses racines réelles
en nombre infini. Cette distinction des parties, dont l'intégrale doit être composée, est très-importante, parce qu'elle
fait connaître clairement la forme de la solution, et les relations nécessaires entre les coëfficients.

5° Il reste à déterminer les seules constantes qui dépendent
de l'état initial, ce qui se fait par l'élimination des inconnues
dans un nombre infini d'équations du premier degré. On

multiplie l'équation qui se rapporte à l'état initial par un facteur différentiel, et l'on intègre entre des limites définies, qui sont le plus souvent celles du solide où le mouvement s'accomplit.

Il y a des questions pour lesquelles nous avons déterminé les coëfficients par des intégrations successives, comme on le verra dans le mémoire qui a pour objet la température des habitations. Dans ce cas, on considère les intégrales exponentielles qui conviennent à l'état initial du solide infini ; car il est facile d'obtenir ces intégrales.

Il résulte des intégrations que tous les termes du second membre disparaissent, excepté celui dont on veut déterminer le coëfficient. Dans la valeur de ce coëfficient, le dénominateur devient nul, et l'on obtient toujours une intégrale définie dont les limites sont celles du solide, et dont un des facteurs est la fonction arbitraire qui convient à l'état initial. Cette forme du résultat est nécessaire, parce que le mouvement variable, qui est l'objet de la question, se compose de tous ceux qui auraient lieu séparément, si chaque point du solide était seul échauffé, et que la température initiale de tous les autres fût nulle.

Lorsqu'on examine avec soin ce procédé d'intégration, qui sert à déterminer les coëfficients, on voit qu'il contient une démonstration complète, et qu'il montre très-distinctement la nature des résultats, en sorte qu'il n'est nullement nécessaire de les vérifier par d'autres calculs.

La plus remarquable des questions que nous ayons exposées jusqu'ici, et la plus propre à faire connaître l'ensemble de notre analyse, est celle du mouvement variable de la chaleur dans un corps cylindrique. Dans d'autres recherches, la détermination des coëfficients exigerait des procédés de calcul que nous ne connaissons point encore. Mais il faut remarquer que l'on peut toujours, sans déterminer les valeurs des coëfficients, acquérir une connaissance exacte de la question, et de la marche naturelle du phénomène qui en est l'objet; la considération principale est celle des *mouvements simples*.

6° Lorsque l'expression cherchée contient une intégrale définie, on détermine les fonctions inconnues placées sous le signe $\int$, soit par les théorêmes que nous avons donnés pour exprimer les fonctions arbitraires en intégrales définies, soit par un procédé plus composé, dont on trouvera divers exemples dans la seconde Partie.

Ces théorêmes s'étendent à un nombre quelconque de variables. Ils appartiennent en quelque sorte à une méthode inverse d'intégration définie : car ils servent à déterminer sous les signes $\int$ et $\sum$ des fonctions inconnues qui doivent être telles, que le résultat de l'intégration soit une fonction donnée.

Les mêmes principes s'appliquent à diverses autres questions de géométrie, de physique générale, ou d'analyse, soit que les équations contiennent des différences finies ou infiniment petites, soit qu'elles comprennent les unes et les autres.

Les solutions que l'on obtient par cette méthode sont complètes, et consistent dans des intégrales générales. Aucune autre intégrale ne peut avoir plus d'étendue. Les objections qui avaient été proposées à ce sujet sont dénuées de tout fondement; il serait aujourd'hui superflu de les discuter.

7° Nous avons dit que chacune de ces solutions donne

l'équation propre du phénomène, parce qu'elle le représente distinctement dans toute l'étendue de son cours, et qu'elle sert à déterminer facilement en nombre tous les résultats.

Les fonctions que l'on obtient par ces solutions sont donc composées d'une multitude de termes, soit finis, soit infiniment petits : mais la forme de ces expressions n'a rien d'arbitraire; elle est déterminée par le caractère physique du phénomène. C'est pourquoi, lorsque la valeur de la fonction est exprimée par une série où il entre des exponentielles relatives au temps, il est nécessaire que cela soit ainsi, parce que l'effet naturel dont on recherche les lois, se décompose réellement en parties distinctes, correspondantes aux différents termes de la série. Ces parties expriment autant de *mouvements simples* compatibles avec les conditions spéciales; pour chacun de ces mouvements, toutes les températures décroissent en conservant leurs rapports primitifs. On ne doit pas voir dans cette composition un résultat de l'analyse dû à la seule forme linéaire des équations différentielles, mais uu effet subsistant qui devient sensible dans les expériences. Il se présente aussi dans les questions dynamiques où l'on considère les causes qui anéantissent le mouvement; mais il appartient nécessairement à toutes les questions de la théorie de la chaleur, et il détermine la nature de la méthode que nous avons suivie pour les résoudre.

La théorie mathématique de la chaleur se forme, 1° de la définition exacte de tous les éléments du calcul; 2° des équations différentielles; 3° des intégrales propres aux questions fondamentales. On peut arriver aux équations par plusieurs voies; on peut aussi obtenir les mêmes intégrales, ou résoudre d'autres questions, en apportant quelque change-

74

ment dans la marche du calcul. Nous pensons que ces recherches ne constituent point une méthode différente de la
nôtre; mais elles confirment et multiplient les résultats.

9° On avait objecté, au sujet de notre analyse, que les
équations transcendantes qui déterminent les exposants,
ayant des racines imaginaires, il serait nécessaire d'employer
les termes qui en proviennent, et qui indiqueraient dans
une partie du phénomène le caractère périodique : mais
cette objection n'est point fondée, parce que les équations
dont il s'agit ont en effet toutes leurs racines réelles, et
qu'aucune partie du phénomène ne peut être périodique.

10° On avait allégué que pour résoudre avec certitude les
questions de ce genre, il est nécessaire de recourir dans
tous les cas à une certaine forme de l'intégrale que l'on dé-
signait comme générale; et l'on proposait, sous cette déno-
mination, l'équation (γ) de l'article 398; mais cette distinction n'est point fondée, et l'usage d'une seule intégrale
n'aurait pour effet, dans plusieurs cas, que de compliquer
le calcul sans nécessité. Il est d'ailleurs évident que cette intégrale (γ) se déduit de celle que nous avons donnée en 1807
pour déterminer le mouvement de la chaleur dans une armille d'un rayon déterminé R; il suffit de donner à R une
valeur infinie.

11° On a pensé que la méthode qui consiste à exprimer
l'intégrale par une suite de termes exponentiels, et à déterminer les coëfficients au moyen de l'état initial, ne résout
point la question relative à un prisme qui perd inégalement
sa chaleur par ses deux extrémités ; ou que, du moins, il
serait très-difficile de vérifier ainsi la solution que l'on déduit de l'intégrale (γ) par de longs calculs. On reconnaîtra

par un nouvel examen, que notre méthode s'applique directement à cette question, et qu'il suffit même d'une seule intégration.

12° Nous avons développé en séries de sinus d'arcs multiples des fonctions qui paraissent ne contenir que des puissances paires de la variable, par exemple, cos x. Nous avons exprimé par des suites convergentes ou en intégrales définies des parties séparées de diverses fonctions ou des fonctions discontinues entre certaines limites, par exemple, celle qui mesure l'ordonnée dans un triangle. Nos démonstrations ne laissent aucun doute sur l'exacte vérité de ces équations.

13° On trouve dans les ouvrages de tous les géomètres des résultats et des procédés de calcul analogues à ceux que nous avons employés. Ce sont des cas particuliers d'une méthode générale qui n'était point encore formée, et qu'il devenait nécessaire d'établir pour connaître, même dans les questions les plus simples, les lois mathématiques de la distribution de la chaleur. Cette théorie exigeait une analyse qui lui est propre, et dont un élément principal est l'expression analytique des *fonctions séparées*, ou des *parties de fonctions*.

Nous entendons par *fonction séparée*, ou *partie de fonction*, une fonction fx qui a des valeurs subsistantes, lorsque la variable x est comprise entre des limites données, et dont la valeur est toujours nulle, si la variable n'est pas comprise entre ces limites. Cette fonction mesure l'ordonnée d'une ligne qui comprend un arc fini d'une forme arbitraire, et se confond avec l'axe des abcisses dans tout le reste de son cours.

Cette notion n'est point opposée aux principes généraux du calcul; on pourrait même en trouver les premiers fondements dans les écrits de Daniel Bernouilly, de Clairaut, de La Grange et d'Euler. Toutefois on avait regardé comme manifestement impossible d'exprimer en séries de sinus d'arcs multiples, ou du moins en séries trigonométriques convergentes, une fonction qui n'a de valeurs subsistantes que si celles de la variable sont comprises entre certaines limites, et dont toutes les autres valeurs seraient nulles. Mais ce point d'analyse est pleinement éclairci, et il demeure incontestable que les fonctions séparées, ou parties de fonctions, sont exactement exprimées par des séries trigonométriques convergentes, ou par des intégrales définies. Nous avons insisté sur cette conséquence dès l'origine de nos recherches jusqu'à ce jour, parce qu'il ne s'agit point ici d'une question abstraite et isolée, mais d'une considération principale, intimement liée aux applications les plus utiles et les plus étendues. Rien ne nous a paru plus propre que les constructions géométriques à démontrer la vérité de ces nouveaux résultats, et à rendre sensibles les formes que l'analyse emploie pour les exprimer.

14° Les principes qui nous ont servi à établir la théorie analytique de la chaleur, s'appliquent immédiatement à la recherche du mouvement des ondes dans les liquides dont une partie a été agitée. Ils donnent aussi celle des vibrations des lames élastiques, des surfaces flexibles tendues, des surfaces planes élastiques de très-grandes dimensions, et conviennent en général aux questions qni dépendent de la théorie de l'élasticité. Le propre des solutions que l'on déduit de ces principes est de rendre les applications numériques faciles, et de présenter des résultats distincts et sensibles, qui déterminent réellement l'objet de la question, sans faire dépendre cette connaissance d'intégrations ou d'éliminations qu'on ne peut effectuer. Nous regardons comme superflue toute transformation du résultat du calcul qui ne satisfait point à cette condition principale.

429.

1° Nous présenterons maintenant diverses remarques concernant les équations différentielles du mouvement de la chaleur.

Si deux molécules d'un même corps sont extrêmement voisines et ont des températures inégales, celle qui est la plus échauffée communique directement à l'autre pendant un instant une certaine quantité de chaleur; cette quantité est proportionnelle à la différence extrêmement petite des températures : c'est-à-dire que si cette différence devenait double, triple, quadruple, et que toutes les autres conditions demeurassent les mêmes, la chaleur communiquée serait double, triple, quadruple.

Cette proposition exprime un fait général et constant, qui suffit pour servir de fondement à la théorie mathématique. Le mode de transmission est donc connu avec certitude, indépendamment de toute hypothèse sur la nature de la cause, et il ne peut être envisagé sous deux points de vue différents. Il est évident que la communication immédiate s'opère suivant toutes les directions, et qu'elle n'a lieu dans les fluides ou les liquides non diaphanes, qu'entre des molécules extrêmement voisines.

Les équations générales du mouvement de la chaleur,

dans l'intérieur des solides de dimensions quelconques, et
à la surface de ces corps, sont des conséquences nécessaires
de la proposition précédente. Elles s'en déduisent rigoureusement, comme nous l'avons prouvé dans nos premiers Mémoires en 1807, et l'on obtient facilement ces équations au
moyen de lemmes dont la démonstration n'est pas moins exacte
que celle des propositions élémentaires de la mécanique.

On déduit encore ces équations de la même proposition,
en déterminant par des intégrations, la quantité totale de
chaleur qu'une molécule reçoit de celles qui l'environnent.
Ce calcul n'est sujet à aucune difficulté. Les lemmes dont
il s'agit suppléent aux intégrations, parce qu'ils donnent immédiatement l'expression du flux, c'est-à-dire de la quantité de chaleur qui traverse une section quelconque. L'un et
l'autre calcul doivent évidemment conduire au même résultat; et comme il n'y a aucune différence dans le principe,
il ne peut point y en avoir dans les conséquences.

2° Nous avons donné, en 1811, l'équation générale qui se
rapporte à la surface. Elle n'a pas été déduite de cas particuliers, comme on l'a supposé sans aucun fondement, et
elle n'aurait pu l'être; la proposition qu'elle exprime n'est
point de nature à être découverte par voie d'induction; on
ne peut pas la connaître pour certains corps, et l'ignorer
pour les autres; elle est nécessaire pour tous, afin que *l'é-
tat de la superficie ne subisse pas dans un temps déterminé un
changement infini.* Nous avons omis dans notre Mémoire les
détails de la démonstration, parce qu'ils consistent seulement dans l'application de propositions connues. Il suffisait
dans cet écrit de donner le principe et le résultat, comme
nous l'avons fait dans l'article 15 du Mémoire cité.

On déduit aussi de cette même condition l'équation générale dont il s'agit, en déterminant la quantité totale de chaleur que chaque molécule placée à la surface reçoit et communique. Ces calculs très-composés ne changent rien à la nature de la démonstration.

Dans la recherche de l'équation différentielle du mouvement de la chaleur, on peut supposer que la masse n'est point homogène, et il est très-facile de déduire cette équation de l'expression analytique du flux; il suffit de laisser sous le signe de la différentiation le coefficient qui mesure la conducibilité.

3° Newton a considéré le premier la loi du refroidissement des corps dans l'air : celle qu'il a admise pour le cas où l'air est emporté avec une vitesse constante, est d'autant plus conforme aux observations que la différence des températures est moindre; elle aurait lieu exactement, si cette différence était infiniment petite.

Amontons a fait une expérience remarquable sur l'établissement de la chaleur dans un prisme dont l'extrémité est assujettie à une température déterminée. La loi logarithmique du décroissement des températures dans ce prisme, a été donnée pour la première fois par Lambert, de l'Académie de Berlin. MM. Biot et de Rumford ont confirmé cette loi par des expériences.

Pour découvrir les équations différentielles du mouvement variable de la chaleur, et même dans le cas le plus élémentaire, comme celui du prisme cylindrique d'un très-petit rayon, il était nécessaire de connaître l'expression mathématique de la quantité de chaleur qui traverse une partie extrêmement petite du prisme. Cette quantité n'est pas seulement proportionnelle à la différence des températures des deux sections qui terminent la tranche. On prouve de la manière la plus rigoureuse qu'elle est aussi en raison inverse de l'épaisseur de cette tranche, c'est-à-dire, que *si deux tranches d'un même prisme étaient inégalement épaisses, et que pour la première, la différence des températures des deux bases fut la même que pour la seconde, les quantités de chaleur qui traversent ces tranches pendant le même instant, seraient en raison inverse des épaisseurs.* Le lemme précédent ne convient pas seulement à des tranches dont l'épaisseur est infiniment petite; il s'applique à des prismes d'une épaisseur quelconque. Cette notion du flux est fondamentale; tant qu'on ne l'a point acquise, on ne peut se former une idée exacte du phénomène et de l'équation qui l'exprime.

Il est évident que l'accroissement instantanée de la température d'un point, est proportionnel à l'excès de la quantité de chaleur que ce point a reçue, sur la quantité qu'il a perdue, et qu'une équation différentielle partielle doit exprimer ce résultat : mais la question ne consiste pas à énoncer cette proposition, qui est le fait lui-même; elle consiste à former réellement l'équation différentielle, ce qui exige que l'on considère ce fait dans ses éléments. Si au lieu d'employer l'expression exacte du flux de chaleur, on omet le dénominateur de cette expression, on fait naître par cela même une difficulté qui n'est nullement inhérente à la question; et il n'y a aucune théorie mathématique qui n'en présentât de semblables, si l'on commençait par altérer le principe des démonstrations. Non-seulement on ne peut former ainsi une équation différentielle : mais il n'y a rien de plus opposé à une équation, qu'une proposition de ce genre, où l'on exprimerait l'égalité de quantités qui ne peuvent être comparées. Pour éviter cette erreur, il suffit de donner quelque attention à la démonstration et aux conséquences du lemme précédent (art. 65, 66, 67, et art. 75).

4° Quant aux notions dont nous avons déduit pour la première fois les équations différentielles, elles sont celles que les physiciens ont toujours admises. Nous ignorons si quelqu'un a pu concevoir le mouvement de la chaleur, comme étant produit dans l'intérieur des corps par le seul contact des surfaces qui séparent les différentes parties. Pour nous, une telle proposition nous paraîtrait dépourvue de tout sens intelligible. Une surface de contact ne peut être le sujet d'aucune qualité physique; elle n'est ni échauffée, ni colorée, ni pesante. Il est évident que lorsqu'une partie d'un corps donne sa chaleur à une autre, il y a une infinité de points matériels de la première, qui agissent sur une infinité de points de la seconde. Il faut seulement ajouter que dans l'intérieur des matières opaques, les points dont la distance n'est pas très-petite ne peuvent se communiquer directement leur chaleur; celle qu'ils s'envoient est interceptée par les molécules intermédiaires. Les tranches en contact sont les seules qui se communiquent immédiatement leur chaleur, lorsque l'épaisseur de ces tranches égale ou surpasse la distance que la chaleur envoyée par un point, parcourt avant d'être entièrement absorbée. Il n'y a d'action directe qu'entre les points matériels extrêmement voisins, et c'est pour cela, que l'expression du flux a la forme que nous lui attribuons. Ce flux résulte donc d'une multitude infinie d'actions dont les effets s'ajoutent; mais ce n'est point pour cette cause que sa valeur, pendant l'unité de temps est une grandeur finie et mesurable, quoiqu'il ne soit déterminé que par une différence extrêmement petite entre les températures.

Lorsqu'un corps échauffé perd sa chaleur dans un milieu élastique, ou dans un espace vide d'air terminé par une enveloppe solide, la valeur de ce flux extérieur est assurément une intégrale; elle est encor due à l'action d'une infinité de points matériels, très-voisins de la surface, et nous avons démontré autrefois, que ce concours détermine la loi du rayonnement extérieur. Cependant la quantité de chaleur émise, pendant l'unité de temps, serait infiniment petite, si la différence des températures n'avait point une valeur finie. Dans l'intérieur des masses, la faculté conductrice est incomparablement plus grande que celle qui s'exerce à la superficie. Cette propriété, quelle qu'en puisse être la cause, nous est connue de la manière la plus claire, puisque le prisme étant parvenu à son état constant, la quantité de chaleur qui traverse une section, pendant l'unité de temps, compense exactement celle qui se dissipe par toute la partie de la surface échauffée, qui est placée au-delà de cette section, et dont les températures surpassent celle du milieu d'une grandeur finie. Lorsqu'on n'a point égard à ce fait principal, et que l'on omet le diviseur dans l'expression du flux, il est entièrement impossible de former l'équation différentielle, même pour le cas le plus simple; à plus forte raison, serait-on arrête dans la recherche des équations générales.

5° De plus, il est nécessaire de connaître comment les dimensions de la section du prisme influent sur les valeurs des températures acquises. Quoiqu'il s'agisse seulement du mouvement linéaire, et que tous les points d'une section soient regardés comme ayant la même température, il ne s'ensuit pas que l'on puisse faire abstraction des dimensions de la section, et étendre à d'autres prismes les conséquences qui ne conviennent qu'à un seul. On ne peut point former l'équation exacte sans exprimer cette relation entre l'étendue de la section et l'effet produit à l'extrémité du prisme.

Nous ne développerons pas davantage l'examen des principes qui nous ont conduit à la connaissance des équations différentielles ; nous ajoutons seulement que pour porter un jugement approfondi sur l'utilité de ces principes, il faut aussi considérer des questions variées et difficiles : par exemple, celle que nous allons indiquer, et dont la solution manquait à notre théorie, ainsi que nous l'avions fait remarquer depuis long-temps. Cette question consiste à former les équations différentielles, qui expriment la distribution de la chaleur dans les liquides en mouvement, lorsque toutes les molécules sont déplacées par des forces quelconques, combinées avec les changements de température. Ces équations que nous avons données dans le cours de l'année 1820, appartiennent à l'hydrodynamique générale; elles complètent cette branche de la mécanique analytique.

430.

Les différents corps jouissent très-inégalement de cette propriété que les physiciens ont appelée *conductibilité* ou *conducibilité*, c'est-à-dire de la faculté d'admettre la chaleur, et de la propager dans l'intérieur des masses. Nous n'avons point changé ces dénominations, quoique elles ne nous paraissent point exactes. L'une et l'autre, et sur-tout la première, exprimeraient plutôt, selon toutes les analogies, la faculté d'être *conduit* que celle de *conduire*.

La chaleur pénètre avec plus ou moins de facilité la superficie des diverses substances, soit pour s'y introduire, soit pour en sortir, et les corps sont inégalement perméables à cet élément, c'est-à-dire qu'il s'y propage avec plus ou moins de facilité, en passant d'une molécule intérieure à une autre. Nous pensons que l'on pourrait désigner ces deux propriétés distinctes par les noms de *pénétrabilité*, et de *perméabilité*.

Il faut sur-tout ne point perdre de vue que la pénétrabilité de la surface dépend de deux qualités différentes : l'une est relative au milieu extérieur, et exprime la facilité de la communication par le contact ; l'autre consiste dans la propriété d'émettre ou d'admettre la chaleur rayonnante. Quant à la perméabilité spécifique, elle est propre à chaque substance, et indépendante de l'état de la superficie. Au reste, les définitions précises sont le vrai fondement de la théorie ; mais les dénominations n'ont point, dans la matière que nous traitons, le même degré d'importance.

431.

On ne peut point appliquer cette dernière remarque aux notations, car elles contribuent beaucoup aux progrès de la science du calcul. On ne doit les proposer qu'avec réserve, ni les admettre qu'après un long examen. Celle que nous avons employée se réduit à indiquer au-dessous et au-dessus du signe d'intégration $\int$ les limites de l'intégrale, en écrivant immédiatement après ce signe, la différentielle de la quantité qui varie entre ces limites.

On se sert aussi du signe $i\Sigma$ pour exprimer la somme

d'un nombre indéfini de termes qui dérivent d'un terme général, où l'on fait varier l'indice i. Nous plaçons cet indice, s'il est nécessaire, au-devant du signe, et nous écrivons la première valeur de i au-dessous, et la dernière au-dessus. L'emploi habituel de ces notations en fera connaître toute l'utilité, principalement lorsque le calcul des intégrales définies devient composé, et lorsque les limites de l'intégrale sont elles-mêmes l'objet de ce calcul.

432.

Les résultats principaux de notre théorie sont les équations différentielles du mouvement de la chaleur dans les corps solides ou liquides, et l'équation générale qui se rapporte à la surface. La vérité de ces équations n'est point fondée sur une explication physique des effets de la chaleur. De quelque manière que l'on veuille concevoir la nature de cet élément, soit qu'on le regarde comme un être matériel distinct, qui passe d'une partie de l'espace dans une autre, soit qu'on fasse consister la chaleur dans la seule transmission du mouvement, on parviendra toujours aux mêmes équations, parce que l'hypothèse qu'on aura formée doit représenter les faits généraux et simples, dont les lois mathématiques sont dérivées.

La quantité de chaleur que se transmettent deux molécules dont les températures sont inégales, dépend de la différence de ces températures. Si la différence est infiniment petite, il est certain que la chaleur communiquée est proportionnelle à cette différence ; toutes les expériences concourent à démontrer rigoureusement cette proposition. Or pour établir les équations différentielles dont il s'agit, on considère seulement l'action réciproque des molécules infiniment voisines. Il n'y a donc aucune incertitude sur la forme des équations qui se rapportent à l'intérieur de la masse.

L'équation relative à la surface exprime, comme nous l'avons dit, que le flux de la chaleur, dans le sens de la normale et à l'extrémité du solide, doit avoir la même valeur, soit que l'on calcule l'action mutuelle des molécules du solide, soit que l'on considère l'action que le milieu exerce sur l'enveloppe. L'expression analytique de la première valeur est très-simple, et exactement connue; quant à la seconde valeur, elle est sensiblement proportionnelle à la température de la surface, lorsque l'excès de cette température sur celle du milieu est une quantité assez petite. Dans les autres cas, il faut regarder cette seconde valeur comme donnée par une série d'observations ; elle dépend de l'état de la superficie, de la pression et de la nature du milieu ; c'est cette valeur observée qui doit former le second membre de l'équation relative à la surface.

Dans plusieurs questions importantes, cette dernière équation est remplacée par une condition donnée, qui exprime l'état ou constant, ou variable, ou périodique de la superficie.

433.

Les équations différentielles du mouvement de la chaleur sont des conséquences mathématiques analogues aux équations générales de l'équilibre et du mouvement, et qui dérivent, comme elles, des faits naturels les plus constants.

Les coëfficients c, h, k, qui entrent dans ces équations, doivent être considérés, en général, comme des grandeurs variables, qui dépendent de la température, ou de l'état des corps. Mais dans l'application aux questions naturelles qui nous intéressent le plus, on peut attribuer à ces coëfficients des valeurs sensiblement constantes.

Le premier coëfficient c varie très-lentement, à mesure que la température s'élève. Ces changements sont presque insensibles dans un intervalle d'environ trente degrés. Une suite d'observations précieuses, dues à MM. les professeurs Dulong et Petit, indique que cette valeur de la capacité spécifique croît fort lentement avec la température.

Le coëfficient h, qui mesure la pénétrabilité de la surface, est plus variable, et se rapporte à un état très-composé. Il exprime la quantité de chaleur communiquée au milieu, soit par l'irradiation, soit par le contact. Le calcul rigoureux de cette quantité dépendrait donc de la question du mouvement de la chaleur dans les milieux liquides ou aériformes. Mais lorsque l'excès de température est une quantité assez petite, les observations prouvent que la valeur du coëfficient peut être regardée comme constante. Dans d'autres cas, il est facile de déduire des expériences connues une correction qui donne au résultat une exactitude suffisante.

On ne peut douter que le coëfficient k, mesure de la perméabilité, ne soit sujet à des variations sensibles; mais on n'a encore fait, sur ce sujet important, aucune suite d'expériences propres à nous apprendre comment la facilité de conduire la chaleur change avec la température et avec la pression. On voit par les observations, que cette qualité peut être regardée comme constante dans une assez grande partie de l'échelle thermométrique. Mais ces mêmes observations nous porteraient à croire que la valeur du coëfficient dont il s'agit, est beaucoup plus changée par les accroissements de température, que celle de la capacité spécifique.

Enfin la dilatabilité des solides, ou la disposition à augmenter de volume, n'est point la même à toutes les températures : mais dans les questions que nous avons traitées, ces changements ne peuvent point altérer d'une manière sensible la précision des résultats. En général, dans l'étude des grands phénomènes naturels qui dépendent de la distribution de la chaleur, on est fondé à regarder comme constantes les valeurs des coëfficients. Il est d'abord nécessaire de considérer sous ce point de vue les conséquences de la théorie. Ensuite la comparaison attentive de ces résultats avec ceux d'expériences très-précises, fera connaître quelles sont les corrections dont on doit faire usage, et l'on donnera aux recherches théoriques une extension nouvelle, à mesure que les observations deviendront plus nombreuses et plus exactes. On connaîtra alors quelles sont les causes qui pourraient modifier le mouvement de la chaleur dans l'intérieur des corps, et la théorie acquerra une perfection qu'il serait impossible de lui donner aujourd'hui.

La chaleur lumineuse, ou celle qui accompagne les rayons de lumière envoyés par les corps enflammés, pénètre les solides et les liquides diaphanes, et s'y éteint progressivement en parconrant un intervalle de grandeur sensible.

On ne pourrait donc point supposer, dans l'examen de ces questions, que les impressions directes de la chaleur ne se portent qu'à une distance extrêmement petite. Lorsque cette distance a une valeur finie, les équations différentielles prennent une forme différente : mais cette partie de la théorie ne présenterait des applications utiles qu'en se fondant sur des connaissances expérimentales que nous n'avons point encore aequises.

Les expériences indiquent que, pour les températures peu élevées, une portion extrêmement faible de la chaleur obscure jouit de la même propriété que la chaleur lumineuse; il est vraisemblable que la distance où se portent les impressions de la chaleur qui pénètre les solides, n'est pas totalement insensible, et qu'elle est seulement fort petite : mais cela n'occasione aucune différence appréciable dans les résultats de la théorie; ou du moins, ces différences ont échappé jusqu'ici à toutes les observations.

FIN.

TABLE

DES MATIÈRES CONTENUES DANS CET OUVRAGE (*).

CHAPITRE PREMIER.

INTRODUCTION.

SECTION PREMIÈRE.

Exposition de l'objet de cet Ouvrage.

ARTICLE I.

(*) Chaque paragraphe de cette Table indique la matière traitée dans les articles qui sont écrits en tête de ce paragraphe. Le premier de ces articles commence à la page marquée à gauche.

SECTION V.

Loi des températures permanentes dens un prisme d'une petite épaisseur.

SECTION VI.

De l'échauffement des espaces clos.

CHAPITRE II.

Équation du mouvement de la chaleur.

SECTION PREMIÈRE.

Équation du mouvement varié de la chaleur dans une armille.

ARTICLES 101, 102, 103, 104, 105.

ART. 106, 107, 108, 109, 110.

77

SECTION V.

Equation du mouvement varié de la chaleur dans un cube solide.

SECTION VI.

Equation générale de la propagation de la chaleur dans l'intérieur des solide.

ART. 140, 141.

77.

CHAPITRE III.

Propagation de la chaleur dans un solide rectangulaire infini.

SECTION PREMIÈRE.

Exposition de la question.

163. On considère l'état de cette lame à une distance extrêmement grande de l'arête transversale, le rapport des températures de deux points, dont x_1, y, et x_2, y sont les coordonnées, change à mesure que la valeur de y augmente; x_1 et x_2 conservant leurs valeurs respectives. Ce rapport a une limite dont il approche de plus en plus, et lorsque y est infinie, il est exprimé par le produit d'une fonction de x et d'une fonction de y. Cette remarque · suffit pour découvrir la forme générale de v, savoir :

$$v = \sum_{i=1}^{i=\infty} a_i \, e^{-(2i-1)x} \cdot \cos.\left(\overline{2i-1}.y\right).$$

Il est facile de connaître comment le mouvement de la chaleur s'accomplit dans cette lame.

SECTION II.

Premier exemple de l'usage des séries trigonométriques dans la théorie de la chaleur.

167. Recherche des coëfficients dans l'équation

$$1 = a \cos. x + b \cos. 3x + c \cos. 5x + d \cos. 7x +, \text{ etc.}$$

On en conclut

$$a_i = \frac{1}{2i-1} \cdot \frac{4}{\pi} (-1)^{i+1},$$

ou $\dfrac{\pi}{4} = \cos. x - \dfrac{1}{3} \cos. 3x + \dfrac{1}{5} \cos. 5x - \dfrac{1}{7} \cos. 7x +, \text{ etc.}$

SECTION III.

Remarques sur ces séries.

ART. 179, 180, 181.

SECTION IV.

Solution générale.

ART. 190, 191.

ou perpendiculaire à la base. Cette expression du flux suffirait pour vérifier la solution.

SECTION V.

Expression finie du résultat de la solution.

SECTION VI.

Développement d'une fonction arbitraire en séries trigonométriques.

SECTION VII.

Application à la question actuelle.

ART. 236, 237.

CHAPITRE IV.

*Du mouvement linéaire et varié de la chaleur dans une
armille.*

SECTION PREMIÈRE.

Solution générale de la question.

ARTICLE I.

ART. 242, 243, 244.

ART. 245, 246.

CHAPITRE V.

De la propagation de la chaleur dans une sphère solide.

SECTION PREMIÈRE.

Solution générale.

SECTION II.

Remarques diverses sur cette solution.

CHAPITRE VI.

Du mouvement de la chaleur dans un cylindre solide.

'expression, est donnée par une équation différentielle du second ordre. Il entre dans cette fonction un nombre g, qui doit satisfaire à une équation déterminée.

ART. 308, 309.

372. Analyse de cette équation. On démontre, au moyen des principaux théorêmes de l'algèbre, que toutes les racines de l'équation sont réelles.

ART. 310.

375. La fonction u de la variable x est exprimée

$$u = \frac{1}{\pi} \int_0^\pi dr \, \cos. \left(x \sqrt{-g} \cdot \sin. r \right);$$

et l'équation déterminée est $hu + \dfrac{du}{dx} = 0$, en donnant à x sa valeur totale X.

ART. 311, 312.

378. Le développement de la fonction $\varphi(z)$ étant représenté par

$$a + bz + c \frac{z^2}{2} + d \cdot \frac{z^3}{2 \cdot 3} + \text{etc.},$$

la valeur de la série

$$a + \frac{bt^2}{2^2} + \frac{ct^4}{2^2 \cdot 4^2} + \frac{dt^6}{2^2 \cdot 4^2 \cdot 6^2} + \text{etc.}$$

est $\qquad \dfrac{1}{\pi} \displaystyle\int_0^\pi du \, \varphi(t \sin. u).$

Remarque sur cet usage des intégrales définies.

ART. 313.

381. Expression de la fonction u de la variable x en fraction continue.

79

CHAPITRE VII.

Propagation de la chaleur dans un prisme rectangulaire.

CHAPITRE VIII.

Du mouvement de la chaleur dans un cube solide.

CHAPITRE IX.

De la diffusion de la chaleur.

SECTION PREMIÈRE.

Du mouvement libre de la chaleur dans une ligne infinie.

ARTICLES 342, 343, 344.

$$\pi\,\varphi\,x = \int_{-\infty}^{+\infty} d\alpha\,\varphi\,\alpha \int_{0}^{\infty} dq \cos\,(q\,x - q\,\alpha).$$

solide infinie, et selon les trois dimensions, se déduit immédiatement de celle du mouvement linéaire. L'intégrale de l'équation

$$\frac{dv}{dt} = \frac{d^2v}{dx^2} + \frac{d^2v}{dy^2} + \frac{d^2v}{dz^2}$$

résout la question proposée. Il ne peut y avoir aucune intégrale plus étendue; elle se déduit aussi de la valeur particulière

$$v = e^{-n^2 t} . \cos . n x,$$

ou de celle-ci :

$$v = \frac{c^{\frac{-x^2}{4t}}}{\sqrt{t}},$$

qui satisfont l'une et l'autre à l'équation $\dfrac{dv}{dt} = \dfrac{d^2v}{dx^2}$. La généralité des intégrales que l'on obtient est fondée sur la proposition suivante, que l'on peut regarder comme évidente d'elle-même. Deux fonctions des variables x, y, z, t sont nécessairement identiques, si elles satisfont à l'équation différentielle

$$\frac{dv}{dt} = \frac{d^2v}{dx^2} + \frac{d^2v}{dy^2} + \frac{d^2v}{dz^2},$$

et si en même temps elles ont la même valeur pour une certaine valeur de t.

ART. 377, 378, 379, 380, 381, 382, 383.

480. La chaleur contenue dans une partie d'un prisme infini, dont tous les autres points ont une température initiale nulle, commence à se distribuer dans toute la masse; et après un certain intervalle de temps, l'état d'une partie du solide ne dépend point de la distribution de la chaleur initiale, mais seulement de sa quantité. Ce dernier résultat n'est point dû à l'augmentation de la distance comprise entre un point de la masse et la partie qui avait été échauffée; il est entièrement dû à l'augmentation du temps écoulé.

SECTION IV.

Comparaison des intégrales.

ART. 396.

ART. 397.

ART. 398.

ART. 399, 400.

ART. 401.

ART. 402.

ART. 403.

$$\frac{d^2 v}{dt^2} + \frac{d^2 v}{dx^2} + 2 \cdot \frac{d^4 v}{dz^2 . dy^2} + \frac{d^4 v}{dy^4} = 0, \qquad (c)$$

et $\qquad \dfrac{dv}{dt} = a \cdot \dfrac{d^2 v}{dz^2} + b \cdot \dfrac{d^4 v}{dx^4} + c \cdot \dfrac{d^6 v}{dz^6} + d \cdot \dfrac{d^8 v}{dz^8} + \text{etc.} \qquad (f)$

Art. 404.

80.

FIN DE LA TABLE.

ERRATA.

PAGE 95, article 100, ligne 2 de cet article : au lieu de $\frac{1}{2}\pi$, *lire* π

P. 105, art. 110, lig. 5 de cet art. : au au lieu de α^{λ}, *lire* α

Lig. 3 du même art. : après le mot *logarithme*, ajouter *hyperbolique*

Dernière lig. du même art., à la fin : ajouter *et divisant le produit par λ*

P. 111, art. 117, lig. 3 de cet art. : au lieu de $4\,V$, *lire* $h\,V$

P. 174, lig. 9 : au lieu de $\frac{2 \cdot 2}{1 \cdot 2}$, *lire* $\frac{2 \cdot 2}{1 \cdot 3}$.

P. 235, art. 221, lig. 1 de cet art. : au lieu de *art.* 220, lire *art.* 219

P. 237, lig. 2 : à la suite de l'équation, ajouter (m)

Et lig. 6 de l'art. 222 : au lieu de $\frac{1}{2}\pi$, *lire* $\frac{1}{4}\pi$

P. 254, lig. 20 : au lieu de *la différence*, lire *la demi-différence*

P. 343, lig. 3 : après le mot *origine*, au lieu de $n \, o \, n$, lire o

Et lig. 10 : au lieu de $n\omega n$, $n2\omega,n$, lire $n\pi n$, $n2\pi n$

P. 352, à la fin de l'art. 293 : au lieu de $\frac{x}{x}$ *et* $\frac{x}{x}$, lire $\frac{x}{X}$ *et* $\frac{x}{X}$

P. 378, lig. 8 : au lieu de $\cos.(\sqrt{\overline{g}} \cdot \sin.r)dr$, lire $\cos.(x\sqrt{\overline{g}} \cdot \sin.r)dr$

P. 392, lig. 6 : entre les deux premiers termes, écrire le signe $+$

P. 427, art. 344, lig. 10 de cet art. : au lieu de *fig.* 15, lire *fig.* 16.

P. 430, lig. 18 : au lieu de $q_j dq$ et $q_i dq$, lire $j.dq$ et $i.dq$

P. 434, à la fin de l'art. 351 : écrire le facteur $e^{-q'Kt}$

P. 435, lig. 3 : après le mot *fonction*, écrire le facteur $\frac{2}{\pi}$

Et art. 351, lig. 10 : au lieu de $F x$, lire $-F r$

P. 437, art. 353, lig. 7 : au lieu de $\frac{qd}{1}$, lire $\frac{1}{dq}$

P. 444, art. 358, lig. 3 : écrire au-devant de chaque expression le facteur $\frac{\pi}{2}$

Et lig. 10 du même art. : au lieu de *fig.* 28, lire *fig.* 20.

P. 467, lig. 8 : au lieu de q^{2n}, lire q^n

P. 477, lig. 10 : au lieu de la lettre p, écrire la lettre q

P. 497, art. 388, lig. 5 : au lieu de *infinie*, lire *finie*

P. 503, lig. 11 et 12 : au lieu des mots *conservé seul*, lire *omis*

P. 514, lig. 15 : au lieu de $\dfrac{t^4}{2.3.4}$, lire $\dfrac{t^3}{2.3}$; et au lieu de $\dfrac{t^6}{2.3.4.5.6}$, lire $\dfrac{t^{\cdot}}{2.3.4}$

P. 515, lig. 3 : au lieu de v, lire $v_{\prime}$

P. 517, art. 401, lig. 3 de cet article : au lieu de $-t\mathrm{D}^2$, lire $t\mathrm{D}^2$

P. 518, lig. 15 : au lieu de $\dfrac{d^2}{dx^2}\varphi$, lire $\dfrac{d^2}{dx^2} . v$

P. 549, lig. 7 : supprimer les mots (fig. VIII). On suppléera facilement
        la construction

P. 589, lig. 4 : au lieu de ces mots, *du résultat*, lire *des résultats*

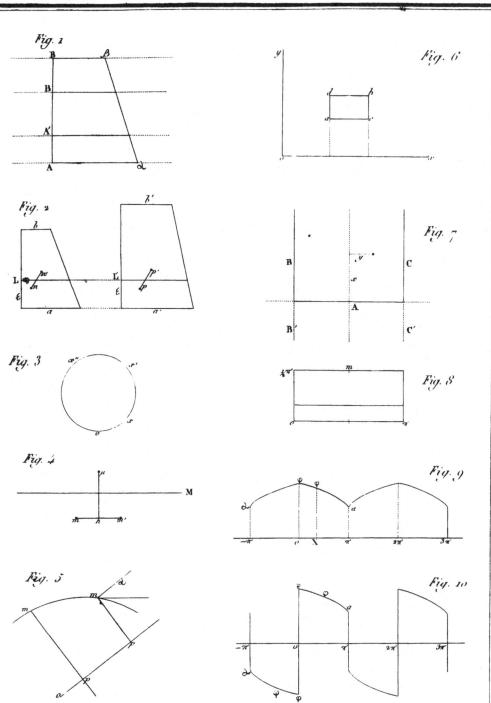

Fig. 1

Fig. 2

Fig. 3

Fig. 4

Fig. 5

Fig. 6

Fig. 7

Fig. 8

Fig. 9

Fig. 10

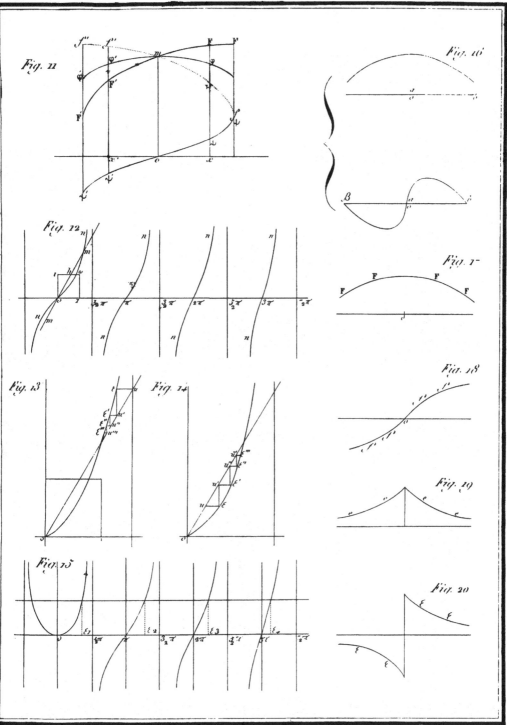

Fig. 11

Fig. 16

Fig. 12

Fig. 17

Fig. 13

Fig. 14

Fig. 18

Fig. 19

Fig. 15

Fig. 20

Printed in the United States
By Bookmasters